高等学校"十二五"规划教材
市政与环境工程系列研究生教材

微生物燃料电池原理与应用

主　编　徐功娣　李永峰　张永娟

主　审　冯玉杰

哈尔滨工业大学出版社

内 容 简 介

　　本教材可分为两大部分:概论、微生物燃料电池结构、MFC 材料、耦合型生物燃料电池、细胞外产电微生物、微生物燃料电池的发电原理、电池能量的计算、传质与扩散过程、微生物电解池、MFC 在废水处理中的应用、MFC 的其他应用、MFC 的发展前景。

　　本书可作为市政工程、环境科学、环境工程、生命科学等基础与应用学科的高年级本科和研究生教材或相关专业的培训教材,也可以供科研工作者参考。

图书在版编目(CIP)数据

微生物燃料电池原理与应用 / 徐功娣,李永峰,张
永娟主编. —哈尔滨:哈尔滨工业大学出版社,2012.11
ISBN 978 - 7 - 5603 - 3740 - 1

Ⅰ.①微… Ⅱ.①徐… ②李… ③张… Ⅲ.①微生物
燃料电池-高等学校-教材 Ⅳ.①TM911.45

中国版本图书馆 CIP 数据核字(2012)第 171439 号

策划编辑　贾学斌
责任编辑　张　瑞
出版发行　哈尔滨工业大学出版社
社　　址　哈尔滨市南岗区复华四道街 10 号　邮编 150006
传　　真　0451 - 86414749
网　　址　http://hitpress.hit.edu.cn
印　　刷　哈尔滨工业大学印刷厂
开　　本　787mm × 1092mm　1/16　印张 16.5　字数 400 千字
版　　次　2012 年 11 月第 1 版　2012 年 11 月第 1 次印刷
书　　号　ISBN 978 - 7 - 5603 - 3740 - 1
定　　价　35.00 元

(如因印装质量问题影响阅读,我社负责调换)

《微生物燃料电池原理与应用》编写人员与分工

主　　编　徐功娣　李永峰　张永娟

副 主 编　王籽人　谢静怡　孙彩玉

主　　审　冯玉杰

编写人员　李永峰（东北林业大学）：第1章~第2章；

李永峰　周　鑫（东北林业大学）：第3章；

徐功娣（海南省琼州学院）：第4章~第6章；

李永峰　王籽人（东北林业大学）：第7章；

孙彩玉（东北林业大学）：第8章；

李永峰　董义兴（东北林业大学）：第9章；

谢静怡（东北林业大学）：第10章；

张永娟（东北林业大学）：第11章~第12章；

文字整理与图表制作：冯可心、罗亚婕、吴明艳、李琦、倪红、张玉、吴忠珊、赵浩男、梁乾伟

前　言

能源是人类生存和发展的重要物质基础,亦是当今国际政治、经济、外交关注的焦点。中国经济社会持续快速发展,离不开能源保障。从宏观的角度看,当前能源存在两大主要问题:一是能源的有限性,即在经济快速增长下突出的能源短缺问题;二是能源的污染性,即由能源生产和使用过程所带来的对环境的严重影响。在这种情形下,研发对环境无害的、非石油类的可再生能源和新的能源供给方式是未来能源发展的主要思路。2008 年,《对中国能源问题的思考》一书提出特色新型能源发展道路,其中主要包括多元发展和清洁环保两大内容。

自工业革命以来,水处理问题一直困扰着发达国家和发展中国家。污水处理能耗大、运行管理费用高,因此尽管其社会效益和环境效益显著,但经济效益并不明显,是一项投入大、产出少的行业。因此,降低污染物的产量以及减少对资源的索取是建设可持续发展社会的先决条件。如何找到一种既能净化水体,又能产生能量的新型污水处理方法受到广泛的关注。

近些年,微生物燃料电池(Microbial Fuel Cell, 简称 MFC)被一批又一批的研究者研究和开发,并已经在实验室中逐渐成型,被人们所熟知。生活和工业废水中含有丰富的有机物,可以作为 MFC 的原料来源,在处理废水的同时可以直接获得电能,因此对 MFC 的研究已经成为治理和消除环境污染,开发新能源的一种很有效的途径。目前,虽然该技术仍处于实验室阶段,需要不断提高其性能,但考虑到其广阔光明的应用前景,完全有理由相信其在当今能源危机和环境问题日益严重的形势下,无疑是一项非常有前景、有发展的技术。本书详细地为读者介绍了 MFC 的结构、材料、原理及其应用,希望大家能对 MFC 有进一步的了解。本书也可作为研究者们的参考资料。

使用本书的学校可免费获得电子课件,如有需要,可与李永峰教授联系(mr_lyf@ 163. com)。本书的出版得到东北林业大学主持的"上海市重点科技攻关项目(071605122)"和海南省琼州学院主持的"海南省自然科学基金(510209)及校学科带头人和博士基金项目(qyxb201102)"的技术成果和资金的支持,特此感谢。由于编者业务水平和编写经验有限,书中难免存在不足之处,诚望有关专家、老师及同学们在使用过程中随时提出宝贵意见,使之更臻完善。

编　者

2012 年 4 月 20 日

目　录

第1章 概 论

1.1 能源需求

能源是人类社会赖以生存和发展的重要物质基础。纵观人类社会发展的历史,人类文明的每一次重大进步都伴随着能源的改进和更替。能源的开发利用极大地推动了世界经济和人类社会的发展。过去100多年里,发达国家先后完成了工业化,消耗了地球上大量的自然资源,特别是能源。当前,一些发展中国家正在步入工业化阶段,能源消费增加是经济社会发展的必然趋势。但由于世界能源产地与能源消费中心相距较远,特别是随着世界经济的发展、世界人口的剧增和人民生活水平的不断提高,世界能源需求量持续增大,由此导致对能源的争夺日趋激烈,环境污染日益加重,环保压力持续加大。

1.1.1 世界能源的消费现状及特点

1. 受经济发展和人口增长的影响,世界一次能源消费量不断增加

随着世界经济规模的不断扩大,世界一次能源消费量持续增长。1990年世界生产总值为26.5万亿美元(按1995年不变价格计算),2000年达到34.3万亿美元,年均增长2.7%。根据《2004年BP世界能源统计》数据,1973年世界一次能源消费量仅为57.3亿吨油当量,2003年已达到97.4亿吨油当量。这30年间,世界一次能源消费量年均增长率为1.8%左右。

2. 世界能源消费结构趋向优质化,但地区差异仍然很大

自19世纪70年代的产业革命以来,化石燃料的消费量急剧增长。初期主要是以煤炭为主,进入20世纪以后,特别是第二次世界大战以后,石油和天然气的生产消费持续上升,石油于20世纪60年代首次超过煤炭,跃居一次能源的主导地位。虽然20世纪70年代世界经历了两次石油危机,但世界石油消费量却没有丝毫减少的趋势。此后,煤炭、石油所占比例缓慢降低,天然气的比例上升。同时,核能、风能、水力能、地热能等其他形式的新能源逐渐被开发和利用,形成了以化石燃料为主和可再生能源、新能源并存的能源格局。

3. 世界能源消费呈现不同的增长模式,发达国家增长速度明显低于发展中国家

过去30年来,北美洲、中南美洲、欧洲、中东、非洲及亚太等六大地区的能源消费总量均有所增加,但是经济、科技比较发达的北美洲和欧洲两大地区的增长速度非常缓慢,其消费量占世界总消费量的比例也逐年下降,北美洲由1973年的35.1%下降到2003年的28.0%,欧洲则由1973年的42.8%下降到2003年的29.9%。经济合作与发展组织(OECD)成员国能源消费量占世界总消费量的比例由68.0%下降到55.4%。其主要原因是:①发达国家的经济发展已进入到后工业化阶段,经济向低能耗、高产出的产业结构发展,高能耗的制造业逐步转移

至发展中国家;②发达国家高度重视节能与提高能源使用效率。

4.世界能源仍比较丰富,但能源贸易及运输压力增大

根据"2004 年 BP 世界能源统计"数据,截止到 2003 年底,全世界剩余石油探明可采储量为 1 565.8 亿吨,其中,中东地区占 63.3%,北美洲占 5.5%,中南美洲占 8.9%,欧洲占 9.2%,非洲占 8.9%,亚太地区占 4.2%。2003 年世界石油产量为 36.97 亿吨,比上年度增加 3.8%。通过对比各地区石油产量和消费量可以发现,中东地区需要向外输出约 8.8 亿吨,非洲和中南美洲的石油产量也大于消费量。

1.1.2　世界能源的发展趋势

根据美国能源信息署(EIA)最新预测结果,随着世界经济的发展,未来世界能源需求量将持续增加,预计 2020 年将达到 128.89 亿吨油当量,2025 年将达到 136.50 亿吨油当量,年均增长率为 1.2%。每一次能源利用的里程碑式发展,都伴随着人类生存能力与社会进步的巨大飞跃。因此,能源的发展直接影响着人类的发展史。几千年来,在人类的能源利用史上,大致经历了这样四个里程碑式的发展阶段:原始社会火的使用,先祖们在火的照耀下迎来了文明社会的曙光;18 世纪蒸汽机的发明和利用,大大提高了生产力,引发了工业革命;19 世纪电能的利用,促进了社会经济的发展,改变了人类的生活面貌;20 世纪以核能为代表的新能源的利用,使人类进入了原子的微观世界,开始利用原子内部的能量。

未来的人类社会依然要依赖于能源,依赖于能源的可持续发展。因此,我们必须现在就要很清楚地了解地球上的能源结构和储量,发展可开发的能源利用技术,才能使人类的生存得到永久维持。事实上,进入 21 世纪后,根据人类目前的技术可开发的能源已面临严重不足的局面,煤、石油和天然气等矿石燃料资源日益枯竭,甚至不能维持几十年。伴随着世界能源储量分布集中度的日益增大,对能源的争夺将日趋激烈,争夺的方式也将更加复杂,因能源争夺而引发冲突或战争的可能性依然存在。因此,必须寻找可持续的替代能源。

面对以上挑战,未来世界能源的发展趋势将向多元化、清洁化、高效化、全球化和市场化方向发展。

1.1.3　中国能源的特点、消费现状与发展趋势

中国是当今世界上最大的发展中国家,是目前世界上第二大能源生产国和消费国。能源供应持续增长,为经济社会的发展提供了重要的支撑。能源消费的快速增长,为世界能源市场创造了广阔的发展空间。中国已经成为世界能源市场不可或缺的重要组成部分,在维护全球能源安全上,正在发挥着越来越重要的积极作用。

能源是能源发展的基础。新中国成立以来,不断加大能源的勘查力度,组织开展了多次资源评价。具体而言,中国的能源有以下特点:

(1)能源总量比较丰富。中国拥有较为丰富的化石能源,但已探明的石油、天然气资源储量相对不足,油页岩、煤层气等非常规化石能源储量潜力较大。中国拥有较为丰富的可再生资源,其中水力资源理论蕴藏量折合成年发电量为 6.19 万亿千瓦时,相当于世界水力资源量的 12%,列世界首位。

(2)人均能源拥有量较低。中国人口众多,人均能源拥有量在世界上处于较低水平。煤炭和水力资源的人均拥有量相当于世界平均水平的 50%,石油、天然气资源的人均拥有

量仅为世界平均水平的 1/15 左右。

（3）能源贮存分布不均衡。中国能源分布广泛但不均衡，煤炭资源主要贮存在华北、西北地区，水力资源主要分布在西南地区，石油、天然气资源主要贮存在东、中、西部地区和海域。大规模、长距离的北煤南运、北油南运、西气东输、西电东送，是中国能源流向的显著特征和能源运输的基本格局。

（4）能源开发难度较大。与世界相比，中国煤炭资源地质开采条件较差，大部分储量需要井式开采，极少量可供露天开采。石油、天然气资源地质条件复杂，埋藏深，勘探开发技术要求较高。未开发的水力资源多集中在西南部的高山深谷，远离用电负荷中心，开发难度和成本较大。

随着中国经济的较快发展和工业化、城镇化进程的加快，能源需求量不断增长，中国现阶段的能源状况突出表现在以下几方面：

（1）资源约束突出，能源效率偏低。中国的优质能源相对不足，制约了供应能力的提高；能源分布不均，也增加了持续稳定供应的难度；经济增长方式粗放，能源结构不合理，能源技术装备水平低和管理水平相对落后，导致单位国内生产总值能耗和主要耗能产品能耗高于主要能源消费国家的平均水平，进一步加剧了能源供需矛盾。

（2）能源消费以煤炭为主，环境压力加大。煤炭是中国的主要能源，以煤炭为主的能源结构在未来相当长的时期内难以改变。煤炭消费是造成煤烟型大气污染的主要原因，也是温室气体排放的主要来源。相对落后的煤炭生产方式和消费方式，加大了环境保护的压力。这种状况持续下去，将给生态环境带来更大的压力。

（3）市场体系不完善，应急能力有待加强。中国能源市场体系有待完善，能源价格机制未能完全反映资源的稀缺程度、供求关系及环境成本。能源勘探开发秩序需进一步规范，能源监管体制有待健全。煤矿生产欠账较多，电网结构不够合理，石油储备能力不足，有效应对能源供应中断和重大突发事件的预警应急体系有待进一步完善和加强。

中国有自己的国情，中国能源储量结构的特点及中国经济结构的特色，决定了可预见的中国能源的未来发展趋势。中国以煤炭为主的能源结构不大可能改变，中国能源消费结构与世界能源消费结构的差异将继续存在，这就要求中国的能源政策，包括能源的基础设施建设、勘探生产、利用，环境污染控制和利用海外能源等方面的政策应有别于其他国家。由于中国人口多，能源特别是优质能源有限，所以应特别注意依靠科技进步和政策引导来提高能源效率，寻求能源的清洁化利用，积极倡导能源、环境和经济的可持续发展。

为保障能源安全，中国一方面应借鉴国际先进经验，完善能源法律法规，建立能源市场信息统计体系，建立我国能源安全的预警机制、能源储备机制和能源危机应急机制，积极倡导能源供应在来源、品种、贸易、运输等方式的多元化，提高市场化程度；另一方面应加强与主要能源生产国和消费国的对话，扩大能源供应网络，实现能源生产、运输、采购、贸易及利用的全球化。

1.2　能源危机及全球气候变化的严峻性

1.2.1　能源危机

今天,几乎所有的工业化国家都面临着两个关系到可持续发展的挑战:①保证令人满意的长期能源供应和减少人类活动带给环境的影响;②能源利用与环境的可持续发展已成为关系到人类未来生存与文明延续的一个重要问题。

据统计,世界人口已经突破65亿,比19世纪末期增加了2倍多,而能源消费量却增加了16倍多。无论是"节约能源"、"利用太阳能"、"打更多的油井或气井",还是"发现更多更大的煤田",能源的供应始终跟不上人类对能源的需求。当前世界能源消费以化石能源为主,其中中国等少数国家是以煤炭为主,其他国家大部分则是以石油与天然气为主。按目前的消耗量,专家预测石油、天然气最多只能维持不到半个世纪,煤炭也只能维持一二百年。所以不管是哪一种常规能源结构,人类面临的能源危机都日趋严重。

1.2.2　能源与环境

能源的开发利用与环境污染有直接关系。因此,弄清能源与环境的内在联系及其发展变化规律,对于科学地认识和利用能源,促进国民经济的蓬勃发展,有着重要的现实和理论意义。

造成环境污染危机的因素是多方面的,但人类对能源特别是煤炭、石油、天然气的直接燃烧,则是最主要的根源。科学研究发现,不同种类的矿物质能源在直接燃烧时释放的有害物数量不尽相同,有害物对环境的污染程度和对人类的危害程度也是不同的。当煤炭、石油、天然气等化石能源直接燃烧时,会产生出二氧化硫(SO_2)、烟尘、氮氧化物、烃类、痕量元素和二氧化碳(CO_2),而生物质能(如薪柴、秸秆等)主要产生CO_2等有害物,这些产物又能互相作用生成比它们本身危害大几倍甚至几十倍的有毒物质。

从人类利用能源的方式方法来考察,能源的加工程度、利用方式不同,对环境的污染也大不相同。中国对煤炭的加工使用大体有:原煤、洗选煤、精选煤、炼焦、液化、汽化等。加工深度越浅,污染越严重。例如,对原煤进行洗选加工,则烟尘和SO_2的排放量可大大减少。

能源的利用方式决定着污染方式。从污染源的情况看,有点污染、线污染和面污染三种,它们都与不同的利用方式相联系。点污染主要有各种燃煤、燃油锅炉和工业窑炉,其中最严重的是火电厂;线污染主要是汽车和燃煤机车,城市中以汽车为主,它们走一线,污染一线;面污染主要是城市工业集中区和数以万计的各式家用炉灶,构成大面积的面污染。

1.2.3　能源对环境的污染

随着世界能源消费量的增大,CO_2、氮氧化物、灰尘颗粒物等环境污染物的排放量逐年增大,带来的主要后果是:酸雨、温室效应和臭氧层破坏。其来源主要有三个方面:①煤、石油等化石能源的燃烧;②汽车排放的尾气;③工业生产(如各种化工厂、炼焦厂等的生产)产生的废气。

化石能源对环境的污染和对全球气候的影响将日趋严重。据 EIA 统计,1990 年世界 CO_2 的排放量约为 215.6 亿吨,2001 年达到 239.0 亿吨,2010 年为 277.2 亿吨,预计 2025 年将达到 371.2 亿吨,年均增长 1.85%,这将使大气和水资源遭受严重污染。大气中主要的四种污染物是:氮氧化物(如 NO 与 NO_2)、SO_2、各种悬浮颗粒物、一氧化碳(CO)。

由于社会制度及人类对大自然认识的局限性,滥用与浪费能源是使环境不断恶化的主要根源。全世界范围的环境污染主要表现在以下几个方面:

(1) 大气污染。通过锅炉、窑炉、冶炼、内燃机、化工生产等把燃料的化学能转化为热能时,会向大气排放大量粉尘、硫氧化物、氮氧化物、碳氢化物、CO 等污染物,在不利的地形下会形成危害环境的化学烟雾。

(2) 水污染。包括家庭生活污水、工业废水、农业排水及船舶弃污,是威胁环境的第二大污染。与能源消耗有直接联系的前三者是水体与土壤污染的主要根源,而后者是与石油船舶运输分不开的,并且是非常严重的污染。

(3) 废渣垃圾污染。由消耗能源生产出来的工业用品,在生产过程或消耗过程中若不注意回收利用,而以工业废渣或垃圾形式任意倾倒或堆放,会造成生态平衡遭到严重破坏的后果。

(4) 噪声污染。随着现代化工业交通设备向大型化、高速化、大功率化方向发展,空气动力性噪声、机械噪声和电磁噪声随之而来。很明显,噪声本身就是各种不同频率与声强无规律组合的声能源,这与能源的滥用和浪费是分不开的。

(5) 热污染。在利用热能转换为机械能的热机中,或在化工、冶炼等过程中,由于没有注意热平衡或余热利用,往往通过冷却系统向周围环境排放大量热能,不仅浪费能量,使局部地区生态失调,还造成了热污染的严重后果。

(6) 金属污染。一些深藏在岩石圈中的金属,由于生产上的需要而进行能源消耗提炼。在提炼与使用过程中,人们往往以为其是微量的而任意将其排放到大气、水体或土壤表层,日积月累造成某些金属或其化合物的含量超过维持生态平衡的极限,形成金属污染。一些不合理的开采既不珍惜花费能量所换来的得之不易的有限矿产资源,又造成了环境污染。

以上这些都说明能源浪费与环境污染有着紧密相连的关系。

1.2.4 全球气候变化的严峻性

全球气候变化是人类迄今面临的最大的环境问题,也是 21 世纪人类面临的最复杂的挑战之一。最近 10 多年来,气候变化问题被列为全球十大环境问题之首。人们已切身感受到冰川融化、干旱蔓延、作物生产力下降、动植物行为发生变异等气候变化带来的后果。全球气候变化已对全球生态系统以及社会经济系统产生明显的影响,并将继续造成深远而巨大的影响,其中不少影响是负面的或是不利的。

1. 气候变化对植被的影响

由于 CO_2 浓度、温度和降水的变化,全球各生态系统的生物生产力将会受到影响。一般地讲,CO_2 浓度升高,温度变暖,降水增加会有利于植物生长。但由于温度和降水变化的不均衡性,生物生产力的变化也是不等的,有的地方生产力可能提高,有的则可能减少。地球表面温度升高,北半球及其以北地区的温度和土壤湿度区域界线将大幅度北移。研究表明,如果平均温度升高 2 ℃,永冻带的南界将北移 205 ~ 300 km。如果平均温度升高 3 ℃,加拿大永冻土面积将减少25%。这样必然导致地球植被区域发生变化,这种变化主要表现为森林面积减少,森林类型发生变化,草原面积增加,北方森林的南部将大面积地被温性森林所取代,而温性森林则有不少被草原所取代,全球植被总的生物生产力将下降。整个地球植被将发生较大的地带性变化。这种变化要滞后于气候的变化,可能有数十年的滞后期。

　　2. 气候变化对土壤的影响

　　全球气候变暖,平均降水量增加,会使土壤微生物和土壤动物的活动加剧,土壤呼吸加快,这就必然导致全球土壤碳库释放 CO_2 速度的加快,尽管各种生态系统加速的幅度不同,但趋势是一致的。这样将影响碳流,会出现土壤中碳的输入和输出失衡,即输出量大于输入量。全球土壤有机氮库储量也将减少,这同土壤中碳的动态变化相一致,逐渐引起土壤有机质缺乏,致使土壤贫瘠化,其长远效应可能是严重的。另外,气候变化可能影响土壤微生物和土壤动物的分布等,从而影响土壤生物的多样性,而生物多样性的变化又影响土壤中碳和氮的变化。在气候变暖、全球平均降水量增加的情况下,全球枯枝落叶的分解速率会加快。因 CO_2 浓度升高,光合速率提高,生产力增加,输入到土壤中的枯枝落叶量会增加,但因温度效应,留存于土壤中的枯枝落叶总量相对减少,在海拔较高的山地和高纬度地区,土壤中总枯枝落叶留存量减少得更明显。

　　3. 气候变化对农业生态系统的影响

　　气候变化引起农业生态系统的组成、结构和功能以及生物多样性发生变化。气候变暖意味着外界向农业生态系统输入了更多的能量,能量的获得为生物多样性提供了更广泛的资源基础,允许更多的物种共存。农业生态系统组成的改变将直接导致其结构和功能的变化。气候变化会影响作物的生理过程、种间相互作用,甚至改变物种的遗传特性。由于不同物种对气候变化的反应有较大差异,所以农业生态系统的种类组成将随全球气候变化而发生显著改变。大气温度升高可能使农业生态系统的呼吸量提高,从而降低整个生态系统的碳的储存量。同时,降水量的改变、海平面的上升也会在很大程度上影响农业生态系统的功能。气候变暖将有利于病菌的发生、繁殖和蔓延,从而使农田生态系统的稳定性降低。

　　另外,大气中的温室气体的浓度在不断升高,近年来增加速度加快,预计 2030 年 CO_2 浓度将加倍,这将引起全球气候变化,即地球表面温度升高,全球平均降水量增加,但变化幅度区域差异显著。

1.2.5　能源利用与环境的和谐发展

　　人的主观能动性及创造精神,决定了人类在遵从自然规律、顺应自然变迁的同时,能够能动地改造自然,优化人类生存的环境。这种对客观世界的改造,正是人类的伟大之处。我们应当充分运用人类的这一特性,对自然界予以能动的改造,使之更加壮美,更加适宜于人类的生存、进步和发展。当今社会技术密集、人才密集,应当凭借和充分发挥这一优势,把改造企业所在地及其周边的自然和社会环境,作为自己应尽的义务,积极参与公益性建设,努力营造环境与社会共兴共荣的局面。

　　尽可能采用先进的工艺技术,实行良性合理开采和利用能源。必须严格遵守环境保护的法律法规,致力于保护环境和合理利用资源,推动绿色能源和环境友好产品的开发利用,并承诺在世界任何地方和任何业务领域对环境保护的态度始终如一。应当把推行清洁生产作为长期的技术政策,在资源开发的全过程中,实施生态设计管理、投资环境安全评估和清洁生产公众监督,大力发展低污染、低消耗的工艺技术,努力减少污染物排放,多向社会奉献清洁产品,提供绿色服务,以科学的环境管理、优质的环境记录和较低的环境风险,创造能源与环境的和谐局面。

1.3 废物能源化技术

解决能源的途径:一是靠发展,二是靠节约。从开发角度来看,除了充分合理地开发地下资源外,另一条路就是从"三废"中挖掘潜力,向"三废"要能源,这方面潜力很大,而且它可以达到投资省、见效快、收益大的目的。

1.3.1 厌氧制沼气技术

沼气是沼气微生物在厌氧条件下发酵、分解有机物而产生的一种可燃性气体。其中甲烷(CH_4)体积分数占 55% ~70%,CO_2 占 25% ~40%,此外还含有少量的氮气(N_2)、CO、氢气(H_2)和硫化氢(H_2S)等。目前用于制取沼气的厌氧工艺很多,其中较为常用的有:上流式厌氧污泥床(UASB)、污泥床滤器(UBF)、两段厌氧消化法、升流式污泥床反应器(USR)、塞流式消化器(HCF)。

生产沼气的有机物(如农作物的秸秆、青草、树叶及人畜的粪尿等),在一定温度、湿度、酸碱度和密封的条件下,经细菌的发酵分解作用,即可产生沼气(甲烷)。沼气的产生是相当复杂的生理生化过程,起主导作用的是甲烷细菌。沼气池中的细菌按能否产生甲烷可分为两大类:

(1)不产甲烷的芽孢杆菌等细菌,其种类多,数量大,对秸秆、杂草中的大分子有机化合物都要先从它们身上入手,把蛋白质、脂肪、淀粉、果胶,甚至纤维素分解为氨基酸、CO_2 等;进而又通过拟杆菌、丙酸杆菌等将有机酸分解成分子更小的甲乙酸、甲乙醇、丁酸等。

(2)甲烷细菌种类少,仅有十多种,不能利用大分子化合有机物满足其生长需要,且在极度厌氧环境才能生长繁殖,因此,很难分离单独培养。而拟杆菌等分解有机酸的产物,正好为甲烷细菌提供了"可口"的食物。甲烷细菌在进食中,或分解酸,或氧化醇,或还原 CO_2,就产生了沼气。沼气,其实就是甲烷细菌在进食、生长、繁殖、代谢过程中所排出的"废物"。

根据厌氧发酵底物干物质含量的不同,沼气发酵技术可分为湿法和干法两种:湿法技术的底物干物质质量分数一般小于 8%,是液态有机物的处理方法;干法技术的底物干物质质量分数一般在 20% 以上,是固态有机物的处理方法。

(1)沼气湿法发酵技术

沼气湿法发酵技术具有物料传热、传质效果好,反应器可以在厌氧状态下连续进出料,易于工程放大等优点,被现阶段大中型沼气工程普遍采用;沼气干法发酵技术较难实现在厌氧状态下连续进出料。随着全球能源和环境危机日益加剧,具有容积产气率高、处理过程中不产生污水、自身能耗低等独特优势的沼气干法发酵技术受到了越来越多的关注,近年来在工程化技术方面取得了长足的进步。

(2)沼气干法发酵技术

沼气干法发酵是指培养基呈固态,虽然含水丰富,但没有或几乎没有自由流动水的沼气厌氧微生物发酵过程,其发酵的微生物学原理与沼气湿法发酵基本相同。在这个过程中已查明的微生物约有两三百种,这些微生物在有机物的厌氧分解过程中相互依存,形成一条食物链,其中大多数微生物不直接产生甲烷。

沼气干法发酵的工艺条件主要包括两个方面:一是从工艺上满足厌氧发酵微生物生长繁殖的适宜条件,以达到发酵旺盛、产气量高的目的,包括厌氧环境的形成、原料的预处理、底物碳氮比和干物质含量、发酵温度、pH 值、接种量等参数的合理控制;二是从工艺上满足沼气干法发酵的工程化生产问题。由于沼气干法发酵原料呈固态,在反应器厌氧状态下连续进出料有较大难度,为避免使用高能耗的输送设备,一般采用全进全出的间歇式进出料工艺,在间歇式进出料工艺条件下,能够实现大规模快速进出料的反应器形式和密封结构是工程化研究设计的难点。

沼气干法发酵的过程可分为三个阶段:第一阶段为水解阶段,各种固体有机物通常不能进入微生物体内被其利用,必须在好氧和厌氧微生物分泌的胞外酶、表面酶(纤维素酶、蛋白酶、脂肪酶)的作用下,将固体有机质水解成相对分子质量较小的可溶性单糖、氨基酸、甘油、脂肪酸,这些相对分子质量较小的可溶性物质就可以进入微生物细胞内被进一步分解利用;第二阶段为产酸阶段,各种可溶性物质(单糖、氨基酸、甘油、脂肪酸),在纤维素细菌、蛋白质细菌、脂肪细菌、果胶细菌胞内酶的作用下继续分解转化成低分子物质,如丁酸、丙酸、乙酸及醇、酮、醛等简单的有机物质,同时也有部分 H_2、CO_2 等无机物被释放;第三阶段为产甲烷阶段,由产甲烷细菌将第二阶段分解出来的乙酸等简单有机物分解成甲烷和CO_2。

自 20 世纪 80 年代末 90 年代初开始,随着畜禽养殖业的快速发展,畜禽粪便资源日渐丰富,采用沼气干法发酵技术的沼气池逐渐被进出料方便、产气量相对较稳定的沼气湿法发酵技术取代,沼气干法发酵技术进入缓慢发展时期,但有关研究仍在继续。沼气干法发酵工艺又可以分为连续式和间歇式两种,由于连续性沼气干法发酵工艺太复杂、成本过高,因此未能得到推广。世界上第一个商业运行的间歇式反应器建于荷兰,其 1 kg VS(挥发性固体)可产甲烷 260 L。

1.3.2　发酵生物制氢技术

18 世纪工业革命以来建立的化石能源体系正面临着两大挑战:第一,化石能源储量日益减小,面临着枯竭的危险;第二,由使用化石能源带来的温室效应、酸雨和粉尘污染等一系列环境问题日益严峻。解决这些问题并实现人类的可持续发展目标,必然离不开可替代的清洁能源,以构筑新的能源体系。在可再生的清洁能源中,可以从自然界广泛存在的生物质中获取的包括氢气、甲烷、乙醇、甲醇和生物柴油等中,氢能是最清洁的、极具潜力的未来替代能源之一。

氢气作为可再生的清洁能源而被人们所接受。氢气在能源转换的电化学和燃烧过程中不产生含碳化合物的散射,而这些含碳化合物是造成环境污染和气候变暖的主要因素。氢能作为一种无污染、可再生的理想燃料,被认为是最有吸引力的石油替代能源。氢气燃料电池和其他氢气利用技术提供了可再生能源利用和可持续能源利用之间的基本联系。

氢气的生物生产主要通过微生物的代谢过程来实现。制造氢气已成为极具吸引力的新的热点研究领域,这主要是因为生物制氢工艺可以利用诸如高浓度有机废水、含碳水化合物的物质等一系列可再生资源来生产氢气。然而,相对于日益完备的氢能利用的下游体系,氢气却没有在以可再生资源为原料的生产方面实现突破。目前,氢气还是主要来自化石燃料的重整转化(占氢气来源的96%)和电解水制氢(占4%),这显然未能摆脱原有的化石能源体系。因此,如何可持续地从自然界中获取氢气尤其受到人们的关注。生物制氢是解决这一问题的重要途径之一。

制氢的方法很多,与水分解法或水电解等物理化学法制氢比较,生物制氢主要是通过微生物的作用,分解有机物来获得氢气,成本低廉,更有发展应用前景。生物制氢过程可分为光合生物制氢和厌氧发酵制氢两大类。厌氧发酵制氢的末端产物为有机酸和乙醇,这些代谢产物是光合生物制氢或甲烷发酵可利用的底物。

本章阐述生物制氢各项工艺理论与实践的同时,重点讨论发酵生物制氢的机理。

1. 光合制氢

(1)光合成生物制氢系统。水的光合成是一个可以将太阳能转换成可以利用的、能够储存的化学能的生物学过程,其化学反应方程式为:

$$2H_2O \longrightarrow 2H_2 + O_2$$

光合成的方法对于植物和藻类有着相同的生物学过程,不同之处在于伴随这一过程的是藻类产生了氢而不是含碳生物质。光合成涉及光吸收的两个光合成系统:①水裂解和释氧的光系统 II 或 PSII;②生成的还原剂用来 CO_2 还原的光系统 I 或 PSI。在这两个系统中,两个光子(每个系统一个光子)用来从水中转移一个电子和 CO_2 还原或 H_2 的形成。在植物中,因不存在氢化酶系统,所以只有 CO_2 还原的发生;在藻类(原核藻类和真核藻类都是如此)中,因存在氢化酶系统,所以在一定的条件下产生氢分子。

绿藻在厌氧条件下生产氢气。绿藻接种后需要几分钟到几小时的时间,主要过程是在黑暗中需要诱导合成或活化涉及氢代谢的酶类,包括可逆氢化酶系统。氢化酶利用铁氧还原蛋白提供的电子结合 H^+ 质子形成和释放氢分子。H_2 的合成支持持续不断的电子流通过电子传递链的流动,这一过程能够产生 ATP 的合成。

(2)光合 - 发酵杂交生物制氢系统。这一生物制氢系统包括光合细菌和非光合细菌,可以强化生物制氢系统的产氢量。多种碳水化合物可以被丁酸梭状芽孢杆菌(C. butyri-cum)消化降解,这种细菌不用光照就可以降解碳水化合物而生产氢。产生的有机酸可以作为光合细菌的底物生产氢。厌氧细菌通过降解碳水化合物获得电子和能量,因为反应仅仅能向负的自由能方向进行,所以由厌氧细菌降解产生的有机酸不可能继续降解合成 H_2。利用厌氧细菌,葡萄糖不可能完全地降解形成 H_2 和 CO_2。光合细菌可以利用光能克服正向自由能反应,细菌可以利用有机酸生产 H_2。这两种细菌的结合不仅可以还原光能来满足光合细菌的能量需求,也可以增加 H_2 产量。紫色非硫细菌可生产分子氢,这一过程是固氮菌在缺氮条件下由光能和还原有机物(有机酸)被固氮酶催化形成的:

$$C_6H_{12}O_6 + 6H_2O \longrightarrow 12H_2 + 6CO_2$$

一般而言,光异养型细菌的产氢率在细胞固定化时比自由存在时要高出许多。因此细胞固定化研究和工艺报道得很多。Rhodopseudomonas capsu - late 和 Rhodobactor spheroids 连续培养的产氢率为 $40 \sim 50 \ mmol \ H_2/(L \cdot h)$ 和 $80 \sim 100 \ mL \ H_2/(L \cdot h)$。

（3）光分解生物制氢系统。蓝细菌可以通过下面两个步骤释放氢：

$$6H_2O + 6CO_2 \longrightarrow C_6H_{12}O_6 + 6O_2$$
$$C_6H_{12}O_6 + 6H_2O \longrightarrow 12H_2 + 6CO_2$$

蓝细菌是一类品种繁多、伴随地球历史而生的光能自养型微生物，借助具有光合作用的叶绿素分子和辅助色素分子，能够进行氧的光合成。蓝细菌的许多物种都含有能够进行氢代谢和分子氢合成的酶类。氢化酶可以催化由固氮酶形成的 H_2 的氧化，也可以催化氢的合成，因而是一种可逆双向的酶类。目前已进行了蓝细菌的 14 个属的众多物种在不同条件下的 H_2 生产。

（4）水 - 气交换反应生物制氢系统。Rhodospirillaceae 科的某些光异养型细菌可以生长在以 CO 为唯一碳源的生长环境中，产生 ATP 并伴随着 H_2 和 CO_2 的释放，伴随着 H_2 的释放由 CO 向 CO_2 的氧化转变，是通过下面的水 - 气交换反应来完成的：

$$CO(g) + H_2O(l) \longrightarrow CO_2(g) + H_2(g)$$
$$\Delta G^0 = -20 \text{ kJ/mol}$$

这一反应是由酶代谢途径中的蛋白质介导反应实现的，只发生在低温低压的条件下。热动力学研究表明，这一反应有利于 CO 的固定和 H_2 的合成，因为反应平衡强烈地倾向于反应的右侧。

2. 厌氧发酵生物制氢

生物制氢想法最先是 Lewis 在 1966 年提出的，20 世纪 70 年代的石油危机使各国政府和科学家意识到急需寻求替代能源，生物制氢第一次被认为具有实用性。自此，人们才从获取氢能角度开展各种生物氢来源和产氢技术的研究。20 世纪 80 年代，人们对各种氢能源及其应用技术已进行了大量开发研究。石油价格回落以后，氢气及其他替代能源的技术研究一度不再出现在一些国家的议事日程中。到了 20 世纪 90 年代，当世界面临着能源与环境的双重压力时，生物制氢研究再度兴起。各种现代生物技术在生物制氢领域的应用，大大推进了生物制氢技术的发展。目前，制氢的方法很多，包括理化法制氢和生物法制氢。传统的理化法制氢包括矿物燃料制氢、水电解制氢、太阳能制氢、热化学循环制氢和等离子制氢等。但存在以下不足：

①矿物燃料制氢伴有 CO_2 排放，污染环境；

②矿物燃料制氢、水电解制氢和热化学循环制氢的原料和设备投资高；

③等离子制氢则能耗过大。

厌氧产氢菌种利用混合菌种产氢的研究，自 20 世纪 90 年代中后期开始有所报道。目前的研究结果表明，与利用纯菌产氢相比，利用混合菌系进行厌氧生物制氢具有明显的优势。由于菌种间的协同作用，纯菌的产氢能力不如混合菌种，其中，厌氧活性污泥具有最大的产氢能力；厌氧产氢微生物来源广泛，除了污水处理厂的活性污泥和厌氧消化污泥外，各种土壤中也含有大量的产氢微生物；混合细菌可利用的底物比较广泛，除了常用的葡萄糖、蔗糖外，甚至还可以利用固体废弃物和有机废水，如酿酒废水、淀粉加工废水等。因此，利用厌氧活性污泥作为发酵产氢的接种物进行发酵产氢的研究，已成为人们关注的焦点。利用混合菌种的产氢过程主要是通过发酵操作条件的控制使得产氢能力高的发酵细菌在体系中占优势，但以实际废弃物为底物进行产氢发酵时，附着于废弃物的杂菌会一起混入产氢发酵体系，容易使细菌种群变得复杂。因此，生物制氢反应器的操作条件控制，不仅要考虑产氢细菌的发酵途径,还要控制细菌种群的变化。

产氢菌种筛选主要有两个目标:高的氢气转化率和更宽的底物利用范围。多年来的研究发现,产氢菌种主要包括肠杆菌属(*Enterobacter*)、梭菌属(*Clostridium*)、埃希氏肠杆菌属(*Escherichia*)和杆菌属(*Bacillus*)这四类。其中尤以肠杆菌属和梭菌属研究得最多,表 1.1 中列出了常见产氢细菌底物及转化率,可以看到梭菌属每 1 mol 葡萄糖产氢率最高可达 2.36 mol;肠杆菌属每 1 mol 葡萄糖最大产氢率可达 3 mol。

表 1.1　常见产氢细菌底物及转化率

菌种	底物	转化率
Enterobacter cloacae ⅡT – BT 08	葡萄糖、淀粉	2.2 mol/mol 葡萄糖、6 mol/mol 蔗糖
Enterobacter aerogenes HO39	纤维二糖、蔗糖	5.4 mol/mol 纤维二糖
Enterobacter aerogenes E. 82005	糖蜜、葡萄糖	1.58 mol/mol 葡萄糖
Clostridium sp strain No 2	纤维素、半纤维素、木聚糖、木糖	2.06 mol/mol 木糖 2.36 mol/mol 葡萄糖
Clostridium paraputrificum M – 21	几丁质、虾壳	1.9 mol/mol 葡萄糖
Clostridium butyricum	葡萄糖、淀粉	2.3 mol/mol 葡萄糖

仅是传统的产氢菌种已不能满足生物制氢应用发展的需求,建立产氢菌数据库,并从中筛选高转化率和更广的底物利用范围的菌株是近年来发酵制氢研究的重要方向。

1.3.3　厌氧发酵生物制氢的发酵类型

目前,发酵制氢主要包括乙醇型发酵制氢、丙酸型发酵制氢、丁酸型发酵制氢和混合酸型发酵制氢四种发酵类型。

1. 乙醇型发酵制氢

乙醇型发酵制氢是最近几年发现的一种新型制氢方法。这一发酵类型的优势种群目前不清楚,推测可能与细菌乙醇发酵种群有关。这种方法不同于传统的微生物代谢过程中的乙醇发酵。传统的乙醇发酵是碳水化合物经糖酵解生成丙酮酸,而丙酮酸经乙醛生成乙醇的过程。在此过程中,发酵产物为乙醇和 CO_2,无 H_2 产生。任南琪教授在利用有机废水进行产酸发酵过程中发现的新型制氢方法,其末端产物主要是乙醇、乙酸、CO_2、H_2 和少量丁酸。乙醇型发酵制氢的途径主要是葡萄糖经糖酵解后形成丙酮酸,在经丙酮酸脱酸酶的作用下,以焦磷酸硫胺素为辅酶,脱羧变成乙醛,从而在醇脱氢酶作用下形成乙醇。在这个过程中还原型铁氧还蛋白在氢化酶的作用下被还原的同时释放出 H_2。

2. 丙酸型发酵制氢

许多含氮有机化合物(如酵母膏、明胶、肉膏等)的酸性发酵往往发生丙酸型发酵,难降解碳水化合物如纤维素,在厌氧发酵过程也常呈现丙酸型发酵,丙酸型发酵细菌主要有丙酸杆菌属(*Propionibacterium*)。在发酵过程中,经 EMP 途径产生的 $NADH + H^+$ 通过与一定比例的丙酸、丁酸、乙醇和乳酸等发酵过程相耦联而氧化为 NAD^+,来保证代谢过程中的 $NADH/NAD^+$ 的平衡。为了避免 $NADH + H^+$ 的积累而保证代谢的正常进行,发酵细菌可以通过释放 H_2 的方式将过量的 $NADH + H^+$ 氧化。其末端产物是丙酸和乙酸,气体产物非常少,一些学者把这种发酵制氢称为丙酸型发酵制氢。

3. 丁酸型发酵制氢

丁酸型发酵制氢的菌类主要是一些厌氧菌和兼性厌氧菌,主要优势种群是梭菌属,如丁酸梭状芽孢杆菌等。在发酵过程中的末端产物主要是丁酸、乙酸、H_2、CO_2 和少量丙酸。许多可溶性的碳水化合物主要是以丁酸型发酵为主。这些物质在严格的厌氧细菌或兼性厌氧菌的作用下,经过三羧酸循环形成丙酮酸,丙酮酸在丙酮酸铁氧还蛋白氧化还原酶的催化作用下脱酸,羟乙基结合到酶的焦磷酸硫胺素上,生成乙酰辅酶 A,脱下的氢使铁氧还蛋白还原,而还原型铁氧还蛋白在氢化酶的作用下被还原的同时释放出 H_2。

4. 混合酸型发酵制氢

混合酸型发酵即发酵产物除乙酸外还有两种或两种以上优势液相产物,或者没有显著特征可以确定为以上三种发酵类型。该发酵类型的优势种群可能为混合酸发酵细菌,也可能为其他发酵细菌多种优势种群并存。混合酸型发酵群落缺乏稳定性,多种优势种群在竞争的作用下,群落会逐渐演替,最后形成稳定的群落。

1.3.4　制氢发酵反应器

1. 完全混合型反应器(Completely Stirred Tank Reactor ,CSTR)

CSTR 常用于探讨操作条件参数(pH 值、HRT、温度等)对产氢发酵的影响或产氢发酵细菌群的动力学参数的解析。已往采用 CSTR 连续产氢发酵的研究中,最大的产氢率为 2.8 mol/mol。

2. 升流式厌氧污泥床反应器(Up – flow Anaerobic Sludge Bed, UASB)

UASB 反应器由于污泥停留时间(SRT)长可能会引起甲烷的产生,但通过对接种物的预处理及 pH 值的控制,可以实现稳定的氢生产。采用 UASB 反应器的研究报道,产氢率受条件控制差异很大,中温条件产氢率为 0.65 ~ 2.01 mol/mol,高温条件下的产氢率各有不同。Yu 等人报道指出,采用葡萄酒酿造废水产氢率为 2.14 mol/mol;Kotsopoulos 等人采用超高温(70 ℃) UASB 反应器,以葡萄糖为底物在水力停留时间(HRT)为 27 h,在 pH 为 4.8 的条件下,最大产氢率为 2.47 mol/mol,没有发现有甲烷气体的产生;Wu 等人报道了在丙烯酸乳胶和硅树脂载体上固定产氢发酵细菌后作为 UASB 反应器的接种物所进行的连续试验,在 HRT 为 2 h 的条件下产氢率达到 2.67 mol/mol;Lin 等人通过将接种污泥和活性炭混合后固定在硅凝胶上,然后作为 UASB 反应器的接种物,在 HRT 为 2.2 h 的条件下达到最大产氢速率(2.27 L/(L·h));Lee 等人通过将在 UASB 反应器内导入载体后的 CIGSB (Carrier Induced Granular Sludge Bed) 反应器与常规的 UASB 反应器相比,发现 CIGSB 反应器可促进颗粒化污泥的形成,在 HRT 为 0.5 h 的条件下维持菌体质量浓度 26.1 g/L(以 VSS 计),即可达到最大产氢率(3.03 mol/mol)及产氢速率(175 L/(L·d))。并且针对 CIGSB 反应器的高/径(H/D)比对生物产氢的影响,提出 $H/D = 8$ 为产氢的最适条件;Zhang 等人通过在 UASB 反应器内导入颗粒活性炭载体,并维持很高的菌体质量浓度(21.5 g/L,以 VSS 计),发现在 HRT 为 1 h 的条件下可达到最大产氢速率为 2.36 L/(L·h)。

3. 膜分离反应器(Membrane Bioreactor, MBR)

采用 MBR,通过改变 HRT 和 SRT 进行连续产氢发酵试验。研究发现,在 HRT 为 3.3 h 保持不变,SRT 从 3.3 h 至 12 h 变化条件下,SRT 越长,葡萄糖分解率、产氢速率和产氢率越大。但在 HRT 为 5 h 的条件下,SRT 为 5 h 时的产氢速率及产氢率达到最大值,随后 SRT

增大,产氢速率及产氢率反而降低。李东列等人以葡萄糖(8.25 g/L)为底物,比较了 MBR 和 CSTR 的产氢发酵特性,结果表明,MBR 的产氢率低,底物分解率高,产氢速率较 CSTR 高2倍。

4.厌氧批式反应器(Anaerobic Sequencing Batch Reactor,ASBR)

研究发现,与 CSTR 相比,ASBR 可提高菌体浓度,因此也能提高产氢速率。但是采用 ASBR 得到的产氢率(0.48~1.30 mol/mol)比采用 CSTR 得到的结果偏低。

5.两相氢/甲烷发酵系统

产氢发酵的末端产物为有机酸,单独的氢发酵工艺只能将原料 COD 中的很少一部分转化为 H_2,而要将大部分的 COD 转化为有机酸等,需要进一步处理(如图1.1所示)。因此,在产氢反应器的后段设置甲烷反应器,可将大量的有机酸转换成沼气能源。两相氢/甲烷发酵工艺的发端是两相酸/甲烷发酵工艺,即在甲烷反应器的前段单独设置酸反应器,使产酸细菌和产甲烷细菌各自在最佳增殖条件下生长,促进甲烷发酵限速阶段的水解反应。已知酸反应器会产生过量 H_2,以回收 H_2 为主要目的,在近几年才受到关注。与单相甲烷发酵工艺比较,两相氢/甲烷发酵工艺具有如下优点:

①理论上最大可提高 10% 的能量回收;

②提高有机物的分解率并加速甲烷发酵;

③促进生物气作为燃料电池的能源利用等。

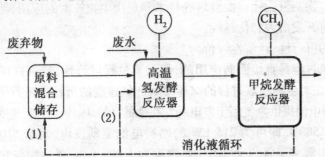

(1)调节原料浓度,减少稀释水
(2)调整氢发酵的pH值,减少加碱量,补充产氢细菌和氮源

图1.1　两相循环高温氢/甲烷发酵工艺

1.3.5　厌氧发酵生物制氢的研究方向及进展

1.厌氧发酵生物的研究方向

影响厌氧发酵制氢的生态因子很多,有微生物种类及数量的生物因子;有机营养物及无机营养物的底物因子;pH 值、温度、水力停留时间(HRT)、操作方式、氢分压及氧化还原电位(ORP)的环境因子等。而厌氧产氢微生物是厌氧发酵制氢过程中的核心,也成了发酵产氢的重要研究内容。很多研究者利用分批试验,探讨各种生态因子对厌氧发酵制氢的影响,并且大多采用人工配水或易降解的有机物(葡萄糖、淀粉)。目前科学家们正从以下方向进行深入研究。

(1)菌种选育及其酶的研究。在厌氧发酵生物制氢过程中,高效菌种的选育是关键,耐高温或耐酸菌是值得重视的育种方向。卢文玉研究组对产气肠杆菌进行激光诱变,筛选得到一株能够耐受 pH=3.0 的高产氢突变株,产氢量提高48%。利用嗜热微生物发酵制氢是生物制氢技术的最新研究领域,该方法简化了发酵工艺条件并提高了产气效率,为大幅度降低生物制氢的成本提供了有利条件。世界各经济强国已经充分意识到,极端微生物的研究与应用将是取得现代生物技术优势的重要途径。氢酶是氢代谢研究中一个至关重要的酶,其空间结构、催化中心、基因结构的阐明、电子载体种类等机制已吸引了许多物理、化学和生物学家的研究兴趣。对其进行深入研究,在地球早期生命起源和高效生物催化剂研究中具有重要的意义。

(2)厌氧发酵产氢不同底物的研究。厌氧产氢技术研究的最终目的是实现规模化工业生产。如要实施大规模工业化生产,必须考虑生产成本问题。目前大部分研究主要集中在以培养基或有机废水为底物的研究,对资源丰富的工农业废弃物、城市污水、养殖场废水、秸秆等廉价、丰富的可再生资源研究偏少。所以研究现有的有机废物,同时注重以污染源为原料进行产氢的研究,既可降低生产成本,又可净化环境。近年来与废弃生物质处理相结合的制氢过程研究大为增加,其中一些已经达到中试水平。

(3)混合培养产氢技术的研究。在厌氧发酵产氢中,将同属或异属的菌种进行共培养能够实现协同产氢。牛莉莉等人将菌株 T42 和自养甲烷热杆菌 Z245 共培养时,由于降低了氢分压,使其葡萄糖利用率和氢产量分别提高1倍和2.8倍,发酵产物乙酸和乙醇的比例也从1提高到1.7。选择混合培养制氢,利用菌种的互补性,创造互为有利的生态条件,是一条可取的微生物制氢途径。混合培养技术和现代生物技术的应用,使生物制氢绿色能源生产技术更具有开发潜力和优越性。

2. 发酵制氢的可行性、经济性评价

发酵生物制氢过程是直接面向应用的,但是其过程可行性、经济性评价的研究却一直很少。Levin 最近在对生物制氢过程的综述中对产氢速度的可行性进行了评价。生物制氢反应器能否为燃料电池提供氢气用于发电呢? 在他的计算中,一个产氢速度为310 L/(L·h)的反应器,如果有500 L 即可为215 kW 的燃料电池驱动发电,对于510 kW 的则仅需要1 000 L。而现在电解水制氢的反应器供氢速度为1 000 L/h,要达到与它相同的速度只需要上述暗发酵制氢反应器的体积334 L。如前所述的产氢反应器,很多都已经达到甚至超过了310 L/(L·h)这一产氢速度,所以暗发酵制氢在产氢速度方面已经具有很强的应用前景。

对于发酵制氢过程的经济性,Classen 对一个暗发酵和光反应相结合的反应器进行了经济性评价,暗反应器体积为95 m³,光反应器体积为300 m³,原料价格不计,通过核算 H₂ 的价格为1 912 欧元/GJ。对于纯光反应过程,Benemann 和 Tredici 对不同的体系进行了核算,H₂价格分别为10美元/GJ 和15美元/GJ。目前产业化的甲烷发酵成本在4~8美元/GJ 之间,而对于完全暗发酵制氢的体系,尚没有完备的经济性评价。事实上,同具有高能量转化率的甲烷发酵过程比较,根据目前的产氢效率判断,暗发酵制氢在最终能量获取的成本上不具备优势。尽管可以和废水处理相结合,但是由于不能把废物完全降解,相对于甲烷发酵,其成本还是远大于其他燃料。现有的经济性评价只针对制氢过程本身,采用生物制氢过程的社会效益还未全面评估,如果把环境效益、政策因素等考虑进去,采用生物法制取 H₂ 将是非常有前景的选择。

3. 厌氧发酵制氢的研究进展

（1）高效制氢过程的开发。近年来对于高效制氢过程、反应器设计进行了很多卓有成效的研究工作，但是对于其中的科学机理尚没有细致的研究，仅依靠 pH 值、水力停留时间、接种来实现发酵过程的控制。以后重要的研究方向是打开产氢过程黑箱，研究不同菌间的相互作用关系，实现对过程有效、智能的控制。目前已采用 PCR - DGGE 的方法用于分析产氢污泥中的细菌分布，采用荧光原位杂交技术、荧光示踪技术分析菌群分布也将推动对这一问题的解析。目前的代谢网络构建往往只集中在单一细菌中，如何研究和有效利用菌群的代谢网络也将是一个重要的科学问题。除此之外，产氢反应器的放大也是一个重要的问题，目前采用载体固定化策略的高效产氢反应器最大体积仅为 3 L，积极推动这类反应器产业化规模的研究将是未来一段时间制氢反应器的重要研究课题。

（2）发酵制氢的气体分离技术。PEMFC 燃料电池要求氢气纯度大于 99 %，且 CO 的体积分数不能超过 0.001%。这对发酵制氢气体的纯化提出了较高的要求，但是现在这方面的研究还相对滞后，这将直接影响生物制氢将来的应用。目前已有的研究通常采用膜技术对 H_2 进行选择性纯化，但是国内尚未见到这方面的报道。今后的发酵制氢的研究重点之一是开发高效 H_2 纯化技术，从而推动反应—分离—利用一体化系统的实际运用。

（3）厌氧发酵生物制氢的应用前景。厌氧发酵生物制氢较光合法生物制氢更易实现大规模工业化生产，是一项集环境效益、社会效益和经济效益于一体的新型环保产业，从长远来看，利用廉价的有机废物产氢，是解决能源危机、实现废物利用、改善环境的有效手段，是制氢工业新的发展方向，将拥有广阔的社会和经济前景。

1.3.6 微生物燃料电池技术

正在兴起的微生物燃料电池（Microbial Fuel Cell，MFC）研发为可再生能源生产和废弃物处理提供了一条新途径。微生物燃料电池是一种利用微生物作为催化剂，将燃料中的化学能直接转化为电能的生物反应器。典型的 MFC 装置由阴极区和阳极区组成，两区域之间由质子交换膜分隔。其工作原理是：在阳极区表面，水溶液或污泥中的有机物，如葡萄糖、醋酸、多糖和其他可降解的有机物等在阳极微生物的作用下，产生 CO_2、质子和电子。电子通过中间体或细胞膜传递给电极，并通过外电路到达阴极，质子通过溶液迁移到阴极后与 O_2 发生反应产生水，从而使得整个过程达到物质和电荷的平衡，并且外部用电器也获得了电能。

MFC 兼具了污水处理厂厌氧池和曝气池的特征，阳极室为厌氧发酵区，阴极室为好氧环境，但不需要曝气，既节约了成本，又可产生电能。许多研究表明，MFC 技术具有处理工业污水、生活污水、动物养殖场污水和人工合成污水的潜力。

MFC 从结构上分为双室 MFCs 和单室 MFCs。典型的双室 MFCs 包括阳极室和阴极室，中间由 PEM 或盐桥连接。单室 MFCs 从电极构型上分为三类：阴阳极与膜压制成"三合一"电极、阴极与膜压制成"二合一"电极、无质子交换膜或加入多孔膜。单室 MFCs 通常直接以空气中的 O_2 作为氧化剂，无需曝气，因而具有结构简单和成本低的优点，更适于规模化。Kim 等人比较了单室 MFCs 和双室 MFCs 的产电效果。对于以厌氧污泥为活性微生物、乙醇为底物的 MFCs，单室的功率密度比双室高（单室 488 ± 12 mW/m^2，双室 40 ± 2 mW/m^2）。这是因为单室 MFCs 无分隔材料和阴极液，内阻较双室小。但是单室 MFCs 的库仑效率比双室低（单室 10%，双室 42% ~61%）。这主要是因为单室中 O_2 易扩散到阳极区,消耗了部分电子。

双室 MFCs 中普遍存在着一个问题,即随着电池的运行,阳极液的 pH 值会逐渐降低,而阴极液的 pH 值会逐渐升高。一般认为,该 pH 值变化是由于质子穿过质子交换膜(PEM)的速度比质子在阴极还原的速度慢。但 Rozendal 对此提出反驳:与质子交换膜燃料电池(PEMFC)不同的是电解液中的阳离子除了质子还有很多盐离子(如 Na^+、K^+、NH_4^+、Ca^{2+}),而且这些盐离子的浓度是质子浓度的 10^5 倍。在阳极室和阴极室中,pH 值变化正是因为这些盐离子透过 PEM 所致。在 MFCs 中,PEM 中 99.999% 的磺酸基被盐离子占据,使得膜上质子极少,表现为质子传递受阻。由此看来,研制选择性优良的 PEM 对于双室MFCs 的研究至关重要。

MFC 技术作为一种集污水净化和产电为一体的创新性污水处理与能源回收技术,近年来受到迅速的关注。MFC 用于废水处理的优点有:

①产生有用的产物——电能,其产生的电流取决于废水浓度和库仑效率;

②无需曝气,不需曝气的空气阴极 MFC,在阴极处只需要被动的氧气传递;

③减少了固体的产生,MFC 技术是一个厌氧工艺。因此,相对于好氧体系,产生细菌的生物量将减少,固体处理是昂贵的,应用 MFC 技术可充分减少固体的产生;

④潜在的臭味控制,这是需要在处理实施时仔细规划的部分,省略了空气接触的较大的表面积和 AS 工艺中大量气流从曝气池底部流出的过程,均可大大降低向周围环境释放臭味的可能性。

MFC 在一些高端技术领域有着十分广阔的应用前景。将阳极插入海底沉积物,阴极置于临近海水中可收集到天然的、由微生物代谢产生的海底电流,可为海底无光照条件下监测来往船舰的仪器提供电源,这一设想得到美国海军多个项目的支持。

1.4　微生物燃料电池的发展历程

1.4.1　微生物燃料电池的发展背景

现有的能源利用方式存在如下缺点:效率不高、不可再生、环境污染严重等。当前主要使用的矿物燃料,无论石油还是煤矿,在燃烧后都会产生大量污染空气的温室气体。而且它们还面临着储量严重短缺的问题,且在开采和利用环节上效率低、污染重。所以,发展清洁能源一直为人们所关注。因此,生物质燃料电池无疑是很值得重视的一种清洁能源,其独特的价值正逐渐成为催生新能源的生长点。

1911 年,英国植物学家 Potter 用酵母和大肠杆菌进行试验,宣布利用微生物可以产生电流,生物燃料电池研究由此开始。

1984 年,美国科学家设计出一种用于太空飞船的微生物电池,其电极的活性物来自宇航员的尿液和活细菌,但当时的微生物电池发电效率较低。到了 20 世纪 80 年代末,微生物发电取得重要进展,英国化学家让细菌在电池组里分解分子,以释放电子并向阳极运动产生电能。他们在糖液中添加某些诸如染料之类的芳香族化合物作为稀释液,来提高生物系统输送电子的能力。而在微生物发电期间,还需往电池里不断充气,并搅拌细菌培养液和氧化物的混合物。理论上,利用这种细菌电池,每100 g糖可获得1 352 930库仑(C)的电能,其效率可达40%,远高于现在使用的电池效率,而且还有10%的潜力可挖掘。20世纪90年代初,我国也开始了该领域的研究。

1.4.2 微生物燃料电池的发展历程

按使用的催化剂类型,生物燃料电池又可分为两类:一类是酶生物燃料电池,即先将酶从生物体系中提取出来,然后利用其活性在阳极催化燃料分子氧化,同时加速阴极氧的还原;另一类是微生物燃料电池,就是利用整个微生物细胞作催化剂,依靠合适的电子传递介体在生物组分和电极之间进行有效的电子传递。

微生物燃料电池是近年来迅速发展起来的一种融合了污水处理和生物产电的新技术,它能够在处理污水的同时收获电能。MFC的研究始于20世纪80年代。20世纪90年代起,利用微生物发电的技术出现了较大突破,MFC在环境领域的研究越发深入。然而,直到最近几年,用MFC处理生活污水得到的电池功率才有所增强。特别是最近研发的以工业污水为底物的新型MFC,可以在对污水进行生物处理的同时获得电能,不仅降低了污水处理厂的运行费用,而且有望实现废物资源化。目前,我国仅有极少数单位在微生物燃料电池方面进行探索,利用微生物将废水中有机物的化学能转化为电能,既净化了污水又获得了能量,这无疑是污水处理理念的重大革新,具有不可估量的发展潜力。

MFC是燃料电池中特殊的一类。MFC利用不同的碳水化合物和废水中的各种复杂物质,通过微生物作用进行能量转换,把呼吸作用产生的电子传输到细胞膜上,然后电子从细胞膜转移到电池的阳极上。经外电路,阳极上的电子到达阴极,由此产生外电流;同时将产生的H^+通过质子交换膜传递到阴极室,在阴极和电子、氧反应生成水,实现电池内电荷的传递,从而完成整个生物电化学过程和能量转化过程。

MFC是一种复合体系,其兼具厌氧处理和好氧处理的特点。从微生物学的角度,它可以看作是一种厌氧处理工艺,细菌必须生活在无氧的环境下才能产电;但就整体而言,阴极室是耗氧的,O_2是整个体系的最终电子受体,因此它又是好氧处理工艺,只不过O_2没有直接用于微生物的呼吸。

1.5 燃料电池及微生物燃料电池的基本分类

1.5.1 生物燃料电池(Biofuel Cells)

生物燃料电池是燃料电池中特殊的一类。生物燃料电池是利用酶(Enzyme)或者微生物(Microbe)组织作为催化剂,在常温常压下将燃料的化学能转化为电能、进行能量转换的一种装置。虽然在结构和形貌上生物燃料电池与传统的燃料电池有所不同,但在工作原理上存在许多相同之处,以葡萄糖作底物的燃料电池为例,电池的阴、阳极反应如下式所示。

阳极反应:

$$C_6H_{12}O_6 + 6H_2O \longrightarrow 6CO_2 + 24e^- + 24H^+$$

阴极反应:

$$6O_2 + 24e^- + 24H^+ \longrightarrow 12H_2O$$

1.5.2　酶生物燃料电池(Enzyme Biofuel Cells)

由于微生物燃料电池中使用的生物催化剂实际上不是微生物细胞而是其中的酶,所以微生物细胞与介体的共同固定较之氧化还原酶与介体的共同固定更加困难。因此,相对而言,直接使用酶修饰电极的生物燃料电池发展较快。一般来说,介体固定化技术的主要方法有:直接吸附法,即将介体吸附到电极上制得的修饰电极;或将介体嵌入膜中得以固定;或以功能性官能团共价结合到电极表面等。金电极表面通过共价耦合氧化还原介体,对制备多组分体系有较大的优势。此外,氧化还原酶很难与电极之间进行直接的电子传递,所以利用合成模拟酶,或者利用具有生物催化活性的电子传递介体制备修饰电极是发展趋势。

修饰电极的功能不仅依赖于介体,还与电极之间电子传递的步骤相关。为了得到更好的电子传递,必须将介体固定于靠近酶的氧化还原中心的最佳位置。通过使用合适的催化剂,还可以使氧发生直接还原为水的四电子传递反应。此外,将多层酶体系应用于生物催化的阴极的前景更广阔。近年来也出现了阴、阳两极都是酶修饰电极的生物燃料电池的研究报道。另外,科学工作者还致力于开发无隔膜的生物燃料电池。已经有基于葡萄糖氧化酶和细胞色素C/细胞色素氧化酶修饰电极的无隔膜生物燃料电池的报道。

然而,目前这类电池的工作寿命较短,一般只有几个小时或者几天。因为酶的原料选择性单一、活性需要严格控制和价格昂贵等问题,所以还不适合于实际应用,尤其是作为植入人体环境中使用的电能,仍需进行更深入细致的研究。

1.5.3　微生物燃料电池及其基本分类

在微生物燃料电池中,微生物在细胞内将可降解有机质代谢分解,并通过其呼吸链将此过程中产生的电子传输到细胞膜上,然后电子再进一步从细胞膜转移到电池的阳极上,经由外电路,阳极上的电子到达电池的阴极,在阴极表面上,电子最终与电子受体(氧化剂)结合,在有机质代谢分解过程中产生的质子则在电池内部从阳极区通过阳离子交换膜扩散到阴极区,从而完成整个微生物燃料电池的电子传递过程。

MFC本质上是收获微生物代谢过程中产生的电子并引导电子产生电流的系统。MFC的功率输出取决于系统传递电子的数量和速率以及阳极与阴极间的电位差。由于MFC并非一个热机系统,避免了卡诺循环的热力学限制,因此,理论上MFC是化学能转变为电能最有效的装置,最大效率有可能接近100%。

按MFC的作用原理可分为三种:①将阳极插入海底沉积物中,以海水作为电解质溶液发电;②利用嗜阳极微生物还原有机物(如葡萄糖)并发电;③发酵产物,如氢、乙醇等,被用于微生物原位发电。第一种应用于污水处理的可能性较小,而第三种是使用贵重金属作电极催化剂,将生物制氢和燃料电池结合在一起。本书重点讲述第二种,也是目前研究较多的一种。

利用嗜阳极微生物还原有机物并发电的基本原理是微生物可以通过各种途径从燃料(葡萄糖、蔗糖、乙酸盐,废水)中获取电子,并将电子从还原性物质(如葡萄糖)转移到氧化

性物质(如氧)以获取能量。获得的能量可以按下式计算:

$$\Delta G = -N \times F \times \Delta E$$

式中　ΔG——获得的能量;

　　　　N——电子转移的数量;

　　　　F——法拉第常数,96 485 C/mol;

　　　　ΔE——电子供体和受体间的电压差。

对厌氧菌(或某些兼性菌)来说,其无法将电子传递给氧,而将电子转移到 MFC 的阳极上会比把电子提供给其他受体(如硫酸盐)获得更多的能量,因此微生物会选择将电子转移到阳极上,从而实现 MFC 的电流输出。

根据产电原理的不同,MFC 可分为三种类型:①氢 MFC,将制氢和发电有机结合在一起,利用微生物从有机物中产氢,同时通过涂有化学催化剂的电极氧化 H_2 发电;②光能自养 MFC,利用藻青菌或其他感光微生物的光合作用直接将光能转化为电能;③化能异养 MFC,利用厌氧或兼性微生物从有机燃料中提取电子并转移到电极上,实现电力输出,这是目前研究最多的 MFC。

下面谈谈厌氧发酵制氢与 MFC 的结合。发酵生物制氢技术国内开展得较多,但将生物制氢与燃料电池结合起来的研究还比较缺乏。即在发酵制氢后串联 MFC,可以提高整个过程的能量产率。MFC 可以利用制氢后的发酵产物(如乙酸盐)作为燃料发电。但该组合既无法提高 H_2 的产生速率,也无法增加其产量。如果 H_2 在产生后能被直接利用发电,则不但可以加速生物制氢进程,而且可以省去昂贵的收集和纯化过程。这是因为氢的积累会减缓其生物合成过程,如果把氢及时从反应器除去,则可以增加氢的产量。

化学燃料电池的电极一般使用铂(Pt)作催化剂,而新研究的 MFC 采用聚苯胺与铂构成多层复合电极,与只涂有铂的电极相比,具有更高的电流密度和更稳定的电流输出。聚苯胺有两个作用:保护铂涂层和加速电子传递。电极上的铂催化剂仍存在中毒问题,必须通过周期性施加电压脉冲来再生催化剂。用聚四氟苯胺代替聚苯胺,电化学催化剂复合阳极,既发挥了铂的催化作用,又可以保护电极不被微生物的代谢副产物毒化。

与现有的高效产沼气系统(如 UASB)相比,MFC 的输出功率只有达到 800 mW/m^2 以上才具有竞争力。达到该功率在理论上完全可行,只需对 MFC 构型和微生物进行优化研究。但即使达到这一功率,MFC 仍难与化学燃料电池相竞争,因为现有的化学燃料电池的功率输出皆在 mW/cm^2 数量级以上。尽管现在问题很多,但随着生物科技的发展,MFC 和生物制氢技术将和厌氧产沼气技术一样成为可再生能源技术的有机组成部分。

根据阳极区的电子传递方式的不同,微生物燃料电池可分为间接微生物燃料电池(加入氧化还原介体)和直接微生物燃料电池(无氧化还原介体)。

所谓直接微生物燃料电池是指电子从细胞表面直接到电极;如果燃料是在电解液中或其他处所反应,则电子通过氧化还原介体传递到电极上,就称为间接微生物燃料电池。

1.间接微生物燃料电池

理论上讲,各种微生物都可能作为这种微生物燃料电池的催化剂。经常使用的有普通变形菌、枯草芽孢杆菌和大肠埃希氏杆菌等。尽管电池中的微生物可以将电子直接传递至电极,但电子传递速率很低。微生物细胞膜含有肽键或类聚糖等不导电物质,电子难以穿过,因此微生物燃料电池大多需要氧化还原介体来促进电子传递。

用于这类微生物燃料电池的有效电子传递介体,应该具备以下特点:

(1)介体的氧化态易于穿透细胞膜到达细胞内部的还原组分;

(2)其氧化态不干扰其他的代谢过程;

(3)其还原态应易于穿过细胞膜而脱离细胞;

(4)其氧化态必须是化学稳定的、可溶的,且在细胞和电极表面均不发生吸附;

(5)其在电极上的氧化还原反应速率非常快,并有很好的可逆性。

一些有机物和金属有机物可以用作微生物燃料电池的电子传递介体,其中,较为典型的是硫堇类、吩嗪类和一些有机染料。这些电子传递介体的功能依赖于电极反应的动力学参数,其中最主要的是介体的氧化还原反应速率常数。

为了提高介体的氧化还原反应速率,可以将两种介体适当混合使用,以达到更佳的效果。例如,对从阳极液(氧化的葡萄糖)至阳极之间的电子传递,当以硫堇和 Fe(Ⅲ)EDTA 混合用作介体时,其效果明显地要比单独使用其中的任何一种好得多。尽管两种介体都能够被氧化的葡萄糖还原,且硫堇还原的速率大约是 Fe(Ⅲ)EDTA 的 100 倍,但还原态硫堇的电化学氧化却比 Fe(Ⅱ)EDTA 的氧化慢得多。所以,在含有氧化的葡萄糖的电池操作系统中,利用硫堇氧化葡萄糖接受电子;而还原态的硫堇又被 Fe(Ⅱ)EDTA 迅速氧化,最后,还原态的螯合 Fe(Ⅱ)EDTA 通过 Fe(Ⅲ)EDTA/Fe(Ⅱ)EDTA 电极反应将电子传递给阳极。

2. 直接微生物燃料电池

因为氧化还原介体大多有毒且易分解,这在很大程度上阻碍了微生物燃料电池的商业化进程。近年来,人们陆续发现几种特殊的细菌,这类细菌可以在无氧化还原介体存在的条件下,将电子传递给电极而产生电流,构成直接微生物燃料电池。在直接微生物燃料电池中又可以分为由微生物自身产生的可以作为氧化还原介体的物质来传递电子和微生物直接将电子传递给阳极两类。

目前,对直接微生物燃料电池的研究主要集中于以下几种微生物燃料电池。

(1)Geobacteraceae sulferreducens 燃料电池。Geobacteraceae 属的细菌可以将电子传递给诸如三价铁氧化物的固体电子受体而维持生长。将石墨电极或铂电极插入厌氧海水沉积物中,与之相连的电极插入溶解有 O_2 的水中,就有持续的电流产生。对紧密吸附在电极上的微生物群落进行分析后可得出结论:Geobacteraceae 属的细菌在电极上高度富集。

在上述电池反应中,电极作为 Geobacteraceae 属细菌的最终电子受体,所以它可以只用电极作电子受体而成为完全氧化电子供体。在无氧化还原介体的情况下,它可以定量转移电子给电极。这种电子传递归功于吸附在电极上的大量细胞,电子传递速率(0.21 ~ 1.2 $\mu mol/(mg \cdot min)$)与柠檬酸铁作电子受体时(E^0 = +0.37 V)的速率相似。电流产出为 65 mA/m^2,比 Shewanella putrefaciens 电池的电流产出(8 mA/m^2)高很多。

(2)Rhodoferax ferrireducens 燃料电池。马萨诸塞州大学的研究人员发现一种微生物能够使糖类发生代谢,将其转化为电能,且转化效率高达 83%。这是一种氧化铁还原微生物 Rhodoferax ferrireducens,它无需催化剂就可将电子直接转移到电极上,产生电能最高达 9.61×10^{-4} kW/m^2。和其他直接或间接微生物燃料电池相比较,Rhodoferax ferrireducens 电池最重要的优势就是它将糖类物质转化为电能。目前大部分微生物电池的底物为简单的有机酸,需依靠发酵性微生物先将糖类或复杂有机物转化为其所需小分子有机酸方可利用。而 Rhodoferax ferrireducens 电池可以几乎完全氧化葡萄糖,这样就大大推动了微生物燃料电池的实际应用进程。

（3）Shewanella putrefaciens 燃料电池。腐败希瓦菌（Shewanella putrefaciens）是一种还原铁细菌，在提供乳酸盐或氢之后，无需氧化还原介质就能产生电。最近，研究人员采用循环伏安法来研究 S. putrefaciens MR-1、S. putrefaciens IR-1 和变异型腐败希瓦菌 S. putrefaciens SR-21 的电化学活性，并分别以这几种细菌为催化剂，乳酸盐为燃料组装微生物燃料电池。发现不用氧化还原介体，直接加入燃料后，几个电池的电压都有明显提高。其中 S. putrefaciens IR-1 的电压最大，可达 0.5 V。当负载 1 kΩ 的电阻时，它有最大电流，约为 0.04 mA。位于细胞外膜的细胞色素具有良好的氧化还原性能，可在电子传递的过程中起到介体的作用，从而可以设计出无介体的高性能微生物燃料电池。进一步研究发现，电池性能与细菌浓度及电极表面积有关。当使用高浓度的细菌和大表面积的电极时，会产生相对高的电量（12 h 产生 3 C）。

1.6　微生物燃料电池的基本特点

1.6.1　微生物燃料电池的基本原理

微生物燃料电池通过富集在阳极表面的产电微生物，于厌氧条件下代谢有机物产生电子和质子，而后将电子传递到阳极，并通过外电路到达阴极还原最终电子受体，质子则通过一层质子交换膜到达阴极。

阳极反应：

$$\text{Fuel(Red)} \longrightarrow \text{Fuel(Ox)} + e^-$$

阴极反应：

$$O_2 + 4H^+ + 4e^- \longrightarrow 2H_2O$$

1. 阳极反应

阳极主要进行的是厌氧反应。接种物可以是单一菌种，它们大多是从废水或者污泥中分离获得；也可以是混合菌，如用厌氧污泥或活性污泥等。微生物在厌氧条件下代谢有机物，一方面从中获得能量维持生存，另一方面向阳极传送电子，完成电量输出。根据电子传递到阳极的方式，可将微生物分为无需中间体微生物和需中间体微生物。

研究发现，无需中间体微生物可以在电极上富集。有些是通过外膜上具有还原活性蛋白质，将代谢有机物产生的电子直接传递给电极，而有些则是通过细胞表面的附属结构如菌毛、鞭毛将电子传递给电极，从而提高细胞外电子传递的效率。需中间体微生物要借助中间体的作用才能将电子传递到阳极，使用中间体时需要考虑它穿过细菌磷脂双分子层达到细胞内电子供体的能力。可以通过不同途径：①人为加入：如 Clostridium cellulolyticum，它是一种革兰氏阳性厌氧细菌，能够水解纤维素为简单糖类分子，并发酵这些糖产生 H$_2$、乳酸、乙酸和乙醇。它在代谢过程中产生的电子需要中间体的作用才能将电子传递到阳极；②自发产生：在代谢底物的过程中自身产生中间体，如 Pseudomonas aeruginosa 等。由于此类微生物都必须依赖氧化还原中间体才能把从有机物氧化过程中产生的电子传递到电极,故传递电子效率很低。

2. 阴极反应

阴极既可以进行好氧反应,也可以进行厌氧反应。好氧反应过程较简单,不需要微生物参与,研究较为广泛;厌氧反应过程则相对复杂,需要微生物的参与。

好氧反应中,O_2 作为最终电子受体。阳极产生的电子和质子分别通过外电路和质子交换膜到达阴极后,与 O_2 结合生成水。O_2 与电极的亲和性很低,导致电量输出受到影响,故一般会在阴极的表面镀上金属铂作为催化剂,增强 O_2 与电极的亲和力。但当阴极 pH 值增加时铂的活性会降低。并且由于铂的价格昂贵,会直接影响燃料电池的成本和应用开发。

以 Mn^{4+} 作为阴极的电子介体时,氧化还原可以通过微生物的生物活性很快完成。第一步是 Mn^{4+} 直接从电极上得到电子进一步还原;第二步是锰氧化细菌 Manganese Oxidizing Bacteria(MOB),通过释放电子给 O_2 而将重新氧化。研究者发现,通过锰的氧化还原,最大功率密度可增大 40 倍左右。

厌氧条件下,硝酸盐、硫酸盐、铁、锰等借助微生物的作用取代 O_2 作为最终电子受体,其中硝酸盐、铁、锰由于具有较好的代谢活性和电化学活性,很有应用前景。

目前,铁氰化物是一种使用较为普遍的电子受体。它不需要铂作催化剂,能够极大地提高电子的转移效率。比较铁氰化物和 O_2 分别作为最终电子受体时的相关参数,从表1.2中我们可以看出铁氰化物作为最终电子受体的性能优于 O_2。但使用铁氰化物时需要对它进行连续的补充。

表1.2　铁氰化物和 O_2 分别作为最终电子受体时各参数值比较

Parameter	ferricyanide	oxygen
Voltage/mV	586	572
Gurrent/mA	2.37	1.68
Removal of COD/$(kg \cdot m^{-3} \cdot d^{-1})$	0.559	0.464
Maximum power yield/$(W \cdot kg^{-1}COD)$	0.635	0.44
Current density/$(mA \cdot m^{-2})$	222.59	190.28

作为最终电子受体,硫酸盐具有负电压,不利于电量的产生。硫酸盐还原菌 *Desulfovibrio desulfuricans* 在还原硫酸盐时,不能从阴极直接得到电子而还原,而是通过 H_2 的氧化而还原硫酸盐。

硝酸盐在阴极不存在其他有机物时,可以作为最终电子受体通过微生物的介导作用被还原。Gebacteraceae 科的菌种可以电极作为电子供体将硝酸盐彻底还原成 N_2,此时,硝酸盐的还原速率依赖于电流水平,可供微生物利用的电子越多,硝酸盐的还原速率就越大。

1.6.2　微生物燃料电池的产电过程

MFC 的基本结构与其他类型燃料电池类似,由阳极室和阴极室组成。根据阴极室结构的不同可分为单室型和双室型,根据双室间是否存在交换膜又分为有膜型和无膜型。MFC的基本产电原理由 5 个步骤组成。

1. 底物生物氧化

底物于阳极室在微生物作用下被氧化,产生电子、质子及代谢产物。在 MFC 中,微生物的代谢途径决定了电子与质子的流量,从而影响产电性能。除底物的影响外,阳极电压对微生物代谢途径也起着决定性作用。根据阳极电压的不同,代谢途径可分为高氧化还原电压代谢、中等或低氧化还原电压代谢以及发酵过程。近些年,研究者发现了多种不需介体就可将代谢产生的电子通过细胞膜直接传递到电极表面的微生物(产电微生物),这给 MFC 研究领域注入了新的活力。此类微生物以位于细胞膜上的细胞色素或自身分泌的醌类作为电子载体将电子由胞内传递至电极上。以此类微生物接种的 MFC 称为直接 MFC(或无介体 MFC)。

2. 阳极还原

产生的电子从微生物细胞传递至阳极表面,使电极还原。阳极还原(电子由微生物细胞内传递至阳极表面)是 MFC 产电的关键步骤,也是制约产电性能的最大因素之一。目前,已发现且研究证实的阳极电子传递方式主要有 4 种:直接接触传递、纳米导线辅助远距离传递、电子穿梭传递和初级代谢产物原位氧化传递。这 4 种传递方式可概括为两种机制,前两者为生物膜机制,后两者为电子穿梭机制。这两种机制可能同时存在,协同促进产电过程。

3. 外电路电子传输电子经由外电路到达阴极

转移至阳极的电子经由外电路传输至阴极,表现出电流和电压的输出。外电路负载的高低影响 MFC 内部燃料的消耗、微生物代谢、内部电子转移,从而影响电池的运行情况。当负载较高时,电流较低,内部产生的电子足够用于外电路传输,故电流较稳定,内部消耗较小,且输出电压较高;负载较低时,电流较高,内部电子的产生和传递速度低于外部电子传递,故电流变化较大,内部消耗较多,此时输出电压较低。Menicucci 等人研究表明,负载高时,负载对电子的阻碍为主要限制因素,而负载低时,电池内阻及传质阻力为主要限制因素。因此,在现阶段 MFC 中,应根据 MFC 的不同,选择适合的负载;而在将来的实际应用中,应根据负载的不同,选择适合的 MFC。

4. 质子迁移

产生的质子从阳极室迁移至阴极室,到达阴极表面。底物被氧化产生电子的同时产生质子,质子在 MFC 中向阴极室迁移,此过程直接影响电池的内阻,是限制 MFC 用于实际的关键步骤之一,在许多传统 MFC 中,质子交换膜是重要组件,其作用在于维持电极两端 pH 值的平衡,以有效传输质子,使电极反应正常进行,同时抑制反应气体向阳极渗透。质子交换膜的好坏与性质直接关系到 MFC 的工作效率及产电能力。理想的质子交换膜应具备:可将质子高效率传递到阴极和可阻止底物或电子受体的迁移。Logan 等人发现当交换膜的面积小于电极面积时,内阻增加,会导致输出功率降低。已有的有膜 MFC 中,大多采用商业化的质子交换膜,而专门对 MFC 的膜材料研究不多。去除质子交换膜,可减少质子向阴极传递的阻力,从而降低内阻,提高输出;同时,没有膜的阻拦,阴极电子受体易于进入阳极,减少电能的转化。此外,在质子迁移系统中,O_2 等电子受体向阳极的扩散现象值得关注。其发生会使兼性和好氧微生物消耗部分燃料,同时抑制厌氧微生物的代谢,导致库仑效率的降低。Liu 等人研究发现,无膜 MFC 比 Nafion 膜 MFC 扩散至阳极室的 O_2 增加约 3 倍,以葡萄糖为底物时,约 28% 被微生物因好氧代谢而消耗。可见,MFC 中阴阳极隔离材料的研究颇为重要,良好性能材料的应用会提高电池的产能效率。近期研究发现,对于以 O_2 作为电子受体的 MFC,可在阳极室添加溶氧去除剂以维持阳极厌氧环境。

5. 阴极反应

在阴极室中的氧化态物质即电子受体(O_2 等)与阳极传递来的质子和电子于阴极表面发生还原反应,氧化态物质被还原。电子不断产生、传递、流动形成电流,完成产电过程。一直以来,对于该步骤的研究主要集中在电极和电子受体两方面。

阴极通常采用石墨、碳布或碳纸为基本材料,但直接使用效果不佳,可通过附着高活性催化剂得到改善。催化剂可降低阴极反应活化电压,从而加快反应速率。目前所研究的 MFC 大多使用铂为催化剂,载铂电极更易结合氧,催化其与电极反应。研究发现,单独使用石墨作电极的 MFC 输出电能仅为表面镀铂石墨电极的 22%。用以 PbO_2 为催化剂的钛片作阴极,电能可比以铂为催化剂时增加 117 倍,而成本仅为用铂的一半,与市售载铂电极相比,电能更是高出 319 倍。

电子受体的种类影响阴极反应,最常用的电子受体为 O_2,分为气态氧和水中溶解氧两种。O_2 作为电子受体,具有氧化电压较高、价格较低廉,且反应产物为水、无污染等优点。对于以溶解氧为受体的 MFC,当溶氧未达到饱和时,氧的浓度是反应的主要限制因素。目前,较多研究是直接将铂阴极暴露于空气中,构成空气阴极单室 MFC。此方法可减少由于曝气带来的能耗,且可有效解决传递问题,提高 O_2 的还原速率,增加电能输出。除 O_2 外,铁氰化物作为最终电子受体也较常使用,与氧相比具有更大的传质效率和较低的活化电压,可获得更大的输出功率。用铁氰化钾溶液作为电子受体比用溶氧缓冲溶液的输出功率高 50% ~ 80%。但它无法再生,需要不断补充,且长期运行不稳定,因此不适于大规模实际应用。此外,高锰酸钾、双氧水等具有强氧化性,均可用作电子受体,但同样存在不可再利用等问题,实际应用价值不高。

1.6.3　微生物燃料电池的优越性

随着微生物燃料电池的发展,它在很多方面都有很好的应用前景。首先,微生物燃料电池的能量转化效率非常高,可以发展出价廉、长效的电能系统。其次,微生物燃料电池利用废液、废物为燃料,不仅产生了电能,而且也净化了环境。再次,微生物电池成为新型的人体起搏器,比如以人的体液为燃料,做成体内填埋型的驱动电源。另外,从转化能量的微生物电池可以发展到应用转换信息的微生物电池,作为介体微生物传感器。

微生物电池除了在理论上具有很高的能量转化效率之外,还有其他燃料电池不具备的若干特点:

(1)燃料来源多样化。可以利用一般燃料电池所不能利用的多种有机、无机物质作为燃料,甚至可利用光合作用或直接利用污水等作为原料。

(2)操作条件温和。一般是在常温、常压、接近中性的环境中工作,这使得电池维护成本低,安全性强。

(3)无污染,可实现零排放。微生物燃料电池的唯一产物是水。

(4)无需能量输入。微生物本身就是能量转化工厂,能把地球上廉价的燃料能源转化为电能,为人类提供能源。

(5)能量利用的高效性。微生物燃料电池是将来热电联用系统的重要组成部分,使能源利用率大大提高。

（6）生物相容性。利用人体内葡萄糖和氧为原料的微生物燃料电池可以直接植入人体，作为心脏起搏器等人造器官的电源。

虽然微生物燃料电池的输出功率尚不能满足实际生产的需要，但原料广泛、操作条件温和、资源利用率高和无污染等优点，吸引了能源、环境、航天等各方面的广泛关注。节约能源、净化环境、废水处理以及生物传感器都会对未来社会产生深远影响，甚至在科幻电影中以天然食物为能源，可以通过"吃饭"来补充能量的机器人和汽车也将成为现实。这些梦幻般的画面时刻激励着世界各国的科研工作者们为实现这一目标而奋斗。此外，随着目前国内外对此研究领域的热衷和深入，此研究领域呈现出一片蓬勃景象，有意义的研究成果不断涌现，在不久的将来有望取得重大进展。

第2章 微生物燃料电池结构

2.1 微生物燃料电池结构概述

很多种材料已经在 MFC 中得到应用,但这些材料是被如何加工、安装并应用到最终的系统中,即这里提到的反应器构型,最终都会决定系统在功率输出、库仑效率、稳定性以及使用寿命上有什么样的表现。很多研究人员已经开始使用空气阴极,因为这种电极最终将会应用到更大的产电系统中。

在 MFC 的实际应用中,一个好的设计不仅要具有高功率、高库仑效率,而且要保证原料提供的经济性和实际应用于大型系统时工艺的经济性。虽然同时满足功率、效率、稳定性和寿命要求的反应器仍在设计中,但我们现在已经知道将石墨刷电极和管状浸入式阴极共同使用能提高性能而且具有经济性。然而到目前为止,这种反应器尚未在中试和大规模实验中使用。因此,未来最终应用在大型系统中的材料和最终的 MFC 设计仍是未经验证的。

目前 MFC 的产电量仍比较低,与化学燃料电池相差 2~4 个数量级;此外,MFC 的造价也比较高,特别是通常采用的质子交换膜(Proton Exchange Membrane,PEM)和阴极铂催化剂,大幅度提高了 MFC 的成本,从而限制了其在实际中的应用。为了提高 MFC 的产电性能,国内外学者提出了各种改善方法,如 Liu 等人提出了单极室空气阴极型 MFC,直接将阴极暴露在空气中,获得的最大功率密度达到 262 mW/m^2;He 等人构建了升流式 MFC,功率密度达到 170 mW/m^2;Logan 等人采用了石墨纤维束阳极构建的 MFC,功率密度达到 2 400 mW/m^2,体积功率密度达到 73 mW/m^3;曹效鑫等人提出了一种将阳极、质子交换膜和阴极热压在一起的"三合一"膜电极形式的 MFC(结构如图 2.1 所示),其最大功率密度可达到 300 mW/m^2。上述研究结果为进一步提高 MFC 的产电效率和降低 MFC 的成本提供了新的思路。

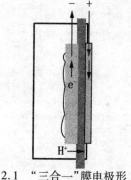

图 2.1 "三合一"膜电极形式的 MFC

微生物燃料电池有很多种分类方法,按电池的组装结构、电子转移方式的不同、是否使用质子交换膜及微生物的特点可以有以下分类方式。

(1)从电池的组装和结构上可以将微生物燃料电池分为单室、双室和"三合一"MFC。

目前实验室常用的多为双室 MFCs,一个典型的双室 MFC(如图 2.2 所示)一般有阳极室、阴极室及质子交换膜等部件,阴、阳极室分别充满电解质溶液,并通过质子交换膜相隔开;阴极置于阴极溶液中,通过曝气利用溶液中的溶解氧作为电子受体,也可以利用其他可溶性的电子受体。阳极的主要作用是为产电微生物的附着生长提供载体并传导电子,因此对阳极材料的要求主要有三个方面:良好的导电性、粗糙的表面和不被腐蚀。当前较常用的阳极材料为碳制品,如石墨、碳毡、碳纸以及石墨电刷;另外,不锈钢网也可以作为电极材料。对阴极电极材料提出的要求和阳极类似。双室 MFC 的最大特点就是在阳极和阴极之间使用了膜(PEM),因此根据这一原理和特征,可以设计出各种不同形式的 MFC 反应器。双室 MFC 又分为矩形式、双瓶式、平盘式及升流式等。矩形式微生物燃料电池的反应器是由矩形的阴极室和阳极室组成,并通过一质子交换膜将双室隔开。与矩形反应器的构造相似,双瓶式微生物燃料电池(又称 H 型 MFC)的阴、阳极室是由距瓶底一定距离处的圆柱形玻璃桥连接而成,两桥橡胶垫间的质子交换膜将双室隔开。

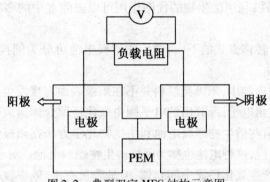

图 2.2 典型双室 MFC 结构示意图

由于双室 MFC 的复杂性,很难进行放大,Liu 等人发展了一种更简单有效的单室 MFC。该反应器的阴极和阳极在同一反应室,阴极和 PEM 直接压在一起。采用空气电极作为阴极时,不需要曝气,空气中的 O_2 直接传递给阴极。单室 MFC 反应器仅由一个密闭的圆柱玻璃桶构成,内部装有 8 条石墨棒阳极,玻璃桶的中心是由多孔塑料管支撑的碳/铂空气阴极,质子交换膜热压到阴极上。该反应器的阳极具有较大的挂膜面积,同时尽可能地避免溶解氧的扩散,提高了微生物燃料电池的电能输出。实验中以 COD 为 50 ~ 220 mg/L 的模拟生活污水作底物,在 3 ~ 33 h 的水力停留时间内获得的最大功率密度为 262 mW/m²,COD 去除率可达 80%。单室 MFC 的优点是阳极和阴极距离较近,阴极传质速率得到了提高,因无需曝气而降低了运行费用,占地小,结构简单,可以通过去除质子交换膜而进一步提高 MFC 的电能输出。由此可知,能耗小、成本低、输出电能大是人们追求的目标。因此,研究和开发直接空气阴极系统的 MFC,将具有一定的竞争力。但是,阳极和阴极距离过小,O_2 容易透过质子交换膜传递到阳极上,对产电微生物也有一定的影响,同时降低了电池的库仑效率。

“三合一”型 MFC 是一种将阳极、质子交换膜和阴极结合在一起的新型微生物燃料电池,它可以在较大程度上降低 MFC 的内阻,提高 MFC 的输出功率。研究实验结果表明,“三合一”型 MFC 的内阻仅为 10 ~ 30 Ω,远远低于其他形式的 MFC,最大输出功率密度可以达到 300 mW/m²。

(2)按 MFC 的阴极是否具有生物活性,MFC 可划分为两大类:非生物阴极型 MFC 和生物阴极型 MFC。

非生物阴极型 MFC 是利用化学催化剂完成电子向最终电子受体的传递。目前,使用最广泛的催化剂是铂,研究发现,使用铂催化电极反应可以使 MFC 的产电性能提高近4 倍,然而由于铂金属价格昂贵,大大增加了 MFC 的成本,不适于 MFC 的大规模应用。近年来研究发现一些过渡金属元素,如铁和钴,也能够催化阴极反应。在碳/石墨阴极中加入三价铁的化合物(如铁氰化钾)会显著提高 MFC 的电子传递性能和输出电压,MFC 的最大功率可提高至 $258 \, mW/m^3$。

非生物型阴极虽然能显著提高 MFC 的产电性能,但是其成本高、稳定性差,易造成催化剂污染。为了克服非生物阴极的缺点,研究者们用微生物体内的具有特定功能的酶作为催化剂,取代金属催化剂。与非生物型阴极相比,生物型阴极的优点主要有:以微生物取代金属催化剂,可以显著降低 MFC 的成本;生物型阴极能够避免出现催化剂污染等现象,增加了 MFC 运行的稳定性;利用微生物的代谢作用可以去除水中的多种污染物,例如生物反硝化等。

(3)按阳极侧电子转移方式的不同,微生物燃料电池可分为间接微生物燃料电池和直接微生物燃料电池两种。

在间接微生物燃料电池中,阳极侧燃料并不在阳极表面直接发生反应,而是在电解液中或其他地方反应并释放出电子,释放出的电子则由氧化还原介体运载传递到电极表面上,实现电子的转移。此外,有些微生物燃料电池利用生物化学方法在阳极侧产生燃料,然后该燃料再在阳极表面发生反应,这种电池也称为间接微生物燃料电池。对于某些特定的产电微生物而言,它们自身可以产生氧化还原中间介体,但是数量有限,效率较低,因此为提高电池性能,一般需要人工添加一些合适的电子介体(AQDS、中性红和硫堇等)以促进电子向电极表面的传递。而在直接微生物燃料电池中,燃料则在阳极表面微生物细胞内直接氧化,产生的电子直接转移到电极上,不需要添加任何的电子介体。相对于间接微生物燃料电池,直接微生物燃料电池性能更好,运行成本更低,因此成为当前微生物燃料电池的研究重点。

2.2　五种结构不同的 MFC

2.2.1　上流式 MFC

上流式厌氧污泥床(Up - flow Anaerobic Sludge Bed, 简称 UASB)反应器是荷兰 Wageningen农业大学的 Lettinga 等人在 20 世纪 70 年代开发出来的。1971 年,Lettinga 教授通过物理结构设计,利用重力场对不同密度物质作用的差异,发明了三相分离器,使活性污泥停留时间与废水停留时间分离,形成了 UASB 反应器雏形。1974 年,荷兰 CSM 公司在其反应器处理甜菜制糖废水时,发现了活性污泥自身固定化机制形成的生物聚体结构,这种结构被称为颗粒污泥(Granular Sludge)。颗粒污泥的发现,不仅促进了以 UASB 为代表的第二代厌氧反应器的应用和发展,而且还为第三代厌氧反应器的诞生奠定了基础。

上流式 MFC 由 UASB 反应器改造得来(如图 2.3 所示),结合 UASB 与 MFC 的优点发展形成。升流式 MFC 结构简单、体积负荷高,可以使培养液与微生物充分混合,更适合与污水处理工艺偶联。Jang 等人在同一个圆柱体内,阴阳极为用玻璃丝和玻璃珠分开的填充碳毡,废水从底部经过阳极处理后直接到达顶部阴极。由于阳极的剩余底物会对阴极造成影响,因此功率密度仅能达到 1.3 mW/m²。当阴极更换为穿孔的载铂石墨,两极分隔物改为聚丙烯酸板后,功率密度则上升到 560 mW/m²。He 等人则采用网状玻璃碳填充阳极和阴极,两极间用阳离子交换膜隔开,各自独立进行升流式循环,以蔗糖为底物,输出功率达到 170 mW/m²,内阻为 84 Ω。

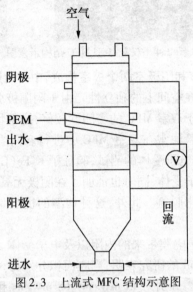

图 2.3　上流式 MFC 结构示意图

实际上,上流式 MFC 和传统的 MFC 相比,更适合废水处理的实际应用。UAMFC 在设计上有别于已报道的 MFC,其优点主要体现在以下几个方面:①使用活性炭颗粒作为阳极,不仅增大了生物膜的附着面积,提高了生物量,还大大降低了材料造价;②阴极面积大,降低了反应的过电位;③阳极和阴极之间用筛网分隔,阴极裹在阳极周围,阳极和阴极之间的距离达到最小,电池内阻降到最低;④在运行过程中,采用连续升流式操作,更适合废水处理。试验数据表明,UAMFC 能够实现有机废水的连续发电和同步处理,由于内阻很低,功率密度在很大程度上得到提高,达到 50 W/m³。UAMFC 进一步提高了 MFC 在有机废水处理中的可行性与普适性。

另一方面,UAMFC 也有它自身的不足:①由于使用无膜空气阴极,空气能够以很高的速率向阳极内扩散,导致库仑效率有所降低;②阴极表面负载昂贵的铂作为催化剂来催化 O₂ 的电化学还原,增加了系统的总造价;③一旦长期运行,阴极表面会生长微生物,导致电池的功率衰减和内阻增加,这也是上流式 MFC 的缺陷之一。因此,为了进一步优化UAMFC 的产电性能,提高功率密度输出,降低系统总造价,需要在现有研究的基础上,开展更加深入的研究。

2.2.2 双室 H 型 MFC

H 型 MFC 是当前研究中使用最多的形式,早期的大多数 MFC 研究是在双室 H 型 MFC 反应器中开展的。由于该种反应器大多由中间夹有阳离子交换膜的两个带有单臂的玻璃瓶组成,外观上很像字母"H",因此又被形象地称为 H 型 MFC(如图 2.4 所示)。

图 2.4　双室 H 型 MFC 结构示意图

双室 H 型 MFC 由阳极室和阴极室两个极室构成,中间由阳离子交换膜隔开,保证了阳极电子供体和阴极电子受体在空间上的独立性。由于阴阳极分别处在不同的空间,因此可以保证两极室互不影响。由于双室 MFC 的密闭性较好,抗生物污染的能力较强,因此产电菌的分离及其性能测试的实验通常在双室 MFC 中进行。而当固定阳极室条件时,研究者们使用双室 MFC 进行了阴极电子受体的测试,验证了 $K_3Fe(CN)_6$、$KMnO_4$ 和 $K_2Cr_2O_7$ 这类可溶性氧化剂可作为阴极电子受体,同时也证明了在阴极无氧的条件下以硝酸盐作为电子最终受体可以实现阴极反硝化脱氮。此外,这种构型的优点是容易组装,甚至使用矿泉水瓶都可以组装简易的反应器。

但是,双室 MFC 的不足是隔膜带来的内阻以及电子受体。双室 H 型 MFC 的内阻通常为 900 ~ 1 000 Ω。Oh 和 Logan 的研究表明,当膜面积分别为 3.5 cm²、6.2 cm² 和 30.6 cm² 时,MFC 的功率输出相差很大,分别为 45 mW/m²、68 mW/m² 和 190 mW/m²(固定阴阳极面积均为 22.5 cm²)。如果使用盐桥来替换隔膜,MFC 的内阻会进一步升高(内阻约为 20 000 Ω)。质子透过隔膜的速率受到隔膜面积和扩散系数的影响,因此在双室 MFC 中由于阴极消耗质子的速率大于质子补充的速率,导致了阴极 pH 值升高和阳极 pH 值降低。pH 值变化会降低阴阳极的性能,从而导致 MFC 输出功率有所降低。尽管 $K_3Fe(CN)_6$ 等氧化剂的电位较低,但此类物质仍需要不断更换,并且再生过程需要外加能量,因此是不可持续的。如果使用溶解氧作为电子受体,则需要高能耗的曝气过程,且阴极的性能受溶解氧浓度的影响较大。

2.2.3　平板式 MFC

在电池的构造方面,现有的微生物燃料电池一般有阴阳两个极室,中间由质子交换膜隔开。这种结构不利于电池的放大。单室设计的微生物燃料电池将质子交换膜缠绕于阴极棒上,置于阳极室,这种结构有利于电池的放大,已用于大规模处理污水。另外,Booki Min等人发明了平板式微生物燃料电池,这些新颖的电池结构受到越来越多的科学家的青睐。

1. 整体结构设计

平板式 MFC 对典型的双室 MFC 系统进行了改进,将阴阳极和质子交换膜压在一起,并将其平放,可以使菌由于重力作用富集于阳极上,而且阴阳极间只有质子交换膜,可以减少内电阻,从而增大输出功率。该系统包括两个用旋钮拧紧在一起的聚碳酸酯绝缘板,含有一个将阴极室和阳极室平分的渠道。每块板钻削成长方形渠道,两板用一个橡胶垫密封,并由一些塑料旋钮拧紧。PEM 与阴极粘合后置于阳极上,形成 PEM/电极的三明治形式置于两板中间。曹效鑫等人利用两套阴阳极组成的 MFC,采用厌氧污泥和乙酸配水进行实验,可输出功率密度为 300 mW/m²,此系统采用两个阴阳极,在一定程度上可以增加产电量。

平板式 MFC 省掉了储液罐,在阴阳两极侧设置不同形式的流场,使反应物在电极表面不断流动,以改善电极表面的传质。

2. 流场结构形式设计

在质子交换膜燃料电池中(PEMFC),流场板起着进料导流、均匀分配反应物及收集电流的重要作用,是影响 PEMFC 性能的一个重要因素。流场结构形式对 PEMFC 性能的影响已经得到了广泛的研究,常用的流场形式有平行流场、蛇形流场、交指形流场等。并且实验研究发现,当采用平行流场时,PEMFC 性能要明显好于采用蛇形流场及交指形流场时。

在平板式 MFC 中,流场同样起着进料导流、分配反应物的作用,也是影响平板式 MFC 的一个重要因素。2004 年,B. Min 等人设计出蛇形的平板式 MFC,接种厌氧活性污泥,实现了 MFC 的产电。但是考虑到 MFC 阳极侧产电微生物都是生长在碳纸内部的微孔内,当采用蛇形流场时,虽然碳纸表面培养基供应充足,但是培养基到达碳纸内部微孔只能通过浓差扩散的方式,因此可能培养基供应不足;而当采用交指形流场时,培养基可以被强制渗流过碳纸,可能更有益于产电微生物在碳纸内部微孔的生长。因此在本实验中,设计了蛇形流场及交指形流场的平板式 MFC,并对其进行了初步的实验研究。

图 2.5(a)为蛇形流场示意图,流道是由 13 根槽道组成,每根槽道深 2.0 mm,宽为 2.0 mm,长度为 50.0 mm。图 2.5(b)为交指形流场的示意图,交指形流道是由两组平行交叉的槽道组成,有如手指交叉形成,但是两组流道之间并不直接相连。培养基从进口流入槽道后不能直接流入另一组槽道,而是必须强行流过电极(电极为多孔材料),然后才能流入另一侧的流道,这样就强化了培养基在电极内的流动及传质。每根槽道深为 2.0 mm,宽为 2.0 mm,长度为 44.0 mm 和 50.0 mm。因为在 MFC 中不需要用流场板来收集电流,故而槽道均直接加工到端板上,既节省了空间又易于密封。

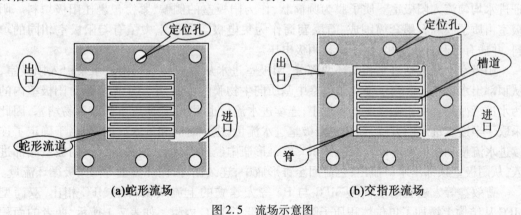

(a)蛇形流场　　　　　　　　　　(b)交指形流场

图 2.5　流场示意图

2.2.4　双筒型微生物燃料电池

研究人员开发出圆筒形双室 MFC,它可以看作方形 MFC 的变形。该类 MFC 是由紧紧包围阳极的圆筒形隔膜和外层阴极室构成。这种设计极大地缩小了两极间距,增大了质子交换膜面积,因此内阻只有 4 Ω。例如,Rabaey 等人使用颗粒石墨母体作为阳极,铁氰化钾溶液作为阴极电子受体,制成了管状双室的连续流 MFC,最大功率输出为 90 mW/m³ 和

66 mW/m³。当加入废水时,基于库仑电量,去除的有机物中转化为电能的效率高达96%。

　　填料型MFC可以增大MFC的产电能力,而以筒状质子膜作为增大MFC内电流通道可以有效降低MFC的内阻,所以又基于筒状质子膜构建双筒型微生物燃料电池。本节就以曹效鑫等人建立的双筒型微生物燃料电池为例(如图2.6所示),该装置将阴极室和阳极室整合在一起,以筒状质子膜增大电池内电流通道,降低了MFC内阻,在提高其产电能力的同时加强了对污水的净化。双筒型MFC装置包括主体部分、水循环系统和电流采集系统三部分,MFC主体部分又包括了阳极室、阴极室和质子膜三部分。

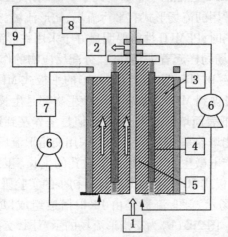

图2.6　双筒型MFC结构示意图

1—进水;2—出水;3—阴极;4—质子交换膜;5—阳极;6—循环泵;
7—曝气系统;8—可变电阻;9—数据采集系统

　　阳极室位于装置的中心,由质子膜围成圆柱体,充满填料,中间插入一根碳棒作为集电极,两端由顶盖和底座密封,以确保阳极室内部处于厌氧环境。阳极室底部留有布水层,保证进水均匀流入阳极室。质子膜为圆筒状,作为阳极室的侧壁,紧密包裹住阳极填料。阴极室由质子膜和石墨套筒围成,石墨套筒作为集电极。阴极室中填有与阳极室相同的填料,并插有饱和甘汞电极,用于测量阴极电压。

　　阳极室水路包括进水和循环两部分,阳极室进水从反应器底端由进水泵引入阳极室,从顶部出水口流出。为了强化阳极室中基质向生物膜的传递,采用了循环泵对阳极室内的污水进行循环。由于阳极室体积较小,连续进水流量也很小,致使进水管路容易堵塞,因此采取了半连续进水的方式,即固定阳极室进水流量、进水时间和进水周期,相当于确定了连续进水流量和阳极循环部分溶液体积。在锥形瓶中经过曝气后,由循环泵从阴极室底部进入,从阴极室顶部出水口流出,再流回至锥形瓶中,连续循环,循环流量等同阳极循环流量。

　　曹效鑫等人建立的双筒型MFC与He等人建立的上流式填料型MFC相比,双筒型MFC从结构上增加了单位体积质子膜面积,降低了MFC内阻。如表2.1所示,两者的面积功率密度相近,但是由于双筒型MFC结构更为紧凑,在装置相同体积时,双筒型MFC质子膜面积大约是填料型MFC的10倍,因此,体积功率密度也大约为填料型MFC的10倍。双筒型MFC提高了质子膜密度,能有效提高MFC单位体积产电密度。

表 2.1　双筒型 MFC 与填料型 MFC 的结构及产电比较

项目	双筒型	填料型
内阻/Ω	38	84
质子膜面积/cm^2	148	29
反应器体积/mL	380	770
体积功率密度/(mW · m^{-3})	6 253	644
面积功率密度/(mW · m^{-2})	161	170

2.2.5　串联型 MFC

从现有研究来看,单个燃料电池产生的电量非常小,所以有些研究人员已经尝试用多个独立的燃料电池串联起来以提高产电量。Aelterman 等人将 6 个完全相同的 MFC 通过串联或并联的方式组合在一起(如图 2.7 所示),阳极与阴极由插入到粒状石墨的石墨棒组成,使用葡萄糖连续发电,发现两种连接方式的最大功率密度相同(均为 258 mW/m^3),串联的开路电压为 4.16 V,内阻为 49.1 Ω;并联的短路电流为 425 mA,内阻为 1.3 Ω。串联运行时库仑效率只有 12%,而并联运行提高到 78%。

图 2.7　串联型微生物燃料电池

Shin 以 Proteus vulgaris 为菌种,以葡萄糖为底物,以铁氰化钾溶液为阴极电解质溶液,用双极板构建了 5 个微生物燃料电池组,其输出功率可达 1 300 mW/m^2,而以纯氧作为阴极电子受体时,电池组的输出功率仅为 230 mW/m^2。Oh 和 Logan 将 2 个电池串联起来,以醋酸盐作为底物,以氧为阴极电子受体,进一步研究了电压逆转情况。最初 2 个电池产生的电压是相等的,但几个周期后,电池组电压从 0.38 V 降到 0.08 V。研究结果表明,底物消耗不均可能是导致电池电压逆转的主要原因。微生物系统波动频繁,对产电有负面影响,可用二极管减少反向电荷,避免电压逆转。

为了实现工业化应用,必须将单个电池串联或并联起来,目前微生物燃料电池组还处于试验研究中,Queensland 大学就空气阴极微生物燃料电池在污水处理工程方面的应用做了大量的研究工作,但仍存在一些问题需要解决。

2.3　间接 MFC 和直接 MFC

2.3.1　间接 MFC

微生物燃料电池自身潜在的优点使其具有较好的发展前景,但要作为电源应用于实际生产与生活还比较遥远,主要原因是输出功率密度远远不能满足实际要求。目前质子交换膜燃料电池的功率密度可达 3 W/cm^2,而微生物燃料电池的功率密度还达不到 1 mW/cm^2,

可见两者差距之大。制约微生物燃料电池输出功率密度的最大因素是电子传递过程。由于代谢产生的还原性物质被微生物的膜与外界隔离,从而导致微生物与电极之间的电子传递通道受阻。尽管电池中的微生物可以将电子直接传递至电极,但电子传递量和传递速率很低。自20世纪80年代开始,使用氧化还原介体构建间接微生物燃料电池并进行了大量的研究。电子传递过程中添加介体,穿过封闭空间的薄膜进入容器,把自由电子传输到阳极(工作原理如图2.8所示)。

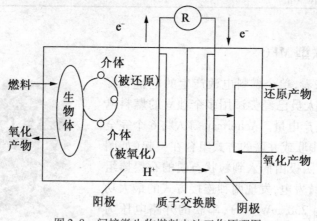

图2.8 间接微生物燃料电池工作原理图

间接微生物燃料电池中的燃料被氧化后,产生的电子要通过某种途径传递到电极上来。另外,也可用生物化学方法生产燃料(如发酵法生产氢、乙醇等),再用这些燃料供应给普通燃料电池,这也是间接微生物燃料电池的一种。微生物的活性基因即酶的氧化还原活性中心存在于细胞中,由于细胞膜含有肽键或类聚糖等不导电物质,对电子传递造成很大阻力,导致了微生物与电极之间的电子传递通道受阻,需要借助介体将电子从呼吸链及内部代谢物中转移到阳极,促进电子的传递,故间接微生物燃料电池也称为介体微生物燃料电池。

从理论上讲,各种微生物都可能作为这种微生物燃料电池的催化剂。经常使用的微生物有普通变形菌、枯草芽孢杆菌和大肠埃希氏杆菌等。尽管电池中的微生物可以将电子直接传递至电极,但电子传递速率很低。微生物细胞膜含有肽键或类聚糖等不导电物质,电子难以穿过,因此微生物燃料电池大多需要氧化还原介体促进电子传递。氧化还原介体应具备如下条件:①能通过细胞壁;②能从细胞膜上的电子受体获取电子;③电极反应快;④溶解度、稳定性等要好;⑤对微生物无毒;⑥不能成为微生物的食料。

一些有机物和金属有机物可以用作微生物燃料电池的氧化还原介体,其中较为典型的是硫堇、Fe(Ⅲ)EDTA和中性红等。氧化还原介体的功能依赖于电极反应的动力学参数,其中最主要的是介体的氧化还原速率常数,而氧化还原速率常数又主要与介体所接触的电极材料有关。为了提高介体的氧化还原反应的速率,可以将两种介体适当混合使用,以期达到更佳的效果。例如对从阳极液氧化的葡萄糖(Escherichia coli,简称E. coli)至阳极之间的电子传递,当以硫堇和Fe(Ⅲ)EDTA混合用作介体时,其效果明显地要比单独使用其中的任何一种好得多。尽管两种介体都能够被E. coli还原,且硫堇还原的速率大约是Fe(Ⅲ)EDTA的100倍,但还原态硫堇的电化学氧化却比Fe(Ⅱ)EDTA的氧化慢得多。所以,在含有E. coli的电池操作系统中,利用硫堇氧化葡萄糖;而还原态的硫堇又被Fe(Ⅲ)

EDTA 迅速氧化,最后,还原态的整合物 Fe(Ⅱ)EDTA 通过 Fe(Ⅲ)EDTA/Fe(Ⅱ)EDTA 电极反应将电子传递给阳极。类似的还有用芽孢杆菌(Bacillus)氧化葡萄糖,以甲基紫精和2-羟基-1,4 萘醌(2-hydroxyl-1,4-naphthoquinone)或 Fe(Ⅲ)EDTA 作介体的微生物燃料电池。

在国家自然科学基金"直接利用生物质的无介体微生物燃料电池的基础研究"(20476009)的资助下,专家们进行了 Rf-6、Gm-6 和 Gs-6 三种微生物代谢特点试验和嗜糖微生物 Rf25 燃料电池性能试验,消除了浓差极化现象,使有机底物(葡萄糖、乳酸和废糖蜜等)所含能量转换为电能的效率大于 70%,电流密度为 30 mA/m^2,电池输出功率密度达到 3 W/m^2(0.2 V)。

实验表明,Rf-6、Gm-6 和 Gs-6 在分解有机底物进行自身代谢过程中,易于固体表面吸附成膜,有直接传递电子的能力。将三种微生物放入生物燃料电池的阳极室,可吸附在石墨电极上形成生物膜,把降解海底沉积物、葡萄糖、废糖蜜产生的电子传递到电池的阳极,无需介体运载电子。

实验发现,Rf-6、Gm-6 和 Gs-6 三种微生物能降解苯等有毒有机污染物,转化成 CO_2 以及其他无毒物质。不仅葡萄糖可以作为原料,而且果糖、蔗糖,甚至从木头和稻草中提取出来的含糖副产品木糖,都可以作为原料。这就为今后人类充分利用工农业废弃物和城市生活垃圾发电提供了良好的前景,这种生物燃料电池既为人类增加了一种能源方向,又可以解决一些污染问题。

2.3.2　直接微生物燃料电池

直接微生物燃料电池是指燃料直接在电极上氧化,电子直接由燃料转移到电极,也称为无介体 MFC,是指 MFC 中的细菌能分泌细胞色素、醌类等电子传递体,直接将新陈代谢过程中产生的电子由细胞膜内转移到电极。这种微生物燃料电池由于不需要投加电子中间介体,降低了运行成本,已经成为当前的研究重点。氧化还原介体大多有毒且易分解,这在很大程度上阻碍了微生物燃料电池的商业化进程。近年来,人们陆续发现几种特殊的细菌,这类细菌可以在无氧化还原介体存在的条件下,将电子传递给电极产生电流。另外,废水或海底沉积物中富集的微生物群落也可用于构建直接微生物燃料电池。

这里以连静等设计的微生物燃料电池结构为例,电池由阴阳两极室体组成,电池由4 块有机玻璃板通过螺栓穿接固定而成(如图 2.9 所示),这种设计方式有助于电池的拆装与清洗。每个极室上方有 3 个小孔,分别为导线出口、N_2(空气)进口以及 N_2(空气)出口兼底物进出口,阴阳两极室之间由质子交换膜相隔。质子交换膜与两极室之间夹有真空垫以保持密封。质子交换膜使用之前需要依次在 30% H_2O_2、去离子水、0.5 mol/L H_2SO_4 及去离子水中各煮沸 1 h,然后保存在去离子水中备用。电极为未抛光的高纯石墨电极,使用前用 1 mol/L HCl 浸泡去除杂质离子,使用后再用 1 mol/L NaOH 浸泡以除去其表面吸附的细菌。阳极接种细菌,接种前通 N_2-CO_2 混合气(80:20)除尽培养基中的 O_2,接种后密封或缓慢通混合气。阴极持续通空气,保持其内溶解氧的浓度。混合气和空气通入极室前均需通过混合纤维素酯微孔滤膜。两极室均缓慢搅拌,通气与搅拌均需缓慢,以防止过量的 O_2 通过质子交换膜渗入阳极。

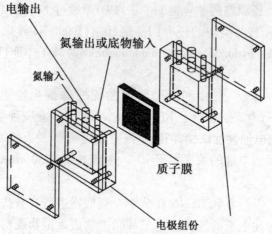

图 2.9　直接微生物燃料电池结构示意图

2.4　不同阴极 MFC

在 MFC 中,使用单纯的有机底物如葡萄糖、乙酸钠等能够产生较高的功率密度,比如,Cheng 和 Logan 使用乙酸钠作为底物,在空气阴极 MFC 中得到了 115 W/m^3 的功率密度;Aelterman 等人使用乙酸钠作为底物,其双室 MFC 的最大功率密度达到 258 W/m^3。但是,如果将阳极的有机底物换成实际的有机废水,这个值就会大幅度降低,主要是实际的废水中存在一些难生物降解的物质,无法被氧化转化为电流。

阴极的反应特性是限制 MFC 整体功率的输出,为了提高 MFC 的功率输出和整体效能,需要采取一定的措施尽可能地降低阴极的某一种、两种或三种损失。另外,限制 MFC 工程化和商业化应用的因素除了阴极的性能有待提高以外,更重要的是电池的结构,这大大增加了 MFC 的基建投资。下面主要介绍非生物阴极与生物阴极微生物燃料电池。

2.4.1　非生物阴极

非生物阴极常用的催化剂主要有铂、过渡金属大环化合物、金属氧化物等。目前,铂是使用最为广泛的高效催化剂,用铂催化电极反应可以使 MFC 的产电性能提高近 4 倍。但是铂的价格昂贵,极大地增加了 MFC 的成本,不适用于 MFC 的规模化应用。过渡金属元素,如铁和钴,也是合适的电子介体,因为它们能在各自的氧化还原态之间快速地转化。研究结果表明,在碳/石墨阴极中加入三价铁化合物(如铁氰化钾)会显著提高 MFC 的电子传递性能和输出电压,MFC 的最大功率可提高至 300 W/m^3。

1. 贵金属铂催化剂

贵金属铂催化剂是公认的对燃料电池阴极氧还原具有高活性、高能效的催化剂。20 世纪60 年代初,铂作为燃料电池阴极主要催化剂,但其昂贵的价格,大大提高了 MFC 的生产和制造成本,这使得降低催化剂表面铂的载量成为人们研究的一个热点。20 世纪 70 年代时,通过将载铂到高比表面积的活性炭上,大大提高了铂的利用率,降低了铂载量。美国 Los Alomos 国家实验室通过在质子膜燃料电池的多孔气体扩散电极中浸渍质子导体,并结合膜电极集合体的热压技术,扩展了电极的三维反应区,提高了催化剂的利用率,使铂载量由 4 m^2/g 降低到 0.4 m^2/g 或更低。

人们对铂在 MFC 阴极表面的制备也做了大量的研究,Sangeun 等人使用表面镀铂的石墨电极作阴极,在接种 120 h 后电能达到 0.097 mW,电子回收率为 63% ~ 78%。如果除去阴极表面镀的铂,电能则减小 78%。后来人们则运用电沉积技术降低铂的载量,提高电池的性能。该技术的发展使得电极表面的载铂厚度达到了 3×10^{-7} ~ 4×10^{-7} m,各种各样的电沉积铂催化剂电极也被广泛应用到 MFC 阴极催化剂的研究中,例如 Mahlon 等人制备的厚度为 1.75×10^{-7} ~ 2.5×10^{-7} m 的催化电极,Liu 等人制备的载铂厚度为 2.5×10^{-7} m,Pham 等人制备的载铂厚度为 1.4×10^{-7} m 的波碳电极,其对氧化还原表现出了很好的电催化活性,Logan 等人制备的原子比为 1:1 的铂/钌催化剂,覆盖厚度为 1.75×10^{-7} m 和 2.5×10^{-7} m,在 MFC 阴极催化剂的应用中取得了很好的效果,Park 等人通过电子束激发的方法制备了低载铂量的催化剂,其在 MFC 阴极分布单一均匀,催化剂用量小,性能好,对氧在阴极的还原具有很好的催化效果。

2. 过渡金属大环化合物催化剂

19 世纪 60 年代,Jasinski 等人对金属酞菁化合物进行研究报道后,过渡金属大环化合物对氧的电化学还原活性引起了人们的广泛关注。由于大环类的脱金属作用比较强,所以在中性或者碱性的环境中是稳定的,但是这些催化剂在酸性条件下的稳定性比较差。

过渡金属大环化合物对氧还原的电催化活性和选择性,取决于中心金属元素的种类、前驱体化合物、载体物质和热处理温度等因素。过渡金属的种类对氧还原的电催化活性起决定性作用,如在 Fe 大环化合物上,氧还原主要进行 4 个电子直接还原成水的反应;而在 Co 大环化合物上,由于氧吸附为端基式,有利于电子还原反应的进行,可生成中间物 H_2O_2。

过渡金属酞菁化合物对氧还原的电催化活性按 Fe、Co、Ni、Cu 的顺序依次减弱,Bogdanoff 等人合成一种新的具备多空隙结构的钴卟啉化合物。另外,草酸盐的热解产物会在裂解产物中形成嵌入式框架,该框架可在后续的酸处理中去除,最后得到一个具有内嵌中心的高度多孔碳基催化剂。该催化剂在 0.5 mol/L H_2SO_4 中的还原电位为 0.5 V(相对于 Ag/AgCl 参比电极),已接近氧在 20% 的铂/石墨催化剂上的还原电位。

Zhao 等人研究了热解法制备的铁酞菁及钴卟啉作为双室 MFC 阴极氧还原的催化特性,结果发现钴卟啉和铁酞菁催化剂的性能接近商用铂/石墨催化剂,Co 大环化合物的性能要优于 Fe 大环化合物,这可能是由于钴卟啉中含有对氧还原催化更具活性的方向键。Logan 等人对金属大环化合物作为 MFC 阴极催化剂进行了研究,结果表明:中性条件下,金属大环化合物对氧还原的性能要高于铂。为了使大环化合物的性能进一步提高,Deryn Chu 等人对双金属离子的四苯基钴卟啉(TPP)进行了测试,活性顺序为:CoTPP/FeTPP > CuTPP/FeTPP > 钒 TPP/FeTPP > NiTPF/FeTPP,CoTPP/FeTPP 具有最好的氧还原活性。马金福等人也对铁钴双核双金属酞菁阴极催化剂进行了研究,取得了较理想的效果,过渡金属大环化合物对氧还原具有较高的电催化性能。然而,过渡金属大环化合物材料价格贵,制备过程复杂。同时,中间产物 H_2O_2 对催化剂结构有破坏作用,导致催化剂稳定性降低。为了改善过渡金属大环化合物的性能,简化制备过程,降低产品价格,可以在催化剂合成方法以及催化剂修饰方法等方面开展研究。

3. 金属氧化物

金属氧化物来源广泛、价格低廉，也被广泛应用于多种电池体系中，后来人们把金属氧化物作为 MFC 阴极催化剂进行研究。目前研究的可作为 MFC 阴极催化剂的金属氧化物主要有 PbO_2 和 MnO_2 等。

Morris 等人比较铂和 PbO_2 作为双室 MFC 阴极催化剂的性能，发现与铂催化剂相比，PbO_2 的产能效率能增高 2 ~ 4 倍，成本却降低了 2 ~ 17 倍。汪家权等人以单室 MFC 为研究对象，证明了钛基板作为阴极材料是可行的，且输出功率密度在 8 d 的运行中比较稳定，最大输出功率可达到 485 mW/m^2，而钛基 PbO_2 电极比铂电极经济适用很多。近年来对 MnO_2 的研究较多，Clauwaert 等人发现 MnO_2 作为 MFC 阴极催化剂能够使得电池的启动时间比不修饰的电极启动时间提高了 30% 左右。Roche 等人研究了 MnO_2 分别在碱性和中性的条件下作为阴极催化剂的电催化性能，并指出通过促进氧在 MnO_2 上的四电子途径还原的 Ni、Mg 等金属离子的掺杂，能够提高 MnO_2 催化剂的氧还原性能。周顺桂等人以淀粉废水为接种液和基质，MnO_2 为阴极氧还原催化剂，构建了连续流的双室 MFC，结果表明与阴极未负载催化剂的 MFC 相比，阴极负载 MnO_2 催化剂的 MFC 的输出功率密度可提高 4.2 倍左右，化学需氧量(COD)和氨氮($NH_4^+ - N$)去除率分别提高了 8.3% 和 7.0%。Zhang 等人分别比较了不同晶型的 MnO_2($\alpha - MnO_2$, $\beta - MnO_2$, $\gamma - MnO_2$)对 MFC 阴极氧还原的性能，结果表明三种晶型的催化剂对氧还原都具有良好的电催化活性，其中 $\beta - MnO_2$ 的电催化活性最强，这可能是由于 MnO_2 具有较大的多分子层吸附理论(BET)表面积和较高的平均氧化态，所得电池的最大功率密度为 161 mW/m^3。

Liu 等人通过电沉积的方法制备了形貌和大小都可控的 MnO_2 催化剂，他们指出 Mn 的氧化态以及形貌控制着催化剂对 MFC 阴极氧还原的催化性能和活性，而这些都和电化学制备过程紧密相关，他们还指出氧在 MnO_2 纳米棒上的还原是通过 4 电子途径进行的，他们的工作为研究成本低、效益高、简单可控的单室空气阴极 MFC 阴极催化剂提供了重要信息。

Li 等人研究了钾矿型八面体分子筛结构(OMS - 2)的锰氧化物取代 MFC 中常用阴极铂催化剂的情况，系统比较了未修饰的和分别用 Co、Cu、Ce 修饰的 OMS - 2 以及铂催化剂对氧还原的性能，修饰过的 OMS - 2 能够有效增加 MFC 的产电功率，提高有机物质的降解效率，循环周期也比铂/石墨降低了 100 h。金属离子修饰的 OMS - 2 的活性依次为 Co - OMS - 2 > Cu - OMS - 2 > Ce - OMS - 2。

4. 其他催化剂

除了上述几类催化剂外，还有些其他的单元或多元的氧还原催化剂也被报道，例如 Duteanu 等人将 XC - 72 炭分别经 H_3PO_4、KOH、H_2O 以及 HNO_3 处理后发现只有 HNO_3 处理的 XC - 72 炭能够提高催化剂的活性，使氧在单室 MFC 阴极的还原电流密度达到 115 mA/m^2，且还原电位在 5.6 mV，该值比未处理的碳载铂催化剂还要高，但功率密度没有铂/石墨高，其他处理对催化性能影响很小，这也为低成本、高效率催化剂指明了方向。Yuan 等人发现聚吡咯/炭黑纳米复合材料(PPy/C)对 MFC 阴极氧还原也具有良好的电催化活性，虽然其性能不如铂/石墨好，但成本却降低了很多，考虑价格因素在内，按功率密度/价格算，PPy/C 对氧还原的性能是铂/石墨催化剂的 15 倍。

碳纳米竹(CNT)是一种具有孔状结构的导体材料，其对其他低温燃料电池的氧还原也具有良好的催化性能,中孔结构可以起到纳米反应器的作用,可以有效地避免贵金属的团聚,增大贵金属的有效面积,有效防止金属的脱落。Dong 等人研究了 Co/Fe/N/CNT 作为 MFC 阴极催化剂的电流密度为 751 mW/m^2,是同等条件下铂/石墨催化剂的 1.5 倍。

非生物阴极虽然能显著提高 MFC 的产电性能且应用较为广泛,但其成本高、稳定性差,容易造成催化剂污染。为了克服非生物阴极的缺点,研究者们考虑用微生物体内具有特定功能的酶作为催化剂,取代金属催化剂。

2.4.2　生物阴极

生物阴极型 MFC(Biocathode Microbial Fuel Cell,BCMFC)以 O_2 为阴极电子受体,以好氧微生物作为催化剂来完成氧的催化还原,这些微生物能够简单地从好氧污泥中获得,极大地提高了 MFC 在实际中的可应用性和可持续性。对于不同的电子受体,生物阴极型 MFC 的关注点不同,以 O_2 为电子受体的 MFC 主要关注于产电性能,而以硝酸盐为电子受体的 MFC 更侧重于氮的去除效果。表 2.2 列出了不同生物阴极型 MFC 的产电效果。从表 2.2 中可以看出,不同的电子受体是影响产电最关键的因素,以 O_2 为电子受体的 MFC 的最大功率密度远远大于以硝酸盐为电子受体的 MFC。

表 2.2　不同生物阴极型 MFC 的产电效果

电子受体	构型	电子供体	总体积	填料	最大功率密度	最大电流密度	库仑效率/%
O_2	双室型	乙酸钠	0.96 L	石墨粒	5.37 W/m^3	24.1 A/m^3	13
O_2	双室型	乙酸盐	0.638 L	石墨粒	19.8 W/m^3	59.3 A/m^3	65~95
O_2	筒状型	乙酸盐	0.183 L	石墨粒	65 W/m^3	188 A/m^3	90
MnO_2	双室型	葡萄糖	0.109 5 m^2	石墨	126.7 mW/m^2	0.015 3 mA/cm^2	
Fe^{3+}	平板型	乙酸盐	0.029 m^2	碳毡	1 200 mW/m^2	0.44 mA/cm^2	
NO_3^-	双室型	乙酸钠	0.336 L	石墨粒	9.39 W/m^3	36.1 A/m^3	52.1
NO_3^-	筒状型	乙酸盐	0.444 L	石墨粒	1.50 W/m^3	10.86 A/m^3	
NO_3^-	双室型	葡萄糖	0.753 m^2	石墨	1.7 mW/m^2	15 mA/cm^2	7

与非生物阴极相比,生物阴极具有以下优点:①以微生物取代金属催化剂,可以显著降低 MFC 建造成本;②生物阴极能够避免出现催化剂中毒,提高了 MFC 运行稳定性;③利用微生物的代谢作用可以去除水中的多种污染物,例如生物反硝化等。一般来说,根据阴极最终电子受体的不同,可以将生物阴极分为好氧型生物阴极(Aerobic Biocathode)和厌氧型生物阴极(Anaerobic Biocathode)。

1. 好氧型生物阴极

O_2 在空气中的含量高,氧化还原电压为 +0.8 V,是 MFC 阴极最常用的电子受体。按照 O_2 的作用方式不同,好氧型生物阴极又可以分为直接以 O_2 为电子受体的生物阴极和间接以 O_2 为电子受体的生物阴极。前者是指微生物直接将电子传递到 O_2,进行 O_2 的还原;而后者主要是指微生物利用金属氧化物或高价铁盐(如二氧化锰、三价铁盐)的还原,来实现电子到 O_2 的传递。

与直接以 O_2 为电子受体的生物阴极相比,间接以 O_2 为电子受体的生物阴极对提高微生物燃料电池的性能更加有利,其原因:一是可以削弱 O_2 向阳极的扩散,降低阳极电压,从而使电池的电动势增加;二是提高了电子受体的传质效率,降低由传质引起的传质阻力。

（1）氧为直接电子受体

这里介绍一下空气阴极单室型微生物燃料电池（装置如图2.1所示）。空气阴极单室型MFC的开发是MFC的又一大突破，直接利用空气中的氧作为电子受体可以省去阴极室，极大地简化了反应器构型，降低了成本。空气阴极的设计思路来源于质子交换膜（Proton Exchange Membrane，PEM）燃料电池。空气阴极MFC可以将阴极室压缩为很薄的一层，因此从一般表观上来看，空气阴极MFC只有阳极室。电化学阻抗谱（Electrochemical Impedance Spectroscopy，EIS）分析方法是近年来快速发展并在电化学领域广泛运用，用来检测修饰有生物分子的电极界面的生物学反应特性的电化学技术，具有良好的界面表征作用。目前，越来越多的研究者也将该方法用于微生物燃料电池的研究中。EIS技术可以完全地描述微生物燃料电池内部阻抗，例如欧姆阻抗、极化阻抗和传质阻抗。其中，欧姆阻抗即为溶液阻抗，在微生物燃料电池数学模型中，欧姆阻抗直接决定仿真结果的准确性。极化阻抗表示化学物质在电极表面发生反应的难易程度。传质阻抗也称扩散阻抗，代表电极与电解质溶液间的扩散，这种扩散是由于电荷在电解质和电极之间的传递，使电解质中的离子的分布不均匀，从而发生扩散现象，这种扩散对应的阻抗即为传质阻抗。

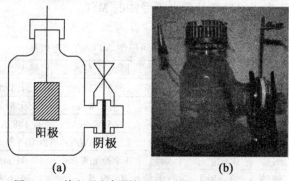

图2.10　单室型空气阴极MFC的示意图和照片

2003年，Park和Zeikus等人首次设计出了单室型空气阴极MFC，他们将阳离子交换膜更换为厚2 mm，直径50 mm的高岭土陶瓷膜，利用Mn^{4+} – 石墨作为阳极材料，Fe^{3+} – 石墨作为阴极材料，功率输出可达91 mW/m^2。Liu等人将PEM热压在碳布上，并卷成筒状，在外圈设置了8根石墨棒阳极，圆筒内侧为空气阴极，在连续流运行条件下以生活污水为底物，获得了26 mW/m^2的最大功率输出。Min等人则基于微生物燃料电池流场板的设计思路，在阳极板和阴极板上分别设计了15 cm×15 cm×2 cm的矩形盘状流道，使用生活污水作为底物进行连续流运行，平均输出功率达到了72 mW/m^2。

2004年，Liu和Logan发现在空气阴极MFC中去掉PEM后，最大功率密度由262 ±10 mW/m^2上升到494 ±21 mW/m^2（葡萄糖为底物），但与此同时库仑效率从40% ~55%下降为9% ~12%。从未来应用的角度来看，在不考虑底物的利用率和能量转化率的情况下，去掉PEM既降低了MFC成本又提高了功率输出。该研究设计的立方体MFC因其操作方便和功率输出高等特点，后来被研究者广泛应用于考察MFC的底物、电极材料以及产电影响因素等方面。使用乙酸盐为底物时，当电极间距从4 cm减少到2 cm，由于内阻的降低，功率输出从720 mW/m^2提高到1 210 mW/m^2。添加NaCl时，溶液离子强度由100 mmol/L增加到400 mmol/L，功率密度由720 mW/m^2增加到1 330 mW/m^2。尽管缩短两极间距离降低了反应器内阻,但在以葡萄糖为底物的条件下进一步降低电极间距至 1 cm 时,功率密度却由 811 mW/m² 降低到 423 mW/m²。但当反应器以连续流模式运行时,在 1 cm 的电极间距下反应液会穿透阳极直接流向阴极,功率密度则提高到 1 540 mW/m²。用涂有钴卟啉催化剂(CoTMPP)的管状阴极替代了原有的安装于阳极对面的平板阴极后,以葡萄糖为底物的功率密度为 18 W/m³,库仑效率升高到 70% ~ 74%。此外,Zuo 等人将 CoTMPP 催化剂涂在阴离子交换膜上制成了空气膜电极,获得最大功率密度为 449 mW/m²。

(2)二氧化锰为直接电子受体

铁和锰能通过化学价的循环催化氧化还原反应,锰氧化物修饰的生物阴极能有效缩短 MFC 的启动时间,但功率密度仍然很小,是生物阴极工业化的主要技术障碍之一。在对地下水与饮用水的生物法除铁除锰的研究中发现:①铁离子参与了锰离子的生物氧化过程;②在无铁离子的条件下,生物氧化锰是失败的;③铁离子对锰离子的生物氧化反应具有显著的催化作用。这表明,在铁锰联合修饰生物阴极中,铁离子对锰离子的生物氧化过程可能会具有催化或者促进作用。另外,唐致远等人研究发现,以 MnO_2 作为电极材料,化学掺杂 $Fe(Ⅲ)$ 有利于提高 MnO_2 电极的放电性和循环性。

锰是一种地壳中含量丰富的铁族元素,含有 +2、+4 等多种价态,在微生物的作用下,锰能够作为电子供体或受体,发生生物氧化还原反应。Rhoads 等人在 MFC 的阴极表面沉积一层 MnO_2,利用 MnO_2 的电化学还原和生物再氧化过程,在 MFC 中首次实现了生物阴极氧化还原过程。阴极发生的反应可以分为两步(如图 2.11 所示):首先,沉积在阴极表面的 MnO_2 从阴极接受一个电子后被还原为中间体 MnOOH,MnOOH 不稳定,会再次接受电子被还原为 Mn^{2+},电极反应式如下:

$$MnO_2(s) + H^+ + e^- \longrightarrow MnOOH(s)$$

$$MnOOH(s) + 3H^+ + e^- \longrightarrow Mn^{2+} + 2H_2O$$

然后,锰氧化菌 *Leptothrix discophora* 利用 O_2 将 Mn^{2+} 再次氧化为 MnO_2 并沉积到电极表面,从而实现了电子受体 MnO_2 的循环利用。研究结果表明,以 MnO_2 作为电子受体的生物阴极型 MFC 表现出了更高的活性,最大功率密度可达 126.7 mW/m²,比直接以 O_2 为电子受体的 MFC 的产电能力(3.9 mW/m²)提高了将近 40 倍。

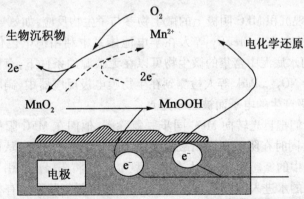

图 2.11　生物阴极上 MnO_2 的还原和氧化过程

为了进一步探索生物阴极的实际应用,Shantaram 等人利用镁合金作 MFC 的阳极、氧化锰作 MFC 的阴极,将 MFC 的电压提高到 3.3 V,成功地驱动了无线传感器。利用 MFC

驱动的无线传感器测量空气和水的温度,并将所测数值传输给偏远的信号接收器,从而克服了传统化学电池寿命短,需要定期更换以及太阳能电池需要依靠太阳光驱动的缺点。

（3）三价铁为直接电子受体

Fe^{3+}/Fe^{2+} 氧化还原电压为 0.77 V,比 MnO_2/Mn^{2+} 的氧化还原电压（0.60 V）还要高,因此阴极中 Fe^{3+}/Fe^{2+} 氧化还原反应更容易进行。Fe^{3+}/Fe^{2+} 氧化还原循环分为两步进行,首先 Fe^{3+} 在阴极上接受电子还原为 Fe^{2+},然后 Fe^{2+} 再经过生物氧化过程重新生成 Fe^{3+},电极反应式如下:

$$Fe^{3+} + e^{-} \longrightarrow Fe^{2+}（电化学还原）$$
$$Fe^{2+} + H^{+} + 1/4O_2 \longrightarrow Fe^{3+} + 1/2H_2O（生物氧化）$$

铁已经在 MFC 非生物阴极中被普遍用作电子受体,但是关于铁在生物阴极 MFC 中的研究并不是很多。Ter Heijne 等人通过在阴极接种 Acidithiobacillus ferrooxidans,可以将还原后的 Fe^{2+} 再氧化为 Fe^{3+},实现了 Fe^{3+} 在 MFC 中的循环利用。在 Acidithiobacillus ferrooxidans 的作用下,阴极中 Fe^{2+} 的含量在各种电流条件下均稳定在 6% 以下,说明 Fe^{2+} 的生物氧化速率快于 Fe^{3+} 的电化学还原速率,足以保证阴极中较高的 Fe^{3+} 浓度,从而使阴极表现出更加优越的性能。试验中,生物阴极 MFC 的电流密度为 4.4 A/m^2,功率密度可达 1.2 W/m^2,比只加入 Fe^{3+}、没有 Fe^{2+} 生物氧化过程的 MFC 的功率密度提高了 38%。

2. 厌氧型生物阴极

在厌氧条件下,许多化合物,如硝酸盐、硫酸盐、铁族元素、硒酸盐、砷酸盐、尿素、延胡索酸盐和 CO_2 等都可以作为电子受体。用厌氧型生物阴极代替需氧型生物阴极的一大优势是可以阻止氧通过 PEM 扩散到阳极,防止 O_2 消耗电子导致库仑效率下降。目前在厌氧型生物阴极中,研究较为广泛的是以硝酸盐和硫酸盐作为终端电子受体的情况。

（1）硝酸盐为电子受体

以 NO_3^{-} 为电子受体参与电极反应,最初应用在电极 - 生物膜反应器中,其基本原理是通过施加一定的电场或电流,使微生物直接利用阴极传递的电子或产生的 H_2 将硝酸盐还原为 N_2。该反应的优点是:可以实现微生物在低碳源或无碳源条件下的反硝化作用,避免在水处理过程中补充碳源。近年来,随着 MFC 技术的发展,研究者在 MFC 的阴极上已经实现了生物脱氮。

Holmes 等人发现沉积 MFC 阴极上的微生物参与了生物反应,如氨氧化和反硝化过程,证明了阴极氮循环的存在。Gregory 等人在半电池体系中利用恒电位仪控制阴极电压为 -500 mV,发现在河水底泥中富集的微生物可以在无碳源的条件下,直接以阴极作为电子供体将 NO_3^{-} 还原为 NO_2^{-}。Park 等人检测到在生物膜电极反应器中,硝酸盐会在微生物作用下接受从阴极电极产生的电子而被还原为 N_2。

近两年,研究者们把目光转向 MFC 同步脱氮除碳,他们在 MFC 阳极利用微生物去除有机物而产生电子,同时在阴极利用硝酸盐还原菌催化硝酸盐还原,从而实现在去除有机物的同时,脱去污水中的氮。Virdis 等人在双室型 MFC 中将阳极出水引入一个好氧反应器中进行硝化,硝化后的水进入阴极室,进一步实现了连续脱氮除碳。有机物的去除速率可达 2 $kg/(m^3 \cdot d)$,硝酸盐的去除速率可达 0.41 $kg/(m^3 \cdot d)$,最大功率输出为 34.67 ± 1.1 W/m^3。

虽然以硝酸盐为电子受体的 MFC 在产电能力方面与其他类型 MFC 相比,仍然存在较大差别,但是在阴极中实现生物反硝化对 MFC 的实际应用具有十分重要的意义。

（2）硫酸盐为电子受体

除了硝酸盐外,硫酸盐也可以作为 MFC 的电子受体。虽然硫酸盐的氧化还原电压很低,其接收电子受体的能力比硝酸盐小很多,但是它的还原不需要严格的厌氧条件,因此研究者依然看好硫酸盐作为阴极电子受体的潜力。早在 1966 年,Lewis 就通过在阴极接种硫酸盐还原菌来提高海水燃料电池的产电性能。

Cord - Ruwisch 和 Widdel 的研究结果证实,在生物阴极中,硫酸盐并不直接从电极上获得电子,而是通过水的还原,从氢中获得电子,反应如下式:

$$8H_2O \Longrightarrow 8H^+ + 8OH^-$$
$$E_0 = -0.828 \text{ V}$$
$$SO_4^{2-} + 8H^+ + 8e^- \Longrightarrow S^{2-} + 4H_2O$$

总反应如下:

$$SO_4^{2-} + 4H_2O + 8e^- \Longrightarrow S^{2-} + 8OH^-$$
$$E_0 = -0.22 \text{ V}$$

（3）其他化合物为电子受体

Goldner 等人还研究了以活泼金属作阳极时,MFC 生物阴极的硫酸盐还原菌生存的营养需求。他们的研究表明氢气的氧化是靠海水中 *D. desulfuricans* 的富集培养来完成的,其中也包含了少量的酵母膏和铵离子。

此外,CO_2 和延胡索酸盐也可以被用作终端电子受体。Park 等人在恒电压平衡阴极中以中性红为电子介体,依靠微生物利用阴极电极产生的电子将 CO_2 和延胡索酸盐分别还原为甲烷和琥珀酸盐。但是,由于 CO_2/CH_4 和延胡索酸盐/琥珀酸盐的氧化还原电压很小,分别只有 -0.24 V 和 $+0.03$ V,所以 MFC 的产电性能还有待进一步提高。

第 3 章　微生物燃料电池电极材料

目前,解决日趋严重的环境污染问题和探寻新能源,是人类社会能够完成可持续发展的两大根本性问题。微生物燃料电池是一种以微生物作为催化剂,利用电化学技术将有机物氧化并转化为电流的装置。微生物燃料电池是在生物燃料电池的基础上,伴随微生物、电化学以及材料等学科的发展而发展起来的。微生物燃料电池具有废弃物处置和发电的双重功效,代表了当今最前沿的废弃物能源化利用方向,并且有望成为未来有机废弃物能源化处置的支柱性技术。

从 20 世纪 90 年代起,利用微生物发电的技术出现了重大突破,微生物燃料电池在环境领域的研究与应用也逐渐发展起来。虽然微生物燃料电池所产生的功率密度比其他类型的燃料电池要低,但是它在废水处理中的应用将是最有前景的发展方向。

同其他燃料电池相比,微生物燃料电池由于具有以下特点,所以将在移动装置、航空、环保、备用电力设备、医学等领域显示出显著优势:

(1)原料来源广泛。能够利用一般燃料电池所不能利用的多种无机物质和有机物质作为燃料,甚至可以利用光合作用或者直接利用污水等。

(2)清洁高效。能够将底物直接转化为电能,具有较高的资源利用率,氧化产物多为 CO_2 和 H_2O,无二次污染。

(3)操作条件温和。一般在常温、常压、接近中性的环境中工作,这使得电池安全性强,且维护成本低。

(4)生物相溶性好。由于可以利用人体血液中的葡萄糖和 O_2 作燃料,一旦开发成功,便能够方便地为植入人体的一些人造器官提供电能。

因此,很多学者称微生物燃料电池是一项具有广阔应用前景的绿色能源技术。微生物燃料电池作为一项可持续利用生物工业技术,微生物燃料电池为未来能源的需求提供了一个良好的保障。目前,微生物燃料电池的研究正处于实验室研究或者小批量试验的水平,在实际应用中,其电池输出功率比较低(一般小于 $10~W/m^2$ 阳极面积),这主要是因为在细菌细胞和外电极之间进行电子转移很困难。因此,高性能电极材料是非常重要的。

微生物燃料电池的基本工作原理(如图 3.1 所示)是:①在阳极池,阳极液中的营养物在微生物作用下直接生成电子、质子以及代谢产物,电子通过载体传送到电极表面。由于微生物性质的不同,电子载体可能是外源的染料分子与呼吸链有关的 NADH 和色素分子,也可能是微生物代谢产生的还原性物质。②电子通过外电路到达阴极,质子通过溶液迁移至阴极。③在阴极表面,处于氧化态的物质(如 O_2 等)与阳极传递过来的质子和电子结合发生还原反应而生成水。其阳极和阴极反应式如下所示。

阴极反应:

$$4e^- + O_2 + 4H^+ \longrightarrow 2H_2O$$

阳极反应:

$$(CH_2O)_n + nH_2O \longrightarrow nCO_2 + 4ne^- + 4nH^+$$

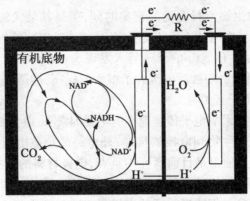

图 3.1 微生物燃料电池的工作原理

3.1 阳极材料

阳极直接参与微生物催化的燃料氧化反应,而且吸附在电极上的那部分微生物对产电的多少起主要作用。对阳极材料的基本要求是耐腐蚀、电导性高、孔隙率高、比表面积大、不易堵塞。微生物燃料电池常用的电极材料有碳布、石墨棒、石墨粒、石墨毡、石墨盘片等。Rabaey 等人对功率密度和电极构型的关系做了研究,采用石墨毡和石墨盘片时,容积功率大致相同,前 50 h 的平均容积功率分别为 8.8 ± 0.4 W/m^3 和 8.0 ± 0.6 W/m^3,最大容积功率分别为 15.9 W/m^3 和 15.2 W/m^3,而采用柱型石墨电极时,开始阶段和前两种的容积功率相近,但是随后容积功率发生明显下降。由于活性炭纤维制成的石墨刷具有相对较高的孔隙率和比表面积,如直径 5 cm,长 7 cm 的纤维的表面积可达 1.06 m^2,其比表面积为 7 170 m^2/m^3,孔隙率高达到 98%,所以在方形单室微生物燃料电池中,其功率密度可达 73 W/m^3(按反应器液体体积计算)。梁鹏等人考察了以活性炭、碳纳米管和柔性石墨为阳极材料的三种微生物燃料电池的产电性能,其最大产电功率密度分别为 354 mW/m^3、402 mW/m^3 和 274 mW/m^3,以碳纳米管为阳极材料能够有效降低微生物燃料电池的阳极内阻,据推测可能是因为碳纳米管含有丰富的羧基等含氧基团,且具有管壁缺陷等特性,可以促进电子传递。

化学修饰电极同样被用于微生物燃料电池反应器。铂/石墨电极比普通石墨电极催化效果要好,极化作用小。Moon 等人的实验证明,采用铂/石墨电极,功率密度可以高达 0.15 W/m^2,是采用普通石墨电极的 3 倍。增加电极比表面可以降低电流密度,从而降低电化学极化。采用穿孔铂/石墨盘片电极时,电极表面微生物的覆盖率远远好于采用普通铂/石墨盘片电极,从启动到稳定状态的时间也明显缩短。这是由于穿孔电极在保障生物膜形成和菌团形成所需的空间的同时,使电解质在相对稳定状态下流动,很好地防止了含悬浮物的污水造成的堵塞。Zeikus 和 Park 利用锰修饰针织石墨电极,将接种 *S. putrefacians* 的微生物燃料电池的功率密度由 0.02 mW/m^2 提高至 0.2 mW/m^2,当采用混合菌群时,其功率密度可高达 788 mW/m^2。由于在修饰锰的同时,将 CEM 换成高岭土陶瓷隔膜,因此无法完全将微生物燃料电池功率的提高归功于修饰电极的应用。利用气相沉积将氧化铁负载到碳纸上,可以缩短微生物燃料电池的富集时间,但是其最大输出功率不会发生变化。Lowy 等人将具有电子传导作用的 1,4 - 萘醌(NQ)或者 AQDS 修饰到石墨电极上,发现电流分别提高了 1.7 倍和 1.5 倍。Crittendon 等人发现 *S. putrefacians* 在金电极上产生的电流非常小,当修饰 11 - 疏基十一烷酸后电流有了很大的提高,推测修饰物的作用可能与在微生物和金电极之间传递电子有关。

在微生物燃料电池中,影响电子传递速率的主要因素有:微生物对底物的氧化;向阴极提供质子的过程;电子从微生物到电极的传递;外电路的负载电阻;O_2 的供给以及阴极的反应等。提高 MFC 的电能输出是目前研究的重点,电极材料的选择对于最终产能效率有着决定性的影响。对于阳极,应选择导电性能好、吸附性能好的电极材料。而对于阴极,则应该选择吸氧电位高,并且易于捕捉质子的电极材料。一般选择有掺杂的阴极材料(如载铂的碳电极)。从 MFC 的构成来看,阳极作为产电微生物附着的载体,不仅影响产电微生物的附着量,而且影响电子从微生物向阳极的传递,这对提高 MFC 产电性能有着至关重要的影响。因此,从提高 MFC 的产电能力出发,选择具有潜力的阳极材料开展研究,解析阳极材质和表面特性对微生物产电特性的影响,对提高 MFC 的产电能力具有非常重要的意义。在 MFC 中,高性能的阳极要易于产电微生物附着生长,易于电子从微生物体内向阳极传递,同时要求阳极内部电阻小、电压稳定、导电性强,生物相容性和化学稳定性好。目前有多种材料可以作为阳极,但是各种材料之间的差异,以及各种阳极特性对电池性能的影响并没有得到深入的研究。

3.1.1 碳材料

碳材料,如碳棒、碳颗粒、碳纸、碳毡等,被认为是最佳的阳极材料,这是因为它们是良好的稳定的微生物接种混合物,比表面积大,电导率高,并且廉价易得。Derek R. Lovley 等人用石墨泡沫和石墨毡代替石墨棒作为电池的阳极,结果增加了电能输出。用石墨泡沫产生的电流密度为 74 mA/m^2,是石墨棒(31 mA/m^2)的 2.4 倍;用石墨毡作电极产生的电流是 0.57 mA/620 mV,是用石墨棒作电极产生的电流(0.20 mA/265 mV)的 3 倍。碳毡比较适合用于较大体积的微生物燃料电池反应器阳极材料,阳极室填充石墨颗粒后可收集传递电子,进一步提高产电性能。电池输出电流由大到小的顺序为:石墨毡 > 碳泡沫材料 > 石墨,即输出电流随材料比表面积增大而增大。这说明,增大电极比表面积可以增大其吸附在电极表面的细菌密度,从而增大电能输出。增大电极比表面积的方法大致分为两种:

(1)采用比表面积较大的材料或者可以任意制造不同孔径的材料,如网状玻璃碳纤维、碳毡等;

(2)采用堆积的碳颗粒等。

然而,对于阳极微生物的反应,它们几乎没有电催化活性。因为阳极直接参与微生物催化的燃料氧化反应,吸附在电极表面的细菌密度对产电量起主要作用,所以阳极材料的改进以及表面积的提高有利于更多的微生物吸附到电极上,改良碳材料以改进其性能是主要的办法。通过把电极材料换成多孔性的物质,如泡沫状物质、石墨毡、活性炭等,都可以使电池更高效地工作。为提高微生物燃料电池的阳极性能,研究者们采用了各种物理化学的方法对阳极碳材料进行改进。例如,采用能促进电子传递的物质,如电子介体 – 中性红、萘醌和蒽醌等,对阳极表面进行修饰,通过提高电子传递速率来提高电池产电性能。Cheng

将用氨气预处理过的碳布作为 MFC 的阳极,结果表明,预处理过的碳布产生的功率为 1 640 mW/m²,大于未预处理过的碳布产生的功率,并且使得 MFC 的启动时间缩短了 50%,同时电池输出的功率密度也提高了约 7.5 倍。这主要是因为碳布经氨气预处理过后,比表面积增加,从而有利于产生质子和电子以及对微生物的吸附。

3.1.2　导电聚合物/碳纳米管复合材料

碳纳米管可以认为是由单层或者多层石墨片卷曲而形成的无缝纳米管,其两端一般都是封闭的。碳纳米管具有典型的层状中空结构特征,构成碳纳米管的层片之间存在一定的夹角,碳纳米管的管身则是准圆管结构,由六边形碳环微结构单元组成,其端帽部分是由含五边形的碳环所组成的多边形结构,或者称为多边锥形多壁结构。碳纳米管的管径一般在几纳米到几十纳米之间,其长度为几微米到几十微米,而且碳纳米管的直径和长度随着制备方法以及实验条件的变化而不同。由于碳纳米管的结构和石墨的片层结构相同,所以碳纳米管上碳原子的 p 电子形成大范围的离域 π 键。由于共轭效应显著,碳纳米管具有良好的导电性能。由于碳纳米管及其衍生纳米材料具有独特的管状结构和由连续的 sp^2 杂化提供的独特的电子特性,所以其与表面负载的金属活性相产生一种特殊的载体 – 金属相互作用。碳纳米管由于具有特定的孔隙结构、很大的比表面积、极高的机械强度和韧性、很高的热稳定性和化学惰性、极强的导电性以及独特的一维纳米尺度,所以极具制备电极的吸引力,从而成为一种十分理想的电极材料,作为燃料电池催化剂的载体也具有很好的应用前景。然而,据报道,碳纳米管内的细胞有毒性,可能导致增殖抑制和细胞死亡,因此,不适合用于 MFC,除非加以修饰来减少其细胞毒性。

最近,导电聚合物/碳纳米管复合材料已经取得了显著的效益。Qiao 等人将聚苯胺负载在碳纳米管上,利用 E.coli 作为产电微生物,质量分数为 20% CNT 的复合阳极具有很高的电化学活性,其最大产电密度达到了 42 mW/m²,电池电压为 450 mV,这也说明碳纳米管可以提高 MFC 产电效率,碳纳米管掺杂聚苯胺纳米材料在 MFC 上具有良好的应用前景。Zou 等人用聚吡咯/碳纳米管复合材料作为阳极材料和 E.coli 的生物催化剂,没有使用电子介体。研究表明,改性聚吡咯/碳纳米管阳极比纯碳纸有着较好的电化学性能,电池输出功率随着负载量的增加而增加,当聚吡咯/碳纳米管为 5 mg/cm² 时,其输出功率为228 mW/m²,这表明聚吡咯/碳纳米管复合材料是一种非常具有前景的高效的低成本 MFC 阳极。

3.1.3　导电聚合物

导电聚合物是一种新型的电极材料,具有易加工成各种复杂的形状和尺寸、重量轻、稳定性好以及电阻率在较大的范围内可以调节等特点,一直以来导电聚合物是研究的热点。Niessen 等人采用氟化聚苯胺作为阳极材料,氟化聚苯胺具有很高的化学稳定性,作为一个电极修饰,超越了常规导电聚合物的性能,不仅改善了铂中毒的问题,也提高了阳极的催化活性,所以非常适合应用于生活污水污泥等处理。然而在众多导电聚合物中,聚苯胺(PANI)因为具有易于合成、掺杂态和掺杂的环境稳定性好、高电导率、单体成本低等优点,已成为一种最有可能应用于实践的导电聚合物。在最新的所有导电聚合物研究中,聚吡咯由于其良好的导电性、稳定性和生物相容性,被视为一种最具有吸引力的材料。Yuan 等人通过电聚合吡咯改性微生物燃料电池的阳极,大大提高了微生物燃料电池的功率密度。最近,

Sahoo 等人研究表明,聚吡咯涂层碳纳米管比普通碳纳米管有着更高的电导率。

3.1.4 其他催化剂

此外,在阳极上加入聚阴离子或者锰、铁元素,使其充当电子传递中间体,也能使电池更高效地工作。Zeikus 报道了用石墨阳极固定微生物来增加电流密度,然后用 AQDS、NQ、Fe_3O_4、Ni^{2+}、Mn^{2+} 来改性石墨作为阳极,结果表明,这些改性阳极产生的电流功率是平板石墨的 $1.5 \sim 2.2$ 倍。除此之外,在石墨电极表面沉积 Fe_3O_4、Mn^{4+},能够缩短电池产电的适应阶段。Kim 等人将铁氧化物涂抹于阳极上,电池的输出功率由 $8 \ mW/m^2$ 增加到 $30 \ mW/m^2$,这主要是由于金属氧化物强化了金属还原菌在阳极的富集所致。作为微生物附着体的阳极,应该尽可能地为产电微生物提供较大的附着空间,为微生物提供充足的营养,同时还要将微生物产生的质子和电子迅速传输出去。现有微生物燃料电池阳极材料的研究,除了试图增大微生物的附着面积、提高产电微生物的附着量外,缺少对提高质子和电子传递的措施的研究。

最近,研究者们研制出了一种高性能的碳化钨阳极,该阳极能很好地协调阳极界面上的电解催化作用和生物催化作用。该阳极还能有效地氧化氢、甲酸和乳酸,但不能氧化乙醇。传统的阳极碳不用氨气处理就会提高阳极的表面电荷,进而提高阳极的性能。石墨／聚四氟乙烯复合阳极也表现出提高产电效率的性能。

对于阳极材料的研究除试图增大微生物的附着面积、提高附着量外,还应通过在电极表面进行金属纳米粒子、碳纳米管等物质的修饰,利用纳米材料的尺寸效应、表面效应等特性来实现生物膜的附着和直接快速的电子传递。提高阳极性能的另一个关键问题是能接收到数量更多、更稳定的胞外电子,因此能提供更多与细菌个体匹配的空位也是今后阳极材料选择与研究的方向。

3.1.5 MFC 阳极特性

1. 阳极内阻与表面积

在双室型 MFC 中,利用极化曲线测得的阳极内阻包括活化内阻、浓差内阻和欧姆内阻三部分。引起阳极内阻差异的主要因素是由微生物代谢及电子传递引起活化阻力的差异。在接种混合菌时,阳极材质和形式均可影响附着微生物的种类和生物量,进而影响活化阻力的大小。微生物活性越高,参与反应的数量越大,反应阻力越小,从而阳极内阻越小。当阳极溶液穿过多孔电极时,电池的产电性能会大幅度提高,因为是多孔电极减小了溶液穿过电极内部孔隙的传质阻力,使微生物更有效地在内部孔隙中附着,相当于增大了表面积,从而提高了输出功率。可见,阳极内阻的大小取决于阳极产电微生物的数量,而生物量又取决于阳极实际用于附着微生物的面积。

多孔电极有效孔体积和孔径分布共同影响着微生物的实际附着面积,在相同孔径下,有效孔体积越大,能提供给微生物的附着面积就越大;而适当增大孔径则可减小电极内部的传质阻力,也可增大微生物的附着面积。对于非多孔电极,粗糙的表面具有较强的吸附性和相对较大的表面积,可加快微生物的附着速度,也提高了电极的产电性能。

2. 表面电位

MFC 接种混合污泥后,要经过一个启动期,产电才能达到稳定。阳极表面电位的变化反映了阳极上产电微生物数量和活性的变化。以无介体产电微生物为例,微生物将阳极作为电子受体,其分解有机物产生的电子通过细胞色素或纤毛直接传递到阳极,从而利用这一过程中电子释放的能量作为自身生长的需要。因此,阳极电压越高,微生物获得的能量越多,生长越快。

阳极电位越低,其上附着的生物量越多。当表面电位高时,微生物的附着速度反而变慢,这说明微生物在电极上的附着生长并非主要依靠静电吸引作用。由于产电微生物正常生活环境的电压为 $-400 \sim -300$ mV,因此较低的表面电位更有利于产电微生物的附着和生长。

3.2　阴极材料

经由外电路传输的电子到达阴极后,与氧化态物质即电子受体(如 O_2 等)以及阳极迁移来的质子在阴极表面发生还原反应。电子受体在电极上的还原速率是决定电池输出功率的重要因素,因此该步骤也是微生物燃料电池产电过程的关键。一直以来,对于该步骤的研究主要集中在电子受体和电极两方面。

阴极性能是影响 MFC 性能的重要因素。阴极室中电极的材料和表面积以及阴极溶液中溶解氧的浓度都会影响着电能的产出。阴极通常采用碳布、石墨或碳纸为基本材料,但是直接使用效果不佳,可通过附载高活性催化剂得到改善。催化剂可降低阴极反应极化电压,从而加快反应速率。

目前所研究的微生物燃料电池大多使用铂为催化剂,载铂电极更易结合氧,催化其与电极反应。Oh 等人研究发现,单独使用石墨作电极的 MFC 输出电能仅仅为表面镀铂石墨电极的 22%。Cheng 等人研究了电极载铂量对电池性能的影响,发现当铂由 2 mg/cm² 减少至 0.1 mg/cm² 时,性能略有降低。该研究有利于减少铂的用量,从而降低微生物燃料电池的成本。铂昂贵的价格限制了其在实际中的应用,寻求较廉价的催化剂成为研究的一个方向。Morris 等人用以 PbO_2 为催化剂的铁片作阴极,电能比以铂为催化剂时增加 1.7 倍,而成本仅仅是用铂的一半,与市售载铂电极相比,电能更是高出 3.9 倍。采用过渡金属作为催化剂能够收到很好的催化效果,过渡金属催化剂四甲氧基苯基钴卟啉和酞菁铁的催化效果甚至优于铂。

目前,MFC 的阴极电子受体主要分为液相阴极和空气阴极两种,最常用的电子受体为 O_2,又分为水中溶解氧和气态氧两种。液相阴极 MFC 反应在溶液中进行,传质和反应阻力小,所以这种形式的电池通常可以得到较高的功率输出,但其最大缺点是需要不断地向阴极补充电解液,而且阴极产物可能带来二次污染,因此不适合实际工程应用;空气阴极 MFC 是利用空气中的氧作为电子受体,但氧气分子在阴极表面发生的三相还原反应速率很慢,需要使用贵金属铂作催化剂来降低反应的过电位损失,这大大增加了燃料电池的造价。另外,金属离子可能会造成阴极的催化剂中毒,导致系统运行失败。生物阴极能够减少或省去铂催化剂,使系统投资大大降低,更便于 MFC 的推广应用。

O_2 作为电子受体,具有氧化电压较高、廉价易得,且反应产物为水、无污染等优点。对于以溶解氧为受体的微生物燃料电池,当溶氧未达到饱和时,氧浓度是反应的主要限制因素之一。目前,较多研究是直接将载铂阴极暴露于空气中,构成空气阴极单室微生物燃料电池。此设计可以减少由于曝气带来的能耗,并且可有效解决 O_2 传递问题,进而提高 O_2 的还原速率,增加电能输出。除 O_2 外,铁氰化物也是较为常用的电子受体,与氧相比具有更低的活化电压和更大的传质效率,能够获得更高的输出功率。Sangun Oh 等人用铁氰化钾溶液作为电子受体比用溶氧缓冲溶液作为电子受体获得的输出功率高 50% ~ 80%。但是铁氰化钾无法再生,需要不断补充,并且长期运行不稳定,因此不适于大规模实际应用。此外,双氧水、高锰酸钾等具有强氧化性,均可用作电子受体,但是同样存在不可再利用等问题,实际应用价值不高。近期研究发现了一些新型电子受体,如 Rhoads 等人以生物矿化的氧化锰沉积于石墨电极表面作为反应物,电流密度比以 O_2 为氧化剂时高出大约两个数量级,测量其标准氧化还原电压达 384.5 ± 64.0 mV。

　　由于双室微生物燃料电池将阴极室与阳极室的反应分开,所以减少了两极室间的相互影响,这有利于微生物燃料电池阳极室微生物导电机理的研究和微生物燃料电池结构基础参数的研究,同时也有利于固定阳极室基本条件,研究阴极对电池输出功率的影响。目前双室微生物燃料电池的阴极氧化剂主要有溶氧、铁氰化物、高锰酸钾、二氧化锰等。

3.2.1　溶氧阴极微生物燃料电池

　　溶氧微生物燃料电池是早期研究的结构相对简单的双室微生物燃料电池,其主要结构包括质子交换膜、厌氧微生物阳极室、悬浮于水中的充气的阴极。这种电池以溶氧作为电子受体,操作简单,许多试验研究都采用这种结构的微生物燃料电池。其阴极反应为:

$$O_2 + 2e^- + 2H^+ = H_2O_2, \quad H_2O_2 = 1/2O_2 + H_2O$$

能斯特方程:

$$E^+ = E_0 + \frac{RT}{2F \ln[P_{O_2} \alpha^2_{[H^+]}]} \quad (25\ ℃, E_0 = 1.229\ V)$$

式中　E^+——阴极电压;

　　　　E_0——25℃时氧的电极电压;

　　　　P_{O_2}——氧气的分压;

　　　　$\alpha_{[H^+]}$——质子氢的活度。

　　根据能斯特方程可知,阴极电压与氧气的分压成对数关系,与质子氢活度的平方也成对数关系。由于溶氧浓度可能引起阴极极化,进而导致电压差降低,增加了质子氢到达阴极的传输电阻,从而限制最大输出功率,所以在这种电池中,增加质子氢浓度有利于其提高阴极电位。

　　研究表明,以人工合成的葡萄糖及污水处理厂的污水作为阳极燃料,以氯化钠、磷酸盐缓冲溶液为阴极电解质,以溶氧作为电子受体的双室微生物燃料电池的最大输出功率为 32.9 mW/m²。He zhen 研究表明,以溶氧作为阴极电子受体的底泥微生物燃料电池的最大输出功率能够达到 49 mW/m²。由于这种燃料电池输出电压受溶氧浓度的影响,因此以溶氧作为电子受体的微生物燃料电池的输出功率很难得到提高,从而难以进行工程应用。

3.2.2　铁氰化钾电解质溶液微生物燃料电池

　　铁氰化钾溶液具有低超电压、不易极化的优点,以铁氰化钾溶液作为阴极电解质溶液构建的双室微生物燃料电池,其开路循环电压和阴极工作电压接近,从而使得铁氰化钾溶液在双室微生物燃料电池基础研究中得到广泛应用。其阴极反应如下:

$$Fe(CN)_6^{3-} + e^- \rightleftharpoons Fe(CN)_6^{4-}$$

能斯特方程:

$$E^+(Fe^{2+}/Fe^{3+}) = E_0 + \frac{RT}{F\ln[\alpha_{Fe^{3+}}/\alpha_{Fe^{2+}}]} \quad (25℃, E_0 = 0.770 \text{ V})$$

阴极电位 E^+ 主要受到 Fe^{3+}/Fe^{2+} 活度比的影响。He 研究表明,以铁氰化钾溶液作为电子受体,以蔗糖为底物的上流式微生物燃料电池的内阻大约为 84 Ω,最大输出功率为 170 mW/m^2。Sangun Oh 研究表明,以铁氰化钾溶液作为电子受体时的电池输出功率比溶氧缓冲溶液可高出 50% ~ 80%。Korneel Rabaey 研究表明,以铁氰化钾溶液作为阴极电解质溶液,以醋酸钠溶液和葡萄糖作为底物的微生物燃料电池的最大输出功率分别达到 90 W/m^2 和 66 W/m^2(阳极室净容积)。对以溶氧为阴极的电池来说,阴极面积的变化同样会引起电池电压的变化,但是对以铁氰化钾溶液为阴极的电池而言,阴极面积的变化对电池电压的影响是很小的。

以铁氰化物作为电解液时,由于 Fe^{2+} 再氧化还原成 Fe^{3+} 的能力比较差,因此要经常更换电解液,操作非常不便。

3.2.3 金属阴极微生物燃料电池(固体阴极)

金属阴极微生物燃料电池是以金属电子受体作为阴极而构建的微生物燃料电池,阴极的形式主要有两种:一种是由二氧化锰制成的固体阴极;另一种是调节 pH 值,使金属铁溶解于阴极电解质溶液中。MnO_2 得到电子后转变成 $MnOOH$,使 Mn^{2+} 进入溶液中,再在好氧的锰氧化菌作用下将 Mn^{2+} 氧化成 MnO_2。

Rhodes 的研究表明,在外电子介体存在条件下,以玻碳纤维为电极材料,在锰氧化菌作用下可以制成固体阴极,此时双室微生物燃料电池可以实现连续产电,最大输出电压能够达到 127 mW/m^2。

TerHeijne 研究表明,以循环使用的氯酸铁或者硫酸铁溶液为阴极溶液,向阴极室不断鼓入空气,用双极板将双室分开,此种微生物燃料电池的最大输出功率为 860 mW/m^2。

3.2.4 高锰酸钾溶液双室微生物燃料电池

高锰酸钾/二氧化锰电对具有高还原电压,输出电压较高,因此以高锰酸钾为电子受体的微生物燃料电池的阴极半反应如下:

$$MnO_4^- + 4H^+ + 3e^- \rightleftharpoons MnO_2(s) + 2H_2O$$

能斯特方程:

$$E^+ = E_0 + \frac{RT}{3F\ln[\alpha_{MnO_4^-}] \cdot [\alpha_{4H^+}]} \quad (25℃, E_0 = 1.532 \text{ V})$$

由能斯特方程可知,阴极电位不仅受到质子氢活度的影响,而且受到高锰酸根离子活度的影响,同时产物 MnO_2 容易沉积在电极表面,阻碍阴极半反应,从而导致浓差极化,降低了输出电压。因此在此种电解质溶液中,应该保持酸性环境,同时通过强制对流方式来消除浓差极化,这有利于提高输出电压。

　　詹亚力研究表明,以醋酸钠水溶液作为阳极燃料,以高锰酸钾作为阴极氧化剂的双室微生物燃料电池的最大输出功率为 824 mW/m^2,内阻为 300 Ω 左右。You 研究表明,以高锰酸钾溶液作为氧化剂的微生物燃料电池的最大输出功率为 1 230 mW/m^2。赵庆良对以不同电子受体(铁氰化钾、氧气、重铬酸钾和高锰酸钾溶液)为阴极的微生物燃料电池的输出电压进行了比较,发现酸性高锰酸钾阴极微生物燃料电池的开放电压最高,可达 1.41 V,对应的功率密度最大能达到 3 990 mW/m^2。

3.3　质子交换膜

　　质子交换膜维持了阴阳两极的反应条件,但是由于质子交换膜对 H$^+$ 的选择透过性低于阳极液中大量存在的碱性阳离子,这导致阴阳两极 pH 差值变大;同时,阴极区的 O$_2$ 向阳极区的扩散会破坏阳极的厌氧环境。在磷酸盐缓冲液浓度为 100 mmol/L、溶液 pH 值为 7.0 时,碱性阳离子占通过质子交换膜的阳离子总量的 30%。通过模型计算表明,即使缓冲溶液浓度很低,但是在膜的通透性能较好的条件下,溶液 pH 值经过轻微的下降后也会逐渐回升。这也说明了膜的通透性对 H$^+$ 传递的影响大于缓冲溶液的影响,但是从理论推导得出,H$^+$ 由细胞膜向溶液扩散的过程是由缓冲剂质子化后完成的,而非质子本身扩散。为了缓解两极之间 pH 的差值,可以采用使阳极出水进入到阴极而阴极出水回流到阳极的循环流法,这样系统的 pH 值就会维持相对稳定,从而可以减小缓冲物质的使用量。但是此方法产生的电压不会很高,因为它并没有促进 H$^+$ 高效地通过膜,而是绕过膜来传递。双极性膜由阴离子交换膜和阳离子交换膜组成,它能够成功地解决质子的传递问题,但是它的制作费用较高。

　　在传统的燃料电池中,质子交换膜是不可缺少的重要组件,其作用在于有效传输质子,同时抑制反应气体的渗透。它对于维持 MFC 电极两端 pH 值的平衡、电极反应的正常进行都起到重要作用。在微生物燃料电池研究的初期,主要针对有膜电池开展微生物和中间体筛选等方面的研究,电池输出功率一直较低（小于 10 mW/m^2）,而且其成本及 O$_2$ 扩散的限制不利于工业化。研究表明,可以通过去除质子交换膜而进一步提高 MFC 的电能输出。用无质子交换膜的 MFC 处理污水时发现,当去掉质子交换膜后,减少了内阻,功率密度上升到 494 mW/m^2,为有质子交换膜的 5 倍。无膜 MFC 在近年得到很大发展,Jang 等人开发出无膜 MFC,并成功应用在富集电化学活性微生物将有机污染物转化为电能的研究中,引起了很多人对 MFC 的关注。应用上流式无膜微生物燃料电池处理废水,在电化学活性微生物富集阶段,分批运行条件下可以得到 536 mW/m^2 的输出功率。

3.3.1　质子传递的基本机理

　　自从首次成功应用于 1960 年美国国家航空航天局(NASA)的双子星计划后,质子交换膜燃料电池(PEMFC)就逐渐被认为是最具优越性的燃料电池类型,并且作为交通工具的能源供体可能取代汽油机、柴油机等内燃机型。在环境污染日趋严重和能源危机凸显的今天,质子交换膜燃料电池以其突出的能量转化效率和较低的环境负荷而更加受到关注。质子交换膜(PEM)是质子交换膜燃料电池最关键的部件之一,其性能对整个质子交换膜燃料电池体系的输出功率、效率和使用寿命影响重大,且其成本直接影响质子交换膜燃料电池的成本,因此质子交换膜一直是国内外质子交换膜燃料电池的一个研究热点。其经典结构如图 3.2 所示。

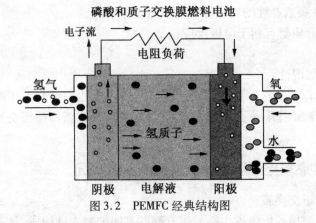

图 3.2　PEMFC 经典结构图

质子传递机理主要包括运载机理(Vehicle Mechanism)和 Grotthuss 机理等。

(1)运载机理认为质子和载体相结合,结合了质子的载体在扩散过程中产生浓度梯度,造成其余载体逆向扩散,得到的质子净传递量就是质子传导量,质子传导量是载体扩散速率的函数。

(2)Grotthuss 机理认为载体分子静止,而质子沿氢键在载体分子间运动,此过程称为跳跃(Hopping)。通过载体分子的重新定位,形成质子的连续运动,质子的传导量取决于载体的重新取向速率和质子在分子间传递所需要的活化能。质子传输时通常会与一定的物质相结合,与质子结合的物质称为质子载体(或者质子溶剂)。

其中质子交换膜被催化剂层所覆盖,催化剂层的作用是将 H_2 氧化为 H^+,以提供电化学反应所需燃料。为了使燃料电池系统中的流场稳定通畅,还应设置用于导流的扩散层。膜电极(MEA)是质子交换膜燃料电池的关键部分之一,它由两个气体扩散电极和质子交换膜构成。其中燃料电池的电极反应如下。

H_2 在阳极氧化为 H^+ 并放出电子:

$$H_2 \longrightarrow 2H^+ + 2e^-$$

H^+ 通过膜转移到阴极:

$$\frac{1}{2}O_2 + 2H^+ + 2e^- \longrightarrow H_2O$$

电池总反应为:

$$H_2(g) + \frac{1}{2}O_2 \longrightarrow H_2O(l)$$

3.3.2　燃料电池用质子交换膜的特性及要求

质子交换膜作为质子交换膜燃料电池的核心元件,从材料的角度来说,对其基本要求包括:

(1)热稳定性好;

(2)反应气体的透气率低;

(3)水的电渗系数小;

(4)良好的机械性能(如强度和柔韧性);

(5)化学稳定性好(耐酸碱和抗氧化还原的能力);

(6)电导率高(高选择性的离子导电而非电子导电);

(7)作为反应介质要有利于电极反应;

(8)价格低廉;

(9)耐温性和保湿性。

质子交换膜工作的特殊性要求加大了对其制备和改性等研究工作的难度。为了满足这些要求,全球科学家们开展了大量的研究工作,目前合成新型质子交换膜已经获得了一系列研究成果。

3.3.3　各种燃料电池用质子交换膜的发展状况

1. 全氟磺酸质子交换膜

全氟磺酸质子交换膜由碳氟主链与带有磺酸基团的醚支链构成,具有极高的化学稳定性。全氟磺酸质子交换膜是目前应用最广泛的燃料电池膜材料。其质子电导率在80 ℃和完全润湿条件下能够达到 0.10 S/cm 以上。全氟磺酸质子交换膜是已经商品化了的燃料电池膜材料,主要有以下几种类型:美国杜邦公司的 Nafion 系列膜;美国陶氏化学公司的 XUS－B204 膜;日本的 Flemion 膜;日本氯工程公司的 C 膜;日本的 Aciplex 膜;加拿大 Ballard 公司的 BAM 型膜。

全氟磺酸质子交换膜的优点是:低温时电流密度大,质子传导电阻小,机械强度高,化学稳定性好,在湿度大的条件下电导率高。但是全氟磺酸质子交换膜也存在一些缺点,如:温度升高会引起质子传导性变差,高温时膜容易发生化学降解;单体合成困难,成本高,价格昂贵;用于甲醇燃料电池时易发生甲醇渗透等。

2. 非全氟化质子交换膜

非全氟化主要体现在用氟化物代替氟树脂,或是用氟化物与无机物或者其他非氟化物共混。如早期聚三氟苯乙烯磺酸膜由于化学稳定性和机械强度不好,不能够满足燃料电池长期使用的要求。加拿大 Ballard 公司对其进行了改进,用取代的三氟苯乙烯与三氟苯乙烯共聚制得共聚物,再经磺化得到 BAM3G 膜,此膜的主要特点是:有非常低的磺酸基含量、高的工作效率,并且使单电池的寿命提高至 15 000 h,成本比 Dow 膜和 Nafion 膜低很多,更容易被人们所接受。

3. 无氟化质子交换膜

无氟化膜实质上是碳氢聚合物膜,它不仅成本低,而且对环境的污染相对较小,是质子交换膜发展的一大趋势。无氟化烃类聚合物膜用于燃料电池的主要问题是它的化学稳定性。目前具有优良的热和化学稳定性的高聚物很多,如芳香聚酯、聚苯醚、聚苯并咪唑、聚酰亚胺、聚酮、聚砜等,其关键在于如何将它们经过质子化处理后用于质子交换膜燃料电池。

用磺化萘型聚酰亚胺(Sulfonated Naphthalene PI)制得的膜与 Nafion 膜相比较,当膜的厚度相同时,磺化萘型聚酰亚胺膜的吸水能力比 Nafion 膜的吸水能力要强,其热稳定性好,并且 H_2 的渗透速率比 Nafion 膜小 3 倍,其电化学性能与 Nafion 膜相似,特别是在高电流密度下其性能优于 Nafion 膜,用此膜的燃料电池寿命已经达到 3 000 h。

由美国 DAIS 公司研制获得的磺化苯乙烯－丁二烯/苯乙烯嵌段共聚物膜,磺化度在 50% 以上时,其电导率与 Nafion 膜相似,在 60 ℃时电池寿命为 2 500 h,室温时为 4 000 h,此膜有希望用于低温燃料电池。

采用聚醚砜、磺化聚砜作为质子交换膜材料的研究结果均有报道,它们在一定程度上提高了质子交换膜燃料电池的性能,但是往往在质子传导率高时,膜的机械性能差;或者阻醇性好时,质子电导率又很低,因此对电池性能的提高是非常有限的。其关键的问题是它们的机械强度和质子传导性的平衡。

最近几年有研究采用磺化嵌段型离子共聚物作为膜材料,可以有效地解决这个问题。近来关于磺化嵌段型离子共聚物研究最多的是美国弗吉尼亚理工大学 McGrath 教授的研究组,他们在过去的几年里合成了系列磺化聚芳醚类共聚物,主要有:联苯酚基聚芳醚砜(BPSH)、双酚 A 基聚芳醚砜、磺化的聚芳硫醚砜(PATS)、氢醌基聚芳醚砜(HQSH)、氟化的聚芳醚苯基腈(6FCN)、聚芳醚酮(B－ketone 和 PB－diketone)和磺化聚芳醚砜多嵌段共聚物(BisAF－BPSH)等。Genies 等人利用 4,4－二氨基联苯－2,2－二磺酸酮 1,4,5,8－萘四甲酸酐(NTDA)和各种非磺化二胺的反应制备出了多种磺化聚酰亚胺类嵌段共聚物和磺化苯乙烯基类嵌段共聚物等。磺化聚酰亚胺类嵌段共聚物虽然具有很好的性能,但是在燃料电池的工作环境中容易发生水解,磺化苯乙烯基类嵌段共聚物由于脂肪族基团的存在,往往很容易被氧化分解,但是由于易合成,常用于研究质子交换膜结构与性能之间的关系,并用于指导新型质子交换膜的研究;磺化聚醚砜类嵌段共聚物具有热稳定性、化学稳定性和质子传导性高等优异的性能,因此更有希望应用于质子交换膜燃料电池中。

从廉价原料出发来合成质子交换膜,通常是在极性高聚物上引入强酸基团,如在聚苯并咪唑(PBI)、聚丙烯酰胺(PAAM)、聚 1,2－亚乙基亚胺(PEI)等上引入 H_3PO_4 或者 H_2SO_4。Savinell 等人用聚苯并咪唑作膜材料,PBI 膜浸入酸中处理后,具有较强的耐氧化性,质子导电性、热稳定性好,高温下(200 ℃)机械弹性良好等特点。PBI 膜与 Nafion 膜相比,具有高温下质子电导率较大的特点,这表明 PBI 膜在传输质子时,不需要水作介质,这种独特的性质可以使 PBI 膜电解质在高温低湿的环境下工作而不发生膜干枯现象。Grillone等人研究了在聚甲基丙烯酸甲酯(PMMA)上接枝对甲基苯磺酸和水杨酸的质子交换膜材料,这种材料具有热稳定性好和高的质子电导率(最高可以达到 10^{-3} S/cm),湿度变化对其质子电导率影响不大,但是未报道其机械性能。对于燃料电池商业化而言,研究廉价质子交换膜材料具有很大的开发潜力。

4. 高温膜

目前燃料电池的工作温度一般在 80 ℃以下,而提高燃料电池的工作温度是解决电池水热管理系统复杂和催化剂中毒的有效措施之一;同时也可以改善电池阴阳两极,特别是阴极的氧气还原反应的动力学性质,进而提高电池的工作效率。而目前 Nafion 膜在温度升高时,膜内水分的蒸发会造成质子传导性能的急剧下降,并且高温下容易发生化学降解和结构改变,膜的机械性能也有所降低,因此高温质子交换膜的研究开发受到了广泛的关注,研究的重点主要集中在如何提高质子交换膜在高温条件下的质子传导性能,以满足燃料电池正常有效的运行。

近年来,用于高温质子交换膜燃料电池的非水质子交换膜体系的代表性技术路线就是无机强酸(硫酸、磷酸)掺杂的聚苯并咪唑(PBI)膜。由于 PBI 的玻璃化温度大约为 210 ℃,

而且掺杂磷酸的 PBI 具有较好的导质子性,因此,磷酸掺杂的 PBI 膜的工作温度能够达到 200 ℃。He 等人报道了在 200 ℃,相对湿度为 5% 的条件下,磷酸掺杂的 PBI 膜(每个重复 PBI 单元有 5.6 个磷酸分子)的电导率为 0.068 S/cm。如果在上述膜中加入 15% 的磷酸氢锆,则在相同的测试条件下(200 ℃和相关湿度 5%),膜的电导率可以提高到0.096 S/cm。但是,这类质子交换膜的缺点也非常明显,即质子传导介质如磷酸容易随电池电极反应生成的水而流失,从而造成了电池性能的下降。因此,如何将非水质子传导介质固定在分子基体上应是这类高温质子交换膜下一步的研究重点。在全氟磺酸膜内添加亲水性无机氧化物材料,以提高膜自身的保水能力和膜的玻璃化温度的方法也受到了广泛关注。Mauritz 研究小组提出了采用溶胶 - 凝胶法制备纳米 SiO_2 颗粒掺杂的 Nafion 膜用于高温质子交换膜燃料电池。除了无机氧化物,关于其他类型(磷酸锆、杂多酸以及酸性黏土等)掺杂的全氟磺酸膜也有一些报道。例如,Fenton 等人研究了金属氧化物支持的杂多酸掺杂的 Nafion 膜,发现复合膜在 120 ℃,相对湿度为 35% 的条件下的电导率为0.016 S/cm,远高于未掺杂的 Nafion 膜。

由于高温质子交换膜燃料电池具有更好的环境耐受性(CO 耐受性),以及更有利于简化电池内部的水热管理系统,所以成为未来质子交换膜燃料电池的主要发展方向,而其中关键的高温膜材料必然受到重点的研究,随着材料科学和高分子科学的不断发展,价格低廉的可用于高温质子交换膜燃料电池膜材料的新型化合物将会在不久的将来被开发出来。

　5. 复合膜

全氟型磺酸膜在低湿度或者高温条件下会因为缺水而导致电导率低,以及阻醇性能差等。近年来,通过复合的方法来改性全氟型磺酸膜有了较多的研究报道。Kima 等人采用聚苯乙炔(Poly Phenylenevinylene, PPV)作为 Nafion 膜的修饰材料,通过将 Nafion 干膜浸入到含有不同浓度聚苯乙炔的前驱液,以真空干燥的方法完成修饰。测试结果显示,该种修饰膜的质子传导率随 PPV 前驱液浓度的升高而呈现缓慢下降趋势,但是与之相对的是甲醇透过率大幅度降低,并且远低于 Nafion 膜的甲醇透过率。以聚糠基醇为修饰材料的 Nafion掺杂膜在 40 ℃与 60 ℃均表现出比纯 Nafion 膜更好的 DMFC 性能。用经过磺化与交联处理的聚乙烯醇(PVA)与 Nafion 膜掺杂混合,可得到阻醇性能很好的 PEM。通过聚吡咯对 Nafion 膜进行修饰,能够有效地降低 Nafion 膜的溶胀度与自由体积,从而将甲醇透过率降低到 Nafion 膜的一半。此外,选用无机物作为填充物,采用有机与无机复合也是一种改性方法,由于无机材料具有良好的耐高温性、耐溶性,所以能够有效抑制膜材料的溶胀,阻止甲醇分子渗透。例如:将 ZrP、SiO_2 通过离子交换反应填充进入 Nafion 膜的微结构中,可有效地降低膜材料甲醇渗漏。将无机填料和高分子材料共混,发挥各自的长处,是电池用质子交换膜的重要发展途径之一。

　6. 碱性膜

目前已经商业化的全氟磺酸质子交换膜 Nafion 的性质是一种酸性膜,其工作原理是在阳极产生的质子,通过质子交换膜传递到阴极与 O_2 分子相结合而完成反应。这种酸性环境,使其需要用价格昂贵的铂系催化剂,同时在甲醇燃料电池(DMFC)中存在甲醇渗透问题。为了解决这些问题,特别在 DMFC 采用阴离子交换机理的碱性直接甲醇燃料电池(ADMFC)获得了研究者们的关注。碱性膜对应的燃料电池系统的工作环境为碱性,在此种状态下,相比于现有使用的铂催化剂,其催化剂选择的范围可以更为宽泛,如 Ag 和 Ni 等的催化作用都有报道。与 PEMFC 相比,ADMFC 使用非铂系催化剂在燃料电池上有更大的应用可能性。

目前碱性膜的研究已经逐渐成为热点,Xiong 等人从季铵化的聚乙烯醇(QAPVA)出发制备了阴离子交换膜。使用廉价、常见的聚乙烯醇(PVA)与带有环氧结构的季铵盐反应得到了季铵化的聚乙烯醇。但是这种具有阴离子交换能力的聚合物亲水性能很好,在交联后的季铵化聚乙烯醇的水溶性降低,使其能够应用于燃料电池的工作环境。再使交联的聚乙烯醇与正硅酸乙酯复合,提升其热稳定性能。Xiong 等人还使用壳聚糖改性季铵化聚乙烯醇,同样获得了离子传导能力相近的阴离子交换膜,其离子传导率可以达到 $10^{-3} \sim 10^{-2}$ S/cm。Smitha 等人同样也使用天然多糖用于改性阴离子交换膜,利用海藻酸钠与聚乙烯醇体系的阴离子交换膜复合,得到了具有阻醇性能的阴离子交换膜,其甲醇渗透率仅为 6.9×10^{-8} cm^2/S。Wang 等人使用聚醚酰亚胺作为原料,经烷基化和季铵化,得到了聚醚酰亚胺体系的阴离子交换膜。由于分子结构中芳环结构的作用,所得到的阴离子交换膜具有较好的耐温性,在 80 ℃,1 mol/L 的 KOH 溶液环境下,经过 24 h,其离子传导率依然无明显衰减,可以达到 3.20 $\times 10^{-3}$ S/cm。Wu 等人根据氯代聚苯醚(CPPO)与溴化聚苯醚(BPPO)发生相互交联 Friediel – Crafts 烷基化反应,在没有添加任何催化剂或者交联剂的条件下就获得了交联的聚合物。再经季铵化过程即得到阴离子交换膜。多芳环的交联结构使其具有良好的机械性能和热稳定性能。室温下其离子传导率可以达到 3.20 $\times 10^{-2}$ S/cm,甲醇渗透率为 1.04×10^{-7} cm^2/s。

目前碱性膜和传统的酸性膜在电导率上有较大的差异,但是由于其能够在很大程度上缓解 PEMDMFC 遇到的甲醇渗透和催化剂选取两大难题,使其成为值得关注的研究方向。为了弥补其功率输出的不足,ADMFC 在高醇浓度、高温度方面的可操作性成为人们关注的焦点。因此寻求适合更苛刻的工作条件,离子交换能力更强、内阻更低的阴离子交换膜,将是未来的研究重点。

7. 全陶瓷质子交换膜

利用全陶瓷作质子交换膜燃料电池电解质的工作,已经开展多年,并且取得了不少进展。近年,武汉理工大学潘牧等人进行了合成高电导杂多酸嵌合有序陶瓷基体的纯无机陶瓷质子传导电解质材料的工作。他们选用磷钨(HPW)作为导电负离子,实现了氧化硅和磷钨的超分子静电自组装,在氧化硅陶瓷孔壁中形成有序质子通道。25% 磷钨含量的自组装电解质在 70 ~ 100 ℃,完全不增湿的条件下质子电导率达到 0.06 ~ 0.07 S/cm,饱和增湿条件下电导率高于 0.1 S/cm。

8. 化学合成新型质子交换膜

(1)聚苯并咪唑复合膜

聚苯并咪唑(PBI)是碱性聚合物,具有极好的化学稳定性和热稳定性及一定的机械强度。由于 PBI 本身没有质子导电性,需要对其进行一定的化学处理,如在苯环上接入酸根基团,便可使其具有较高的质子传导率。Bai 等人将聚芳硫醚砜(SPTES)与磺化聚苯并咪唑(SPBI)按一定比例混合,考察了不同混合比例下的膜性能变化。结果表明,随着 SPBI 浓度的升高,复合膜的含水率、溶胀度以及质子传导率均出现了一定程度的下降,但是机械强度却有了很大提高。通过控制混合比例可以得到与 Nafion 膜质子传导率相当,但机械强度更高的 PEM。由于合成 PBI 的单体有很高的致癌性,从而增加了其合成及使用风险,并且合成时单体难以达到 100 % 的聚合,这都在一定程度上限制了其发展。

（2）聚芳醚砜类复合膜

聚芳醚砜一般由二卤代二苯砜与芳族二元酚发生共缩聚反应而得，是制作电气、微电子、精密机械部件及各种功能分离膜的理想材料，也是化学合成质子交换膜基膜材料的选择之一。通过聚合酸化出的磺酸基团酸性聚芳醚砜（PAES）膜，表现出较高的含水率与稳定性。随着磺化度的增加，膜上亲水基直径还有进一步增加的趋势，高度磺化后表现出很高的质子传导率，满足高性能 PEMFC 的质子传导率要求。此外，测试结果还表明，材料的质子传导率与溶胀度均与磺化度呈正相关的关系。

（3）聚芳醚酮类质子交换膜

聚芳醚酮类聚合物不但具有良好的耐热性和机械性能，而且具有良好的质子传导性能，因此也是化学合成质子交换膜的研究重点之一。Summer 等人以含腈磺化聚芳醚共聚物合成带有不同共聚物摩尔比的 PEM，其玻璃化转变温度达 220 ℃，完全满足一般燃料电池所要求 PEM 的热稳定性。原子力显微镜观察表明，共聚物基团均以微相形式散布于亲水／疏水的连续相界面上。

利用磺化交联处理聚芳醚酮，所制得的膜机械强度明显优于 Nafion 膜。尽管其质子传导率略低于 Nafion 膜，但是在较大的活化能条件下其干燥状态（90 ℃）稳定质子传导率可达 0.2 S/cm，其 MEA 性能尚待进一步研究。但是这类质子交换膜在具有足够高的质子传导性的同时，高度溶胀和甲醇渗透限制了其在直接甲醇燃料电池中的应用。

（4）聚乙烯醇类质子交换膜

聚乙烯醇（PVA）的价格低廉，来源丰富，因此早在 1985 年就有关于磷酸－聚乙烯醇复合质子交换膜的报道。这种复合膜的优点是甲醇渗透率基本上不随甲醇浓度的增加而增加。Li 等人把具有很高质子电导率的磷钨酸接枝到聚乙烯醇上制成复合膜，这种膜既有高的质子传导率，又能使磷钨酸固定在聚乙烯醇上而不溶于水。但是在这种膜体系中，质子传导率和甲醇渗透率均随磷钨酸含量的增加而增加，因此磷钨酸的最佳掺杂比例还有待进一步确定。此外，PVA 在水中容易发生溶胀的问题也限制了其在质子交换膜中的应用。此外，PVA 在 85 ℃的热水中就完全溶解，限制了其在中高温燃料电池中的推广使用。

（5）聚偏氟乙烯（PVDF）质子交换膜

聚偏氟乙烯（PVDF）是一种部分氟化的高分子材料，具有很好的稳定性，广泛应用于电池材料中。以 PVDF 作为骨架，引入磺酸根等基团，能获得较好的质子交换膜。通过掺杂适量的纳米 SiO_2 颗粒，可以获得性能较好的复合质子交换膜。在 200 ℃下，这种复合膜具有良好的热稳定性，在低温直接甲醇燃料电池中有良好的应用前景。

（6）聚酰亚胺合成质子交换膜

聚酰亚胺（PI）是一类非常重要的高性能聚合物材料，在许多领域都有广泛的应用。在燃料电池质子交换膜材料的合成研究中，对于聚酰亚胺的研究也是一个热点。Li 等人采用磺化聚酰亚胺作为 PEM 材料，随着芳环在侧链和骨架上的引入，强化了材料的抗氧化性与抗水解性。其优越的电导性能和化学稳定性使其成为 Nafion 膜在某些极端环境中的替代产品。

3.3.4　质子交换膜的应用现状

迄今最常用的质子交换膜依然是美国杜邦公司的 Nafion 质子交换膜，它具有化学稳定性好和质子电导率高等优点,目前 PEMFC 大多采用 Nafion 质子交换等全氟磺酸膜,而国内装配 PEMFC 所用的 PEM 主要依靠进口。但是 Nafion 质子交换膜仍然存在着一些不足。

(1)对温度和含水量要求高,Nafion 系列膜的最佳工作温度为 70~90 ℃,超过此温度便会使其含水量急剧降低,导电性迅速下降,进而阻碍了通过适当提高工作温度来提高电极反应速度和克服催化剂中毒的难题。

(2)制作困难,并且成本高,全氟物质的合成和磺化都非常困难,而且在成膜过程中的水解、磺化容易使聚合物降解、变性,使得成膜困难,从而导致成本较高。

(3)某些碳氢化合物(如甲醇等),其渗透率较高不适合直接用来当做甲醇燃料电池(DMFC)的质子交换膜。

Nafion 膜的价格在 600 美元/m^2 左右,相当于 120 美元/kW(单位电池电压为 0.65 V)。在燃料电池系统中,膜的成本几乎能占总成本的 20%~30%。为了尽早实现燃料电池的商业化应用,降低质子交换膜的价格迫在眉睫。加拿大的巴拉德公司在质子交换膜领域做了后来居上的工作,使得人们看到了交换膜商业化的希望。据报道,第三代质子交换膜 BAM3G,是部分氟化的磺酸型质子交换膜,其演示寿命已经超过了 4 500 h,并且价格已经降到 50 美元/m^2,这相当于 10 美元/kW(单位电池电压为 0.65 V)。

全球最大的质子交换膜燃料电池示范电站在华南理工大学建成,作为电动汽车的一种燃料电池,已经被认为是人类解决汽车污染问题以及汽车对石油依赖的最终和最佳方案。这是由于燃料电池的化学反应过程无有害物质生成,且仅排放少量的水蒸气,同时其能量转换效率比内燃机高出 2~3 倍。装有这种电池的汽车只需像加油一样加注 H_2,就可以继续行驶。除应用于汽车外,燃料电池在交通、军事、通信等领域均具有广阔的应用前景。发达国家均投入了巨大的人力物力从事这一技术的研发,与此同时,我国从事燃料电池的研究单位也已经达 30 多家。

3.4　阴阳极电解液

电解液是最传统的电解质,电解液是由 GAMMA 丁内酯有机溶剂加弱酸盐电容质经过加热获得的。普通意义上的铝电解电容的阴极,都是这种电解液。电解液是化学电池、电解电容等使用的介质(具有一定的腐蚀性),能为电池的正常工作提供离子,并保证工作中发生的化学反应是可逆的。

使用电解液作阴极有不少好处:首先在于液体与介质的接触面积较大,这样对提升电容量有所帮助;其次是使用电解液制造的电解电容,最高能耐 260 ℃ 的高温,这样就可以通过波峰焊(波峰焊是 SMT 贴片安装的一道非常重要的工序),同时耐压性也相对较强。

此外,使用电解液做阴极的电解电容,当介质被击穿后,只要击穿电流不持续,那么电容可以自愈。但是电解液也有其不足之处:首先是在高温环境下容易渗漏、挥发,对寿命和稳定性影响很大,在高温高压下电解液还有可能瞬间汽化,导致体积增大引起爆炸(就是我们常说的爆浆);其次是电解液所采用的离子导电法,其电导率很低,只有 0.01 S/cm,这使得电容的 ESR 值(等效串联电阻)特别高。

3.5　微生物燃料电池的底物

作为碳源和能源,底物对任何生物过程都是非常重要的。底物的特性和构成决定了转化有机废物为生物能源的效率和经济性。尤其是底物的化学成分和可以转换为能源的物质的含量对微生物燃料电池的发展尤为重要。底物不仅影响电极生物膜上的菌落,还影响微生物燃料电池的产能效率。

在微生物燃料电池中,底物是影响电能产生最重要的生物因素。可用于微生物燃料电池底物的物质很多, 既可以是纯化合物,也可以是废水中存在的混合物。到目前为止,所有废物处理过程的目的都是为了除去废物中的污染物。在 20 世纪,主要的污水处理方法就是活性污泥法(ASP)。然而活性污泥法也是一种能量密集型过程,据估计,在美国,活性污泥法处理废水中用以提供 O_2 所消耗的电力相当于全美国电力消耗的 2%。与此同时,用活性污泥法处理废物过程中产生的次级产物可用于生产特殊的化合物或者能量。

3.5.1　醋酸盐

到目前为止,在大多数微生物燃料电池的研究中,醋酸盐已经成为产生电流的重要底物。醋酸盐被广泛地用作电活性细菌的碳源。此外,醋酸盐还是很多高等碳源(包括葡萄糖代谢)的终产物。在使用单室微生物燃料电池中,用醋酸盐作为底物产生的电力(506 mW/m^3,800 mg/L)要比用丁酸盐为底物产生的电力(305 mW/m^3,$1\,000 \text{ mg/L}$)高 66%。最近 Choe 等人将四种底物的微生物燃料电池在库仑效率和电力输出能力方面进行了比较,醋酸盐为底物的微生物燃料电池显示出库仑效率最高为 72.3%,丁酸盐为底物的微生物燃料电池为 43.0%,丙酸盐为底物的微生物燃料电池为 36.0%, 葡萄糖为底物的微生物燃料电池为 15.0%。另外,当醋酸盐与富含蛋白质的污水分别作为微生物燃料电池的底物相比较时,醋酸盐微生物燃料电池可以达到两倍电量和 1.5 倍的最佳负荷。但是,富含蛋白质的污水作为多种物质的复合体,其可以产生的微生物菌群要高于醋酸盐。更多的微生物菌群有助于运用不同的底物,并将复杂的有机物转化为简单的物质,比如说现在作为电子供体的醋酸盐。

3.5.2　葡萄糖

葡萄糖是另一种常见的微生物燃料电池底物。研究表明,以葡萄糖作为底物的微生物燃料电池在微生物细胞产生电力的启动时间上要短于以半乳糖为底物的微生物燃料电池。在以氰酸铁作为阴极氧化剂,葡萄糖作为底物的微生物燃料电池中可以产生最大 216 W/m^3 的电力密度。在相同的隔膜式微生物燃料电池中,厌氧污泥能产生有限的底物和有限的电力(0.3 mW/m^3)。但是,葡萄糖可以产生最大 161 mW/m^3 的电力密度。在另一项研究中,分别将醋酸盐和葡萄糖作为微生物燃料电池的底物进行能量转化率的比较,醋酸盐的能量转化率是 42%,而葡萄糖的能量转化率只有 3%,并且产生的电力密度也较小。由于微生物竞争导致的电子流失,以葡萄糖为底物的微生物燃料电池产生的库仑效率最低,但是由于微生物结构不同,可以使更多的物质被利用。葡萄糖是一种可发酵的物质,不同种类的微生物竞争性地消耗葡萄糖,比如说发酵和生成甲烷,因此不能产生电力。

3.5.3　木质纤维素类生物质

丰富的木质纤维素类生物质来源于农业废物并且可以再生,因此可以成为能量产生的底物。但是,木质纤维素类生物质在产生电力的微生物燃料电池中需要转化为单糖或其他低分子量物质后才能被微生物利用。研究表明,木质纤维素类生物质水解产生的单糖是微生物燃料电池产生电力很好的底物。纤维素作为底物,产生电力的菌群要既能分解纤维素又能产生电子。当以玉米秸秆作为微生物燃料电池的底物时,需要先通过中性或者酸性蒸汽将半纤维素水解转化成可溶性的糖,才能被微生物利用产生电力。最近,在单室微生物燃料电池中以玉米秆作为底物,其电力输出要远低于以葡萄糖为底物的电力输出。目前还没有找到将戊糖转化为生物醇的有效微生物,因此相当大的一部分植物残渣不能用于生物醇的生产。将木糖作为微生物燃料电池的底物,要低于以相同浓度葡萄糖为底物产生的电力密度,因此木糖要比葡萄糖难于产生电力。

3.5.4　人工废水

用于细菌生长的一些培养基包含相当数量的氧化还原剂,比如说半胱氨酸,高浓度的废水包含还原性硫化物,可用于电子供体,并能在短时间内增加电力产生,因此不能准确地反映出系统的性能。但可以通过使用包含单电子供体的微量盐,比如说葡萄糖或者醋酸盐来避免上述情况的发生。为了检测废水的组成成分对微生物燃料电池性能的影响,对含有两种不同的废水的 MCF 进行了研究,这两种废水含有的有机污染物是一样的（葡萄糖和蛋白胨）,并且有机负载也是一样的（315 mg/dm^3）,但是底物的生物降解速度却不同。经研究表明,具有低降解速度的微生物燃料电池的电力的产生效率更高,可能是因为中间产物的产生更有利于电力的产生。

3.5.5　啤酒厂废水

啤酒厂废水浓度较低,是粮食的代谢产物且不含有高浓度的抑制物（比如说动物尿液中的铵）,因此以啤酒厂废水为底物的 MCF 更适合电力的产生。啤酒厂废水浓度范围一般为 3 000 ~ 5 000 mg /L 的 COD ,大约是家用废水的 10 倍。此外,啤酒厂废水含有大量的碳元素和低浓度的铵盐,因此是 MCF 理想的底物。研究者们以空气作为阴极、啤酒废水作为底物进行了研究,当向废水中加入 50 mmol/L 磷酸盐缓冲溶液时得到的最大电力密度是528 mW /m^2。在这种情况下,啤酒厂废水产生的最大电力密度要比相同浓度的家庭废水产生的电力密度要低,可能是因为两种废水电导率不同造成的。将啤酒废水用去离子水稀释后,电导率降低。最近,基于微生物燃料电池的极化曲线制作了一个模型,经研究表明,影响以啤酒厂废水为底物的 MCF 性能的主要因素是反应动力学缺失和质量转移缺失。这些缺陷可以通过增加啤酒厂废水的浓度或者使用粗糙的电极增加反应点来避免。

3.5.6　太阳能

太阳能也是一种可供微生物燃料电池选择的能源。在"有生命的太阳能电池"的理论中,绿色藻类通过光合作用产生氢,通过氧化产生电能。光养性微生物燃料电池代表了一种通过光合微生物或者植物将太阳能转化为电能的新方法。Choe 描述的太阳能微生物燃料电池中只有球形红假单孢菌用作阳极细菌,这个系统依靠光和氮源,其电力输出为790 mW /m^2。稻田里的植物微生物燃料电池通过根部氧化有机碳产生电能。另一种光养性微生物燃料电池——光合藻类微生物燃料电池的最大电力密度可以达到 110 mW /m^2。

3.5.7　无机物和其他物质

除了以上这些物质,一些其他物质也被开发为微生物燃料电池的底物。通过阳极硫化物氧化产生电流,其电力密度为 39 mW /L。以纸张回收废水为底物的微生物燃料电池的效力,在废水经过磷酸盐缓冲溶液处理后得到的最大电力密度为 672 mW /m^2。但是未经过处理的废水,电力输出只有 144 mW /m^2,主要是因为低电导率。以苯酚为单一底物产生的电力要低于以葡萄糖为底物产生的电力,并且库仑效率也因为损失而降低 10%。将 CO 发酵罐和微生物燃料电池组合起来作为厌氧菌连续发酵过程也有所报道。CO 发酵罐经过浓缩产生用作微生物燃料电池底物的醋酸盐,但是转换率相当低,由此证明 CO 可以通过微生物过程转化为电能。

3.6　总结与展望

目前在废水大规模处理过程中建立的微生物燃料电池所产生的电力仍然很低。实际上只有在沉积物发酵过程中,通过包埋在沉积物中的阴极和在需氧性海水中的阳极,经过电路相连产生的电流才有实际应用价值。

微生物燃料电池常用的底物仅仅是简单的物质,比如说醋酸盐和葡萄糖,而随着对微生物燃料电池研究的深入,越来越多的非传统物质开始用作微生物燃料电池的底物,比如说废弃的生物质资源,待处理的废水,既增加了微生物燃料电池的电力输出,又实现了废物的回收处理和再应用。通过发展以可回收的生物质废弃物为底物的微生物燃料电池,一方面可以提供能源,另一方面还可以减少对粮食的竞争性应用,因此对资源的可持续发展具有重要意义。

随着技术的发展,微生物燃料电池的底物无论是复杂性还是负载强度都会增加。因为复杂的底物有利于多种电化学微生物群落的生长,从而有利于增加电流密度,而简单的底物容易降低电流或者氢的产生。

第 4 章　耦合型生物燃料电池

4.1　耦合型生物燃料电池的国内外研究进展

4.1.1　概述

耦合型生物燃料电池是一种新型的生物燃料电池,它包括"生物质能发生单元"和"燃料电池单元"等。与普通的燃料电池相比,耦合型生物燃料电池利用"生物质能发生单元"产生燃料电池的燃料——生物质能。用于耦合型生物燃料电池的生物质能可以是 H_2、甲烷、乙醇、甲酸、乙酸和生物柴油等燃料。其中 H_2 由于具有能量转化率高、可再生及无污染等特点,有望成为未来的主要能源。在制氢方法上,传统的物理化学方法制氢因为需要消耗大量的矿物资源,而且在生产过程中会产生大量的污染物,已不再适应社会发展的要求。与传统的物理化学方法相比,生物制氢是利用某些微生物代谢过程来生产 H_2 的生物技术,所用原料可以是有机废水、城市垃圾或者再生物质,来源丰富,价格低廉。生物制氢技术以其节能、可再生和不消耗矿物资源等优点成为制氢技术的发展方向。另外,在燃料电池的发生单元,燃料电池是通过电极反应将氢或小分子有机物和氧的化学能直接转换成电能的装置。按电解质的不同,燃料电池大致可以分为 5 类:①碱性燃料电池;②磷酸型燃料电池;③固体氧化物燃料电池;④熔融碳酸盐燃料电池;⑤质子交换膜燃料电池。其中,质子交换膜燃料电池不仅具有一般燃料电池所具有的高效率、无污染、无噪声、可连续工作的特点,而且还具有工作电流高,冷启动快,膜的耐腐蚀性强,使用寿命长等优点。因此,质子交换膜燃料电池特别是以生物质氢或小分子的有机物为燃料的燃料电池,近年来发展迅速,已成为世界各国的研究热点之一。

4.1.2　耦合型生物燃料制造技术的发展动态(以生物制氢为例)

早在一百多年前科学家们就发现,在微生物的作用下,通过蚁酸钙的发酵可以从水中制取 H_2。1937 年,Nakamura 观察到光合细菌在黑暗中释放氢的现象,这是利用细菌暗发酵制取 H_2 的第一次报道。随后在 1942 年 Gaffron 和 Rubin 报道了绿藻利用光能产生 H_2。1949 年,Gest 和 Kamen 在研究了深红红螺菌后,建议利用紫色光合细菌制氢即光营养产氢细菌,此类细菌在有机碳源的存在下生长会放出 H_2。Spruit 在 1958 年证实了藻类可以通过直接光解过程产氢,而不需要借助于 CO_2 的固定过程。Healy 在 1970 年研究表明,光照强度过高时产生 O_2 将导致产氢过程受到抑制。Thauer 在 1976 年指出,由于暗发酵过程至多只能将 1 mol 葡萄糖生成 4 mol H_2 和 2 mol 乙酸,故其很难应用于实际生产之中,而光营养细菌可以将有机酸等底物完全转化为 H_2,所以此后一段时间生物制氢的研究基本上都集中于光发酵。20 世纪 80 年代能源危机结束之前,人们对各种氢源及其应用技术已进行了大量的开发研究。随着石油价格的回落,H_2 及其他替代能源的技术研究一度出现在一些国家的议事日程中。到了 20 世纪 90 年代,人们对以化石燃料为基础的能源生产所带来的环境问题有了更为深入的认识,清醒地认识到了由化石燃料造成的大气污染,其危害不仅是区域性的,而且对全球气候的变化也会产生显著影响。此时,世界再次把目光"聚焦"在生物制氢技术上。就目前可知,能够产生氢分子的微生物细菌主要有绿藻、光合细菌、蓝细菌和发酵产氢细菌。然而,这一过程中总太阳能的转化效率仍然很低,这在一定程度上制约了其产氢的发展;另一方面,暗发酵和光合细菌可以从低成本的底物或有机废物中制取 H_2,既可以产生清洁能源又可以处理有机废弃物,因此也是研究的热点。

与光化合法生物制氢技术相比,厌氧发酵法生物制氢技术在许多方面表现出更多的优越性,其产氢能力和连续产氢的稳定性都远远高于光化合法生物制氢。到目前为止,研究者们对厌氧发酵生物制氢途径进行了多种多样的探索和研究,取得了一定成果。大多数的产氢方式以间歇发酵实验为主,仅少数进行的是连续流产氢实验,目前利用单纯的葡萄糖或蔗糖等作为产氢基质的研究很多。在厌氧发酵研究中,现有的研究主要集中在纯菌种研究和细胞固定化技术方面。到目前为止,研究者对厌氧发酵生物制氢途径进行了很多的探索和研究,取得了一定的成果。早在 19 世纪 60 年代,Magna 公司就报道利用厌氧发酵制取 H_2,其采用制氢反应器是 10 L 的发酵罐。Brosseau 和 Zajic 于 1982 年报道在静态批式的 14 L 反应器中,利用纯菌 Clostridium pasteurianum,以葡萄糖为底物,其 H_2 的产量为 1.5 mol/mol。1992 年日本的 Taguchi 等人报道了一种新分离出来的梭状芽孢杆菌 Clostridium heijerincki AM21B 具有很高的产氢能力,以葡萄糖为底物,其 H_2 的产量为 1.8 ~ 2.0 mol/mol。此后,Taguchi 等人采用从白蚁体内分离的 Clostridiumsp. No 2,以阿拉伯糖和木糖为底物,其 H_2 的产量分别为 14.55 mmol/g 和 13.73 mmol/g,以葡萄糖为底物时,接种 8 h 后,最大产氢速率是 27.2 mmol/h,以木糖为底物时,接种 6 h 后,最大产氢速率是 28.6 mmol/h。该细菌以木糖和阿拉伯糖为底物的产氢效率比葡萄糖多,这为人们今后利用含有丰富半纤维素的生物质作为生物制氢或耦合型生物燃料电池的原料提供了良好的开端。Blackwood 等人报道了利用大肠埃希氏菌,以葡萄糖为底物,H_2 的产量是 0.72 ~ 0.91 mol/mol。1998 年,Perego 等人利用产气肠杆菌 Enterobacter aerogenes NCIMB10102,用玉米淀粉的水解产物为底物,最大产氢速率为 10 mmol/(g·h)。此外,人们利用一些微生物载体或包埋剂,对细菌固定化的一系列反应器系统进行了研究。1976 年,Karube 等人采用以聚丙烯酰胺凝胶固定化的 Clostridium buryricum IFO3847,以葡萄糖为底物,其 H_2 的产量为 0.63 mol/mol。接着又采用聚丙烯酰胺凝胶包埋丁酸梭状芽孢杆菌 IFO3847 菌株,在厌氧条件下的最适温度为 37 ℃,利用葡萄糖可连续产氢 20 d。YokoiH 和 Ohkaware 等人在用产气肠杆菌 HO-39 进行的非固态化实验中,获得了 120 mL H_2/(L·h) 的产氢率;采用多孔玻璃做载体对菌体进行固定化实验时,产氢率提高到 850 mL H_2/(L·h)(水力停留时间为 1 h),与非固定化细胞相比,产氢率提高了 7 倍。Kumar 与 Das 的研究中,以椰子壳纤维固定 Enterobacter clocaeIIT-BT08 菌株,以葡萄糖为发酵基质,在连续流稳定运行的过程中,获得了高达 62 mmol H_2/(L·h) 的最大产氢速率。Zhang 等人以 Clostridium acetobutylicum ATCC 824 为产氢微生物,用玻璃珠填充的柱状反应器进行连续流的试验,控制基质流速为 0.096 L/h,水力停留时间为 2.1 min。试验结果表明,H_2 体积分数一直保持在 74% ±3% 左右,产氢速率在 89 ~ 220 mL H_2/(L·h),H_2 产量相当于

H_2 理论产量的 15% ~ 27% 。

我国在厌氧发酵产氢方面的研究起步比较晚。1979 年，研究人员在沼气发酵污泥的富集培养物中加入的薯芋粉完全抑制了产甲烷，转而产 H_2，并从中分离了 24 株产氢细菌。1993 ~ 1994 年，任南琪教授等利用他们设计的连续流搅拌槽式反应器进行糖蜜发酵产氢研究，提出了乙醇型发酵产氢的理论，消除了反应器中部分丙酸、丁酸积累，使产氢速率达到 10.4 $m^3/(m^3 \cdot d)$。2001 年，进行中试研究，获得 30 mol/(g·d) 的持续产氧能力，成为利用低成本原料生物产氢技术的一大突破。2002 年，王勇从产氢厌氧活性污泥中分离到了几株产氢细菌，并获得了细菌的电镜照片；同年，林明从生物制氢器的厌氧活性污泥中分离到了一株高效的产氢细菌 B49，其产氢能力为 25 ~ 28 mmol/(g·h)，是目前国际上发现的具有最高产氢能力的发酵性细菌之一。2003 年，Wang 等人以废水处理厂经过预处理的活性污泥为底物，利用从污泥中分离的细菌 *Clostridium bifermentants* 为产氢细菌，进行间歇厌氧产氢实验。当污泥先后经过超声、酸化、灭菌、冷冻和解冻过程后，其 H_2 的产量为 0.9 mmol/g。进一步研究表明，解冻、冷冻和灭菌能增加 H_2 产量 1.5 ~ 2.5 倍，而超声和添加抑制剂能减少氢气的产量。这为从含有大量碳水化合物和蛋白质的污泥中制取 H_2 提供了一个很好的方法。2005 年，Chen 等人研究 pH 值、底物浓度、不同基质组成对厌氧菌 *Clostridium butyricum* CGS5 产氢的影响，当底物浓度为 20 g/L，pH = 5.5 时，H_2 产量是 2.78 mol/mol；pH 值为 6.0 时，H_2 的最大产率达到 209 mL/(L·h)。除了生物质氢作为耦合型燃料电池的燃料外，最近人们更加关注甲醇、生物乙醇、生物乙酸和小分子单糖等生物有机燃料的生产，同时也在技术上改进与燃料电池的耦合，以改进生物耦合型燃料电池的发电效率。

4.1.3　生物燃料电池耦合质子交换膜燃料电池的发展

目前与生物燃料电池耦合的质子交换膜燃料电池得到了高速的发展（如图 4.1 所示）。美国、加拿大、日本和德国等都在进行质子交换膜燃料电池的动力应用研究。美国电动汽车市场分析家预计，随着金融危机的逐步改善，将催化新的环境能源技术的发展，在美国市场上以燃料电池为动力的汽车将逐年增加，其中采用质子交换膜燃料电池的车将占 80% 。所以质子交换膜燃料电池未来将主要应用于汽车动力源和电厂发电的动力源。在电厂发电应用等方面，加拿大 Ballard 公司在质子交换膜燃料电池技术上领先全球，其子公司 Ballard Generation System 在开发、生产、市场销售和零排放等方面

图 4.1　污水处理厂用耦合生物燃料电池系统

处于领先地位。他们的第一座 250 kW 发电厂于 1997 年 8 月成功发电；1999 年 9 月建成了第二座 250 kW 发电厂，安装在柏林；Ballard 公司的第三座 250 kW 发电厂于 2000 年 9 月安装在瑞士；2000 年 10 月该公司通过其伙伴 EBARA Ballard 将第四座发电厂安装在日本的 NTT 公司。在汽车动力能源应用方面，美国 Plug Power 公司是质子交换膜燃料电池最大的开发公司。美国能源部在 2005 年完成了以质子交换膜燃料电池为动力的电动车商业化的目标；奔驰公司把质子交换膜燃料电池用于慕尼黑和斯图加特市的公共电车上。当踩下踏脚板后，在不到 2 s 的时间内，动力系统的能量将达到 90% ，其最大行程为 400 km。

　　我们知道,构成质子交换膜燃料电池的关键部件为电催化剂、电极(阴极与阳极)、质子交换膜和双极板等几个主要部分。电解质是固体聚合物质子交换膜。电极部分主要分为燃料扩散层和催化层。燃料扩散层用钛网或碳布支撑,黏结剂为PTFE。催化层是炭黑或石墨负载铂。电池燃料为生物质氢或小分子生物有机物,氧化剂为氧气或空气,交换膜为Nafion膜,催化剂为负载铂(阴极)和负载Pt-Ru(阳极),集流板为Ti板、涂层金属板或石墨板。下面对质子交换膜燃料电池的催化剂、膜电极、质子交换膜、双极板、电解质的研究进展和发展动态进行逐一介绍。

　　在催化剂方面,质子交换膜燃料电池的催化剂曾用过Ni、Pd等金属,人们认为金属Pd对氢和氧反应催化性能最佳。现在的催化剂Pt/C是以VulcanXC-72碳为载体,铂氯酸为原料,甲醛为还原剂。经过研究认为在催化剂中掺入Ru,即用Pt-Ru合金作催化剂,其性能大为改善,50% Pt-50% Ru最佳。目前催化剂的研究方向有两个:其一是提高铂的利用率,降低其用量;其二是寻找其他价廉的催化剂。研究人员已研制出新型Pt/C电极催化剂,其方法是使用前将碳载体在CO气氛中活化处理,即将碳载体置于流动的CO气氛中加热到350~900 ℃,活化处理1~12 h,用沉淀法把铂负载到碳载体上,从而得到Pt/C催化剂。人们还研制出纳米级高活性电催化剂用作阳极催化剂。催化剂粒度均匀,粒径约为4±0.5 nm,电化学性能优于国际同类产品。而有人利用沉淀方法在表面活性剂存在时,制得纳米负载型Pt/C催化剂。

　　膜电极是其电化学的心脏,目前膜电极主要是采用碳载铂技术,并添加黏结剂,用热压方法将电极与膜压合,使电极与膜中的树脂相结合。主要方法有:浸渍还原、铂阴离子溶液电沉积、电化学催化、树脂胶体化等。最近,美国3M公司研制出一种新型复合膜电极,即膜电极采用复合膜,膜包括多孔膜和离子导电电解质。用离子导电电解质填充多孔膜,制成部分填充的膜,然后将其填充膜和电极颗粒压在一起,以除去中间的空隙体积,将电极颗粒包在部分填充的膜内,该公司也研制出膜电极组合件。另外,人们还开发出了模板涂敷技术,在一片质子交换膜上制作多个膜电极的燃料电池,或由一片质子交换膜、多个催化层和多个扩散层三者组成多个膜电极,或由多个膜电极和多个导流板组成多个发电单元。

　　质子交换膜是质子交换膜燃料电池中的核心部件,研究具有高性能、高选择性,且成本不高的质子交换膜一直是质子交换膜燃料电池最重要的一项技术。20世纪60年代,美国GE公司为NASA研制的空间电源采用了聚苯乙烯磺酸膜,其稳定性、导电性均不理想,使用寿命也短。20世纪60年代中期,美国杜邦公司研制出全氟磺酸膜(Nafion系列材料),这项研究成果使质子交换膜燃料电池性能大幅度提高。目前在质子交换膜燃料电池中使用的质子交换膜均采用全氟化聚合物材料合成,该材料稳定性好,使用寿命长,但其制造成本相对过高,售价昂贵,影响了该产品的广泛应用。因此,质子交换膜的研究,一是减少质子交换膜的用量,向薄型电解质发展。例如,以Nafion112膜取代Nafion117膜,膜厚度由178 μm降为50 μm,不仅减少了膜的量,又降低了膜电阻,提高了电池的输出功率;二是研制新型的价廉的质子交换膜。例如,加拿大Ballard公司开发出适用于电动汽车的三氟乙烯聚合物膜,该膜的性能与Dow公司XUS-13204·10及Nafion112相当,而膜成本仅为每平方米50美元。膜制造中要用到贵重金属铂,经过从20世纪80年代初到现在30年的发展,铂的使用量已从原来的6 mg/cm^{2}降低到0.2 mg/cm^2,而电性能反而由400 mA/cm^{2}提高到1 300 mA/cm^2,并进一步向0.1 mg/cm^{2}甚至0.01 mg/cm^{2}的级别发展,性价比则越来越高。目前美国Ballard公司是世界上最主要和水平最高的质子交换膜的制造商,先后研制出 Nafion117、Nafion115、Nafion112 膜,降低了膜电阻,提高了质子交换膜燃料电池的电压和电流密度,Ballard 公司在其 5 kW 的质子交换膜燃料电池中采用的 DOW 膜就能在 3 A/cm^2 的高电流密度下工作。

质子交换膜燃料电池采用的双极板是表面改性的 0.2~0.4 mm 的薄金属板,如不锈钢板,制备带排热腔和密封结构的双极板,双极板的厚度为 2.5 mm 左右。其他类型的双极板包括金属板燃料和氧化剂的反应区域、燃料和氧化剂进口、燃料和氧化剂出口,所述金属板上、下面反应区域周围分别设有凹槽,所述燃料和氧化剂进口、燃料和氧化剂出口与燃料和氧化剂反应区域之间分别设置有暗孔道,此种设计改善了电池组的密封性,延长了寿命,提高了性能。人们还研制出双极板镶嵌结构,就是将普通石墨制成的燃料和氧化剂流场板和 O$_2$ 流场板分别镶嵌到金属材料制成的分隔板上下面凹槽腔中,构成镶嵌结构双极板。经测试,电池性能明显提高。还有的双极板由三层薄金属板构成,中间为导电而不透气液的分隔板,两边分别置有带条状沟槽的导流板,条状沟槽占整个工作面积的 50%~80%,提高了反应气的利用率,从而提高了电池性能。但是,生物燃料电池耦合的质子交换膜燃料电池也有其弱点,就是生物制氢得到的 H$_2$ 中的 H$_2$S 等杂质气体对质子交换膜有一定的污染,影响了燃料电池系统的运行费用和效率,因此人们除了探索消除污染的廉价系统外,也在探索利用其他类型的燃料电池与生物质燃料系统耦合,如与碱性燃料电池、磷酸型燃料电池、固体氧化物燃料电池和熔融碳酸盐燃料电池等耦合,开拓新型的耦合型生物燃料电池。

4.2 污染控制过程的原理和特点

耦合型生物燃料电池种类很多,但是污染控制的途径基本相似,就是将废水和废弃物中的有机污染物转化为燃料电池的燃料,驱动燃料电池工作,生物产氢过程就是一个典型的例子。这里将以生物产氢过程与燃料电池耦合过程为例,探讨生物产氢过程的污染控制与生物燃料产氢过程。污染控制过程主要包括生物产氢过程的控制和燃料电池发电过程的控制,本节主要就厌氧消化产氢和质子交换膜燃料电池发电过程的原理和特点进行论述。

4.2.1 厌氧消化产氢机理

发酵产氢是利用产氢微生物,在厌氧条件和酸性介质中代谢有机物,从而产生 H$_2$ 的过程。厌氧消化过程主要分为三个阶段:水解、产氢产酸和产甲烷阶段。在整个厌氧消化过程中,各类菌群间的物质代谢和能量代谢,始终处于一种相互制约、相互协调的平衡状态,使复杂有机物降解为 CH$_4$ 和 CO$_2$。在水解阶段,淀粉、纤维素、蛋白质、脂肪在水解性细菌作用下,水解成葡萄糖、二糖、脂肪酸;在产氢产酸阶段,产氢产酸细菌发酵可溶性低分子碳水化合物、有机酸等,产生乙酸、丙酸、丁酸等有机小分子化合物及 H$_2$ 和 CO$_2$;在产甲烷阶段,产甲烷细菌利用产氢产酸阶段的末端产物,产生 CH$_4$ 和 CO$_2$。目前的相关资料表明,在酸性条件下,可抑制产甲烷阶段进行,转而产氢,且 H$_2$ 体积分数可达 60% 以上。然而,产甲烷阶段是厌氧消化的动力阶段,抑制其进行,势必影响产氢产酸的稳定性,此外,产氢产酸阶段的末端产物——有机酸的积累也会减慢产氢速率。清华大学竺建荣等人对厌氧活性污泥的产氢产乙酸细菌研究也表明,产氢起始于厌氧消化的第二阶段。产氢细菌直接产氢过程均发生于丙酮酸脱羧作用中,可分为两种方式:一为梭状芽孢杆菌型(如图 4.2 所示),该过程为丙酮酸经丙酮酸脱羧酶作用脱去羧基,形成硫胺素焦磷酸 – 酶的复合物,并将此电子转移给铁氧还蛋白,还原的铁氧还蛋白被铁氧还蛋白氢化酶重氧化,产生 H_2 分子;二为肠道杆菌型(如图 4.3 所示),该过程中丙酮酸脱羧后形成甲酸,然后甲酸的全部或部分裂解转化为 H_2 和 CO_2。有机底物在氧化还原过程中,受氢体辅酶 NAD^+ 或 $NADP^+$ 接受被脱氢酶作用脱去的 H^+ 而生成 NADH 或 NADPH。在厌氧外源氢受体的条件下,厌氧细菌体内底物脱氢后,产生的还原[H]未经呼吸链传递而直接交给内源性中间代谢产物接受,此过程中产生的 NADH 或 NADPH,通过厌氧脱氢酶脱去 NADH 或 NADPH 上的氢使其氧化,产生 H_2:

$$NADH + H^+ \longrightarrow NAD^+ + H_2$$

在厌氧产酸细菌体内,NADH 循环再生是有机体代谢过程的重要控制因素,要保证 NADH 或 NADPH 的平衡,如果 NADH 或 NADPH 循环不可再生,则有机物生化反应停止,生物代谢过程被抑制。这一循环再生必须借助丙酮酸或由丙酮酸产生的其他化合物的氧化 – 还原机制来完成。由于细菌种类不同及生化反应体系存在着不同,所以导致形成多种特征性的末端产物。从微观角度来看,末端产物的组成是受产能过程及 $NADH/NAD^+$ 的氧化 – 还原偶联过程支配。

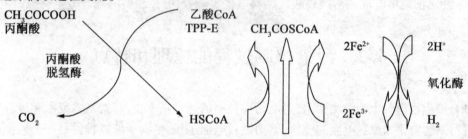

图 4.2　丙酮酸脱羧酸作用中产 H_2 过程(梭状芽孢杆菌型)

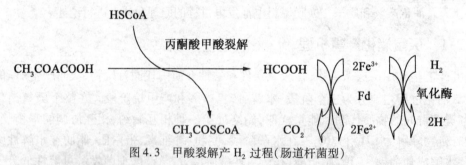

图 4.3　甲酸裂解产 H_2 过程(肠道杆菌型)

4.2.2　耦合的质子交换膜燃料电池的工作原理

如图 4.4 所示,质子交换膜燃料电池单体电池由膜电极装置、双极板和密封垫片所组成,呈三明治结构。膜电极很薄(厚度一般小于 1 mm),是在质子交换膜的两侧分别涂覆一定载量的铂基催化剂及导电多孔透气扩散层(多采用碳纤维纸或碳纤维布)所组成,形成燃料电池的阳极和阴极。当电池工作时,膜电极内发生下列过程:①反应燃料或燃料气体在扩散层内的扩散;②反应燃料或燃料气体在催化层内被催化剂吸附并发生电催化反应;③阳极反应生成的质子在固体电解质(质子交换膜)内传递到对侧,电子经外电路到达阴极,再同 O_2 反应生成水。电极反应如下:

阳极(负极)反应:　　　　　　　$H_2 \longrightarrow 2H^+ + 2e^-$　　　　　　　(4.1)

阴极(正极)反应:　　　　$1/2O_2 + 2H^+ + 2e^- \longrightarrow H_2O$　　　　(4.2)

电池反应:　　　　　　　　$H_2 + 1/2O_2 \longrightarrow H_2O$　　　　　　(4.3)

反应物 H_2 和 O_2 经电化学反应后产生电流,反应产物为水及少量热。

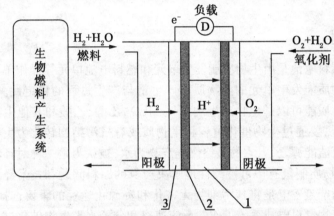

图 4.4　耦合的质子交换膜燃料电池工作原理

1—质子交换膜;2—Pt/C 催化剂层;3—碳纤维布

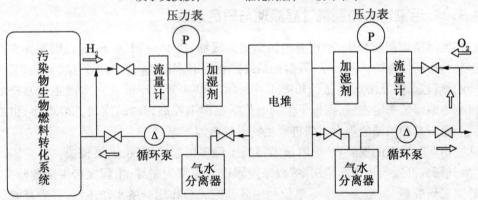

图 4.5　耦合的质子交换膜燃料电池系统流程示意图

电堆在运行时,反应燃料或燃料生物 H_2 和 O_2 从储气室中经减压作用,分别通过调压阀、流量计、加湿器(加湿、升温)后进入电堆,产生电流。反应产物 H_2O 由阴极过量的 O_2 流带出电堆。未反应的(过量的)H_2 和 O_2 流出电堆后,经气水分离器除去水,再经过循环泵重新进入电堆循环使用,也可以直接排空。质子交换膜燃料电池的运行温度一般在 60 ~ 90 ℃。电堆在运行时,需要保持一定的湿度,反应生成的产物水需要排除。不同形态水的迁移、传输、生成、凝结,对电堆的稳定运行影响很大,这就产生了质子交换膜燃料电池的水管理问题。通常情况下,电堆均需使用复杂的纯水增湿辅助系统用于增湿质子交换膜,以免电极过干燥,使质子交换膜传导质子能力下降甚至损坏;同时又必须及时将生成的水移走,以防电极的水浸,影响电子的传导。由于工作温度在 60 ~ 90 ℃,反应气体进入电堆前需要进行加热,这一过程通常与气体的加湿过程同时进行,并可与高温发酵偶联,以提高热效率。另外,电堆发电时产生的热量将使电池温度升高,当温度过高时,必须采用适当的冷却措施,这些通常用温度控制器控制,也可由计算机协调控制。还有生物反应产生的生物质氢含有一定的水分,可以通过脱湿单元控制湿度,以减少燃料气体的加湿。

4.3　系统的生物催化反应动力学

4.3.1　概述

耦合型生物燃料电池是由生物质能发生单元和燃料电池单元等操作单元所组成的,发电的核心在于生物质能发生单元的生物质能产生量与产生过程的稳定性。用于耦合型生物燃料电池的生物质能可以是生物产生的氢气、甲烷、乙醇、乙酸和其他生物质油等燃料。无论哪种燃料,都需要通过生物催化过程将生物质或有机污染物转化为生物质能,而氢能是未来最重要的清洁能源之一,它的最终燃烧产物为水,被认为是一种对环境友好的能源。许多研究表明,生物质制氢有望可持续性地解决产氢的原料问题和技术经济问题,城市有机废弃物进行生物产氢发电是将其污染物无害化和资源化途径的重要选择之一。为了清楚地阐述耦合型生物燃料电池系统工作的反应速率和分子水平生物催化过程机理,本节将着重介绍在污染控制中生物催化产氢的反应动力学问题。

4.3.2　污染物生物制氢过程原理与研究进展

在环境污染控制过程中,利用有机污染物为底物,在 $15 \sim 70\ ℃$ 下,通过厌氧异养产氢有希望成为可持续性的产氢方法,发酵的最终产物为 H_2 和 CO_2,在消除污染的同时又产生了洁净的燃料氢,其发酵产氢途径如图 4.6 所示。2004 年,Logan 在污水微生物燃料电池发电研究中取得了一定进展,促进了生物电化学在污染控制方面的发展。2005 年,世界许多研究小组研究利用醋酸等有机酸进行生物燃料电池发电。

从生物产氢发电的发展看,该项技术得到了许多国家的重视,进展较快。自美国国会通过"氢气研究开发与进步示范法案"以来美国以能源部为主导,由国家再生能源研究所、橡树岭国家研究所、夏威夷大学等单位利用微藻的光合作用分解水产生氢,其中夏威夷大学的连续系统最优,最大产率为 24.5 mL/g。但光合作用效率较低,大规模生产受到限制。2000 年后,美国、加拿大和澳大利亚等研究单位,相继开展了以厌氧发酵方式产氢技术的研究,将有机废弃物和废水发酵分解产生 H_2。研究集中在提高液态中温产氢菌的产氢效率和氢气纯度方面。在欧洲,由欧盟提供经费,荷兰、希腊和匈牙利等研究单位也开展了厌氧产氢发酵研究,研究集中在农业废弃物的前处理和高温产氢菌($65\ ℃$)产氢等方面。在亚洲,日本于 1993 年启动生物产氢计划,在该领域的每年的投资全额是美国的 5 倍。在中国,1997 ~ 2002 年,东北大学以厌氧产氢为中心,建立了生物制氢发展的规划,对生物制氢技术的基础和应用进行研究,希望建立一个世界范围的能源网络,以实现对氢的有效生产、运输和利用。在我国,任南琪等人主要以葡萄糖、制糖污水、纤维素为底物,进行液体厌氧发酵,他们利用厌氧活性污泥作为生物催化剂,主要对生物有机废水发酵制氢进行研究,取得了长足进步,但是发酵后废液和废渣的安全经济的终处理问题仍有待解决。

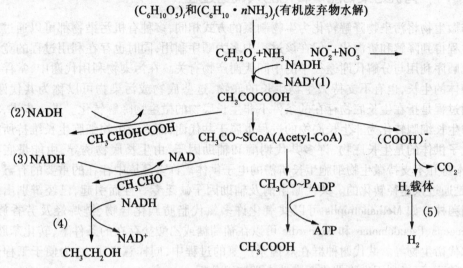

图 4.6　发酵产氢代谢途径示意图

4.3.3　生物催化过程

　　生物催化过程途径如图 4.6 所示。有机污染物可以通过双菌系微生物的代谢,分五步逐步转化为氢和二氧化碳。代谢途径中的酶系统和电子传递链意义重大。研究还表明,高浓度污水制氢较有机废弃物制氢容易,有机废弃物可以通过酵母和霉菌的 Geotrichum 和 Pergillus 等进行固体发酵,产生糖和挥发酸物质。而 Clostridium 的一些菌种,可以直接利用不需要任何前处理的非溶解性淀粉。在标准状态下,氢产率以葡萄糖计可达 1.61 ~ 2.36 mol/mol。广泛的产氢原料来源,稳定的混合培养和非消毒的进料操作,稳定的氢产量,有助于未来商业化生产。梭菌属 Clostridium 的细菌,主要来源于土壤、谷仓、活性污泥和牛的排泄物,通过热处理的方法,都可以成功地分离出产氢效率高的 Clostridium。通过控制温度、pH 值、流量等操作条件,可控制产甲烷菌(Methanogens)的生长,提高产氢率。另外,国内外对液体污染物发酵研究较多,在对复杂的农业、食品和城市固体废弃物连续产氢发电的研究方面还刚刚起步,从生物产氢文献分析可以看出,光合细菌在高浊度液化有机废弃物光合发酵产氢受到限制。另外,微生物体内氢化酶很不稳定,细胞固定化可能实现持续产氢。迄今为止,生物制氢研究中大多采用纯菌种的固定化,固定化材料与加工工艺,增加了制氢的成本,且细胞固定化形成的颗粒内部传质阻力较大,代谢产物在颗粒内部积累对生物产氢有反馈抑制和阻遏作用,限制了产氢率和总产量的提高。当然,工业液体发酵产氢过程与厌氧丙酮 – 丁醇过程相似,而后者研究和发展较为完善,因此可以借鉴其技术,以提高工业液体发酵的产氢效率。但是,有关最佳产氢条件所需要的微生物生理和物理化学条件并没有建立,用于连续反应器生物物质给料等的设计参数还需要确定。目前人们的主要研究是进行安甄瓶污泥与垃圾混合产氢发酵,产氢率较低,仅为 24 mol H_2/mol VSS。此外,生物制氢的氢气体积分数通常为 60% ~ 80%,气体中可能混有 CO_2、O_2 和水蒸气等,可以采用 50%(质量分数)的 KOH 溶液、干燥器或冷却器等传统方法除去,产生的 H_2 可以直接用于燃料电池的发电。到目前为止,对固体产氢方面的研究较少。

4.3.4　有机污染物能量转化的共代谢过程

与微生物将污染物降解转化为生物制氢的方式相同,多种有机污染物都可以通过能量转化过程得到降解和资源化。但在该过程中多为顺序利用,同时也存在利用过程的竞争与抑制。顺序利用与分解代谢途径中的中间代谢产物有关。在污染物利用代谢中,常伴随微生物菌体的生长,也有不支持微生物生长的底物,这些底物或污染物可以称为共代谢物。共代谢过程是指在生长底物存在的条件下非生长底物的微生物降解转化。进一步讲,将微生物非生长细胞转化为非生长底物的过程也属于共代谢,而为微生物细胞生长维持所需能量和电子供体的是生长底物,许多共代谢酶和辅助因子,由生长底物诱导,由能量底物供能,但本身并不支持微生物细胞生长所需的电子供体。许多环境中存在的重要的有毒化合物,都是通过该途径转化的。共代谢由酶及辅助因子缺乏专一性而引起,已经辨别出多种共代谢菌株。如 Methanotrophs 可以共氧化许多氯代脂肪族化合物、链烷烃及芳香族烃;Rhodococcus、Pseudomonas 和 Norcardia 可以在葡萄糖或乙酸盐存在的条件下,转化苯胺、酚及卤取代衍生物等。共代谢种群在双菌系产氢的过程中,同样意义重大,为便于工程研究和设计需要,可以利用生物催化反应动力学加以分析。

首先,考察在无生长和能量底物存在时,即底物以污染物为主时,共代谢污染物的降解与转化同样符合 Monod 方程,若用 S_c 表示非生长的底物质量,M_c 表示细菌的质量时,μ_c 表示无生长和能量底物存在时的数量关系,即比消耗速率为 $\mu_c k_c S_c / KS_c + S_c$,这里 k_c 是生长底物不存在时的最大比消耗速率常数和半饱和系数 KS_c。菌体生长比速率为 μ,而菌体浓度用 X 表示,即为 $\mu = dX/(Xdt) = -a$;研究表明,菌体生物催化过程反应,属于拟一级反应,其内源衰减常数用 a 来表示。表观生物量转化容量(dS_c/dM_c),污染物中的有毒有害物对代谢的影响也可以通过该参数来表示。

当生长和能量底物存在时,共代谢酶或辅助因子在多数情况下可以增加共代谢反应速率和作用范围,但有时也可能导致不同底物引起的竞争性抑制,同时这些代谢过程中各种物质间的作用关系也同样复杂,通常通过质量守恒矩阵表达。为了研究方便,也有用整体模式表示其共代谢反应的,如生长底物的比消耗速率(μ_g),可用细胞所需的生长底物(S_g)、生长和维持细胞所需的生长底物(M_s)及维持过程中生物量的共代谢消耗(M_{cs})表示,即 $\mu_g = S_g + M_s + M_{cs}$。

4.3.5　污染物产能代谢过程模型

从污染物产氢生化过程可以看出,固体有机污染物在微生物的共代谢作用下,按生物制氢过程代谢途径显示的生物化学数量关系,经过多步反应将污染物氢化。Keshtkar 等人的研究表明,污染物通常由 $(C_6H_{10}O_5)_i$ 和 $(C_6H_{10}O_5 \cdot nNH_3)_j$ 表示。在多数的反应过程中,采用完全混合反应器处理。固体污染物在代谢的过程中,首先经过生物水解反应,由不溶解态的污染物转化为溶解态的物质,然后经过进一步分解代谢的过程,转化为葡萄糖、氨、丙酮酸、乳酸、乙醛、乙醇、甲酸、乙酸、氢气、二氧化碳、NAD/NADH 及 ADP/ATP 等。经过水解脱氨产生的氨,通过化能自养菌的作用,部分转化为亚硝酸盐和硝酸盐。在该途径中,主要有两类微生物存在:一类是非溶解性污染物的水解菌;另一类为小分子有机物的氢化菌。在这个过程中,有 5 步反应可以产生氢气,其反应的过程,通过质量守恒定律可以转化为式(4.4)。

$$
\frac{\partial}{\partial t}
\begin{bmatrix} S_0 \\ S_1 \\ \vdots \\ S_{11} \\ S_{12} \\ X_1 \\ X_2 \\ H \end{bmatrix}
= -A
\begin{bmatrix} S_0 \\ S_1 \\ \vdots \\ S_{11} \\ S_{12} \\ X_1 \\ X_2 \\ H \end{bmatrix}
+
\begin{bmatrix}
-a_1 & 0 & 0 & \cdots & 0 \\
0 & \dfrac{1}{a_2} & -a_2 & \cdots & 0 \\
\vdots & \vdots & \vdots & & \vdots \\
0 & \dfrac{1}{a_{12}} & -a_{12} & \cdots & 0 \\
0 & \dfrac{1}{a_{13}} & -a_{13} & \cdots & 0 \\
1 & 0 & 0 & \cdots & 0 \\
0 & 1 & 0 & \cdots & 0 \\
0 & a_{01} & a_{02} & \cdots & a_{05}
\end{bmatrix}
\begin{bmatrix} \mu_1 X_1 \\ \mu_1 X_1 \\ \mu_2 X_2 \\ \vdots \\ \mu_2 X_2 \end{bmatrix}
+
\begin{bmatrix} AS_{in} \\ AS_{ins} \\ 0 \\ 0 \\ \vdots \\ 0 \\ 0 \\ 0 \end{bmatrix}
-
\begin{bmatrix} 0 \\ 0 \\ \vdots \\ 0 \\ Q_{CO_2} \\ 0 \\ 0 \\ Q_{H_2} \end{bmatrix}
\tag{4.4}
$$

式中，A 为与反应器体积有关的稀释系数；μ_1 和 μ_2 分别为水解菌 X_1 和产氢菌 X_2 的比增殖率；a_1，a_2，$\cdots$，a_{13} 为与每个相关反应有关的产率系数；a_{01}，a_{02}，$\cdots$，a_{05} 为与每个产氢反应有关的产率系数；Q_{H_2} 和 Q_{CO_2} 分别为氢气和二氧化碳的产率；S_{in} 为污染物进入反应器的质量；S_0，S_1，$\cdots$，S_{12} 为反应器内代谢途径中显示的各种溶解和非溶解物质的质量，即葡萄糖、氨、丙酮酸、乳酸、乙醛、乙酸、乙醇、甲酸、氢气和二氧化碳等。

在有机污染物中，溶解态和非溶解态的比例约为 17%。非溶解态(j)有机污染物通过水解反应首先转化为溶解态(i)小分子物质，其反应方程式如下：

$$
(C_6H_{10}O_5 \cdot nNH_3)_j \longrightarrow m(C_6H_{10}O_5)_i + (1-m)(C_6H_{10}O_5 \cdot hNH_3)_j + [n-(1-m)h]NH_3
\tag{4.5}
$$

上述方程的系数分别为 $n=0.454$，$m=0.550$ 和 $h=0.340$。非溶解态(j)有机污染物，通过具有菌系 X_1 的胞外酶的水解反应，首先转化为溶解态(i)小分子物质，然后再转化为氢和二氧化碳等。对于粪便类有机物可用 NH_3 传感器来间接测量，非溶解态污染物的降解，与菌系 X_1 的生长和表面积有密切的关系。其生化酶动力学的模拟(水力停留时间为 12 d)如图 4.7 所示。

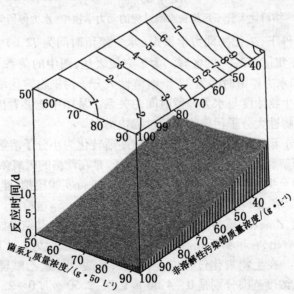

图 4.7　非溶解性污染物水解过程的动力学模拟(水力停留时间为 12 d)

生化酶动力学模拟的常数 $K_c=1$；最大比增长率岸 $\mu_{max}(d^{-1})$ 在点集 $[0,3,2]$ 的区域；稀释系数 A 为非稀释。为了表达方便，图4.7中的菌系 X 的浓度扩大了50倍。在37 ℃、pH 7.3和水力停留时间为12 d后，固体物质的转化率约为68%，图4.7中顶部的轮廓线为微生物浓度与水力停留时间的关系。从图4.7中可以看出，固-固-液反应催化剂的浓度和接触面积是影响反应的关键。

对于溶解态有机污染物，比例大约为83%，其反应方程式如下：

$$(C_6H_{10}O_5)_i + H_2O \rightarrow iC_6H_{12}O_6 \tag{4.6}$$

上述反应仍然是在菌系 X_1 的胞外酶的作用下的反应，当调节 pH = 7.3，并且在 $NAD^+/NADH$ 的电子传递下，反应速率明显加快，反应时间缩短为3 d，其生化酶动力学模拟如图4.8所示。

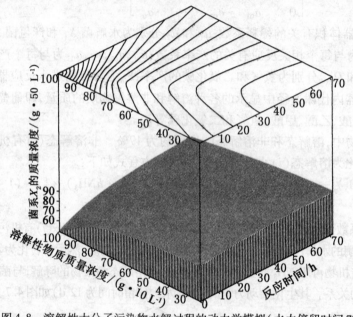

图4.8 溶解性大分子污染物水解过程的动力学模拟(水力停留时间72 h)

在非稀释的条件下，生化酶动力学模拟(水力停留时间为72 h)常数 $K_c=1$，最大比增长率 $\mu_{max}(d^{-1})$ 在点集 $[0,12,2]$ 的区域。为了方便表达，图中的菌系 X_1 浓度扩大了50倍。在37 ℃、pH 7.3和水力停留时间为72 h，溶解性大分子污染物转化率约为73%，图4.8中顶部的轮廓线是微生物浓度与水力停留时间的关系。从图中能够看出，溶解性大分子污染物水解过程较非溶解性大分子污染物水解过程快得多。

通过溶解性大分子污染物水解过程，污染物逐渐转化为小分子溶解性的物质，在菌系 X_2 的作用下，进一步降解和转化为 H_2 和 CO_2。菌系 X_2 是在严格的厌氧条件下进行生物催化反应的，其代谢过程中至少有5步可以产生氢气。为了进行实验模拟，建立一个间歇性生物反应系统，当温度为37 ℃，pH 值为4时，代谢过程产物 $S_2,\cdots,S_{12}$ 被检测。这些物质分别是葡萄糖、氨、丙酮酸、乳酸、乙醛、乙醇、甲酸、乙酸、氢气、二氧化碳等，其结果如图4.9所示。

由图4.9可以看出，在生物反应器中，X_2 的接种质量浓度为 1 g/L，90%以上的葡萄糖沿着代谢路径转化。在生物氢化过程中，丙酮酸、乳酸、甲酸、乙酰辅酶A、乙醇、乙醛、乙酸、二氧化碳等质量浓度范围分别是 0～4.50 g/L、0～2.50 g/L、0～2.10 g/L、0～2.05 g/L、0～0.07 g/L、0～0.38 g/L、0～0.27 g/L、0～5.20 g/L 和0%～13%。溶解性小分子污染物通过 Clostridium sp. 的作用,在 48 h 和 pH 值为 4 左右时,可以有效地转化溶解性小分子污染物为 H_2,但是该过程的铁离子含量过高可能导致过程受到抑制。另外,pH 值的变化也是氢和甲烷气体切换的重要影响因子。由此可见,生物催化转化过程反应十分复杂,矩阵生物催化动力学模拟分析和试验检验,可以帮助人们认识耦合型生物燃料电池是发生在生物质能发生单元完成产电过程。

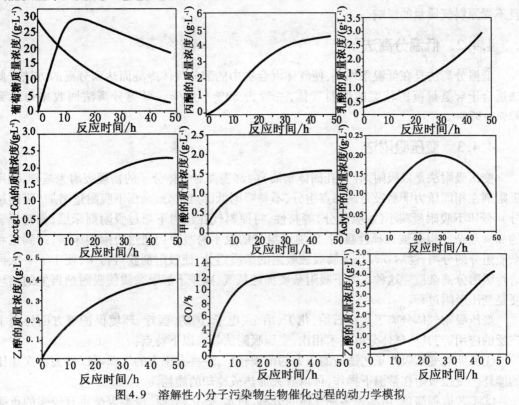

图 4.9　溶解性小分子污染物生物催化过程的动力学模拟

4.4　过程燃料产物的分离与纯化

生物制氢所用原料可以是有机废水、城市垃圾或农业的生物质,来源丰富,价格低廉;而且具有节能、可再生和不消耗矿物资源等突出优点。但是生物制氢的产氢量低,且含有大量的杂质气体,生物制氢产生的原料氢中的主要杂质大致有氧、氮、一氧化碳、硫化氢、二氧化碳、水、烃类等。由于质子交换膜燃料电池对氢源有严格的要求,除了要求有高纯度的连续 H_2 流外,对 CO 等杂质的含量也需要有严格的控制,燃料气体中的微量 H_2S 和 CO 会使贵重催化剂中毒,引起电池电压下降,只有当 CO 等杂质的含量控制在 10×10^{-6} 单位以下时,才能保证质子交换膜燃料电池长期稳定工作。因此,燃料气体在进入质子交换膜燃料电池前进行分离和纯化是非常必要的。氢气的分离、纯化过程就是利用各种分离净化方法将经过生物发酵产生的富氢气体中的氢气分离出来。在分离过程中常用的方法主要有:金属氢化物分离法、低温分离法、变压吸附法、膜分离技术等。其中,变压吸附法与膜分离法由于成本低、操作简单、效率高等优点依然保持着生产高纯氢的最具优势的地位。

4.4.1 金属氢化物分离法

金属氢化物分离法利用的是氢同金属反应生成金属氢化物这一可逆反应过程,当氢同金属直接化合时,生成金属氢化物,当加热和降低压力时,金属氢化物发生分解,生成金属和氢气,从而达到了分离和纯化氢气的目的。利用金属氢化物分离法纯化的氢气,纯度高且不受原料气质量的影响。

4.4.2 低温分离法

低温分离法是在低温条件下,使气体混合物中的部分气体冷凝而达到分离的方法。此法适合于含氢量范围较宽的原料气体,一般为 30% ~ 80%。低温分离法回收率可达到92% ~97%。

4.4.3 变压吸附法

变压吸附法是以吸附剂(多孔固体物质)内部表面对气体分子的物理吸附为基础,利用吸附剂在相同压力下易吸附高沸点组分、不易吸附低沸点组分,高压下吸附量增加(吸附组分)、低压下吸附量减小(解吸组分)等特性,将原料气在压力下通过吸附剂床层,相对于氢的高沸点杂质组分被选择性吸附,低沸点组分的氢不易吸附而通过吸附剂床层,达到氢和杂质组分的分离,然后在减压下解吸被吸附的杂质组分,使吸附剂获得再生,便于下一次再进行吸附分离杂质。这种压力下吸附杂质提纯氢气、减压下解吸杂质使吸附剂再生的循环便是变压吸附过程。

变压吸附气体分离工艺在石油、化工、冶金、电子、国防、医疗、环境保护等方面得到了广泛的应用,与其他气体分离技术相比,变压吸附法具有以下特点:

①低能耗变压吸附工艺适应的压力的范围较广,一些有压力的气源可以省去再次加压的能耗。变压吸附在常温下操作,可以省去加热或冷却的能耗。

②工艺流程简单,可实现多种气体的分离,对水、硫化物、氨、烃类等杂质有较强的承受能力,无需复杂的预处理工序。

③装置调节能力强。操作弹性大,变压吸附装置稍加调节就可改变生产负荷,而且在不同负荷下生产的产品质量可以保持不变,仅回收率稍有变化。变压吸附装置对原料气中杂质含量和压力等条件变化有很强的适应能力,对于氢含量大于 20% 的气源,都可作为变压吸附制氢的原料气,调节范围很宽。

④装置由计算机控制,自动化程度较高,操作方便,每班只需 2 小时巡检,装置可以实现全自动操作。开停车简单迅速,通常开车半小时左右就可得到合格产品,数分钟就可完成停产。

⑤投资小,操作费用低,维护简单,检修时间少,开工率高。

⑥吸附剂使用时间长,一般可以使用 10 年以上。

⑦环境效益好。除因原料气的特性外,变压吸附装置运行不会造成新的环境污染。

⑧产品纯度高。氢气纯度可达到高纯氢的标准。

4.4.4 膜分离技术

膜分离技术的基本原理就是利用一种高分子聚合物薄膜,通常是聚酰亚胺或聚砜,选择过滤进料气,从而达到分离的目的。当两种或两种以上的气体混合物通过聚合物薄膜时,由于各气体组分在聚合物中的溶解扩散系数存在差异,导致其渗透通过膜壁的速率不同。由此,可将气体分为易通透气体(如 H_2、He 等)和慢通透气体(如 N_2、CH_4 及其他烃类等)。当混合气体在驱动力－膜两侧相应组分的分压差的作用下时,渗透速率相对较快的气体优先透过膜壁而在低压渗透侧被富集,渗透速率相对较慢的气体则在高压滞留侧被富集。膜分离系统的核心部件是一构型类似于管壳式换热器的膜分离器,数万根细小的中空纤维丝浇铸成管束而置于承压管壳内。混合气体进入分离器后沿纤维的一侧轴向流动,易通透气体不断透过膜壁而在纤维的另一侧富集,并通过渗透气出口排出,而滞留气则从与气体入口相对的另一端非渗透气出口排出。

膜分离技术是一种新型的气体分离技术,与其他分离方法相比,具有以下特点:

①高效。由于膜具有选择性,所以它能有选择地透过某些物质,而阻挡另一些物质的透过。选择合适的膜,可以有效地进行物质的分离、提取和浓缩。

②节能。膜分离过程在常温下操作,被分离物质不发生相变,有效成分损失量少,是一种低能耗、低成本的单元操作。

③适应性强。处理规模可大可小,可连续也可间歇进行,工艺简单,操作方便。

④无化学变化。典型的物理分离过程,不用化学试剂和添加剂,产品不受污染。

⑤易于操作。随时开关方便,无人操作,易于自动运行。

⑥可靠性佳。由于膜分离装置工艺流程简单,无运动部件,控制部分少,适于连续生产,所以开工率达 100%。

⑦维护方便。膜系统无移动部件,无需检修。

⑧安全可靠。生产中产品不合格时,系统将自动关闭以保护产品质量。

⑨易于安装。占地小,重量轻,适应于狭小或拥挤的地带。

⑩膜分离器件的组合性强,非常容易进行扩建,可根据实际工况条件,适当增加膜组件,来扩大生产能力。

下面是燃料电池的燃料气分离与纯化采用的联合工艺法,即有效结合膜分离技术和变压吸附技术,充分发挥膜有效脱除惰性气体和变压吸附产品纯度高的长处,共同达到高回收率,从各种氢气源中提取高纯度的氢气。工艺装置分为脱杂质、压缩、膜分离、脱氧和氢压缩等过程,其工艺流程如图 4.10 所示。

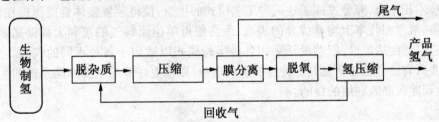

图 4.10　生物制氢的燃气净化过程

进入原料氢气混合罐,混合后的气体进入压缩机。原料气在压缩机内压缩至 6 MPa 后进入分液罐进行分液,再进入活性炭过滤器除杂质,过滤后的气体由加热器进行加热,温度由 40 ℃升至 50~55 ℃,再经过氢气过滤器的进一步过滤后,气体进入膜分离器后出来两种气体:一种是反应气体(压力为 0.9 MPa),该气体被浓缩至 90% 以上称为粗氢气。原料气体中的大部分 CH_4、N_2 和 CO_2 等被分离出来,反应气进入加热器加热,温度由 50 ℃升至 150 ℃左右,进入脱氧反应器进行脱氧,脱氧后的反应气 O_2 体积分数小于 1×10^{-6},然后进入冷却器冷却,温度由 180 ℃降至 40 ℃左右,再进入脱氧气分液罐进行分液,分液后的气体进入变压吸附工序进行气体的进一步提纯。在这里,脱氧脱氢被交替吸附和再生,杂质被除掉,经变压吸附后的产品气 H_2 体积分数达 99.99%,经在线分析仪检测杂质,再进入产品缓冲罐缓冲后,经氢气过滤器除去可能的杂质,计量调节后进入氢气隔膜压缩机,压缩至 15 MPa 充入氢气燃料罐中。吸附器底部的解吸气进入尾气缓冲罐,压力由 0.2 MPa 降至 0.02 MPa,再由尾气缓冲罐进入混合罐,中间由调节阀控制,以保证进入混合罐的气体尽可能混合均匀。

　　由于燃料电池对氢气质量要求高,纯度要求大于 99.99%,杂质控制严格,所以装置采用膜分离加变压吸附工艺生产纯氢气。在确定膜分离和变压吸附位置时,装置选择了膜在前,变压吸附在后的工艺模式。这种工艺模式能够充分发挥膜分离和变压吸附各自的特性优势,提高装置的整体性能指标。膜分离的特点是,在渗透压差足够大的条件下,能够有效地除掉大部分 N_2、C_mH_n 及 Ar 等,而且可以获得纯度很高的氢气。这类气体对变压吸附而言,均为分离系数比较低的组分,用膜分离方式除掉大部分以后,无疑是给变压吸附提供了良好的气源组成条件。膜不能分离出纯度很高的氢气产品,这也是把它放在第一级的原因之一。变压吸附的突出优点是产品纯度高,在气源条件较好的情况下,能获得比较高的氢气回收率,作为最终出产品的工序,自然就选择了变压吸附。就目前气体纯化技术而言,可靠、节能、投资省、用途广、流程短的技术就是膜分离技术和变压吸附技术。这两种技术均有各自的性能特点和适用范围,但针对本工艺要求而言,无论单独使用哪种工艺技术,均达不到理想的产品指标和生产效率。这主要表现在以下三个方面:

　　①仅采用膜分离工艺,其产品的纯度指标只能做到 98% 左右,达不到生产的需求。

　　②仅采用变压吸附工艺,产品指标可能达到 99.99% 以上,但氢气的回收率却只能达到 50% ~60%。

　　③只用一种技术完成纯化工作,其通用性很差,只能根据各种气源的条件分别计算参数并设计生产装置。而采用联合工艺,不仅氢气指标可以达到 99.99%,氢气的回收率也能达到 90%。

　　由于联合工艺的效果比任何单一工艺的效果都好,具体表现在节能降耗和降低成本这两个方面,因而产生了巨大的吸引力,并实现了工业化。目前,以膜分离加变压吸附的联合工艺已成为广泛应用的高效氢气分离方法。将膜分离技术和变压吸附技术两种气体分离与净化技术相结合,充分发挥了这两种工艺模式的优点,使得装置整体性能指标在稳定性、产品品质、氢气回收率上均有优异的表现,最终使得单位原料气的获利大幅提高。联合工艺还具有广泛的适应性,能够灵活采用各种运行模式以适用于各种不同的气源。当然,人们还需要研究适合生物质燃料的特性的燃料电池,以便更好地与生物产能系统的生物燃料耦合,达到能源高效利用的目的。

4.5　耦合型生物燃料电池的电极、质子交换膜和电解质的问题

　　目前应用较多的耦合型生物燃料电池,主要是质子交换膜燃料电池,它具有高功率密度、高能量转换率、零排放、可以在低温启动等优点,是很有潜力的动力源。近年来已成为电化学和能源科学领域中的研究热点。人们也同样探索耦合型质子交换膜燃料电池与生物燃料产生单元结合的特性,但是电极、质子交换膜和电解质的问题,仍然是人们关注的焦

点。质子交换膜燃料电池的主体由膜电极、集流板和冷却板等组成。质子交换膜燃料电池的核心部分是膜电极,它是由固体聚合物质子交换膜,阴、阳两极紧密黏结在固体电解质上,在制作电极时,需要将电极与膜压合到一起,还要考虑到它们的接触情况。所以,将质子交换膜燃料电池的电极与质子交换膜视为一个整体,称为膜电极。研究膜电极的结构及优化,包括研究膜电极的整体结构或者从质子交换膜、电极、电解质、催化层等几方面分别去研究其最佳结构。

4.5.1　质子交换膜与材料

质子交换膜是耦合型质子交换膜燃料电池的重要组成部分,它不只是一种隔膜材料,也是电解质和电极活性物质(电催化剂)的基底。另外,质子交换膜还是一种选择透过性的膜,主要起传导质子、分割氧化剂与还原剂的作用。质子交换膜燃料电池曾采用过酚醛树脂磺酸型膜、聚苯乙烯磺酸型膜和全氟磺酸型膜等。研究表明,全氟磺酸型膜是目前最实用的质子交换膜,其中最为流行的是 Nafion 膜和 Dow 膜。质子交换膜燃料电池对膜有特殊要求,用作质子交换膜的材料应当具有良好的导电性,较好的化学、电化学稳定性和热稳定性,以及有足够高的机械强度,另外还要考虑合适的价格。质子交换膜的微观结构如图4.11和图 4.12 所示。质子交换膜的微观结构较复杂,在描述膜结构及其传导质子关系的各种理论中,离子簇网络模型较为大家所接受,网络结构模型认为,可将全氟离子交换膜的结构分为憎水的碳氟主链区、离子簇区及此两相间的过渡区,离子簇之间的间距一般在5 nm 左右。全氟离子交换膜中各离子簇间形成的网络结构是膜内离子和水分子迁移的唯一通道。由于离子簇的周壁带有负电荷的固定离子,而各离子簇之间的通道短而窄,因而带负电且水合半径较大的 OH^- 的迁移阻力远远大于 H^+,这也正是离子交换膜具有选择透过性的原因。显然,这些网络通道的长短、宽窄,离子簇内离子的多少及状态都将影响离子膜的性能。尽管全氟离子交换膜性能很好,使用寿命较长,但由于其复杂的制备工艺和高成本,限制了它的广泛应用。解决这些问题的方法有两种:一是减少全氟树脂的用量,采用将 Nafion 树脂与其他非氟化材料结合制备复合膜的办法;二是开发新型抗氧化性强、成本低的膜材料。加拿大 Ballard 公司用取代的三氟苯乙烯与三氟苯乙烯共聚制得共聚物,再经磺化得到了膜,该膜具有较高的工作效率,成本也较 Nafion 膜和 Dow 膜低得多。

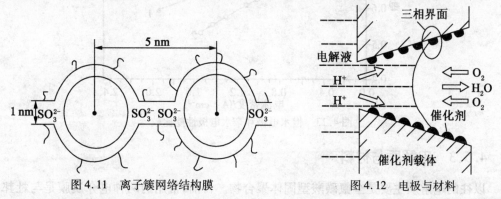

图 4.11　离子簇网络结构膜　　　　　　　　图 4.12　电极与材料

4.5.2　电极与材料

电极是一种多孔气体扩散电极,按照反应气体在电极内输送机制的不同,可以将目前质子交换膜燃料电池常用的电极分为憎水电极和亲水电极两种。憎水电极的反应气体是在憎水剂所形成的憎水网络中传递;而亲水电极中反应气体是先溶解在水或 Nafion 溶液中,再进行扩散传递。通常膜电极由质子交换膜和气体扩散电极热压而形成,它是质子交换膜燃料电池的核心部件,直接决定了电池的工作性能,其结构设计和制备工艺是质子交换膜燃料电池研究的核心技术。与传统憎水电极不同的是,亲水电极的催化层中不含憎水剂,其制备方法是直接将催化剂和 Nation 树脂均匀混合形成的浆液涂覆于气体扩散层或膜上。目前,膜电极的制备大多数还基于憎水电极,其催化剂利用率较低。基于亲水电极制备的膜电极正处于实验研究阶段,但其催化剂利用率可以进一步提高,制作成本可进一步降低,其性能也优于憎水电极,有望在质子交换膜燃料电池中广泛使用。

在电极制备过程中,憎水电极和亲水电极的主要区别是电极催化层中采用的黏结剂不同。憎水电极催化层中 PTFE 作为黏结剂和防水剂,然后用 Nafion 溶液浸渍电极表面以扩大三相反应区。亲水电极催化层中直接采用 Nafion 聚合物作为黏结剂和质子导体。图 4.13 为催化剂载量基本相同(0.3 mg/cm^2)的两种类型的电极性能比较。从图 4.13 中可以看出,采用 Nafion 为黏结剂的电极性能好于采用 PTFE 黏结、Nafion 浸渍的电极。原因主要是采用了 Nafion 黏结,扩展了催化层中的三相反应界面,使得电极形成立体结构。另外采用 Nafion 作为黏结剂,催化层与质子交换膜的结合更紧密,减少了接触阻抗,同时互相连通的 Nafion 形成质子通道,提高了质子导电性。而采用 PTFE 黏结,Nafion 浸渍只能提高电极催化层表面的三相反应界面,但催化层内远离膜的一端中的催化剂未能与 Nafion 接触,其表面无离子通道,催化剂的利用率低。而且由于采用 Nafion 溶液浸渍,过剩的 Nafion 在催化层表面形成薄膜,相当于增大了质子交换膜的厚度,增大了电池的内阻。

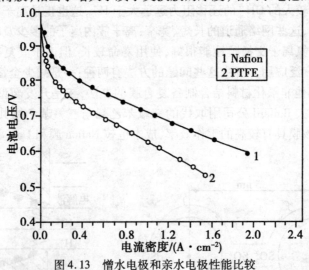

图 4.13　憎水电极和亲水电极性能比较

4.5.3　电解质与材料

以往的电解质主要是全氟磺酸型固体聚合物。目前,常用的两种电介质膜是与杜邦公司 Nafion 相似的全氟磺酸离子膜和另一种非氟膜。其中,后一种膜已经显示出良好的性能。此外,也有用固体复合电解质的,它是以基体材料 Cel-xRexO₂-δ 和 Ni、Al、CO、Na、Ca、K 的金属化合物或 Ni、Al 化合物添加剂合成,经混合、研磨、烧结、冷却、粉碎等工艺制成的。用模具直接压制成薄片,烧结后强度可达到 10 MPa,用它做质子交换膜燃料电池电解质,可以使用甲醇、乙醇、甲烷和乙烷等多种燃料,拓展了生物小分子燃料的使用范围。也有用具有磺酸盐侧基、羧酸盐侧基的聚芳醚酮等聚合物为电解质的,该聚合物可作为质子交换膜燃料电池的阳离子组分的电解质。

4.5.4　电催化剂与材料

为了加快电化学反应的速度,气体扩散电极上都含有一定量的催化剂。电催化剂主要有铂系和非铂系电催化剂两类。目前多采用铂系电催化剂。由于在质子交换膜燃料电池中,反应区是在三相区 H_2/O_2、催化剂 Pt 表面和 Nafion 溶液中进行,所以 Pt 只有在膜区域才起作用。要想提高电池的性能,必须提高 Pt 的利用率。美国通用电气公司在 20 世纪 60 年代研制的质子交换膜燃料电池电催化剂为铂黑,用量约为 10.0 mg/cm^2,利用率较低。20 世纪 90 年代以来,加拿大 Ballard 公司采用 Nafion 膜,以 Pt/C 作为电催化剂,通过对膜电极结构和制备工艺的改进,电催化剂中 Pt 负载量降低到 0.6 ~ 1.0 mg/cm^2,取得突破性进展。铂系电催化剂研究的另一方面是以 Pt 为基础掺入其他金属或金属氧化物,制成各种类型的合金催化剂。如将碳化聚丙烯腈(PAN)气凝胶作为基体与铂盐混合制成高孔隙率、高分散的纳米级 Pt/PAN 电催化剂(20 nm),经研究结果发现,以这种方式制备的电极具有更高的催化活性,并能提高催化剂的寿命和稳定性,而将其应用于生物燃料电池中活性仍然很高。将铂催化剂分散于不同的载体中,制成复合电极材料,是提高 Pt 催化剂利用率的有效途径。目前质子交换膜燃料电池使用的催化剂大多数是以碳材料(如活性炭、炭黑等)为载体的 Pt 催化剂,这样可以使 Pt 的使用量大幅度降低,从而提高了 Pt 的利用率。其中碳纳米管由于其独特的结构而得到广泛应用。例如,它在作为大容量电容器电极材料、储氢材料等方面都有广泛应用。同时,由于其具有极大的比表面积和良好的导电性,也被认为是一种良好的催化剂载体。目前,许多研究者已将多种金属(如 Ni、Cu、Pt、Ru 等)成功地沉积在碳纳米管表面。由于 Pt 的价格昂贵,采用 Pt 系电催化剂使得燃料电池的广泛应用受到限制,因此寻求 Pt 以外价格较低的电催化剂是质子交换膜燃料电池电催化剂研究的另一个重要方向。目前,非铂系电催化剂研究多集中在氧还原电催化剂方面。某些催化剂在浓 H_3PO_4 或 KOH 中缺乏足够的稳定性,但在聚合物电解质中可能是稳定的。在可能的替代催化剂中较为引人注目的是热解或非热解的过渡金属大环化合物。Lalande 等人在不同温度下进行酞菁铁(FePc)和四羧酸酞菁铁(FePcTc)负载到炭黑上的热处理,将其作为阴极催化剂进行燃料电池试验,结果显示虽然改良后的电极在一定的温度下表现出较强的催化活性,但其稳定性较差。

4.6　电子传递与电极反应

耦合型质子交换膜生物燃料电池的主体由膜电极、集流板和冷却板等组成。因为质子交换膜燃料电池的电解质是固体聚合物质子交换膜,阴、阳两极紧密黏结在固体电解质上,所以在制作电极时,需要将电极与膜压合在一起,还要考虑到它们的接触情况。所以,将质子交换膜燃料电池的电极与膜视为一个整体,在许多新型的直接生物燃料电池中,也借鉴了这种电极结构,制成了中空纤维式的一体化电极。在电池反应时,膜电极内发生下列过程:①反应气体在扩散层内扩散;②气体在催化层内被催化剂吸附并发生电催化反应;③质子在固体电解质(质子交换膜)内传递到对侧。同时,电子在电极内传递至集流板上。

4.6.1　阳极反应

生物质氢气经增湿(饱和)或不通过除湿工艺后进入阳极室,经多孔气体阳极的扩散层扩散到达催化层,发生下列电化学反应:

$$H_2 \longrightarrow 2H^+ + 2e^-$$

一般认为具体可能途径如下:

$$H_2 + M \longrightarrow MH_2 \tag{4.7}$$

$$MH_2 + M \longrightarrow MH + MH \text{ 或 } MH_2 + H_2O \longrightarrow MH + H_3O^+ + e^- \tag{4.8}$$

$$\text{或 } MH + H_2O \longrightarrow M + H_3O^+ + e^- \tag{4.9}$$

式中,M 表示催化剂的表面原子;MH 与 MH$_2$ 分别表示吸附的氢原子和氢分子。式(4.8)中 M 与 H 原子作用强,过渡金属在吸附氢时大多按此历程进行。

4.6.2　阴极反应

O$_2$ 在阴极与经过质子交换膜传递过来的质子发生反应的过程比较复杂,在反应历程中往往出现中间价态的粒子,随电极材料和反应条件的不同,有不同的机理和控制步骤。关于反应历程,有人曾提出过五十多种方案,若不涉及反应历程的细节,基本上可分为两大类:一类是 O$_2$ 首先得到两个电子还原为 H$_2$O$_2$,然后再进一步还原成 H$_2$O;另一类反应历程中不出现可被检测的 H$_2$O$_2$,即 O$_2$ 连续得到 4 个电子直接还原成 H$_2$O。在酸性介质中,有:

$$M + O_2 + 2H^+ + 2e^- \longrightarrow MH_2O_2$$

$$MH_2O_2 + 2H^+ + 2e^- \longrightarrow M + 2H_2O$$

$$2MH_2O_2 \longrightarrow 2M + O_2 + 2H_2O \tag{4.10}$$

$$2M + O_2 \longrightarrow 2MO$$

$$MO + H^+ + e^- \longrightarrow MOH$$

$$MOH + H^+ + e^- \longrightarrow M + H_2O \tag{4.11}$$

按 4 个电子反应方式进行时,电池电动势为 1.229 V,在清洁的铂表面和某些过渡金属大环化合物的表面上主要是进行这一历程的主反应。如果催化剂只能使反应进行到一半,即只断裂一个 O—O 键时,只有两个电子参加反应,所以只能产生一半的电流,而且这一对氧化还原对的标准电位仅为 0.614 V。可见,两电子反应途径使电池理想电动势下降,活性物质的利用率降低,比容量下降一半。所以,如何尽量避免 H$_2$O$_2$ 的产生,对于提高阴极催化性能至关重要。许多关于膜电极的研究都把目光集中在氧电极的优化上。蒋振宗等人考虑到氧分子的顺磁性,认为催化剂表面最好也应该有顺磁性,其中的未成对电子能与氧的未成对电子耦合而形成较强的吸附键,同时使氧分子平卧在其表面上,据此制备了渗 Sr 的 LaCoO$_3$ 催化剂。用它作为氧电极,在 25 ℃时可建立氧的热力学平衡电位,但常温下电流输出特性还不明显。

4.6.3　电极极化

燃料电池的两极存在活化极化、浓差极化且电极与电池内部存在欧姆内阻,所以其工作电压小于电动势。在低电流密度时,电池的微分内阻由活化极化决定,此时电池电压随电流的增加而迅速下降;随着电流密度增加,微分内阻主要由欧姆内阻决定,这时电池电压和电流密度呈线性关系;当电流密度继续增加,电池某一电极达到极限电流密度时,微分内阻受物质传递控制,即浓差极化为主,电池电压迅速下降。燃料电池研究的核心问题就是要降低电池中的活化过电位、浓差过电位和欧姆过电位。采用合适的电催化剂,增加电极反应表面积及控制最佳温度都可降低活化过电位,高效气体扩散电极的出现不仅有利于降低活化过电位,而且降低了浓差过电位。为降低欧姆过电位,一般采用减少两极间距和增加电池内部各组件电导等措施。

毫无疑问,膜电极是燃料电池的核心部分,只有高性能电极研制成功,才能产生稳定的高电流,提高其功率。为了产生高电流,必须制成高分散、多孔的电极,并且使之立体化。同时,电极与质子交换膜的接触必须紧密,以减小质子传递阻力。欲达到这一目的,需要克服许多技术难关,如多孔立体网络结构的生成,催化剂 Pt 的还原与分散,电极与膜的压合与接触等。这些问题一旦有突破性的进展,将会大大地推动燃料电池的实用化进程。但是耦合型生物燃料电池还有其特殊性,各种元件的组合还有待深入研究。

4.7　耦合型生物燃料电池模型的建立与系统优化

耦合型生物燃料电池的生物燃料产生系统前面已经讨论了,本节将讨论耦合系统的问题,重点讨论燃料电池的模拟研究的问题。从 20 世纪 90 年代以来,模拟主要集中在一维和二维模型方面,直到近几年才提出充分考虑燃料电池复杂流场结构,提出三维模型。研究集中在性能参数的分布规律和流场结构的优化问题方面。这些三维模型给出了燃料电池运行的丰富信息,但模型都只包括生物燃料的制备、流道、扩散层和质子交换膜等部分,而把对燃料电池工作最重要的催化层假定为一超薄界面,忽略了其中传递的过程,因此,模拟结果会存在误差。本节假定生物燃料的制备过程为稳态,生物质燃料经处理后达到燃料电池进料标准,在充分考虑流道、扩散层和质子交换膜中传质过程的基础上,以聚集体模型描述催化层的结构和其中的传递过程,通过包括催化层的完整三维蛇形流场的流体力学模型,系统地考察不同气体扩散层渗透率条件下,气体的流速、反应气体组成和电流密度等参数的分布情况,为理解耦合系统的优化奠定了基础。

4.7.1　数学模型的建立

1. 问题的描述方程

净化后的生物 H_2 和 O_2,进入由阴阳极流道、多孔气体扩散层、多孔催化层和质子交换膜叠加组成的体系中。燃料电池工作时,阳极流道中的富氢气体通过多孔扩散层到达催化层,在催化剂作用下分解成质子和电子,分别经由电解质膜和外电路到达阴极;而阴极流道中的 O_2 则以相同的方式到达阴极催化剂表面,与阳极传递来的质子和电子反应生成水。同时,水也会在电子迁移和浓度扩散的作用下通过质子交换膜传递。现假定催化层是由球形聚集体组成的多孔状的介质,每个聚集体是碳载催化剂和电解质的均匀混合相;燃料电池在稳态、等温条件下工作;气体为不可压缩的理想气体,流动方式为层流,并且反应生成水以气态形式存在。模型利用蛇形流场中的传递和电化学反应过程,建立描述方程。在基本流体力学方程中增加相应的源项,以考察电化学反应、水通过膜传递等过程的影响,具体描述方程见表4.1。

表4.1 模型主要描述方

方程	数学形式
连续方程	$\nabla(\varepsilon\rho u) = S_{H_2} + S_W + S_{O_2} + S_{N_2}$
动量方程	$\nabla(\varepsilon\rho uu) = -\nabla + \nabla(\mu(\nabla u)) + S_P$
物质守恒方程	$\nabla(\rho um_i) = -\nabla J_i + S_i$
电流与电压方程	$i = (V_e - V_{e_2} - \eta)\sigma_m/t_m$

表4.1中连续性方程和物质守恒方程中的S_{H_2}、S_{O_2}和S_W分别表示由于电化学反应所引起的氢气、氧气消耗和水的产生及水通过质子交换膜的传递;动量方程中S_P则表示流体在多孔扩散层和催化层中传递的动量损失。

2. 模型参数和计算过程

模型采用蛇形流场,整个流场由12个直流道组成,每个流道为47 mm×2 mm×1 mm,整个流场板体积为49 mm×48 mm×2 mm。采用结构化网格对求解区域进行剖分,网格剖分数为70×80。模型的方程组求解通过计算流体力学软件Fluent 6.0实现,方程中的源项需编写相应的用户自定义函数以结合到求解过程中。Fluent软件通过控制体积法求解偏微分方程组,在计算时将各个求解子域视为一个整体,仅通过不同的材料和流体性能参数来区分,其优点是无需指定不同求解子域间的边界条件,而仅需指定整个求解域的外边界即可。模型求解所用到的具体边界条件如下:在流道入口处,采用Dirichlet边界,需指定流体的流速、入口温度和工作气体组成;在流道出口只需设定出口的压力,对其他变量则采用New-mann边界条件,将流速、组成等梯度设为零,同时指定整个流场的温度恒定,在计算过程中采用Simple算法即可。

4.7.2 极化曲线、流场、物质组成与电流密度分布

1. 极化曲线

过程的极化性能是燃料电池性能的总体表现,通过模拟的燃料电池极化行为可以验证数学模型和计算过程的有效性。图4.14同时给出了模型模拟的质子交换膜燃料电池极化曲线和实验数据。可见,在整个燃料电池的工作电流密度范围内,计算值与实验测量值的变化趋势基本上一致,只是在高工作电流密度区模拟极化曲线下降要比试验曲线快些。这可能是因为在模拟过程中无法确定实际燃料电池的准确结构和运行参数。所以,模拟结果与实验数据存在一定的误差,但总体上试验数据与模拟曲线的拟合较好。而另外的一些模型所预测的极化曲线则不存在高电流密度区时浓度极化所引起的电位迅速下降的阶段,这应该是因为模型中未考虑催化层及其中传递过程所导致的。如果使用生物催化剂,这种模拟将发生变化。上述结果说明只有充分考虑催化层中的传质过程才能真正建立符合实际运行情况的质子交换膜燃料电池模型,同时也说明了此三维模型具有良好的适用性,可以用来模拟燃料电池的工作行为。

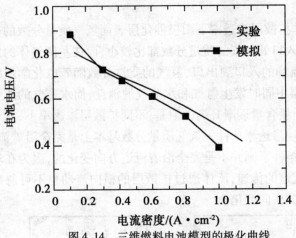

图4.14 三维燃料电池模型的极化曲线

2. 流场分布

图4.15为不同气体扩散层渗透率条件下垂直于流道的截面上工作气体的速度流场分布。显然,气体扩散层的渗透率不同,流体的流速变化较大。低扩散层渗透率时阳极气体的流向由流道指向催化层,而阴极气体的流向却由催化层指向流道。这主要是因为在阳极电化学反应消耗氢气,而且水也通过电迁移不断向阴极传递。因此,气体的流向由流道指向催化层。而在阴极,尽管氧气不断消耗,但是,由于水的产生和从阳极迁移来的速度高于氧气的消耗速度,所以,总的流体流向却是由催化层指向流道的。同时,因为扩散层渗透率很低,气体流动的阻力很大,流道中的气体很难向电极内部深入。当扩散层渗透率较高时,流体流速分布的情况与较低渗透率条件下有很大不同,因为扩散层对流体传递的阻力小,所以流体可以在压力的作用下从一个流道横向通过气体扩散层到达另外一个流道,在图4.15中可见,无论在阴极还是阳极,气体在很大程度上平行于电极表面的流动,而且流速也要比低扩散层渗透率时大许多。这说明扩散层的存在对流体传递的作用很大。优化扩散层的结构参数对改善流场的分布非常重要。

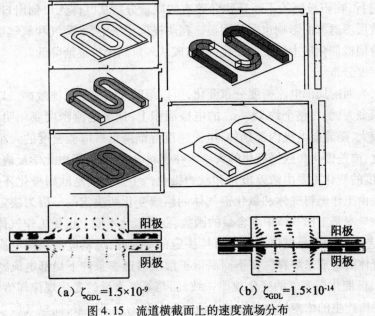

（a）$\zeta_{GDL}=1.5\times10^{-9}$　　（b）$\zeta_{GDL}=1.5\times10^{-14}$

图4.15 流道横截面上的速度流场分布

3. 物质组成分布

图 4.16 为不同气体扩散层渗透率下阳极催化层表面氢气质量分数的变化。两种情况下在流场右下角的气体入口处氢气的质量分数都比较小,而在左侧气体的出口处质量分数则相对比较大,说明从流场的入口到出口,氢气的质量分数随着电化学反应的消耗是逐渐升高的,这是因为催化层中同时发生氢气和水蒸气的消耗,而水蒸气的质量消耗要比氢气大,总的效果是氢气的质量含量逐渐升高。但是,不同扩散层渗透率下,氢气质量分数的变化并不相同。较低扩散层渗透率条件下氢气质量分数基本上是完全沿着流道的方向变化,而在较高扩散层渗透率条件下则并不是完全沿着流道方向变化的,因为在较高渗透率的条件下,不仅有流体沿着流道的传递,流体通过扩散层的横向流动也不可忽视,因此,燃料氢气组成也存在较大程度的横向变化。

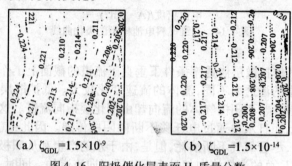

(a) $\zeta_{GDL} = 1.5 \times 10^{-9}$ (b) $\zeta_{GDL} = 1.5 \times 10^{-14}$

图 4.16 阳极催化层表面 H_2 质量分数

不同扩散层渗透率下阴极催化层表面氧气质量分数也有变化。与氢气质量分数的变化相反,氧气的质量分数从气体的入口到出口是随着电化学反应的消耗而不断降低的,并且随着扩散层渗透率升高而升高,由于气体透过扩散层的横向流动增加,会导致气体组成发生相应的变化。

阴极催化层表面水蒸气质量分数的变化与氧气质量分数的变化正好相反,由于电化学反应的不断进行,在阳极侧的不断迁移导致水的质量分数从气体入口到出口不断增加,并且受气体扩散层渗透率的影响也非常明显。在阴极催化层中,水蒸气和氧气组成的变化规律共同决定着阴极催化层中氮气的变化,其组成从入口到出口逐渐降低。

4. 电流密度分布

在催化层表面的局部电流密度分布变化,可以帮助人们改进电池效率。以耦合型生物燃料电池的模型为例,在整个约 25 cm² 的电极面积上,局部电流密度变化明显,气体入口处电流密度较大,随着向电极内部延伸,电流密度逐渐降低。电流密度的大小取决于电池的电化学极化、浓差极化和欧姆极化的大小。在燃料电池中,由于电化学反应的机理一定,因此,电流密度的变化主要由浓差极化和欧姆极化产生。无论是欧姆极化还是浓差极化,归根结底都是由工作燃料气体和氧化剂气体的组成变化所决定的。因为决定欧姆极化的质子交换膜电导率是工作气体中水含量的函数,欧姆极化本质上也受工作气体中水蒸气含量影响,而浓差极化则更是气体组成所直接决定的。因此,燃料电池局部电流密度的变化可以用工作气体的组成来解释。在不同高低扩散层渗透率条件下局部电流密度的变化与相应条件下阴极催化层氧气的变化规律一致,而与氢气含量的变化规律却恰恰相反,说明氧气不断消耗所产生的浓差极化是影响电流密度分布的重要因素,而氢气所引起的浓度极化作用不大,但这并不能说明对阳极的影响很小。阳极气体中的水含量会对质子交换膜中的水含量产生重要影响,从而在相当程度上决定膜的电阻和欧姆极化。在阳极催化层中水蒸气质量分数的变化与氢气正好相反,而与相应电流密度的变化规律相同,这也反映了阳极催化层中水蒸气含量的重要影响。实际局部电流密度分布可能是阴极催化层中氧气和阳极催化层中水含量共同作用的结果。

总之,流场结构的压力和速度等对燃料电池的流场分布有一定影响,由于组成分布的变化,又影响浓差极化和欧姆极化的大小,所以最终影响了燃料电池的工作电流密度。因此,如何改变流场结构参数,实现氢气、氧气和水蒸气含量的均匀分布就成为保证燃料电池工作性能的关键,这也应是燃料电池研究的重点。

4.8　系统的结构、设计、组装、操作与评价

耦合型生物燃料电池由生物燃料供给系统和燃料电池发电系统组成。目前,耦合型生物燃料电池因其燃料的种类和提供方式的不同,其系统的结构、设计、组装、操作都有明显的区别。以生物沼气为燃料的燃料电池,操作温度较高,而以生物质氢和小分子有机物为燃料的燃料电池,多在较低温度条件下运行。对耦合型质子交换膜燃料电池而言,耦合的质子交换膜燃料电池电堆,必须在一定的条件下才能发挥好的效率,以实现可靠的工作。这些条件包括以下几点:通过冷却系统控制温度在 60 ~ 80 ℃;通过加湿系统保持质子交换膜始终都处于润湿状态;通过空气供给系统和氢气供给系统,供给充足空气或氧气及生物氢气。由于冷却系统的温度在 60 ~ 80 ℃ 范围内,可以与要处理的高浓度有机废水进行热交换,以保持较高的发酵温度,增加生物氢气或其他生物燃料的产生。由于使用的燃料是易燃易爆的氢气等气体,为了防止意外事故,还必须配备报警系统和灭火系统。同时,为了控制输入和输出以及各系统的协调工作,还必须建立完善的控制系统。因此,所有这些支持系统是燃料电池高效、稳定工作的必要条件。

由于燃料电池工作过程的复杂性,在设计和操作燃料电池支持系统时会遇到大量相互矛盾的因素,例如,耦合型生物燃料电池在工作中会因采用的技术不同,产生的热量不同,导致燃料电池的操作与控制技术也不相同,可以使耦合生物燃料电池的电堆在最优的温度环境下进行工作。另外,反应气体控制包括气体的流量和压力控制等,这些系统单元可以帮助耦合体系的能量和物质达到最佳的利用效率。图 4.17 为垃圾填埋场污水燃料电池发电动力系统。

4.8.1　生物燃料的制备系统

耦合型生物燃料电池的燃料供给系统是生物发酵系统,它主要为耦合型生物燃料电池提供生物质氢、生物甲醇、生物乙醇和其他能作为耦合型生物燃料电池燃料的小分子生物代谢产物。这些燃料的来源以废水、废弃物和农业废弃物等为原料,这些生物能源工程技术近年来发展相对较快,由于篇幅的原因,这里就不再详述。但是,值得强调的是现代污水生物处理的单元操作技术,很多都可以为耦合型生物燃料电池提供燃料,如果与燃料电池技术结合可以真正地成为未来需求的环境能源技术。

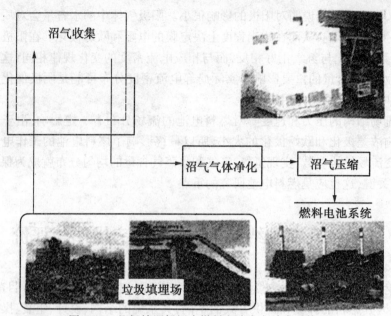

图 4.17　垃圾填埋场污水燃料电池发电动力系统

4.8.2　加湿系统及加湿过程

　　对以生物质氢为燃料的燃料电池的加湿方式主要分为外加湿和内加湿两种。膜加湿方法是一种内加湿法,通过水与加湿膜接触,浸润加湿膜,从而加湿反应气体,是一种实现简单、加湿效果良好的方法。实验用的膜加湿器系统主要由加湿器和水箱两部分组成。水箱中的去离子热水通过水泵打入加湿器中,水从加湿器的顶部流过,顺着加湿膜的一侧流到加湿器的底部,再返回水箱。与此同时,反应气体(空气和氢气)也由管道输送到加湿器中,沿着加湿膜的另一侧流动,并被加湿。加湿后的气体由加湿器流出,进入电堆。

　　燃料电池的膜加湿器由若干个加湿单元组成,其单个加湿单元的结构如图 4.18 和图 4.19 所示。每个加湿单元由去离子水通道、加湿膜、反应气体气道组成。加湿膜通常极其薄,其厚度在 $0.051 \sim 0.183$ mm 之间。在加湿单元中,去离子水顺着亲水性强的加湿膜向下流动,通过扩散作用,使加湿膜中充满了水分并处于饱和状态。反应气体在加湿膜的另一侧流动,通过特殊的流道设计,充分接触加湿膜,从而达到良好的加湿效果。为了便于分析,用控制体 1(空气通道)或控制体 3(氢气通道)表示反应气体通道;用控制体 2 表示去离子水通道及加湿膜。

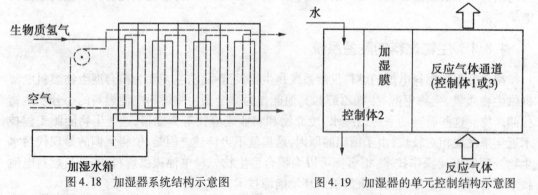

图 4.18　加湿器系统结构示意图　　　　　图 4.19　加湿器的单元控制结构示意图

4.8.3　冷却系统

系统的工作是以氧化还原反应来完成的,生物质氢和小分子有机物的氧化常伴随放热反应的进行。冷却系统的主要功能是排除燃料电池工作时所产生的热量,调节燃料电池电堆温度。冷却系统包括由水泵、热交换器组成的主回路和由去离子装置组成的辅回路。主回路使冷却介质在燃料电池电堆中循环流动,吸收燃料电池产生的热量并维持燃料电池在最优温度下工作。从电堆出来的冷却介质通过热交换器将燃料电池产生的热量传递到环境中去。

燃料电池的冷却介质必须是不导电、不被腐蚀和防冻的,而且还要有高的热容和电导率。去离子水是使用最普遍的冷却介质。乙二醇/水亦可作为防冷冻的介质。冷却系统的辅回路是用来去除冷却介质中的离子,保持冷却介质的绝缘性的,通过离子交换柱就可以将冷却介质中的阴离子和阳离子去除掉。实际上,燃料电池的冷却系统问题并不像内燃机的冷却那样容易解决。对内燃机来说,机械功、冷却和尾气排放各消耗整个系统燃料能量的 $1/3$。然而,在燃料电池系统中通常只有 10% 的热量由尾气带走。所以,虽然燃料电池的效率比内燃机高,但它的热负荷与内燃机相似,甚至更大。更关键的是,燃料电池的工作温度(质子交换膜燃料电池)比内燃机要低得多,由于散热器的效率与冷却介质和环境初始温度差成正比,因此燃料电池产热能力需要在设计时进行计算,以提高效率。同样,功率的燃料电池所需要的散热器的功率和散热面积都要比同输出功率的车用内燃机散热面积大。

4.8.4　控制系统

耦合型生物燃料电池控制系统是控制管理燃料电池发动机的工作并记录工作参数。由于燃料电池的工作设计因素有很多,因此,燃料电池控制系统必须可靠。首先必须控制工作状态,用蓄电池向处于停机状态的燃料电池提供控制器用弱电和燃料电池系统用强电后,燃料电池发动机进入待机状态。在接到启动命令后首先检查启动条件是否满足条件,如电堆温度是否过高,氢气是否泄漏,环境温度是否太低,强弱电是否接上等。如果条件满足,则通过一定程序启动冷却系统、空气系统、氢气系统等,当电堆开路电压达到预定值时,即可输入一定的电力供系统所用,同时停止蓄电池供电。此时燃料电池进入了怠速状态。在怠速状态下巡检一切正常,则进入正常工作状态,燃料电池发动机根据工况要求对外送电时,燃料电池按一定程序切断负载回路,切换至蓄电池供电,燃料电池返回停机状态。如果在怠速状态或正常状态下检测到故障信号,则燃料电池发动机通过非正常停机程序自动关机。耦合型生物燃料电池的报警和故障信号一般有生物质燃料发生系统、电堆最高温度、电堆最低电压、电堆最高电流、氢气压力、环境最高氢气浓度、环境温度、自检错误、软件错误等。

4.8.5　耦合系统的水和热控制

系统中水的模拟及其试验分析表明,随着电流密度提高,电池内阻有明显的增大,导致电池工作电压急剧下降,其原因并不是因为膜的阻抗随电流密度增大而增大,主要是由于电池内失去水平衡,没有满足膜的润湿条件。保持水平衡往往是提高电池性能和寿命的一项关键技术。通过对水平衡的深入研究,可以进行多种途径水平衡控制:

①膜电极和电池结构的优化设计;

②对质子交换膜燃料电池的运行参数,如反应气体的温度、电流密度进行综合调整;

③选择合适的质子交换膜和碳布(或碳纸)。

目前普遍采用的水管理方法主要有 3 种:

①电池结构内部优化法;

②气态排水法;

③反应气体加湿法。

这里着重介绍气态排水法。气态排水是指通过改进电池结构,使电池内部由阴极至阳极形成一定的水浓度梯度,这样阴极产生的水可以反扩散回阳极,并随阳极尾气以气态形式排出来。由于这种方法是通过阳极排水,因而对阴极极化影响较小(极化主要集中在阴极),电池性能也较高。由于电渗作用及阴极区生成水的影响,在质子交换膜燃料电池中从阴极至阳极本身就存在着一个水的浓度梯度,阳极排水正是利用了水从阴极向阳极的反扩散。研究表明,采用有效的水管理后,不仅增加了电池的峰值功率,而且增大了电池在峰值功率处工作时的稳定性。

热量控制是指对电池工作温度的控制。低温型燃料电池($< 100\ ℃$)的工作温度虽然较低,但是仍然高于环境温度。为了维持在 $80 \sim 100\ ℃$ 的工作温度,减少各种极化造成电池性能的恶化,需要很好地控制。为此,进入电池内部的反应气体一般都要进行预热与加湿,两个过程同步进行。考虑到燃料电池的实际工作效率,燃料能量中仍有 $40\% \sim 50\%$ 是以热能形式散出,因此当电池正常工作时仍需采取适当措施对电池进行冷却,目前比较普遍的冷却方法有两种:空冷和水冷。在小电流密度条件下,采用空冷可取得较满意的结果,然而在大功率密度工作时,必须采用水冷,当采用水冷进行散热的时候,逆向(相对于反应气体流动方向)热交换的效果明显好于正向热交换和自然对流热交换的效果。

总之,在生物燃料电池的发展过程中,利用现有的燃料电池技术,发展新型耦合型生物燃料电池是环境能源技术发展的一个重要分支。利用这些技术可以结合沼气发酵、甲醇和乙醇发酵,以及小分子生物质燃料发酵,提高燃料电池燃料的供给能力,降低成本,真正实现环境能源技术的绿色化,造福子孙后代。

第5章 细胞外产电微生物

5.1 简　介

在最初的十亿年里,地球上的生命体在完全不含氧气的大气中进化。在此期间,厌氧微生物已经经过了数百万年的进化,可以利用尽量少的化合物维持其新陈代谢,并且在没有气态氧的环境下进行呼吸作用。进化后的细菌很可能利用多种不同类型的电子受体,对微生物燃料电池(MFC)而言,最令我们感兴趣的是一些细菌能向细胞外传递电子,我们把这些细菌叫做向细胞外直接转移电子的产电菌,以下简称"胞外产电菌"。"exo⁻"表示胞外的,且具有能将电子直接转化给化合物或间接电子受体的能力。许多厌氧微生物只能将电子传递给可溶性的外源化合物(不是细胞合成的),如硝酸盐或硫酸盐,它们能跨越细胞膜扩散到细胞内部。胞外产电菌因为具有能将电子传递到细胞外的能力而不同于其他厌氧菌,在 MFC 中这种能力可以起到一定的作用。

电化学活性生物膜在自然环境中起着重要的作用,特别是在金属氧化还原反应中发挥着重要的作用,在矿物溶解、碳循环、磷和重金属的吸附络合的联合反应过程中也起到关键作用。我们现在也看到,电化学活性生物膜因为能直接产生电能,因而在生物能产生的过程中可能起着更加重要的作用。

我们发现了多种可以向细胞外直接转移电子的细菌。在近期的研究中获得了大量的信息,其胞外产电菌大多集中于两类异化金属还原菌属。其中一些分离出纯菌的基因组序列为我们更好地了解胞外产电菌的自然属性提供了绝佳的机会。然而,MFC 电化学活性生物膜的群落分析显示,胞外产电菌的多样性比以前预测得更多。同样,关于电子由胞内传递至胞外电子受体的机理还知之甚少。尽管关于这两个菌属的遗传研究主要集中在鉴别铁呼吸的电子载体上,但从生物膜到矿物质表面的电子传递路径仍处于争论之中。

在使用 Escherichia coli 的生物燃料电池的实验中,经常需要投加外源的中介体。实际上,早期实验就已证实了 Shewanella putrefaciens 具有向细胞外转移电子的能力。Kim 等人用 E. coli NCIB 10772 作为"对照",结果表明在微生物体系中如果不添加中介体,这株细菌便缺乏产电活性。然而,最近的一份报道显示,当细菌在燃料电池自然环境中发生电化学进化时,E. coli K12 HB101 可通过空气阴极 MFC 体系产生能量。研究者们将细菌悬液抽出注入 MFC 中,然后从这个反应器中得到样品,并进行细菌的重培养。在不添加中介体的条件下,经过多次连续重复实验,发现此反应器输出的能量在增加,这个结果说明了 E. coli 可通过进化显示出产电活性。但是这个结果还没有被单独验证,没有任何分析能够确保该反应器是在 E. coli 纯培养条件下进行的。

5.2　电子转移的机制

迄今为止,细菌通过两种机制将电子传递到表面,即:自身产生的中介体实现了电子迁移(如绿脓菌素和由 *Pseudomonas aeruginosa* 产生的相关化合物)和纳米导线。纳米导线主要由 *Geobacter* 和 *Shewanella* 菌属产生。此外,研究表明,*Shewanella* 还原三价铁离子的过程中包含了细胞膜相连电子载体的作用。在细胞膜、胞外周质和外膜中含有许多具有异化矿物还原相关的蛋白质,这些蛋白质已经通过突变和生物化学研究鉴定出来。然而关于电子传递机制的信息还并不充分,尚不能描述这些细菌是如何在金属或电极表面增殖和维持细胞活性的,而且细菌之间在表面的竞争还需要进一步的深入研究。

5.2.1　纳米导线

Gorgy 及其同事发现并报道了 *Geobacter* 和 *Shewanella* 菌属的导电附属物,他们将其称为细菌的"纳米导线"。使用传导隧道显微镜(STM),将样品放在一个高度规则的热解石墨表面(一个非常平的导电表面),在恒定电流成像的条件下,使用一个导电的(Pt – Ir)尖端横跨样品进行光栅扫描,从而检测附属物的电导率。最终获得的电压 – 电流曲线显示出扫描的部分与石墨表面之间具有导电性。当导电的尖端从附属物的表面经过时电流增加,证明了其在 z – 平面上的电导率(如从尖端到表面)。基于这个发现推断出这些附属物也在 x – y 平面具有导电性(例如在细胞与表面之间),这样能够发挥出纳米导线的功能,即从细胞到表面的电子传输。假定电子是通过关键的呼吸细胞色素(mtrC 和 omcA)传递至细胞外的,Gorgy 等人研究表明缺乏这些细胞色素的突变异种也生成附属物,但这些附属物在 STM 扫描中是不导电的。此外,在 MFC 中,这些突变也削弱了它们还原铁离子或产生电能的能力。

由 *G. sul furreducens* 产生的导电附属物同样被 *Reguera* 等人观察到,但是 *G. sul furreducens* 产生的纳米导线的结构看起来和 *S. oneidensis* 存在很大差距。*G. sul furreducens* 产生的纳米导线像窄窄的单独细线,而那些由 *S. oneidensis* 产生的纳米导线外观看起来像很厚的电缆,其中可能包括捆在一起的几根导线。Reguera 等人用导电的原子力显微镜(AFM)获得了数据,而 Gorby 等人用的是扫描隧道显微镜。Reguera 等人推断由 *S. oneidensis* 产生的附属物 MR – 1 是不能导电的。然而,在补充材料中显示他们只用 100 mV 的电压扫描 *S. oneidensis* 的附属物,而当分析 *G. sul furreducens* 的附属物时却用 ± 600 mV 的电压。低电压可能不足以区别导电信号与仪器的固有"噪声"。

1. 光合微生物产生的纳米导线的证据

非铁还原菌也会产生导电纳米导线。实验证明光合含氧蓝细菌(集胞菌属)能够产生导电附属物。随后对 MFC 中的培养物进行检测,在 CO_2 限制条件下证实了在 MFC 中生长的细胞可以利用光照产生电能,但在黑暗中却不能够产电。

2. 种间电子传递的可能性

有证据表明种间可能存在电子传递。Gordy 等人用 STM 发现了 *Pelotomaculum thermo – propionicum* 产生很粗的类似伞毛状的导电附属物。在共培养物中这些附属物把发酵细菌和甲烷微生物(*M. thermo-autotrophicus*)连接在一起。这样的连接方式能促进电子在发酵细菌之间的传递,但在这一过程中需要释放电子重新生成胞内的 NADH。常见的发酵细菌释放电子产生气态氢,或者产生更具有还原性的产物,但导电附属物的发现增加了细菌间进行直接电子传递的可能性。此外,在 Gorby 实验室中收集到的初步证据可以显示,这可能也是互生的产甲烷硫酸盐还原共生体系,产生的纳米导线参与的种间电子传递。很明显,关于种间电子传递是个十分有趣的课题,在未来的研究中有待获得更多的信息。

5.2.2　细胞 - 表面的电子传递

纳米导线的存在并不意味着电子只能通过纳米导线转移,细菌也可以在没有纳米导线生成的时候实现电子从细胞表面到铁或阳极的转移。由显微镜照片了解到,表面存在凸起的小泡,例如不存在纳米导线的表面凸起的位点可能是传导的接触点。当然,我们不可能从这样的显微镜看见从细胞表面转移电子所依赖的小蛋白质。厌氧生长的 Shewanella oneidensis 在铁(赤铁矿)表面附着,这种附着的细胞比厌氧条件下培养的细胞大 2～5 倍。这种附着力的增加会使细胞和铁靠得更近,以便细胞边缘的细胞色素在没有纳米导线存在的情况下进行电子转移。

5.2.3　中介体

化学中介体或电子中介体(Shutle)经常被加入到 MFC 中,从而使细菌甚至酵母能传递电子。在 Potter 最早的研究中,用酵母 *Saccharomyces cerevisae* 和细菌如 *Bacillus coli*(后来分类属于 *E. coli*)演示了电压以及电能的产生。然而这里电能是怎样产生的并不是很清楚,因为实验中没有向细胞悬浮液中加入已知的电子中介体,而在迄今为止的研究中又没有证实 *E. coli* 和酵母在没有电子中介体存在的条件下能独立产生电能。从那时起,研究者使用多种化学电子中介体促进电子从胞内向胞外的电子传递。这些外源中介体包括中性红,2,6 - 蒽醌、二磺酸(AQDS)、硫堇、铁氰化钾、甲基紫精等。

Rabaey 和他的合作者发现,在 MFC 的培养基中电子中介体并不是必需的。这些自身产生的相关化合物,可以将电子转移到电极上,从而在 MFC 中产生电能。在连续流体系中,由包含 *P. aeruginosa* 的混合菌群产生的高浓度中介体,再加上使用一个极低内阻的 MFC 反应器,以铁氰化钾(取代了氧气)为阴极的电解液,产生的功率密度高达 3.1～4.2 W/m²。在间歇流或连续流的体系中,当底物耗尽、完成一个完整的产能周期时,更换全部溶液会使可溶中介体被移除,从而使得这些化合物不能累积到较高浓度。Rabaey 等人向反应器加入底物(葡萄糖),但并没有更换反应器的溶液,这样可以使由群落产生的中介体积累至较高的浓度,导致反应器中溶液呈现特殊的蓝色或蓝绿色。他们证明溶液中的化学中介体与由 *P. aeruginosa* 产生的绿脓菌素具有相似的特性。反应器群落分析显示在 *P. aeruginosa* 存在下,也同时存在几种著名的产氢菌。

关于绿脓菌素化合物的产生原因目前还不是完全清楚,可能是由于外源电子传递的机制或其他原因产生。这些化合物也具有抗生素特性,因此,分泌这些化合物的主要原因可能是作为呼吸作用的抑制剂或阻止其他竞争者的生长。

长期以来,人们猜测产生中介体是 *S. oneidensis* 电子传递的主要方式,并就此展开了一场争论。支持 *Shewanella* 产生中介体的主要研究之一是基于发现了细胞能还原包裹在多孔硅中的铁。然而,并不确定电子中介体能完成这个过程。随着 *S. oneidensis* 纳米导线的发现,人们越来越怀疑这株细菌是否通过自身产生中介体传递电子。当细菌在恒化器中电子受体受限的条件下生长时,细胞快速挤压生成纳米导线。此外,纳米导线可以刺入多孔硅的孔隙中,在没有电子中介体的情况下,铁可能被一定距离外的细菌还原。细胞可能在受损的时候释放出来作为中介体的化合物。但是现在看来,由 *S. oneidensis* 产生的中介体在铁离子的还原或 MFC 产生电能的过程中可能没有起主要的作用。

电子除由纳米导线或内生的中介体如绿脓菌素传递外,还可以通过种间氢转移,产生诸如甲酸盐和乙酸盐中间代谢物来进行电子传递。Stams 等人对这个课题进行了综述。这里主要讨论电子的直接传递,暂不讨论这类种间化合物的其他传递路线。

5.3　细菌的形态结构与生理特点

5.3.1　产电微生物的定义

产电微生物特指把有机物氧化过程中产生的电子通过电子传递链传递到电极上产生电流,同时自身在电子传递过程中获得能量以支持菌类的生长,又称为电活性微生物或电极呼吸微生物。

表 5.1　MFC 在产电过程中不同类型微生物的比较

微生物种类	库仑效率/%	是否独立存活	是否需要外源性介体	是否用于开放环境
发酵微生物	<10	否	否	是
包含外源性介体的微生物	<10	否	是	否
Shewanella 属	<33	是	否	否
产电微生物	>90	是	否	是

5.3.2　产电微生物的类别

目前,在自然条件中分离的产电微生物主要是变形菌门和厚壁菌门,多为兼性厌氧菌,具有无氧呼吸和发酵等代谢方式。这些产电微生物多数为铁还原菌,即以 $Fe(III)$ 为最终电子受体。表 5.2 列出了主要产电微生物发展的历程。

1. 希瓦氏菌(Ringeisen 和 Biffinger 等)

研究者们先后发现 *S. oneidensis* DSP10 在好氧的条件下能将乳酸氧化并产电,产电功率密度为 500 W/m^2。Kim 等分离出的 *S. putrefactions* IR-1 是首次报道的能直接将电子传递到电极表面的产电微生物,开创了无介体 MFC 的研究先河。

2. 铁还原红育菌(*Rhodofoferax ferrireducens*)

铁还原红育菌是能直接彻底氧化葡萄糖产电的微生物,其他的多数铁还原菌电子供体局限于简单的有机酸。

3. 硫还原地杆菌(*Geobacter sulfurreducens*)

G. sulfurreducens 是最早报道的厌氧条件下以电极为电子受体完全氧化电子供体的微生物。Dumas 等人以不锈钢为唯一的电子受体制成了 *G. sulfurreducens* 细胞覆盖的生物膜阳极,并用循环伏安法测得最大电流输出密度 2.4 A/m²,证实了生物膜的电化学活性。

4. 沼泽红假单胞菌(*Rhodopseudomonas palustris*)

R. palustris DX – 1 是光合产电菌,Xing 等人在研究中发现该菌有很高的产电能力和广泛的产电底物来源,由其催化的 MFC 最大电功率输出密度高达 2 720 mW/m²,高于相同装置菌群催化的 MFC。*R. palustris* 以多样的代谢途径、广泛的底物来源和较高的产电能力等诸多优势可能会被广泛应用于 MFC 的研究。

5. 人苍白杆菌(*Ochrobactrum anthropi*)

O. anthropi YZ – 1 是 Zuo 首次利用稀释 U 形 MFC 阳极管的产电菌分离方法成功分离出的,可利用多种复杂有机物和简单有机酸产电。但 O. anthropi 是条件致病菌,有待进一步研究。

6. 铜绿假单胞菌(*Pseudomonas aeruginosa*)

Rabaey 等人发现在 MFC 中分离出的 *P. aeruginosa* 能代谢产生绿脓菌素并作为自身的电子传递介体,丰富了对 MFC 中电子传递机制的认识。但绿脓菌素与其他添加的电子传递介体一样具有毒性。

7. 丁酸梭菌(*Clostridium butyricum*)

C. butyricum EG3 是利用淀粉等复杂多糖产电的革兰氏阳性微生物。该菌体现了产电微生物在淀粉废水及其他有机废水处理领域应用的潜力。

8. 其他产电菌种

耐寒细菌 *Geopsychrobacter electrodiphilus* 在 MFC 中能彻底氧化乙酸、苹果酸和柠檬酸等产电;*Desulfoblbus propionicus* 能够以乳酸等为电子供体产电,但 MFC 电子回收效率较低;专性厌氧菌 *Geothrix fermentan* 以电极为唯一电子受体和以乙酸为电子供体时的电子回收率超过 90%,但电流输出较低;Kim 等人分离出的嗜水气单胞菌也可以产电,但其具有毒性,故不适宜应用于 MFC。

表 5.2　产电微生物的发展历程

年份	微生物种类	评论
1999	*Shewanella putrefaciens* IR – 1	通过异化金属还原细菌证明了产电微生物存在
2001	*Clostridium butyricum* EG3	首次证明革兰氏阳性细菌在 MFC 中产电
2002	*Desulfuromonas acetoxidans*	在沉积物型 MFC 分离的产电微生物
2003	*Geobacter metallireducens*	在恒定极化系统中产生电能
	Geobacter sulfurreducens	在没有恒定极化条件下产生电能
	Rhodoferax ferrireducens	利用葡萄糖作为电子受体
	A3(*Aeromonas hydrophila*)	Deltaproteobacteria
2004	*Pseudomonas aeruginosa*	利用微生物产生的中介体绿脓菌素产生电能
	Desulfobulbus propionicus	Deltaproteobacteria
2005	*Geopsychrobacter electrodiphilus*38	耐寒性微生物
	Geothrix fermentans	能产生一种还没有确认的电子中介体

续表 5.2

年份	微生物种类	评论
2006	*Shewanella oneidensis* DsP10	在小型 MFC(1.2 mL)产生能量密度达 2 W/m^2
	S. oneidensis MR – 1	各种各样的突变体产生
	Escherichia coli	在长时间运行之后发现产生电能
2008	*Rhodopseudomonas palustris* DX – 1	产生高的能量密度(2.72 W/m^2)
	Ochrobactrum anthropi YZ – 1	一个机会致病菌(Alphaproteobacteria)
	Desulfovibrio desulfuricans 56	乳酸作为电子受体的同时能还原硫酸盐
	Acidiphilium sp. 3.2Sup5	极化系统在低 pH 值和有氧存在的条件下产电
	Klebsiella pneumoniae L17	这种属首次在没有中介体的情况下产生电流
	Thermincola sp. strain JR	Phylum Firmicutes
	Pichia anomala	酵母膏作为电子受体(Kingdom Fungi)

5.3.3　MFC 产电微生物的研究进展

文献中出现的胞外产电微生物、阳极呼吸菌、电化学活性菌、亲电极菌、异化铁还原菌等均指产电微生物,但这些称谓均不合理、不科学。Logan 等人提出以"Electricigens"作为产电微生物的规范术语。以下分别对报道过的不外加中介体的 MFC 产电微生物的种类及其研究进展进行总结。

1. 细菌类的产电微生物

(1)地杆菌 *Geobacteracae*

家族中的产电菌 *Geobacteracae* 家族均为严格厌氧菌,其中硫还原地杆菌(*Geobactersulfurreducens*)和金属还原地杆菌(*Geobacter metallireducens*)为产电微生物,并且都已完成了全基因组测序。在空气阴极双室 MFC 中,*G. sulfurreduces* 可降解乙酸盐产生电能(49 mW/m^2),在此过程中电子向阳极转移的效率可达 95%。其完成电子传递的方式包括在阳极表面形成一层膜状结构,直接向阳极传递电子,以及通过纳米导线传递电子两种方式。金属还原杆菌 *G. metallireducens* 可氧化芳香族化合物,能将完全氧化安息香酸产生电子的 84% 转化为电流。在使用空气阴极双室 MFC 中,*G. metallireducens*,产生的最大功率实际上与废水接种的混菌产生的功率[(38 ± 1)mW/m^2]相当。在含有柠檬酸铁和 L – 半胱氨酸的培养基中测试(用来除去溶解氧),*G. metallireducens* 的最大功率密度为(40 ± 1)mW/m^2,在没有柠檬酸铁的培养基中最大功率密度为 37.2 ± 0.2 mW/m^2,而在没有柠檬酸铁或 L – 半胱氨酸培养基中最大功率密度为(36 ± 1)mW/m^2。

(2)希万氏菌 *Shewanella*

家族的产电菌 *Shewanella* 家族属于兼性厌氧菌,在有氧条件下,可彻底氧化丙酮酸、乳酸为 CO_2。在厌氧条件下,能以乳酸、甲酸、丙酮酸、氨基酸、氢气为电子供体。*Shewanella oneidensis* DSP10 是最早发现的可在有氧条件下产电的菌种,好氧条件下氧化乳酸盐,在微型 MFC 中可获得较高的功率密度(3 W/m^2,体积功率密度为 500 W/m^3),但电子回收率低于 10%。此外,该菌还能氧化葡萄糖、果糖、抗坏血酸产生电能,以果糖为电子供体时微型 MFC 所获最大体积功率密度达 350 W/m^3。*S. oneidensis* DSP10 向阳极传递电子的机制可能包括电子穿梭机制、直接接触和纳米导线机制。在 Mn^{4+} – 石墨盒空气阴极的 MFC 中,

Shewanalla putrefactions 氧化乳酸盐产生的最大功率密度10.2 mW/m²，氧化丙酮酸盐产生的最大功率密度为 9.4 mW/m²，氧化乙酸盐或葡萄糖产生的功率密度非常低，分别为1.6 mW/m²和1.9 mW/m²。在相同的反应器中，希万氏菌(*S. putrefacians*)产生的最大功率密度是污水接种 MFC 的 1/6。当向新鲜基质中加入不同浓度的细胞时，初始电压随浓度升高而增大。推测 *S. putrefacians* 依靠细胞表面的电化学活性物质向阳极传递电子。

（3）假单孢菌属(*Pseudomonas*)

属中的产电菌铜绿假单孢菌(*Pseudomonas aeruginosa*)属于兼性好氧菌，能够代谢产生绿脓菌素作为自身或其他菌种的电子穿梭体，将电子传递到阳极上，是最早报道的能够产生电子穿梭体的微生物，从而丰富了 MFC 中电子传递机制的认识。但绿脓菌素具有毒性，并非理想的产电微生物。*Pseudomonas sp.* Q1 能够以复杂有机物喹啉为电子供体产电，其电子传递机制一方面是依靠附着在阳极上的菌体自身菌膜中的某些蛋白质向阳极传递电子，另一方面是依靠附着在电极上的代谢产物传递电子。

（4）弓形菌属(*Arcobacter*)

属中的产电菌布氏弓形菌(*Arcobacter butzleri strain* ED－1)和弓形菌(*Arcobacter*－L)从以乙酸盐为电子供体的微生物燃料电池的阳极分离得到，这两种弓形菌占该微生物燃料电池的90%以上，所得最大的功率密度为 296 mW/L。仅 *Arcobacter butzleri strain* ED－1 做产电微生物，该菌能够以乙酸盐为电子供体产电进行代谢，且能在短时间内产生很强的电压(200~300 mV)，是非常有潜力的产电微生物。

（5）产氢细菌家族的产电菌丁酸梭菌(*Clostridium butyricum*)

产电菌丁酸梭菌属于严格厌氧菌，能水解淀粉、纤维二糖、蔗糖等复杂多糖。*C. butyricum* EG3 是首次报道的能够利用淀粉等复杂多糖产电的细菌，同属的拜氏梭菌(*Clostridium beijerinckii*)能利用淀粉、糖蜜、葡萄糖和乳酸等产电。其电子传递机制不明，有待进一步研究。产气肠杆菌(*Enterobacter aerogenes*)是常见的产氢细菌，为兼性厌氧菌。以产气肠杆菌(*Enterobacter aerogenes* XM02)为产电微生物构建的 MFC 能利用多种底物产电，当采用碳毡做阳极材料时，其电子回收率达 33.3%，库仑效率达 42.49%。其电子传递机制为菌体附着在阳极的生物膜产生氢气后被阳极催化氧化，并将电子传递至外电路。

（6）铁还原红育菌(*Rhodoferax ferrireducens*)

R. ferrireducens 属于兼性厌氧菌，是能以电极为唯一电子受体直接氧化葡萄糖、果糖、蔗糖、木糖等生成 CO_2 的产电微生物，以葡萄糖为电子供体时电子回收率可达 83%，以果糖、蔗糖和木糖为电子供体时电子回收率也可达80%以上。*R. ferrireducens* 能通过在阳极上形成单层膜将产生的电子直接传递到阳极。

（7）人苍白杆菌(*Ochrobactrum anthropi*)

O. anthropi 除了能利用简单的有机酸产电外，还可以利用多种复杂的有机物产电，如葡萄糖、蔗糖、纤维二糖、乙醇等。*O. anthropi* YZ－1 是 Zuo 等人首次利用稀释 U 形 MFC 阳极管的新产电菌分离方法成功分离出来，以乙酸盐为电子供体，其输出的功率密度为 89 mW/m²，该菌属于条件致病菌，从而限制了其在 MFC 中的应用。

（8）其他能够产电的细菌

耐寒细菌 *Geopsychrobacterelectrodiphilus* 在 MFC 中能彻底氧化乙酸、苹果酸、延胡索酸和柠檬酸等产电，电子回收率在 90% 左右，它具有能够在低温海底环境中生长的优势。

Desulfoblbus propionicus 能够以乳酸、丙酸、丙酮酸或氢为电子供体产电,在 MFC 中的电子回收率低。酸杆菌门(*Acidobacteria*)的 *Geothrix fermentan* 以电极为唯一受体时,可以彻底氧化乙酸、琥珀酸、苹果酸、乳酸等简单有机酸,虽然以乙酸为电子供体时的电子回收率高达 94%,但电流输出较低。克雷伯氏肺炎菌(*Klebsiella pneumoniae* L17)能够在极上形成生物膜,直接催化氧化多种有机物产电。嗜水气单孢菌(*Aeromonas hydrophilia*)也可以产电,但其具有毒性,能使人类和鱼类致病。

2. 真菌类的产电微生物

异常汉逊酵母(*Hansenula anomala*)是一种酵母真菌,当以葡萄糖为电子供体时产生的最大体积功率密度为 2.9 W/m³。它能通过外膜上的电化学活性酶将电子直接传递到阳极表面,研究表明,膜上存在乳酸脱氢酶、NADH - 铁氰化物还原酶、NADPH - 铁氰化物还原酶和细胞色素 b5。

3. 光合微生物类的产电微生物

最早研究人员以光合微生物作产电微生物,需加入电子传递体,才能进行产电。随后研究人员发现光合微生物一个普遍的特点是能够产生分子氢,可以将 H_2/H^+ 做光合微生物与阳极之间的天然电子中介体。近几年研究者们一直致力于发现不需要任何形式的电子中介体的光合微生物做产电微生物。Gorby 等人的研究报道中虽然未说明以集胞藻(*Synechocystis strain* PCC6803)为产电微生物的 MFC 的电流产生的情况,但在该光合微生物体上发现了纳米导线。

沼泽红假单孢菌(*Rhodopseudomonas palustris* DX - 1)是 Xing 等人发现的光合产电菌,该菌能利用醋酸、乳酸、乙醇、戊酸、酵母提取物、延胡索酸、甘油、丁酸、丙酸等产电。以醋酸盐做电子供体,由其催化的 MFC 最大输出功率密度高达 2 720 mW/m²,高于相同装置菌群催化的 MFC。小球藻(*Chlorellavulgaris*)为一类普生性单细胞绿藻,是一种光能自养型微生物。何辉等人构建的由其催化的 MFC 最大输出功率密度为 11.82 mW/m²,且电子传递主要依赖于吸附在电极表面的藻,而与悬浮在溶液中的藻基本无关。上述这些光合微生物是否不需要任何形式的电子中介体而能直接向阳极传递电子,目前的研究结果还不能给予肯定。

4. 微生物群落做产电微生物

迄今为止,只出现过个别微生物纯种产电的功率密度高于或接近于混合微生物的报道。一些研究表明,在 MFC 产电微生物群落中,地杆菌属(*Geobacter*)或希瓦氏菌属(*Shewanella*)是优势菌体。但也有一些研究表明,MFC 中的微生物群落具有更加广泛的多样性。Xing 等人以废水为产电微生物群落的来源,发现连续给予光强为 4 000 lx 的光照,会改变阳极上附着的产电微生物群落,改变后的产电微生物群落以光合微生物 *R. palustris* 和 *G. sulfurreducens* 为优势菌,并且当以葡萄糖为电子供体时的功率密度提高了 8% ~ 10%,以醋酸盐为电子供体时的功率密度提高了 34%。Fedorovich 等人以海洋沉积物为产电微生物群落的来源,当以乙酸盐为电子供体时,产电微生物群落以弓形菌属中的 A. butzleri strain ED - 1 和弓形菌 Arcobacter - L 为优势菌(占 90% 以上),所得最大的功率密度为 296 mW/L。

5.3.4 微生物群落分析

1. 16S rRNA 基因文库的构建和分析方法

采用小量细菌 DNA 抽提试剂盒从电极提取基因组 DNA。16S rDNA 序列的引物 27F：5'-AGAGTTTGATCCTGGCTCAG-3'，1492R：5'-GGTTACCTTGTTACGACTT-3'。PCR 反应在 PTC-200 上进行扩增，20 μL 的反应体系内含模板 20 ng 左右，rTag DNA 聚合酶终浓度为 0.3 U，4 种 dNTP 各 0.1 mmol/L，引物各 0.1 μmol/L。扩增程序为：94 ℃ 预热 5 min，94 ℃ 变性 30 s，58 ℃ 复性 45 s，72 ℃ 延伸 90 s，循环 30 次，最后 72 ℃ 延伸 10 min。扩增产物与 1.0% 的琼脂糖凝胶电泳检测。用胶回收试剂盒切胶回收，后与 pGEM-T (Promega) 载体连接，转化到大肠杆菌 TOP10 感受态细胞。LB 固体培养基中加入氨苄青霉素 Amp 和 x-gal，蓝白斑筛选转化子。提取质粒，用载体引物 T7：5'-TAArACGACTCAC-TATAGGG-3' 和 SP6：5'-ATTTAGGTGACACTATAGAAT-3' 检测。PCR 反应条件同上。文库用 LB 培养基（含 30% 甘油和 100 mg/mL 氨苄青霉素）于 -83 ℃ 超低温冰箱中保存。采用 T7 和 SP6 引物对提取的质粒进行 PCR，以质粒的 PCR 产物为模板，采用引物 27F 和 1492R 进行二次 PCR 反应。克隆体 16S rRNA 序列与 GnenBank 数据库中的已知序列进行相似性比较分析，采用 MEGA Version2.1 软件中的 UPGMA 法构建进化树。

2. 变性梯度凝胶电泳（DGGE）

采用 BSF338/BSR534 引物进行 DGGE-PCR 图谱的电泳。PCR 反应体系（20 μL）如下：10×burfer 2.0 μL，2.0 mmol/L dNTP 2 μL，10 pmol/L 引物各 1 μL，Taq DNA 酶 0.3 μL。PCR 扩增条件为 95 ℃ 预变性 5 min，94 ℃ 变性 1 min，52 ℃ 退火 30 s，72 ℃ 延伸 2 min，30 个循环，72 ℃ 延伸 20 min。PCR 扩增得到的片段大小在 200 bP 左右。引物序列为 BSR534：5'-ACTCCTACGGGAGGCAGCAG-3'；BSR534：5'-ATTACCGCGGCTGCTGG-3'。

采用 Bio-Rad 公司 Dcode TM 的基因突变检测系统对 PCR 反应产物进行分离。试剂的配制和操作过程参见仪器使用说明。

（1）变性梯度胶的制备

使用梯度混合装置，制备 6% 和 8% 的聚丙烯酰胺凝胶，变性剂浓度从 40% 到 60%（100% 的变性剂为 7mol/L 的尿素和 40% 的去离子甲酰胺的混合物），其中变性剂和丙烯酰胺的浓度从胶上方向下方依次递增。

（2）PCR 样品的加样

待变性梯度胶完全聚合后，将胶板放入装有电泳缓冲液的电泳槽中，取 PCR 样品 5 μL 和 5 μL 的 10× 加样缓冲液混合后加入上样孔。

（3）电泳及染色

引物扩增片断，在 130 V 的电压下，60 ℃ 电泳 7 h。引物电泳结束后，将凝胶进行银染。

（4）胶图扫描

将染色后的凝胶用 UMAX PowerLook 1000 透射扫描仪扫描后获取胶图（如图 5.1 所示）。

图 5.1 PCR 扩增产物

5.3.5　MFC 产电微生物的电子传递机制

研究发现,产电微生物向阳极传递电子分两步走:第一步是电子在细胞内产生并向细胞表面传递;第二步是电子到达细胞表面后向 MFC 阳极传递。

1. 由细胞内向细胞表面的电子传递

一些产电微生物可依靠其膜上的脱氢酶直接氧化小分子的有机酸,释放电子给细胞膜上的电子载体,另一些产电微生物可氧化糖类等稍微复杂的有机物生成 NADH,然后在 NADH 脱氢酶的作用下,电子从 NADH 转移至电子传递链,到达细胞表面的氧化还原蛋白。

2. 由细胞表面向 MFC 阳极的电子传递

产电微生物在细胞内氧化有机物产生的电子被传递至细胞表面后,被证实将会通过两种传递机制将电子传递到 MFC 阳极上,一种是电子穿梭机制;一种是生物膜机制。

电子穿梭机制是微生物利用外加或自身分泌的电子穿梭体,将代谢产生的电子转移至阳极表面的方式。由于微生物细胞壁的阻碍,多数微生物自身不能将电子传递到阳极的表面,需借助可溶性电子穿梭体充当中介体进行电子传递。常见的外加电子中介体包括中性红、蒽醌 -2,6 -二磺酸钠(AQDS)、硫堇、铁氰化钾、甲基紫精以及各种吩嗪等。此外,一些产电微生物则可通过自身产生的电子穿梭体进行电子传递,如绿脓菌素、质体蓝素、小菌素、肠球菌素 012 和 2,6 -二叔丁基苯醌等少数几种物质。

生物膜机制是产电微生物在阳极表面聚集形成的生物膜,通过纳米导线或细胞表面直接接触,细胞内的氧化还原蛋白定量地将代谢的电子传递到阳极,从而进行电子传递的方式,其不需要电子中介体。纳米导线的存在不仅能够使远离阳极的微生物把产生的电子传递给阳极,而且有证据表明还可以促使电子在微生物细胞之间,甚至微生物种间进行传递,然而这种参与细胞间电子传递的功能对电子向阳极转移的速率有何影响还不确定。有些微生物虽然没有纳米导线,但依旧能够实现电子从细胞表面向阳极的转移,也就是细胞膜与阳极直接接触进行电子传递。通过显微镜观察可知,尽管这些细胞没有纳米导线,但是存在凸起的小泡,这些小泡可能是电子传递的接触点,细胞外膜的氧化还原蛋白(如细胞色素 C)在此接触点传递电子到阳极。

5.3.6　电池的电化学性能表征

在每个 MFC 上串联一个 1 kΩ 电阻,电阻电压采用万用表测量,电路电流根据电阻电压计算得到,并换算成基于 MFC 阳极面积($45 \ cm^2$)的电流密度。电池输出功率密度由输入电压及电流密度相乘得到。监测阳极电压时,参比电极是 AgCl/Ag 电极,对电极采用 R 电极。极化曲线实验在每次刺激后 2 h 进行,实验过程中分别连接 10 Ω 至 10 000 Ω 的一系列负载电阻,每个电阻下稳定 1 h 后测量电流及电阻电压。在测量开路电压之前,电路保持开路 12 h 以达到稳态。

5.3.7　阳极微生物的形态及电化学活性表征

表征阳极生物膜的循环伏安曲线在 CHI 660 电化学工作站上得到。在循环伏安测量过程中分别采用双电极和三电极体系。双电极体系用于表征 MFC 启动阶段阳极生物膜的生长过程以及电刺激后生物膜的性质变化。其中生物阳极作为工作电极,而空气阴极则作为对极和参比电极。电压扫描范围在 $-0.6 \sim -1.0$ V，扫描速度为 0.1 V/s，三电极体系用于阐明氧化还原电对的具体工作电压，其中，参比电极采用 AgCl/Ag 电极。电压扫描范围在 $-0.9 \sim 0.1$ V，扫描速度 0.1 V/s。

电化学石英晶体微天平（EQCM）系统用来模拟微生物在电场中的电泳。模拟微生物采用电化学活性微生物 Shewanellaonoidensis MR-1。实验采用双电极体系，工作电极是以石英晶振（基频 7.995 MHz）为基体的金晶振电极，对电极以及参比电极为铂丝电极。其中电化学系统采用上海辰华 CHI440 电化学工作站。MR-1 在 LB 培养基中培养后，于 10 000 r/min 下离心 10 min，细胞冲洗干净后悬浮于去离子水中，并将细胞浓度调节至 10^{-6} g/L。分别采用 ±1 V 的电压对溶液进行极化，并考察极化过程中金晶振电极表面的质量变化。本实验中，频率变化 1 Hz 相当于质量变化 1.34 ng。

MFC 阳极生物膜上的微生物形态采用日本 SHIMAQZU SSX-550 扫描电镜（SEM）表征。附着有生物膜的阳极电极首先用 2.5% 的戊二醛溶液固定 2 h，然后在 50 mmoL/L、pH 7.0 的 PBs 缓冲液中冲洗三次。采用乙醇梯度脱水，乙醇质量分数分别为 30%、50%、70%、80%、95% 和 100%，每个浓度的脱水时间为 20 min。真空干燥后的样品喷金后进行 SEM 表征。

5.4　群落分析

MFC 中的微生物，不论是自身具有电化学活性，还是进行种间的电子传递，对由它们构成的生物群落的研究则刚刚开始。至今 MFC 生物膜群落分子特性的数据显示，我们对电化学活性菌及其在生物膜中的相互作用等方面的认知仍然不够充分。在有些 MFC 群落中 Geobacter 或 Shewanella 是占优的菌株，但在一些研究中表明，MFC 中的微生物群落具有更广泛的多样性。我们很清晰地了解到，即便是通过连续的转移和培养获得的生物膜，MFC 中的微生物群落依然会呈现很大的差异性。

在 MFC 中即使铁还原细菌是能量产生的主要贡献者，这些细菌的很多特性还有待进一步发现。许多 MFC 的接种菌来自没有进行处理的生活污水、废水处理反应器的溶液或废水处理系统中的污泥。在其中的一项研究中使用了微型放射自显影（MAR）技术，用同位素标记乙酸，以三价铁离子作为唯一的电子受体，考察了传统活性污泥法（AS）废水处理反应器中铁还原细菌的丰度。在实验中使用了钼酸钠和溴乙烷磺酸（BES）来抑制硫酸盐还原和甲烷的生成反应。这些结果显示，在活性污泥中，铁还原细菌占 3%。这个发现很有趣，因为 AS 是个好氧处理过程，我们并不能很好地解释为何在这个体系中这些在厌氧条件下旺盛生长的细菌具有如此的丰度。用荧光原位杂交（FISH）与 MAR 测试相结合的方法进行测试，结果显示所有 MAR-阳性细胞均与细菌特异性探针杂交，但是有 70% 的细胞都不能与变形菌特异性探针杂交。变形菌亚纲特异性探针杂交结果表明，这些金属还原菌中 20% 属于 Gammaproteobacteria，10% 为 Deltaproteobacteria。这样看来，与 Sheranella（Gammaproteobacteria）或 Geobacter（Deltaproteobacteria）菌属相比，我们对其他金属还原细菌知道得还是很有限的。

反应器的构型,特别是阴极电解液对反应器微生物群落的影响虽然没有人具体研究过,但看起来非常重要。阴极能透过氧气,分开阳极和阴极室的膜也能透过气体和许多可溶性有机物和无机物。因此,当氧气在阴极用作氧化剂时,它将扩散进入阳极室。同样的,氨、硝酸盐、硫酸盐和其他物质也能够透过膜。细菌将利用氧气及其他替代电子受体(降低了库仑效率),从而使微生物群落变得更加多样化,但这个变化并不是与产电直接相关的。

在一些用纯化合物做底物的 MFC 中,测得了很高的库仑效率(如 >50%),这表明大多数底物进入到细胞的呼吸作用中并产生了电能。虽然底物被产电菌转化成生物量的比例还不清楚(如细胞产菌),但是最高库仑效率可达约85%,表明约15%的底物转化成了生物量。因此,必须谨慎地解释和分析 MFC 中的微生物群落,因为不能确定阳极表面生长的细菌中,相比利用可溶性电子受体的细菌和发酵菌而言,电化学活性细菌具有何种广度。大多数的研究仅对阳极群落取样。在以后的研究中,可以将其与溶液中、膜上(如果有)或阴极(无膜)上的生物相进行比较,以便更好地理解微生物群落在体系中的发展变化。

5.4.1   阴极室利用氧气的 MFC

表5.3 总结了五个不同体系中的群落分析结果。此项分析并没有表现出优势群落变化的特殊趋势。可以看出 Alpha-、Beta- 或 *Gammaproteobacteria* 在四个不同研究中占优势。在第五个研究中,没有识别出优势微生物(见表5.3)。Kim 等人发现在一个双室 MFC 中,用厌氧污泥接种,以淀粉加工厂流出的废水为底物,系统发育差异分析表明大多半细菌属于 *Betaproteobacteria*。Phung 等人则报道了一个 *Betaproteobacteria* 占优的群落。此 MFC 中的微生物是用江底沉积物接种并用江水进行驯化的。而另一个以江底沉积物接种的 MFC,以较低浓度的葡萄糖和谷氨酸盐为底物,获得了一个 *Alphaproteobacteria* 占优势的微生物群落。Lee 等人研究了一个以活性污泥接种乙酸盐为底物的体系,发现体系中 Alpha-、Gamma- 和 *Deltaproteobacteria* 数量几乎相同。

表5.3   以氧气为阴极电子受体的不同 MFC 中的微生物群落分析

接种体	底物	群落
江底沉积物 (Phung 等,2004)	葡萄糖＋谷氨酸	Alpha - 占65%(主要是 *Actinobacteria*),Beta - 占21%,*Gammaproteobacteria* 占3%,*Bacteroidetes* 占8%,其他占3%
江底沉积物 (Phung 等,2004)	江水	Alpha - 占11%,Beta - 占46%(与 *Leptothrix spp.* 相关),*Gamma* - 占13%,*Deltaproteobacteria* 占13%,*Bacteroidetes* 占9%,其他占8%
海底沉积物 (Logan 等,2005)	半胱氨酸	*Gammaproteobacteria*(40% *Shewanella affinis* KMM),然后是 *Vibrio spp.* 和 *Pseudoalteromonas spp.*
废水 (Lee 等,2003)	乙酸	Alpha - 占24%,Beta - 占7%,Gamma - 占21%,*Deltaproteobacteria* 占21%,其他占27%
废水 (Kim 等,2004; Methe 等,2003)	淀粉	未鉴定的细菌占36%,Beta - 占25%,*Alphaproteobacteria* 占20%,*Cytophaga*、*Flexibacter*、*Bacterioides* 共占19%

　　在一个以酒精为底物的双室 MFC 群落研究中,大部分克隆的 16S rRNA 基因序列(83%)与 *Betaproteobacteria* 相似,其余的主要为 *Dechloromonas*、*Azoarcus* 和 *Desulfuromonas*,剩下的属于 *Deltaproteobacteria*。只有一个 16S rRNA 基因序列与 *Geobacter* 相似,此外没有得到与 *Shewanella* 相近的序列。

　　在这些研究中使用了各种不同的基质,反应器内阻和库仑效率也均不尽相同,因此很难在此水平上研究这些因素对 MFC 中微生物群落的影响。尽管有研究者提出 *Geobacter spp.* 是 MFC 阳极生物膜中的优势竞争者,但是在我们的研究中发现产电活性并不仅限于少数微生物。未必只有 *Geobacter* 或 *Shewanella* 是产电的模式菌株,或者这两株铁还原菌在所有 MFC 群落中占优势。总结表 5.3 的这五个例子,主要的微生物鉴定为 *Actinobacteria*、*Leptothrix* 和 *Shewanella*(这样的鉴定是可能的),没有 *Geobacter*。值得注意的是在这些体系中没有 *Geobacter*,原因可能在于 *Geobacter* 是专性厌氧菌,并且不清楚有多少氧气进入阳极室(或这个系统中氧化还原的环境是什么)。我们需要逐一比较 MFC 的构型(如沉积物、非沉积物、氧气、铁氰化钾和恒电位 MFC)、底物和接种物(沉积物、江水和废水细菌),从而更好地理解控制了 MFC 系统中生物群落的进化的因素。

5.4.2　除氧气外的其他电子受体 MFC

　　在以葡萄糖为底物、用铁氰化钾做阴极的 MFC 中,Rabaey 等应用变性梯度凝胶电泳(DGGE)技术,鉴定了生物膜中大量细菌的菌属。鉴定的序列分属于 Firmicutes、Gamma - 和 Alphaproteobacteria。其中产氢菌占优,如格兰阴性菌 *Alcaligenes faecalis* 和革兰阳性菌 *Eneerococcus gallinarium*。采用传统的平板法(营养琼脂)分离出了六株截然不同的细菌。基于 16S rRNA 序列分析,这些细菌属于 Firmicutes、Alpha - 、Beta - 和 *Gammaproteobacteria*。一些细菌由于分泌氧化还原中介体而显示出电化学活性,其中 *Pseudomonas aeruginosa* 产生的电子中介体为绿脓菌素。从反应器中分离出来的 *P. aeruginosa* 属的两株菌在 MFC 中进行测试,产生的功率比混菌少很多。

　　Aelterman 等人在以葡萄糖为底物,铁氰化钾做阴极的六个串并联 MFC 中,分析了微生物的群落随着时间推移的变化规律。初始群落源于厌氧污泥,其中包含大部分的 *Proterbacteria*、*Firmicutes* 和 *Acinobacteria* 家族成员。随着时间的推移,群落结构发生演替,16S rRNA 的基因克隆文库显示所有的克隆片段都与 *Brevibacillus agri* 相似(>99%),来自 *Firmicutes* 属。群落演替的同时也伴随着内阻的降低,这也表明由于这株微生物在群落中占优而降低了阳极的过电压,从而增加了功率输出。

5.4.3　沉积物 MFC(SMFC)

　　虽然沉积物 MFC(SMFC)的阴极存在氧气,但此系统与其他 MFC 的根本区别在于样机上的细菌是与氧气完全隔绝的。在有膜的实验室反应器(双室 MFC)中,氧气的跨膜渗漏可能会引入到好氧环境(即使只有暂时的)。这种情况最有可能发生在底物已经被耗尽的间歇流的循环末期(尽管在 MFC 中氧化还原环境还没有得到很好的研究)。在 SMFC 中,厌氧沉积物或者泥浆在整个研究过程中一直保持厌氧状态,从而确保了专性厌氧细菌与氧气隔绝。

　　SMFC 在完全厌氧条件下可以解释为什么 *Deltaproteobacteria* 在已观测到的大多数的微生物群落系统中占优势。Bond 等人在实验室条件下进行了首个 SMFC 研究,通过

16S rRNA基因克隆文库,所得序列中有 71.3% ±9.6% 是 *Deltaproteobacteria*。大多数(70%)序列来自 *Geobacteraceae* 家族中的一簇,在纯培养中对应最接近的是源于阳极的 *Desul furomonas acetoxidans*。这种微生物的生长需要氧化乙酸盐和还原单质硫。从新泽西州 Tuckeron 运行的 SMFC 中取下的阳极碎屑同样显示出其中大部分细菌(76%)属于 *Deltaproteobacteria*,其中59%为 *Geobacteraceae*,经16S rRNA序列鉴定95%以上为 *D. acetoxidans*。

Holmes 等人对比了几种海洋、盐沼及淡水沉积物培养的 SMFC 的微生物群落。五个实验室实验和实地实验再次验证了 *Deltaproteobacteria* 是 SMFC 的优势群落(占54% ~76%的阳极基因序列)。其他优势序列来自 Cytophagales(33%)、Fiemicutes(11.6%)和 Gammaproteobacteria(3 例,9% ~10%)。这些结果充分表明,并不是单纯地由于接种体的原因而导致 δ - Proteobacteria 在反应器中占优势。在一些 SMFC 的研究中,使用了空气阴极 MFC(反应器构型不同于沉积物 MFC),以江水或海水沉积物接种可产生不同于 SMFC 的结果。因此,SMFC 中的特殊群落很可能是由沉积物中复杂的有机物和硫化物在降解过程中选择得到的。SMFC 的电子供体是不确定的,而相比之下在实验室进行的 MFC 的测试中通常都使用单一底物。

SMFC 阳极上茁壮生长的细菌群落会表现出更多的特性,这不仅仅是有机物质分解的能力,因为在海底沉积物环境中通常是硫化物氧化占主导地位。在冷泉港附近阳极微生物群落结构的研究中,Reimers 等人发现了大多数的微生物与 *D. acetoxidans*(*Deltaproteobacteria*)的亲缘关系相近,它们主要集中在 20 ~29 cm 深的阳极上(346 个克隆中的90%),与之前在 SMFC 中的发现相一致。他们将此归因于周围沉积物中可用的三价铁离子。然而,当他们调查更深处的群落时(46 ~55 cm),发现了更多不同的种群,如 Epsilonproteobacteria、Desul focapsa 和 Syntrophus(克隆的23%、19%和16%)。在厚度为 70 ~76 cm 处,序列片断与 Epsilonproteobacteria 和 Syntrophus(Deltaproteobacteria)属最相近(32%和24%)。硫酸盐还原菌 Desul focapsa 生长所需的能量来自单质硫的歧化反应。他们认为发现的单质硫是电催化沉积作用的结果,这些硫导致了电极的钝化。随着时间的推移,这种沉积作用与反应器的性能下降是同步发生的。随着 SMFC 在各种孔隙水化学环境中测试的进行,我们期待看到一个更加广阔的能反映出不同有机底物和无机底物的生物群落。

5.4.4 高温 MFC

少数研究者考察了正常实验室温度范围之外的 MFC 产电情况(温度达到 36 ℃)。Choi 等人在一个 MFC 系统中检测出了两株嗜热菌株(*Bacillus licheniformis* 和 *B. thermoglucosidasius*)。但是,其能量产生需要用到中介体,所以在这个实验中使用的菌株不属于胞外产电菌。高温下的一个问题是氧气的溶解度会随着温度的升高而降低。例如,氧气的溶解度会从 20 ℃时的 9.0 mg/L 降低到 30 ℃时的 7.5 mg/L,甚至在 50 ℃时降低到 6.0 mg/L。Jong 等人克服了这个潜在的氧化剂的限制,55 ℃下在阴极循环使用含有饱和溶解氧的水,功率密度达到了 1.03 W/m^2。通过 16S rRNA 基因分析,他们发现一株细菌(占 199 个克隆的57.8%)在系统发育上与一株未被培养的序列 E4 相近(GeneBank 认证码 AY526503,相似度99%),并和 Deferribacter desul furicans 是远亲。这是一株从深海海底热液中分离出来的硫酸盐、硝酸盐和砷酸盐的还原嗜热菌。其次占主导地位的就是 *Coprothermobacter spp.*

（占全部克隆的 15.1%）。在克隆文库中完全没有 Proteobacteria 的序列。在不同的 MFC 群落研究中，Jong 等人的研究获得的微生物多样性最低，这表明升高温度会使 MFC 中功能菌群的多样性降低。当然，要支持这一推测还需要在该领域中进行更多的持续工作。

5.5　将 MFC 作为工具研究胞外产电菌

虽然研究 MFC 的主要目的是产电，但同时 MFC 也为科学家提供了一个研究胞外产电菌生态系统的有趣的新平台。当细菌降解不溶性金属时，其表面特征随时间而变化，同时，因为金属离子的氧化/还原相对浓度比例随时间的变化而变化，导致了溶液化学性质变得更加复杂。然而在 MFC 中电极是不会被腐蚀的并允许生物膜在其上生长并成熟。在这种方式下研究更方便，特别是通过显微镜这个工具。细菌群落的组成应用荧光原位杂交（Fluorescent In Suit Hybridizatin，FISH）探针结合共聚焦扫描激光显微镜（CSLM）来获得。有关此方面在 MFC 领域内所做的研究工作很少，但我们期望今后在这方面会开展越来越多的研究。最近应用 BacLight 公司的活体染色技术，在共焦的扫描激光显微镜下清晰地观测到成熟混菌 MFC 生物膜中活体生物的纵剖图。一般来说，均匀地分布在表面的死菌用深灰色表示，活的细胞（浅灰色）则以凸出的群体存在于许多地方，细胞可以在相对远离电极的条件下生存（如许多层微生物）。如果这些细菌都有活性，可以通过纳米导线或中介体去探测细菌生长可以维持多久，当然这些要从电极的表面开始。现在有一种解释是观测到的远离表面的活菌，如发酵细菌，他们可以在不需要阳极的条件下代谢底物维持自身生长。

关于稳定性的一项重要发现是阳极在长时间运行过程中似乎从来不结垢。这就是说，表面的细菌必须维持活性并能持续利用电极表面。因此，可以假设现在存在一种机制，利用此机制细菌可以侵入表面，例如在其生态学体系便是如此。应用不同的手段占据独特的小环境，为了种群的持续而将其深深植入生物膜内。

5.6　微生物驯化与鉴定

5.6.1　培养液 COD 负荷及外电路电流对驯化的影响

厌氧活性污泥中存在放电活性菌，但是在电池运行的初始阶段观察不到任何的放电迹象，这是因为除了放电活性菌外还存在着大量的不具有放电特性的杂菌。如何让放电菌种成为优势菌种，这就需要合适的驯化阶段。

1. 培养液初始 COD 负荷对驯化的影响

在初始阶段分别采用固定 COD 负荷 600 mg/L（图 5.2（a））和 COD 负荷由 100 mg/L 逐渐递增至 600 mg/L（图 5.2（b））两种方式进行厌氧活性污泥的驯化，在经过大约 140 h 后得到了以这两种方式进行的电池开路性能指标。

从图 5.2 可以明显看到两种方式经驯化后不同的放电曲线，图 5.2（b）出现明显的放电平台，阴极电压维持稳定，在加入新鲜的培养液后阳极电压会迅速降低，然后就稳定在

－400 mV 左右,直至培养液中的碳源消耗殆尽。而图 5.2(a)则没有出现明显的放电平台,其阳极开路电压较图 5.2(b)而言更正,根本没有达到最优化水平。出现这种情况的原因很有可能是培养液的成分相对于污水处理厂的污水发生了很大的变化,活性污泥在新的培养体系下很难承受过大 COD 负荷的冲击,从而导致其微生物细菌代谢发生异常,抑制细菌代谢的正常进行,使产电菌部分失活。

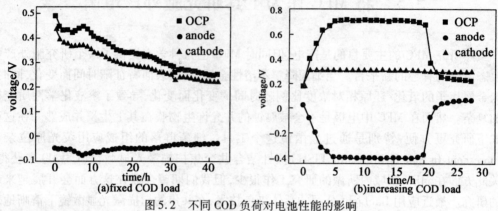

图 5.2　不同 COD 负荷对电池性能的影响

2. 外电路电流对驯化的影响

在初始阶段分别采用恒电流放电和恒电阻放电进行活性污泥的驯化,分别得到两组电池性能指标,如图 5.3 所示。

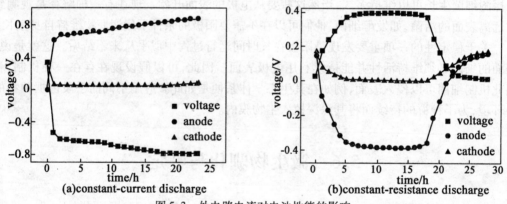

图 5.3　外电路电流对电池性能的影响

图 5.3(b)显示的是 2 kΩ 恒电阻放电曲线,在驯化一段时间后看到了明显的放电平台,在稳定放电阶段外电路电流为 0.2 mA。以恒电阻放电电池可以承受 0.2 mA 的电流,那么就以 0.2 mA 进行恒电流的驯化,结果却大相径庭,从图 5.3(a)可以看到以恒电流方式驯化,阳极极化非常严重,阴极在最开始的很短时间内有较大的极化,而在剩余的绝大部分时间里都能够承受所给的电流,原电池体系变为电解池体系,并且在更长的驯化周期后没有任何改观。接着停止恒电流放电转为开路体系,在经数个驯化周期后也未见达到上面开路驯化后阳极电压的最优值。虽然从前期恒电阻放电阶段的稳定放电曲线可以看出细菌阳极能够承受一定的电流,但是在恒电阻放电初期电流是很微弱的,细菌承受的电流是在逐渐增大,有一个电流缓冲阶段,而恒流放电从一开始就给细菌通过较大的电流,可能导致其突然受到电流刺激而失去活性,并且一旦细菌失活就难以恢复。

5.6.2 电极材料对电池性能的影响

分别以 10%、20%、30% PTFE 石墨膜为阳极组装电池,在 2 kΩ 恒电阻和开路体系下对电池性能进行研究,如图 5.4 所示。

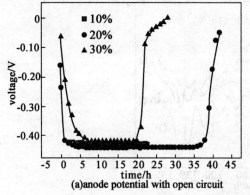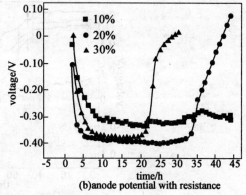

图 5.4 电极材料对电池性能的影响

图 5.4(a)为不同阳极材料在开路条件下的阳极电压比较,图 5.4(b)为不同阳极材料在负载 2 kΩ 电阻条件下的阳极电压比较,稳定放电平台阶段外电路的电流分别为 0.1 mA、0.23 mA、0.22 mA。从以上的数据可以明显看出,以 20% PTFE 石墨膜为阳极材料所组装的电池在开路条件下阳极电压值最低,且稳定时间最长,恒阻放电时其阳极电压值最低,并且此时外电路电流最大,阳极极化较小,所以其阳极性能最好。以上数据显示 PTFE 含量的变化对电极性能影响很大,其主要原因还是在于不同的 PTFE 含量所制备的石墨膜,其孔径大小、孔隙率均存在差异。Logan 等人研究表明,电极只能接收到与其紧密接触的细菌外膜电子,细菌在电极上的吸附是物理吸附,如果电极的孔径与细菌个体体积相匹配的话,细菌就会牢牢占据这个空位不易脱落。以 10% PTFE 石墨膜作为阳极电极时,在培养液流速稍快和减少活性污泥量的情况下,阳极电压就变得十分不稳定,并且衰减很快,这说明细菌在电极上的附着力不够强,直接原因在于低含量 PTFE 所制备的石墨膜孔径相对于细菌个体较大,细菌难以固定,一旦外界环境有变化则极易脱离电极表面,造成阳极电压的衰减。在负载放电时电流最小且阳极电压最正,说明其极化严重,这主要是因为与电极紧密接触的细菌数量少,难以接收到更多的细胞外膜电子,导致外电路电流小,阳极电压难以提高。与之相比,20% 和 30% PTFE 石墨膜的性能好一些,其中 20% PTFE 石墨膜性能更为优异,主要原因是孔径大小和孔隙率更接近最优化值。由此可见,提高阳极性能最关键的问题是能够接收到数量更多、更为稳定的细胞外膜电子。提供更大的表面积,提供更多与细菌个体匹配的空位是今后阳极材料选择与研究的方向。

5.6.3 外电路不同负载对电池性能的影响

以 20% PTFE 石墨膜为阳极装配电池,分别在负载 2 kΩ、950 Ω、500 Ω 的条件下进行放电试验,研究不同负载对电池性能的影响。

图 5.5 驯化到出现明显放电现象过程中,负载不同电阻的阳极电压变化。从图中可以明显看到,在整个驯化阶段开路条件下的阳极电压值最低,而且在 40 h 后就出现了明显的放电

现象,阳极电压随碳源浓度的变化而发生变化,其他的则在 90 h 后才出现这一现象。同时电流随 500 Ω、950 Ω、2 kΩ 依次变小,阳极电压依次降低,这些现象均表明外电流对阳极电压能否达到最优值有很大影响。造成细菌电极阳极极化的原因可能是微生物对新环境的适应性,以及在不同电流下电极表面与细菌表面的微观结构变化,这需要进一步的深入研究。

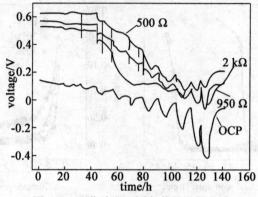

图 5.5　驯化阶段不同负载的阳极电压

虽然电流对阳极电压的影响很大,但是更要关注不同负载下电池的整体性能。我们结合各种数据得到了不同负载下电池的能量密度随电流变化的关系曲线图,如图 5.6 所示。

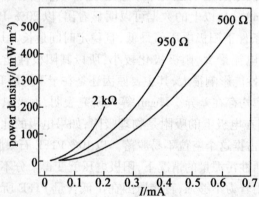

图 5.6　不同负载下电池的能量密度随电流变化的关系图

图 5.6 中的曲线清楚地表明,在较大电流下电池功率密度更大,其整体性能是提高的。所以电流的出现可能对阳极电压造成影响,但阳极衰减的程度相对于电池功率密度的提高幅度而言影响很小,就提高电池的整体性能而言是有帮助的。

5.6.4　微生物分离纯化及鉴定

1. 培养基成分和制备

为了分离得到不同类型的厌氧产电微生物,根据查阅文献和结合实验室条件,本书选用了三种类型培养基,以培养海洋 MFC 为例进行介绍。

(1)硫酸盐还原菌(SRB)培养基即使用修正的 Postgate's C 培养基:每升陈海水中含有 0.5 g KH_2PO_4,1.0 g NH_4Cl,0.06 g $MgSO_4 \cdot 7H_2O$,0.3 g 柠檬酸钠,0.06 g $CaCl_2 \cdot 6H_2O$,1.0 g 酵母粉,6 mL 乳酸钠。用 1 mol/L NaOH 调 pH 值为 7.2 ± 0.1。

(2)铁还原细菌培养基即柠檬酸铁培养基:柠檬酸铁 3.4 g/L;NH_4Cl 1 g/L;$CaCl_2 \cdot$

$2H_2O$ 0.07 g/L；$MgSO_4 \cdot 7H_2O$ 0.6 g/L；$K_2HPO_4 \cdot 3H_2O$ 0.722 g/L；KH_2PO_4 0.25 g/L；碳源为 1% 葡萄糖。培养基 pH 值控制在 6.5~7.0。

（3）广泛 LB 培养基，其成分是：酵母提取物 5 g/L，蛋白胨 10 g/L，NaCl 10 g/L。培养基 pH 值控制在 6.5~7.0。

三种培养基均用陈海水配制，使用前需在 121 ℃ 的高温蒸汽灭菌锅中灭菌 30 min。制备固体培养基需在灭菌前加入 1.5% 的琼脂粉。

为了培养严格厌氧菌，所有实验操作均需要在厌氧操作箱里。首先用真空泵抽掉操作箱，如图 5.7 所示。基本原理是首先用真空泵抽掉操作箱内空气，充入高纯氮气，然后再抽真空充氮气，如此循环 6 次，这样就可以实现厌氧状态。

图 5.7　厌氧操作箱示意图

在厌氧菌液体培养和接种过程中，最重要的实验工具是注射器、20 mL 和 100 mL 厌氧液体培养瓶以及用于密封瓶口的胶塞和铝盖（如图 5.8 所示）。同时，液体培养基均需要通入无菌氮气（经 0.22 μm 滤膜过滤后），除去培养基中氧气。

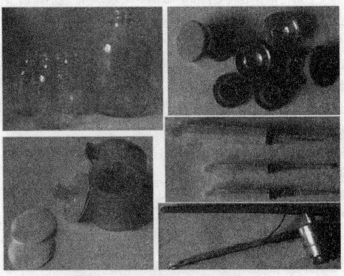

图 5.8　液体厌氧培养用到的主要工具

在厌氧菌固体培养过程中，将涂布好的固体培养皿倒置放入厌氧盒中，再加入厌氧产气袋，厌氧产气袋的作用是将外来空气中的氧气消耗掉，保持长时间的厌氧状态，盖上盖子,密封,如图 5.9 所示。

图 5.9　固体厌氧培养装置

2.产电微生物的富集

当海洋沉积物 MFC 运行稳定之后,阳极表面已富集大量微生物。这时将石墨阳极取出,可发现石墨阳极表面富集了一层絮状黑色物质,用灭菌小刀将其从阳极表面直接刮去,迅速装入包含无氧培养基的 100 mL 厌氧瓶中,在 30 ℃培养箱中厌氧培养 1 周。将培养后悬液静止 1 h,取上清液作为微生物接种液。

3.产电微生物菌株的分离纯化

将上述接种液取出摇晃均匀,移取其中 1 mL 菌液至 9 mL 无菌无氧水中,作 10 倍稀释,稀释度为 10^{-1},一般稀释到 10^{-6} 梯度,分别取 300 μL 在不同固体培养基平板上涂布,将培养皿倒置放入厌氧盒中培养。置 30 ℃培养箱中避光培养 2 周。然后,选择菌落分布均匀的平板,全部挑取优势单菌落,然后将挑取的单菌落放置液体培养基中,如此反复涂布挑单,直到固体平板上菌落的颜色、大小和形态基本一致,并记录下菌落形态特征。分离纯化后的菌株在无氧试管斜面上 4 ℃保存,可保存两个月到半年左右。

4.16S rRNA 基因序列的扩增和鉴定

对所分离菌株提取基因组测定 16S rRNA 基因序列。将培养好的菌液 1 mL,在 1 200 r/min 下离心 1 min,弃去上清液,往 1.5 mL Eppendorf 管中加入 0.2 mL 无菌水破细胞,涡旋振荡直至菌体完全分散开,在煮沸的蒸馏水浴中放置 30 min,取出后置于冰浴中 20 min,过夜沉淀。

用细菌 16S rDNA 通用引物,经 PCR 扩增目的片段。引物序列为:

8f:5′ – AGRGT TTGATCCTGGCTCAG – 3′;

1492r:5′ – CGGCTACCTTGTTACGACTT – 3′。

在 50 μL 反应体系中加入 5 ng DNA 模板,5 μL 的 10 × PCR 缓冲液,1 μL 上下游引物,1 μL 的 Taq DNA 聚合酶及 1 μL dNTP。先置 94 ℃预变性 5 min,再按 94 ℃ 30 s、55 ℃ 30 s、72 ℃ 90 s 设置 35 个循环,最后于 72 ℃延伸 10 min。取 5 μL 扩增产物用 1% 琼脂糖凝胶电泳进行扩增产物分析,纯化和回收 PCR 产物。最后将测定的序列用 BLAST 软件在 GenBank 中与已知的 16S rDNA 进行同源性比较,初步确定菌株在分类学中的位置。采用 MEGAversion 4.0 软件构建该菌株的系统进化树。

5.菌落形态特征观察

采用 SRB 培养基、铁还原细菌培养基和 LB 培养基对海洋沉积物中富集的微生物进行培养,由于在厌氧条件下生长,条件较为苛刻,所以,我们发现经过两周的富集培养,只有 SRB 培养基中变混浊,有细菌生长。

通过对 SRB 培养基中的微生物分离和纯化培养,我们分离得到了一株优势菌种。图 5.10 是分离菌落的形态特征。通过观察发现,其表面光滑湿润,呈乳白色或浅黄色,半透明,有圆环,中间微隆起,边缘整齐。将该单菌株挑出加入到液体培养基中进行液体培养。同时培养之前,液体 SRB 培养基加入少量经紫外线灭菌 30 min 的铁粉。结果可以发现,瓶中铁粉已经完全变黑,打开密封盖后出现强烈的臭鸡蛋气味(如图 5.10 所示)。这与前人研究的结果是一致的。我们可以初步判断这种菌株是一种 SRB。

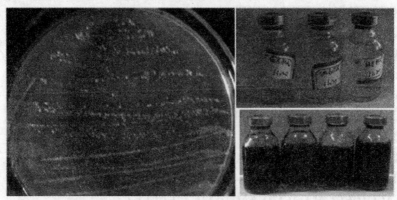

图 5.10　单菌落形态特征

16S rRNA 基因扩增与测序结果:

对纯化的菌株进行 DNA 提取以及 16S rDNA 的扩增,PCR 扩增出的片段大小约 1.5 kb,获得 16S rRNA 基因序列,如图 5.11 所示。该序列已提交到 NCBI 的 GeneBank 数据库上,Accession Number 为 HQ878123。

GCTCTCTTCGGAGAGTGAGTAGAGCGGCG-
CACGGGTGAGTAACGCGTGGATAATCTGCCCTGAAGAT
CGGGATAACAGTTGGAAACGGCTGCTAAT-
ACCGTATAATCTGCATATTTAACTGTATGTGGGAAAGATG
GCCTCTACTTGTAAGCTATCGCTTTTG-
GATGAGTCCGCGTCTCATTAGCTTGTTGGTGGGGTAATGGCCT
ACCAAGGCAACGATGAGTAGCTGGTCTGA-
GAGGATGATCAGCCACACTGGGACTGAAACACGGCCCA
GACTCCTACGGGAGGCAGCAGTGGG-
GAATATTGCGCAATGGGGGAAACCCTGACGCAGCGACGCCGC
GTGTAGGAAGAAGGCCTTCGGGTCGTA-
AACTACTGTCAAGAGGGAAGAAACTGTTGGACATTAATAC
GGTCCTTCACTGACGGTACCTCTAGAG-
GAAGCACCGGCTAACTCCGTGCCAGCAGCCGCGGTAATACG

GAGGGTGCGAGCGTTAATCGGAATCACT-
GGGCGTAAAGCGTGCGTAGGCGGCGTATCAAGTCAGGCG
TGAAAGCCCTCGGCTCAACCGGGGAATT-
GCGCTTGAAACTGGTATGCTAGAGTCTCGGAGAGGTTGG
CGGAATTCCAGGTGTAGGAGTGAAATCCG-
TAGATATCTGGAGGAACACCGGTGGCGAAGGCGGCCAA
CTGGACGAGTACTGACGCTGAGG-
TACGAAAGCGTGGGTAGCAAACAGGATTAGATACCCTGGTAGTC
CACGCTGTAAACGATGGATATTAGGT-
GTCGGGGTTTAACTTCGGTGCCGCAGTTAACGCGTTAAATATC
CCGCCTGGGGAGTACGGTCGCAAGGCT-
GAAACTCAAAGGAATTGACGGGGGCCCGCACAAGCGGTG
GAGTATGTGGTTTAATTCGATG-
CAACGCGAAGAACCTTACCTAGGCTTGACATCCTGAGAACCCTCCC
GAAACGGAGGGGTGCCCTTCGGGGAAT-
TCAGTGACAGGTGCTGCATGGCTGTCGTCAGCTCGTGCCG
TGAGGTGTTGGGTTAAGTCCCG-
CAACGAGCGCAACCCCTATTGCTAGTTGCCATCACATAATGGTGGG
CACTCTAGTGAGACTGCCCGGGTCAAC-
CGGGAGGAAGGTGGGGACGACGTCAAGTCATCATGGCCCT
TACGCCTAGGGCTACACACGTACTACAAT-
GGTGCATACAAAGGGCAGCGAAACCGCGAGGTCGAGCC
AATCCCAGAAAATGCATCCCAGTCCG-
GATCGGAGTCTGCAACTCGACTCCGTGAAGTTGGAATCGCTA
GTAATCCCGGATCAGCATGCCGGGGTGAA-
TACGTTCCCGGGCCTTGTACACACCGCCCGTCACACCAC
GAAAGCTGGTTCTACCC

图 5.11 单菌株的 16S rRNA 基因序列

该单菌株的 16S rRNA 基因序列在 NCBI 上 MegaBlast 同源性分析,所得到的与相应菌株最大相似性的已知菌株列于见表 5.4。图 5.12 为利用 MEGA version 4.0 软件构建的与相关菌株 16S rDNA 的系统进化树。从以 16S rDNA 序列为基础的同源性比对和系统进化树可以看出,与单菌株同源性高(99%)的序列基本上属于 SRB。该菌属于脱硫弧菌属,最接近于 *Desulfovibrio dechloracetivorans* strain SF3。研究表明,*Desulfovibrio dechloracetivorans strain* SF3 是一种革兰氏阴性、严格厌氧、运动性的短曲杆菌。这个结果也验证了在沉积物 MFC 的阳极表面富集有 SRB 的存在。

表5.4　该菌株和相关菌株的 16S rDNA 同源性

菌株	登记号	与其最大相似性
Desulfovibrio caledouieusis	U53465	99%
Desulfovibrio sp. BerOcl	EU137840	99%
Desulfovibrio dechloracetivoraus	AB546252	99%

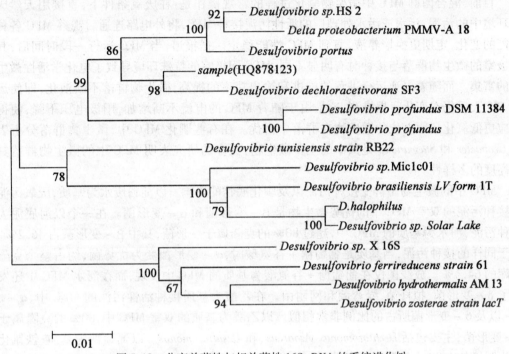

图5.12　分离单菌株与相关菌株 16S rDNA 的系统进化树

5.6.5　混合微生物菌群的驯化及群落分析

近年来的研究结果表明,直接用来自天然厌氧环境的混合菌接种 MFC,可以使电流输出成倍增加,且在阳极表面富集了优势微生物菌属。不同的微生物存在多种电子传递方式和条件,利用混合菌群接种,可以发挥菌群间的协同作用,增加 MFC 运行的稳定性,提高系统的产电效率。海底沉积物和厌氧活性污泥中菌群都极为丰富,包括大量具有电化学活性的微生物。

对海洋底泥 MFC 的菌群分析表明,71.3% ±9.6% 属于 δ - 变形菌,其中70% 的序列来自于 *Geobacteraceae* 家族,其与 *Desulfuromonas acetoxidan* 的相似性最高。Holmes 等人对海洋、沼泽以及淡水底泥 MFC 中的群落进行分析,结果表明所有反应器中 δ - 变形菌均是丰度最高的群类(54% ~76%),其他的种群包括有 γ - 变形菌(9% ~ 10 %)、噬纤维菌(33%)和硬壁菌(11.6 %)。对于海洋 MFC 来说,微生物利用的底物非常复杂,包括多种有机物以及含硫化合物。当把淡水或海洋底泥接种至 MFC 中,利用单一生长基质时,微生物菌群结构会有所变化,丰度最高的种群是 γ - 变形菌。Reimers 在海洋冷渗口附近构筑MFC,在阳极表面 20 ~29 cm 处,90% 以上的微生物是 *D. acetoxidans*,而在这一区域也发现了可作为电子受体的 Fe(Ⅲ);在 46 ~55 cm 处,微生物菌群的丰富程度明显提高,发现了

Epsilonproteobacteria（23%）,*Desu* 如 *capsa*（19%）和 *Syntrophus*（16%）;而在 70～76 cm 的深处,*Epsilonproteobacteria* 和 *Syntrophus* 分别提高到32%和24 %,同时在阳极电极表面发现了单质硫。*Desulfocapsa* 可以通过歧化单质硫生长,单质硫则可以使电极钝化,在该区域随着运行时间的延长发现电极效率下降。通过对沉积物 MFC 附近区域水质的化学分析与微生物菌群分析进行比较和关联,发现微生物菌群的变化与有机/无机基质变化相对应。

目前,混合菌群 MFC 中微生物驯化过程的常规操作是:在厌氧条件下,直接用天然厌氧环境中的污泥、污水或污水处理厂的活性污泥接种 MFC,将外电路连通后观察 MFC 各种性能的变化,定期更换培养液,直到 MFC 性能稳定。据报道,当 MFC 运行一段时间后,其阳极室的微生物群落与接种时有明显不同,MFC 阳极室的特殊环境导致了电化学活性微生物的富集。而随着电池运行进程的推进和输出功率的提高,微生物群落不断演化,即使运行 155 天后仍在变化。据推测,这是由于随着 MFC 的电流不断增加,阳极电压下降,使得适应更低氧化还原电位的微生物在群落中占优。在有些驯化 MFC 中,微生物群落分析表明 *Geobacter* 和 *Shewanella* 是其中的主要微生物,更多的研究表明 MFC 中的微生物群落具有高度的多样性。

MFC 中的微生物菌群受接种污泥以及驯化底物的影响。以淀粉废水为基质,厌氧污泥为接种污泥的双室 MFC 中的优势微生物是 β - 变形菌和 α - 变形菌。在一个以河底泥为接种污泥,河水为基质的 MFC 中,超过80%的克隆属于变形菌,其中 β - 变形菌占46.2%。对于同样的接种污泥,当基质是葡萄糖 + 谷氨酸时,α - 变形菌变为优势菌,约占整个克隆文库的64.4%。放线菌仅在葡萄糖 + 谷氨酸为基质的 MFC 中发现,而在河水 MFC 中还发现了 δ - 变形菌、拟杆菌、绿弯菌和网团菌。在乙酸为基质接种活性污泥的 MFC 中,α - 、β - 以及 δ - 变形菌所占的比例非常相似。以乙醇为基质的双室 MFC 中,80%的克隆属于 β - 变形菌,主要包括 *Dechtoromonas*、*Azoarcus*、和 *Desulfuromonas*。以葡萄糖为基质,铁氰化钾为阴极的 MFC 中检测到硬壁菌,α - 、β - 以及 δ - 变形菌。Aelterman 等人以葡萄糖为基质,铁氰化钾为阴极构建了六级串联的叠式 MFC,接种污泥中主要包括硬壁菌和放线菌,经过富集驯化,阳极基因文库中的所有克隆均鉴定为土壤短芽孢杆菌 *Brevibacillus agri*。以上微生物菌群的变化对应于电池内阻的减小,说明该细菌的富集可以降低阳极的极化电压。

5.7　微生物电解池产氢与传统产氢方法的比较

氢气是一种高效节能的洁净燃料,可作为交通运输及电力生产的洁净能源,同时也是石油、化工、化肥、玻璃、医药和冶金工业中的重要原料和物质。随着全球能源紧缺的日益严重以及人们环保意识的不断增强,氢气这种既具备矿石燃料的优点,同时又具备无毒、无臭、无污染的特性,满足环保要求的洁净燃料引起了各国政府的广泛关注。氢气是一种能源载体,自然界中没有可作为燃料存在的氢气,必须用某种一次能源生产。清洁的可持续发展的一次能源主要是指可再生能源,包括水电、风能、太阳能、核能和生物质能。水的电解制氢法是一项传统的工艺,制得的氢气的纯度可达99.9%,但是此工艺只适用于水力资源丰富地区,并且耗电量较大,在经济上尚不具备竞争优势。而风能、太阳能等,都是先发电,再用电解工艺制氢。而利用 MEC 技术,理论上来说制得的氢气的纯度与采用水的电解方法是相当的,而其所消耗的电量则要低得多。一般碱性电解池在 1.8~2.0 V 的电压下电解水制氢。而在 MEC 中电压只要高于 0.22 V 就可以实现产氢。

生物质制氢的主要方法有两种:热化学法制氢和生物产氢法。其中发酵产氢是利用发酵微生物代谢过程来生产氢气的一项技术,由于所用原料可以是有机废水、城市垃圾或者生物质,所以来源丰富,价格低廉。其生产过程清洁、节能,且不消耗矿物资源,越来越受到人们的关注。目前发酵产氢方法存在着所谓的"发酵屏障"的限制问题。细菌在发酵葡萄糖时只能产生一定数量的氢,伴随产生如乙酸、丙酸之类的发酵终端产物,而细菌不具有足够的能量把残留的产物转化成氢气。利用 MEC 技术,则可以在正常的状况下跳过"发酵屏障"的限制,将乙酸、丙酸等转化为氢气,能量转化率非常之高。通常状况下,MEC 工艺不像传统的发酵工艺那样局限于使用以碳水化合物为基础的生物群来制造氢气。理论上,可以通过任何可以生物分解的物质来获得高质量的氢气。利用 MEC 技术得到的是较为纯净的氢气,而发酵过程的产物则是氢气和二氧化碳的混合气,另外还混杂有甲烷、硫化氢等杂质。MEC 这种新形式的可再生能源生产工艺不但可以帮助人们弥补处理废水所消耗的成本,同时还能提供可以用作动力能源的氢气。合理地将发酵技术与 MEC 技术相结合,可以发展出价廉、长效的产氢系统。在没有充足的多余生物质来供应全球氢能经济的现状下,MEC 技术是一项具有发展前景的生物制氢工艺。

第6章　发电原理与效能

微生物燃料电池的概念出现得很早。早期的微生物燃料电池主要是将微生物发酵的产物作为电池的燃料进行发电的。最早开展这方面研究的是英国植物学家 Potter,他利用酵母和大肠杆菌进行试验,发现利用微生物可以产生电流。后来,人们不断尝试利用微生物作为燃料电池中的催化剂,将废弃的食物转化为电能。美国科学家设计出一种用于太空飞船的细菌电池,其电极的活性物质为微生物,而燃料则来自宇航员的尿液,但是该细菌电池发电效率较低。随着细菌发电的进展,人们利用细菌在电池组里分解生物有机物质,并利用在电极间微生物催化的氧化还原反应,通过生物燃料分子化学键断裂的分解过程所释放的电子产生电能,如利用微生物燃料电池处理生活污水。然而,微生物燃料电池处理生活污水进行发电的电池功率还需要增强。围绕增强微生物燃料电池发电量和提高电池功率的研究日益深入,希望在不远的将来,微生物燃料电池能在环境污染控制的实际生产中发挥更大的作用。

6.1　微生物燃料电池的原理

利用微生物的作用进行能量转换,如碳水化合物的代谢或光合作用等,把呼吸作用产生的电子传递到电极上,这样的装置称为微生物燃料电池。具体地说,微生物燃料电池是指在微生物的催化作用下,将化学能转化为电能的装置。微生物燃料电池包含阴、阳两个极室,两个极室中间由质子交换膜分隔开来,这种微生物燃料电池称为双室微生物燃料电池,而无分隔的微生物燃料电池称为单室微生物燃料电池。阴极和阳极按有无微生物参与反应又分为生物阴极、生物阳极和生物双极。燃料有时位于阳极室中,在微生物的作用下,生物燃料被氧化,电子通过外电路到达阴极,质子透过质子交换膜到达阴极,在阴极得到电子被还原。

微生物燃料电池的工作原理如图 6.1 所示。在阳极表面,水溶液或污泥中的有机物,如葡萄糖、醋酸、多糖或其他可降解的有机物等,在阳极微生物的作用下,产生二氧化碳、质子和电子。电子通过介体或细胞膜传递给电极,然后通过外电路到达阴极,质子通过溶液迁移到阴极,然后在阴极上与氧气发生反应产生水,使得整个反应过程达到物质的平衡与电荷的平衡,而外部用电器负载也就获得微生物燃料电池所提供的电能。

按电子转移方式的不同,微生物燃料电池又可分为直接微生物燃料电池和间接微生物燃料电池。直接微生物燃料电池是指燃料直接在电极上被氧化,电子直接由燃料转移到电极。间接微生物燃料电池的燃料不在电极上氧化,而是在别处氧化后,电子通过某种途径(利用介体)传递到电极上来。

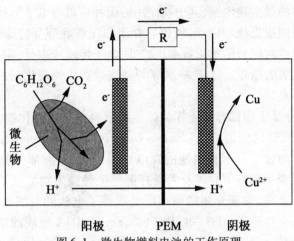

图 6.1 微生物燃料电池的工作原理

6.2 间接微生物燃料电池

微生物燃料电池以葡萄糖或蔗糖为燃料,利用介体从细胞代谢过程中接受电子并传递到阳极。理论上讲,各种微生物都可能作为这种微生物燃料电池的催化剂。微生物细胞膜含有肽键或类聚糖等不导电物质,电子难以穿过,导致电子传递速率很低。因此,尽管电池中的微生物可以将电子直接传递至电极,但微生物燃料电池大多需要氧化还原介体来促进电子传递。间接微生物燃料电池的工作原理是以污染物作为底物,在微生物胞外酶的作用下底物被氧化,通过介体的氧化还原过程转变为电子转移到电极。

其中的氧化还原介体成为电子传递的关键环节,充当介体应具备如下条件:
①容易通过细胞壁;
②容易从细胞膜上的电子受体获取电子;
③电极反应快;
④溶解度、稳定性等要好;
⑤对微生物无毒;
⑥不能成为微生物的食料。

一些有机物和金属有机物可以用作微生物燃料电池的氧化还原介体,其中较为典型的是硫堇、Fe(Ⅲ)EDTA 和中性红等。氧化还原介体的功能依赖于电极反应的动力学参数,其中,最主要的是介体的氧化还原速率常数,而氧化还原速率常数又与介体接触电极材料有关。为了提高介体氧化还原反应的速率,可以将两种介体适当混合使用,以达到更佳的效果。

纵观微生物燃料电池的发展历史,其发展的历程十分曲折。早期将微生物发酵的产物作为电池的燃料,如从家畜粪便中提取甲烷气体。20 世纪 60 年代末以来,人们将微生物发酵和制电过程合为一体。80 年代后,由于电子传递中间体的广泛应用,微生物燃料电池的输出功率有了较大提高,使其作为小功率电源使用的可行性增大,并因此推动了它的研究和开发。2002 年后,随着直接将电子传递给固体电子受体的菌种的发现,人们发明了无需使用电子传递中间体的微生物电池,其中所使用的菌种可以将电子直接传递给电极。微生物燃料电池能够长时间提供稳定电能,所以它在诸如深海底部等特殊区域具有潜在用途。但由于微生物燃料电池对燃料的利用效率比较低,电子传递速率低,副反应较多,这些都成为微生物燃料电池发展的瓶颈。近年来,关于寻找高效微生物催化剂的研究逐步成为微生物燃料电池的研究热点。

从理论上讲,各种微生物都有可能作为微生物燃料电池的催化剂,经常使用的有大肠杆菌(*Escherichia coli*)、普通变型杆菌(*Proteus vulgaris*)等。Thurston 等人研究了用普通变型杆菌做生物催化剂的微生物燃料电池的发电过程,发现只有部分葡萄糖被完全氧化为 CO_2。Delaney 等人用亚甲基蓝等介体及大肠杆菌等 7 种微生物测量了介体被微生物还原的速率与细胞的呼吸速率,发现介体的使用明显改善了电池的电流输出曲线。Lithgow 等人比较了大肠杆菌与介体硫堇、DST – 1、DST – 2、Fe – CyDTA 组成的微生物燃料电池的性能,发现前三种介体较好。另外,他们还发现在介体分子中的亲水性基团越多,电池的输出功率越大。Haber – mann 等人研究了直接以含酸废水为原料的微生物燃料电池。他们用了一种可还原硫酸根离子的微生物 *Desulfovibrio desulfuricans*,其降解率可达 35% ~ 75%。此工作显示了微生物燃料电池的双重功能,即一方面可以处理污水,另一个方面还可以利用污水中的有害废物作为原料发电。Tanaka 等人研究了与光合作用相结合的微生物燃料电池,研究表明,在黑暗中,细胞本身糖原分解时产生的电子是电流的主要来源,而在有光照时,水解是电子的主要来源。Karube 和 Suzuki 用可进行光合作用的微生物 *Rhodospirillum rubrum* 发酵产生氢气,使燃料电池在持续电流下连续工作 6 h。Kim 等人研究了无介体的微生物燃料电池,研究表明电池性能与细菌浓度及电极表面积有关。Gil 等人研究了无介体的微生物燃料电池的操作参数,发现最佳的 pH 值为 7。当电阻值大于 500 Ω 时,生物电极的电阻越大,生物电化学反应越慢,微生物燃料电池的功率密度就越低,由此可见,微生物燃料电池的电极内电阻已经成为其效率提高的控制步骤,改善其功率效率必须提高生物电极的导电性能。当电阻值小于 500 Ω 时,质子传递和溶解氧的供给限制了阴极反应。由于低浓度下燃料浓度和电量呈线性关系,此燃料电池可用作测定生物耗氧量的传感器。Park 等人从电池阳极区中分离出梭状芽孢杆菌 EG3,并以其作为生物催化剂,以葡萄糖为燃料的微生物燃料电池,其电池的电流可达 0.22 mA。Pham 等人用同样的方法分离单胞菌 PA3,以其为生物催化剂的微生物燃料电池的电流可达 18 mA。

目前,微生物燃料电池已成为世界范围的研究热点。然而,虽然伴随人类的发展,生物能量的内涵在不断革新,且将愈加发挥重大作用,但它的利用和研究却仍处于起步阶段。如何充分将生物质燃料的诸多优势为人类所用,如何提高生物质能的转化效率,如何使生物质燃料电池满足现代轻便、高效、长寿命的需求,仍需要几代人的不懈努力,而且随着生物电化学和生物传感器的研究进展及修饰电极、纳米科学研究的层层深入,微生物燃料电池的研究必将得到更快的发展。

6.3　直接微生物燃料电池

6.3.1　直接微生物燃料电池的特点

在环境污染控制中,污染物的组分复杂,而微生物燃料电池以微生物为导电催化剂和污染物消除与转化者,其使用的特点明显。微生物燃料电池可以利用多种有机、无机物质作为燃料,甚至可利用光合作用或直接利用污水中的污染物等作为燃料。在环境污染控制中使用的微生物燃料电池,可以在常温、常压和接近中性的环境中工作,其维护成本低、操作安全性强。在应用中可以净化污染物并将其转化为有用的物质,可实现零排放。微生物燃料电池还可以将底物直接转化为电能,具有较高的资源利用率,氧化产物多为 CO_2 及 H_2O,同时利用 CO_2 转化的微生物燃料电池或系列生物电化学体系,可将 CO_2 转化为糖、乙醇或甲醇等有用物质,彻底消除二次污染,实现低碳经济,使环境和经济真正地可持续发展。

因此,很多学者称微生物燃料电池是一项具有广阔应用前景的绿色能源。作为一项可持续生物工业技术,它为未来能源的需求提供了一个良好的保障。另外,功能化微生物燃料电池技术的发展,也将推动微生物有机物合成与能源利用方式的发展。

6.3.2　直接微生物燃料电池的电极对微生物活化的影响

目前,微生物产电能力还是很低,因此微生物燃料电池的产电性能是该领域的研究热点。在直接微生物燃料电池中,影响电子传递速率的一个很重要的因素是阴极和阳极的电极构成,因此,人们通过改进阴极和阳极材料和改变电极表面积来提高微生物燃料电池的性能。

从微生物燃料电池的构成来看,直接微生物燃料电池的阳极起着微生物附着和传递电子的作用,它是影响微生物燃料电池产电能力的重要因素,也是研究微生物发电机理和电子传递途径的有效辅助工具。因此,对微生物燃料电池阳极的研究具有十分重要的意义。目前,微生物燃料电池的阳极主要是以碳为基材制成的,包括碳纸、碳布、石墨片(棒)、碳毡和泡沫石墨。虽然有多种材料可以作为阳极,但是各种材料之间的差异及各种阳极特性对电池性能的影响并没有得到深入的研究。目前,研究者们比较了用碳毡和泡沫石墨代替石墨棒作为电池阳极的产电效果,发现增大表面积可以得到较大的输出电流,但没有进一步探讨阳极特性、微生物和微生物燃料电池产电能力三者间的关系。也有研究者在此基础上以碳纸、碳毡和石墨三种材料作为微生物燃料电池的阳极,在明确阳极特性、微生物和微生物燃料电池产电能力三者间关系的基础上,确立评价阳极产电特性的指标,考察了阳极孔隙大小与体积、表面积、孔径分布、表面粗糙度及表面电位 5 种阳极特性对微生物燃料电池产电性能的影响,为阳极性能的优化提供支持。

这些研究多采用如图 6.2 所示的双室型微生物燃料电池实验装置。通过利用附加电路控制阳极在不同的初始电压下进行接种,同时运行 3 组微生物燃料电池,分别控制 1 号微生物燃料电池的初始阳极电压为 450 mV,2 号微生物燃料电池不作任何处理,3 号微生物燃料电池的初始阳极电压控制为 40 mV。选取水处理厂的厌氧污泥里的混合菌种,将污泥在室温下厌氧培养并加入阳极室中。其微生物燃料电池阴极室内采用 8.89 mol/L 的 NaCl 溶液为电解质,阳极室用蠕动泵以 0.3 mL/min 的速率连续补充乙酸自配水,同时运行 5 套装置。根据各种不同阳极材料对微生物的附着效果,通过选取特定的阳极材料来考察孔体积、表面积、孔径分布、表面粗糙度和表面电位对阳极产电性能的影响。其中碳纸和碳毡为多孔电极,用以考察孔体积、表面积和孔径分布的影响;石墨内部无孔结构,用以考察表面粗糙度的影响。

在评价指标上,人们发现在微生物燃料电池的接种期,电池开路电压的增长主要是由阳极开路电压降低造成的,而这一变化又是由产电微生物的富集生长引起的,阳极开路电压的变化过程反映了产电微生物在阳极上富集生长的过程,可用阳极开路电压达到稳定的时间表示微生物燃料电池从接种到稳定产电的快慢。微生物燃料电池的产电性能通常以最大输出功率来表示,而最大输出功率由电池的开路电压和内阻所决定,开路电压越大,电池的最大输出功率越高,但当微生物燃料电池稳定以后,在相同的接种条件下,各电池的开路电压几乎相同。因此,可用阳极内阻作为考察指标,阳极内阻越小,则微生物燃料电池的最大输出功率越高。

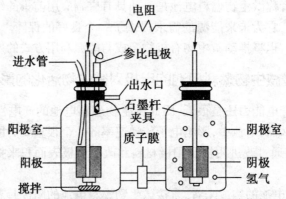

图 6.2　双室型微生物燃料电池电极材料测试试验装置

首先,可以考察两种不同厚度的碳纸和碳毡作为阳极材料时表面积和孔径分布对微生物燃料电池产电性能的影响,并绘制出阳极开路电压随时间的变化图,及电极达到稳态后各阳极内阻和生物量的变化情况表。

虽然三种材料的阳极电压达到稳定的时间不同,但稳定后的阳极电压均为 −300 mV 左右,此时微生物燃料电池的产电能力达到最高,以薄碳纸、厚碳纸、碳毡为阳极材料的最大输出功率不相上下。碳毡的内阻最低,生物量最高,即最大输出功率最高;薄碳纸的内阻最高,生物量最低,相应的最大输出功率最低。

考察表面粗糙度对微生物燃料电池产电性能的影响时,将相同的石墨电极分别用 2 000 目和 150 目的砂纸打磨,打磨后两电极的表面粒度分别为 7.5 μm 和 100 μm。两电池的开路电压随时间的变化如图 6.3 所示。

接种后两个电池的开路电压均逐渐降低,但糙面石墨电极降低的速度明显快于光面石墨电极,大约 13 d 便达到稳定,比光面石墨提前了约 2 d,说明产电微生物在糙面石墨电极上的富集速度快,能够较早达到稳定。当两个电池的开路电压都达到稳定后,测量其内阻和生物量,结果显示,糙面石墨电极的生物量比光面石墨电极多,分别为 121 μm/cm² 和

$94 \ \mu m/cm^2$,内阻分别为 $154 \ \Omega$ 和 $187 \ \Omega$。结果表明,粗糙的表面更适合微生物附着生长。在考察表面电位对微生物燃料电池产电性能的影响时,将多孔电极与非多孔电极进行对比,结果发现阳极材料的表面电位对稳定后阳极上的微生物量和阳极内阻的影响显著。在薄碳纸、糙面石墨和碳毡三种未接种微生物的基质材料中,内阻随着表面电位的降低而降低,在接种微生物后,基质材料表面相应的生物量则依次增加。

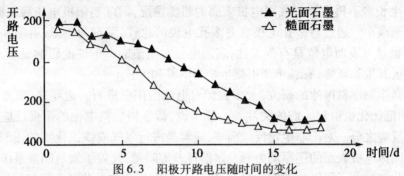

图 6.3 阳极开路电压随时间的变化

为进一步确认阳极材料表面电压对微生物产电的影响,可让三个微生物燃料电池在不同的初始电压下连续运行 5 d,阳极电压随时间的变化如图 6.4 所示。

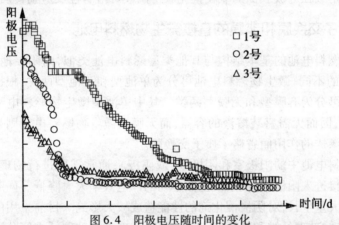

图 6.4 阳极电压随时间的变化

由图 6.4 可知,阳极施加正电压会影响微生物的附着速度。当电压稳定以后,测定各阳极的内阻及生物量。随着表面电压的降低,阳极上的生物量增加,阳极内阻变小,表明阳极电压对微生物的附着量有显著影响,在较低的表面电压下附着的微生物较多。

根据电极过程动力学理论,阳极内阻与生物附着量呈负相关,研究结果与理论是一致的。从对多孔电极的比较可以看出,厚碳纸电极的有效表面积较薄碳纸电极大得多,但生物量却相当,说明增加多孔电极厚度虽可提供更大的表面积,使更多的微生物富集在电极表面和内部,但增大的表面积并不能被微生物充分利用。此外,碳毡与厚碳纸相比,由于碳毡的孔径比厚碳纸大,其内部孔径的传质阻力相对较小,因此微生物可以更有效地利用内表面。研究表明,当阳极溶液穿过多孔电极时,电池的产电性能会有大幅度的提高,原因是当溶液穿过多孔电极时,减小了电极内部孔隙的传质阻力,使微生物可以更有效地在内部孔隙中附着,相当于增大了表面积,可以提高输出功率。

从上述分析可知,阳极内阻的大小取决于阳极产电微生物的数量,而生物量又取决于阳极实际用于附着微生物的面积。对于多孔电极,有效孔体积和孔径分布共同影响着微生物的实际附着面积,在相同的孔径下,有效孔体积越大,则能提供给微生物的附着面积越大,而适当地增大孔径则可减小电极内部的传质阻力,同样可以增大微生物的附着面积。对于非多孔电极,粗糙的表面具有较强的吸附性,可以加快微生物的附着速度,并且粗糙的表面具有相对较大的表面积,也提高了电极的产电性能。但是当生物膜初步形成后,微生物的进一步生长将不再依赖于底层电极表面的粗糙情况,因此当阳极电压稳定后,两种电池的差距逐渐减小。通过对多孔电极和非多孔电极的比较,发现薄碳纸、石墨和碳毡的阳极内阻和生物量与表面电位具有相关性,表面电位对电池的产电性能影响显著,较低的表面电位更接近其生长环境,有利于产电微生物的附着和生长。

以往对微生物燃料电池的研究,大多数针对电池的阳极进行。近年来,随着研究的深入,阴极的功能优化也引起人们的关注。一般来说,微生物燃料电池的阴极反应有生物反应和非生物反应之分。对于非生物反应而言,通常是进行氧气或铁氰化物的还原。研究者针对氧气在固体电极表面的还原动力低及水溶性差等问题,改善了氧气阴极系统,例如,使用高活性催化剂提高了阴极的效率。最近,Rhouds 等利用生物矿化氧化锰较好地解决了上述问题,一方面固态氧化锰不随反应物的消耗而改变活性,克服了氧气在水中溶解性差的缺点;另一方面,附载在电极表面的氧化锰克服了阴极可溶解性反应物传质受限的问题。

6.3.3　质子交换膜和非膜的直接微生物燃料电池

直接微生物燃料电池的基本结构与其他类型燃料电池类似,由阴极池加阳极池构成。根据阴极池结构的不同,微生物燃料电池可分为单池型和双池型两类;根据电池中是否使用质子交换膜又可分为有膜型和无膜型两类。其中单池型微生物燃料电池由于其阴极氧化剂直接为空气,因而无需盛装溶液的容器,而无膜型微生物燃料电池则是利用阴极材料具有部分防空气渗透的作用而省略了质子交换膜。

在微生物燃料电池中的阳极室和阴极室(或阴极),通常需要进行物理分隔,否则阴极室的溶解氧会直接进入阳极室,使阳极上微生物的产电效率大大降低。同时阳极室中的微生物可能在阴极大量生长,对阴极催化剂的性能造成较大影响。目前采用的分隔材料有质子膜、盐桥、玻璃珠、玻璃纤维和碳纸等,其中盐桥、玻璃珠和玻璃纤维等分隔方式因大幅提高了电池内阻,降低了微生物燃料电池的产电特性,逐渐不被采用。直接采用疏水型碳纸虽然不会提高电池内阻,但氧气向阳极的渗透问题对微生物燃料电池的发电效率还是有很大影响。质子膜则既能保证内阻较小,又能保证阳极室的缺氧状态,故使用较为广泛。

质子膜是一种选择透过性膜,具有良好的质子传导性,同时能够阻止阴极室中的氧气向阳极室传递,保证阳极室维持缺氧状态。工业成品质子交换膜主要是杜邦的 Nafion 系列和 Ultrex 品牌,Nafion 膜易受 NH_4^+ 等离子的污染,目前使用效果较好的是 Ultrex 的阳离子交换膜。作为分隔材料,质子膜在燃料电池中已广泛应用,但已有的商业成品质子膜并不是针对微生物燃料电池的特点设计的。由于质子膜成本高且易受污染,需要进一步针对微生物燃料电池的特点开发出抗污染且价格较低的质子膜或替代品。目前,已有研究者采用自制质子膜进行微生物燃料电池的研究,制备的 PE/poly(St – CO – DVB)膜应用于微生物燃料电池中,获得了较好的质子通透性,同时发现 20% 的胶联剂 DVB 可以获得最好的膜性能。

在传统的燃料电池中,质子交换膜是不可缺少的重要组件,其作用在于有效地传输质子,同时抑制反应气体的渗透,但是由于膜的价格不容忽视,所以在微生物燃料电池的研究中是否需要保留质子交换膜是研究人员关注的课题。最近的研究结果显示,对于空气阴极微生物燃料电池来说,取消质子交换膜虽然降低了电池的库仑效率,但明显提高了电池的最大输出功率。这主要是由于取消质子交换膜以后,氢离子易于进入阴极表面,降低了电池的内电阻,进而提高了电池的输出功率;但同时由于没有质子交换膜的阻拦,氧气很容易进入阳极池,更多有机物通过好氧过程降解,从而使转化成电能的有机物减少。在已有的微生物燃料电池中,大多采用商业化的质子交换膜,专门针对微生物燃料电池进行膜材料开发的研究较少。在研究者自行合成质子交换膜的基础上,人们考察了质子交换膜中二乙烯基苯的比例与微生物燃料电池性能之间的关系。有人还尝试考察了陶瓷膜在微生物燃料电池中的应用效果。

6.3.4　直接微生物燃料电池的介体与催化微生物

在不同种类的微生物燃料电池中,生物电极介体和主要催化微生物,以及其所涉及的电子转移途经及电子受体是主要的组成部分。

(1)在大多数研究中微生物燃料电池阳极是与空气阴极连在一起的。

(2)电压值通过欧姆定律算出。

(3)阳极表面积为其几何面积。

(4)断路测量。

(5)短路测量。

对于直接微生物燃料电池来说,要实现无介体电子转移,微生物细胞就必须与电极表面形成体接触,这是完成该转移过程的基本条件。一部分微生物是通过细胞膜表面的电化学活性组分氧化还原酶将电子直接传递给电极的,从而可在无外加介体的情况下产生电能,这样的菌种包括 *Aeromonas hydrophila*、*Geobacter metal - lireducells* 和 *Rhodo ferax ferrireducens* 等。另外,发酵菌属的 *Clostridium bu - tyricum* 也可以利用氢化酶直接将电子转移到电极上。但是有研究者认为,由于氢化酶主要是用来还原微生物表面的中性红,所以利用氢化酶的转移过程需借助于可溶性的氧化还原介体,使这类微生物生长在电极表面形成生物膜,以提高电子到阳极的传输速率。

6.3.5　直接微生物燃料电池的流场与流体动力学

在直接微生物燃料电池中,阴极室和阳极室构成了两个不同的流场,它们提供了微生物生长、繁殖和催化的场所,同时微生物燃料电池也利用电池的电极来代替微生物原来的天然电子受体,通过电子的不断转移来产生电能。微生物氧化燃料所生成的电子通过细胞膜相关联组分或者通过氧化还原介体传递给阳极,再经过外电路转移到阴极;在阴极区电子将电子受体(如氧)还原,然后与透过质子交换膜转移过来的质子结合生成水,其流场示意图如图 6.5 所示。

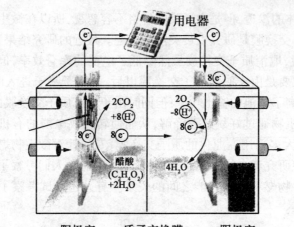

图 6.5 醋酸微生物燃料电池的流场示意图

在微生物燃料电池利用有机物产生电能的整个过程中,生物催化质点或微生物在流场中不断地运动,加速电极表面反应质点的快速更新,促进电子在阳极表面的传递。此过程中,在细胞内的电子转移是利用微生物氧化代谢中的呼吸链,使电子经 NADH 脱氢酶、辅酶、泛醌传递体、细胞色素等,或者通过微生物膜表面的氢化酶转移出细胞。然后,在细胞外的电子还必须通过与膜关联物质,或者可溶性氧化还原介体转移到电极上。很明显,这些在电子传递过程中起通道作用的物质,应在空间上易于接近。这种运动的主要推动力就是流体输送的推动力,它能促进微生物燃料电池中各种物质的迁移。当然,生物催化电极上的电子供体与受体间应有体接触,还存在其他的推动力,并且它们的氧化还原电压较低,导致产生的电子不可能自发地转移到电压更低的物质上。微生物燃料电池的流场是一个综合体系,可以通过试验和数字模拟的可视化方法加以研究。目前流行的计算流体力学分析软件种类较多,主要有 NASTRAN、ADINA、ANSYS、ABAQUS、MARC、COSMOS 和 FLUENT等。这些研究可以帮助研究者优化微生物燃料电池结构的设计。

6.3.6 直接微生物燃料电池的结构设计与组装

众所周知,衡量微生物燃料电池产电能力的指标是电流密度,一般采用单位面积电极(多为阳极)上的微生物发电功率或单位体积反应器(阳极室)中微生物的发电功率来表示。而衡量微生物燃料电池对污水中底物或污染物利用效率的指标则是库仑效率,即实际传递电子总量与有机底物被氧化的理论传递电子总量之比。从电池角度看,提高产电密度的有效方式是尽可能降低各种极化导致的电压损失。微生物燃料电池对外放电时的电压损失主要有电极表面的活化损失;电子通过电极材料、各种连接部件及离子通过电解质和质子膜的阻力引起的欧姆损失;反应浓度变化导致的传质损失。要减小放电时的电压损失就要对直接微生物燃料电池的结构进行设计与组装。

直接微生物燃料电池的结构设计与组装是其应用的关键。通常微生物燃料电池分为单室型和双室型两大类。双室型微生物燃料电池应用广泛,它具有阳极室和阴极室。双室型微生物燃料电池由于阴极传质阻力较大,同时阴极室和阳极室间存在一定距离,其欧姆电阻较高,导致产电密度较低(通常低于 $100~\text{mW/m}^2$)。通常将阴极置于阴极溶液中,通过曝气,利用溶液中的溶解氧作为电子受体,也可以在阴极室中添加三价铁盐溶液作为电子直接受体,以降低溶解氧直接作为电子受体时过大的传质阻力。双室型微生物燃料电池可以在阳极室和阴极室中分别设置参比电极,以便分别对阳极、质子膜(或分隔材料)和阴极进行研究。

1. 阳极和阳极室

阳极和阳极室导致的电压损失主要集中在活化损失和传质损失两部分。其中活化损失主要由微生物种类和微生物量决定。在接种混合菌时阳极的材质和形式均可影响附着微生物的种类和微生物量,进而影响活化损失的大小;传质损失则主要由反应物和产物的传质过程决定,阳极室中的搅拌速度或液体流动方式可对其产生影响。

目前微生物燃料电池的阳极材料主要是碳,包括纯碳(石墨和碳纸)及在碳电极表面修饰金属氧化物两类。Kim 等将铁氧化物涂抹于阳极上,电池的输出功率由 8 mW/m^2 增加到 30 mW/m^2,这主要是由于金属氧化物强化了金属还原菌在阳极的富集所致。

从阳极的具体形式上讲,可以将阳极分为平板式和填料型两种。平板式阳极的缺点是增大阳极面积必须增加反应器体积,其材质多为碳纸或碳布,也有采用较厚的碳毡作为阳极材料的。填料型阳极材质多为石墨颗粒。在相同阳极室体积下可以增加微生物附着的表面积,从而增大产电密度。从单位表面积的微生物产电来看,填料型阳极和平板式阳极的产电性能没有显著的差异。作为微生物附着的阳极,应尽可能地为产电微生物提供较大的附着空间,为微生物提供充足的营养,同时还要将微生物产生的电子和质子迅速传输出去。现有微生物燃料电池阳极材料的研究,除了试图增大微生物的附着面积,提高产电微生物的附着量外,缺少对提高电子和质子传递的措施研究。

阳极室内的搅拌或液体流动方式直接影响阳极反应的传质过程。Moon 等在研究填料型阳极时,发现流过阳极填料的流态对电池产电性能和库仑效率影响很大,传质过程主要是对流方式,并受速度梯度、分子扩散、湍流扩散的影响。还有人在研究平板式电极时,将阳极置于阳极室中间,使有机底物穿过阳极,产电功率从 420 mW/m^2 上升到 490 mW/m^2,这是由于有机底物直接透过阳极,降低了电极表面的边界层,提高了基质由阳极室向阳极的传递效率所致。

2. 阴极和阴极室

微生物燃料电池阴极的主要功能是在催化剂的作用下将电子传递给电子受体完成还原半反应。阴极和阴极室导致的电压损失主要集中在活化损失和传质损失两部分,其中活化损失与催化剂有关,传质损失与质子传递和电子受体种类有关。

阴极通常采用碳布或碳纸为基材,将催化剂喷涂或采用丝网印刷技术附着在阴极上,催化剂可以降低阴极反应的活化能,加快反应速度,降低电化学活化电阻。目前,微生物燃料电池的阴极主要采用碳载铂为催化剂。此外,研究还发现四甲基苯卟啉钴和酞菁亚铁也能起到较好的催化效果。

质子是参与阴极反应的反应物之一,其传递速度的快慢直接影响到阴极反应。用 Nafion 代替聚四氟乙烯做阴极催化剂的黏合剂也会提高电池的产电性能,最大产电密度从 360 mW/m^2 提高到 480 mW/m^2,其主要原因是用 Nafion 做黏合剂时,减小了质子在阴极内的传质阻力,降低了电池内阻。

电子受体的种类也是影响阴极反应的要素之一,目前最常用的电子受体为氧气,分为气态氧和水中溶解氧两种。其中氧气因其传质效果较好而能大幅提高产电密度。此外高价金属氧化物(如 Fe^{3+} 和 MnO_4^-)也可以作为电子受体,并能显著提高微生物燃料电池的性能,其原因有以下两点:一是可以有效地提高阴极电压,同时削弱氧气向阳极的扩散,降低阳极电压,从而使电池的电动势增加;二是提高电子受体的传质效率,降低由传质引起的传质阻力。

3. 分隔材料

目前,微生物燃料电池采用的分隔材料主要有:质子膜、盐桥、玻璃珠、玻璃纤维和碳纸等,其中盐桥、玻璃珠和玻璃纤维等分隔方式因为会大幅提高电池内阻,降低了微生物燃料电池的产电特性,已经逐渐不被采用。质子膜的使用既能保证内阻较小,又能保证阳极室的缺氧状态,因此应用范围较为广泛。具有选择透过性的质子膜,质子的传导性能良好,同时能够阻止阴极室中的氧气向阳极室传递,保证阳极室维持缺氧状态。目前,工业化的质子交换膜主要是有杜邦的 Nafion 和 Ul-trex 品牌,但是 Nafion 膜易受 NH_4^+ 等离子的污染。因此,针对微生物燃料电池设计特点的质子膜类分隔材料正在逐步研发,以 PE/poly 为材料,并具有良好质子通透性的抗污染、低价格质子膜或其替代品的工作进展迅速。

另外,就隔膜材料来讲,双室型微生物燃料电池的结构复杂,而单室型微生物燃料电池由于省略了阴极室,氧气作为电子直接受体时传质阻力小于双室型微生物燃料电池。人们尝试将阴极和质子膜热压在一起,减少了质子在阴极室内的传递阻力。也有将碳布电极表面涂布或喷涂质子交换树脂,制成阴极-质子膜型和阳极-质子膜-阴极型的微生物燃料电池电极。阴极-质子膜型是指微生物燃料电池的阴极和质子膜压合在一起,阳极独立,由于阳极和质子膜间有一段距离,两者间为阳极溶液,从阴极透过质子膜的氧再传递到阳极上的量很低,故对阳极上产电微生物的影响较小。阳极-质子膜-阴极型微生物燃料电池是将阳极、质子膜和阴极依次压合在一起,使阳极和阴极之间的距离大幅度降低,其电阻较小,但由于阳极和阴极距离过小,氧气易透过质子膜传递到阳极上,对产电微生物具有一定影响。

优化阳极、阴极和质子膜材料性能,可以提高微生物燃料电池的产电能力。优化帮助改进微生物燃料电池的结构和功能,降低极化导致的电压损失,实现微生物燃料电池的实用化。

6.4　微生物燃料电池的材料研究

为了使微生物燃料电池在环境污染控制与资源化过程中发挥更大的能力,人们不断探索提升微生物燃料电池性能的方法。通过对微生物燃料电池的系统分析表明,若希望提高微生物燃料电池在环境资源化方面的能力,必须考虑以下两方面的问题:其一是生物反应体系的问题,如前所述,主要涉及微生物产电性能、培养基工程、微生物降解有机和无机污染物过程中的电子转移路径等影响微生物体系性能的问题;其二是微生物燃料电池本身的结构和污染物处理能力与微生物燃料电池的材料性能之间的关系。有时对接种相同菌株的微生物燃料电池来说,其性能因使用材料及结构的不同而表现出显著的差异。人们尝试通过优化组合、应用新材料和新结构等来提升微生物燃料电池的发电量和库仑效率,而微生物燃料电池的新材料和新结构是人们近年研究的热点问题。

在微生物燃料电池的研究中,人们一直在寻找适合微生物燃料电池的低能耗、高效率的电极材料,金和铂电极性能虽然十分优异,但是由于价格因素,其广泛使用受到限制。就微生物燃料电池而言,阳极、阴极和膜或化学介质(对无膜微生物燃料电池而言)是不可或缺的组成部分。目前,在实验室或中试尺度装置上,阳极材料变化较少,仍然大量应用石墨薄板、石墨棒、微粒和纤维态(毡、布、纸、纤维、泡沫、纱)的碳或网状玻璃态的玻璃化碳材料,但是开发新材料的工作始终在进行。近年来碳基复合材料发展较快,如将聚苯胺(PANI)、碳化钨(WC)或纳米结构的 PANI/TiO$_2$ 引入或掺杂到前面提到的碳基材料中,还有一些富勒烯结构的含碳物质,如碳纳米管(CNTs)都已经在微生物燃料电池中表现出了卓越的潜能。

6.4.1　阴极材料

对于生物阳极微生物燃料电池而言,与阳极上发生的反应不同,阴极上发生的是没有细菌参与的化学反应,是需要质子、氧和固体催化剂参与的三相反应。因此,催化剂必须直接暴露在空气(氧气)和质子中,且必须能够维持导电性。氧气作为氧化剂,无论在何种构造中都要扩散到水溶液中与液态或气态阴极搭配。基质分解释放出的质子在阴极方向扩散,但是其缓慢的传质速率对微生物有害且会造成电极极化。这一点可以通过设计新式结构、引入隔膜及加强离子溶解浓度等方法予以改进。微生物燃料电池常用的阴极材料为碳纸、碳布和碳纱、石墨、石墨板和石墨棒等。最近研究开发的新材料通常都是基于上面提到的材料进行改进的。

1. 不锈钢在微生物燃料电池中作为阴极的使用

不锈钢是铬质量分数在 11% 以上的钢,它不像普通钢那样容易生锈、腐蚀。在过去,大量研究都倾向于使用碳基材料做电极,但是由于其易碎的物理特性,它们在这一领域是否可行存在着极大的疑问。因此,不锈钢毫无疑问地成为构建大规模微生物燃料电池的选择。这不仅是因为其相对低廉的成本,也因为其良好的物理化学性质,如机械强度、抗腐蚀性。基于这点共识,人们用不锈钢做电极设计了一个配置在港口的样机。极化曲线显示不锈钢阴极对促进氧气还原有不错的催化性。在近期微生物燃料电池的研究中,引入比表面积为 810 m^2/m^3 的锯齿形不锈钢,得到了 188 A/m^2 的电流密度和 0.6 V 的外加电压。无疑这种阴极在微生物燃料电池反应中的效果是很吸引人的。

2. 与金属掺杂和修饰有关的阴极

钛是一种低密度但坚硬耐腐蚀的过渡金属,可以与其他金属元素(如铁、铝、钒等)等混成合金,尽管导电性较差,但是拥有优良的耐腐蚀特性,这使得它可以作为被铂等催化剂修饰的电极使用。用铂修饰的穿孔钛板(25 cm^2 大小,与碳毡阳极一样)做阴极可构建双室型的微生物燃料电池。结果显示,最大的功率密度为 156.0 mW/m^2,相应的最高电压为 231 mV。还有用钴修饰的阴极电极。为了提高纯碳阴极表面发生的氧气还原反应速率并降低所得到的阴极超电压,在阴极表面添加一些铂是必要的。但是这种催化剂的高昂价格限制了其广泛应用。最近开发出了一种新的阴极,它用碳布做基质(15% 疏水处理),并用钴做催化剂($0.1\ mg/cm^2$),应用在有 Nafion 做的背层和 PTEE 做的气体扩散层保护下的气相阴极上,得到了显著的效果,最大功率密度为 $0.40\ mW/cm^2$,比负荷端直接接触电解液的情况提高了 1.5 倍。

3. 与金属有机大环化合物修饰有关的阴极

随着研究进一步深入,过渡金属大环在催化氧还原方面引起了人们的兴趣。在微生物燃料电池中应用金属酞菁催化剂,如铁酞菁(FePc),吸附在碳纳米粒(如 KJB)共同热分解,得到阴极材料。研究涉及许多非铂催化剂,包括金属卟啉(TMPP)、卟啉钴(CoTMPP)、Fe CoTMPP。深入研究表明,50 mmol/L pH 7 的磷酸盐缓冲溶液可以得到 $634\ mW/m^2$ 的功率密度,要高于贵金属铂阴极得到的功率密度($593\ mW/m^2$)。通常氧气还原反应有双电子和四电子通路,就产能效率来说,四电子路径因其能避免产生会破坏电极结构的过氧化氢,所以更可取些。尽管氧气还原的机理根据电流密度从低到高有所不同,但对铂催化剂来说反应现象是不变的。塔菲尔图的数据显示,在低过载电压下,在酸性和中性 pH 溶解中的塔菲尔曲线斜率为 -0.06,这说明在 FePc 上氧气还原的机理不因 pH 值的改变而变化,反应主要由 Fe(Ⅱ)和 Fe(Ⅲ)氧化还原对决定。因为在高电流密度区 FePc – KJB 获得的氧气还原电压要比铂更高,这证明了中性 pH 溶液中 FePc 的应用很有前途。

4. 在微生物燃料电池中的生物阴极

在阴极表面由某些微生物生成生物膜,已被证实可用于催化还原反应。因此,把阴极利用生物进行修饰或作为催化剂的微生物燃料电池的阴极称为生物阴极。生物阴极一般分两类:

①好氧生物阴极,微生物利用氧气催化氧化过渡金属,如 Mn(Ⅱ)或 Fe(Ⅱ);

②厌氧生物阴极,以无机盐或离子作为最终电子受体,如硝酸盐、硫酸盐、铁、锰、硒酸盐、砷酸盐、尿素、延胡索酸盐和二氧化碳。

近几年对生物阴极的报道越来越受到重视。人们利用 MnO_2/C,并研究其在中性溶液中的催化活性,结果显示该催化剂适合作为微生物燃料电池的阴极材料使用。深入研究表明,二价离子的 MnO_2/C 强化了氧,使用微生物氧化亚铁硫杆菌,来确保独立反应器中的生物体吸附的颗粒(聚氨基甲酸乙酯泡沫)上 Fe(Ⅱ)连续再氧化为 Fe(Ⅲ),同时,反应器与阴极室相连,在阴极室中 Fe(Ⅲ)离子被不断提供作为电子受体。尽管固定在微生物吸附颗粒上的微生物与石墨毡阴极没有直接接触,该阴极仍然可以认为是生物阴极。结果显示,最大功率密度为 $1.2\ W/m^2$,电流密度为 $4.4\ A/m^2$。人们还在阳极室引入了氰亚铁酸钾做介质,阴极室注入了亚甲基蓝和硫堇蓝做介质,使用普通小球藻从大气中吸收 CO。此外,最适宜普通小球藻生长的条件为照射到反应器的辐射通量为 32.3 mW 和含 CO_2 体积分数为 10% 的供气。基于这些条件可获取最大电压 70 mV。

6.4.2　阳极材料

与应用于化学燃料电池的典型阳极反应不同,微生物燃料电池由于微生物和化学物质的参与,在阳极上的反应会更复杂些。因此,阳极材料还必须要有良好的生物适应性、优异的导电性能、抗腐蚀性能、高比表面积和高孔隙率。

传统上使用与金属相关的电极。利用电子束进行铂沉积改善电极性能,在镀铂的碳电极基础上,进一步利用聚苯胺减弱反应的钝化作用。因为聚苯胺可用作再生性的氧化还媒介,在厌氧环境下大肠埃希菌 K12 代谢浓度为 0.55 mmol/L 的葡萄糖时,电流密度比两种物质单独使用时明显增加。而直接利用电子束在碳纸上进行铂沉积时,不使用聚苯胺也可以取得让人满意的效果。例如,用电子束蒸发过程在碳纸表面覆盖铂薄膜(铂厚度 1 000 A),可获得 0.42 A/m^2 的电流密度,是使用铂黑(0.23 A/m^2,铂厚度 1 500 A)和商用电池(0.22 A/m^2,铂厚度 2 500 A)的 2 倍,超出没用铂的碳纸电极 8 倍多。

金作为一种贵重金属,极少在微生物燃料电池中作为电极使用,这不仅是因为其价格昂贵,还在于其严格的生物适应性。尽管金的导电性很好,但其表面对细胞有剧毒,且很难与电子迁移相关的化合物,如希瓦菌属自产的介质反应,这些细菌在吸附到金表面后极易变性失去电化学活性。与传统认知相反,一些微生物可以胜任将金作为电极的工作。以硫还原泥菌为例,其外表面的 C 类细胞色素与金表面接触并不会失去氧化还原性,可以像石墨电极一样有效传导电子。用硅片做的电极(直径 0.1026 m,厚 500 ~ 550 μm,电阻系数 1 ~ 10 Ω/cm,晶格方向,用超平滑金做涂层(厚度 100 nm)的电极,当硫还原泥菌接种进醋酸盐介质中时,金阳极产生了连续稳定的电流,电压比 Ag/AgCl 参比电极高了 300 mV。

1. 与有机导电聚合物相关的阳极

导电聚合物,以聚苯胺(PANI)为例,是有可半弯曲杆的导电性聚合体。在这些导电性聚合体中,聚苯胺的独特性质在于它易于合成、环境稳定性好和掺杂与去掺杂工艺简单。聚苯胺层有与传统氧化还原介质相类似的分子单元构成,其可逆的氧化还原性和电导性可通过再氧化实现。此外,聚苯胺另一个适合做电极材料的优点是允许反应产物 H$_2$,而不是大分子扩散到电催化剂活性电极的表面,这样可以有效防止电极中毒。

根据前面提及的性质,聚苯胺在微生物燃料电池中的应用正不断吸引人们的关注。人们用添加铂的聚苯胺电极氧化有机物与纯铂相比显示出在电流密度峰值上的提升。使用覆盖了聚苯胺的镀铂碳布做阳极,得到的最大功率为 12 mW/cm^2,相应的电池电压为 469 mV,电流密度为 2.6 mA/cm^2。当使用分散铂微粒掺杂在聚苯胺薄膜的阳极时,在直接甲醇燃料电池中氧化甲醇,SO_4^{2-}、NO_3^-、ClO_4^-、BF_4^- 和 Cl^- 等不同阴离子中 SO_4^{2-} 显示了最高的活性。聚苯胺 + 锡 + 铂薄膜作为电极获得了优于用聚苯胺 + 铂、铂 + 锡或铂做电极(碳做基质)的电催化活性和阳极电流。差别很可能源自新电极提升了电催化活性的形态分布。对改进的聚苯胺相关阳极材料来说,还应该努力开发纳米结构,研制以高比表面积和统一微孔分布为特色的新材料,以增加电流密度,使用高生化电催化活性的细菌。介孔结构的无机材料如 TiO$_2$ 都被列为备选材料。就 TiO$_2$ 来说,它的生物兼容性好,稳定而且环境友好,但一些输入性能(如电导性)还需要进一步改进,以增大电流输出。用独特的纳米结构 PANI/TiO$_2$ 混合物构建了微生物燃料电池的阳极。实验结果显示,30% 质量分数 PANI 的混合物有最佳的生物和电催化性,最大功率密度为 1 495 mW/m^2。

2. 与碳基相关的阳极

网状玻璃碳也通常在微生物燃料电池中作为阳极使用。网状玻璃碳是通过碳化含合成树脂和发泡剂的聚合体而得到的重要材料,因其卓越的物理结构和突出的高机械抗力、多孔性、生物适应性和相对高的导电性而广为人知。尽管这种碳基材料单位体积碳含量低,脆而易碎,且三维网络结构延展性差,但网状玻璃碳仍然因其优点而被广泛用作电极材料。

含网状玻璃碳的阳极材料跟其他材料相比更易于极化。在评价不同碳质材料做阳极的海底沉积物燃料电池的性能时,结果显示,网状玻璃碳获取到的最大功率密度

$(0.2~mW/m^2)$ 要比海绵碳 $(55~mW/m^2)$、碳布 $(19 \sim 227.5~mW/m^2)$ 和碳纤维 $(4.5~mW/m^2)$ 在同样实验条件下（如所有电池的阴极都是碳布）低很多。但是,在网状玻璃碳表面涂上电化学聚吡咯就可以显著提高电功率。聚吡咯涂层的网状玻璃碳最大功率密度可达 $1.2~mW/cm^2$ $(0.58~mA$ 以下)，几乎是未处理过的 3 倍。主要原因如下：

①聚吡咯涂层中的大量微孔为细菌和介质提供了更多的有效表面积；

②带正电的官能团对带负电的微生物有强烈的亲和力。此外,可以看做是介质穿透细胞膜阻止了电子进行传递。

3. 碳纳米管（CNT）

碳纳米管是圆柱形纳米结构的碳的同素异形体,属于富勒烯结构族,该族还包括巴基球（C60）。碳纳米管的长度直径比可达 28 000 000:1,直径大约为几纳米,长度可达几毫米。迄今为止,尽管碳纳米管的结晶缺陷和潜在毒性会在实际应用中影响其性质,如在纳米技术、电子学、光学和其他材料科学领域及建筑领域中,但碳纳米管仍然展现出了优异的性能——在量子效应作用下沿管轴向的独特的电子传输和强导热性。纳米管分为两类:单壁纳米管和多壁纳米管（含多个卷层同轴管）。在微生物燃料电池研究中,引入了碳纳米管来评估其对废水中菌群的生物兼容性和阳极表面细菌生长期的影响。在应用之前,多壁纳米管要进行化学预处理,以使其与传统电极相比具有更大的比表面积并改进其生物亲和力。除了碳纳米管之外,有着高比表面积（BET 比表面积高达 $860~m^2/g$）、高孔隙率和可控的结构特性的碳气胶也可在相同的实验条件（阳极室充入废水,细菌在厌氧条件下培养,用聚合物质子交换膜分隔双室,阴极室 $0.5~mmol/L~pH~7$ 的磷酸钾缓冲溶液）下进行评估。拍下色谱谱图以分析在多壁纳米管和碳气胶上生物膜的生长进展及形态变化。结果表明,在多壁纳米管上电极基质覆盖着均匀的生物膜,而在碳气胶上生长的生物膜则相反,非常不均匀,许多呈细管状。这表明两种阳极材料对废水中生物膜的生长都是有利的。用多重循环废水对多壁纳米管和碳气胶上的生物膜进行循环伏安法扫描,显示以改良过的碳纳米管和碳气胶为基础的生物电极都表现出了稳定的循环电位现象。因此,多壁纳米管和碳气胶材料都表现了生物膜和电极间的生物适应性。

6.4.3　隔膜材料

在微生物燃料电池的研究中,隔膜主要用于双室或 H 型微生物燃料电池中分隔阳极和阴极,以阻止阴极室的化学介质（如氰铁酸盐和氧气）或阳极室的基质扩散,它们之中任何一种进入电池的另一侧都对系统有害。如氧气进入阳极室会抑制厌氧产电菌的生长及引起基质损失,造成更低的库仑效率。但是,这些膜对从阳极到阴极的质子来说是可渗透的。微生物燃料电池中引入的膜,通常会降低溶液导电性、阳离子迁移速率、质子或带质子的化学物种的扩散,增加系统的内阻,使产生的电能减少。研究表明,可以通过缩短电极间的距离和改变膜的离子传导性能来提高。常用的气相阴极是用膜（Nafion）黏合阴极催化剂组装的电极,并热压于基质上。这种组装电极的最大功率密度（$262 \pm 10~mW/m^2$）要低于不用膜（$494 \pm 21~mW/m^2$）的装置。关于这一差异的深层次原因还没有一个确切的解释。对预注入了产电细菌的微生物燃料电池,要维持它们在适宜的生理条件下生存,就需要额外的包含阳离子和阳极电解液及其他营养素的矿物质。引入膜作为屏障可以成功地平衡电荷,使系统处于电中性。但是,质子与阳离子明显的传质速率差异及它们的竞争性穿透膜打破了细菌赖以生存的质子和碱金属离子分别聚集在阳极电解液和阴极电解液中的平衡,接着生物催化活性降低,电池电压随着 pH 斜率的产生降低。在实验室尺度的微生物燃料电池试验中,人们熟知的膜有质子交换膜(Nafion – liT)、阳离子交换膜(CEM – 1 – UltrexTM CM17000)、阴离子交换膜(Fumasep FAD)、双极膜(Fumasep FBM)等,但是实际上,一些没有电学特性的膜,如微滤膜,也被引入微生物燃料电池研究中,作为一种选择。

1. 单极膜和双极膜的使用

微生物燃料电池中的电场可以通过阳极和阴极反应自然产生。在这一条件下,若没有膜的存在,阳离子或阴离子可以自由地迁移到阴极(正电端)或阳极(负电端)。但是,这种离子的迁移可以通过引入膜来改变,如选择性地传递阳离子(包括质子 CEM、PEM)或阴离子(AEM)。这种特性要归于这些膜的聚合物网络固定的荷电基团。功能膜,如Nafion – 117,尽管有优异的质子传导性,但是:①从阴极到阳极的氧气扩散,被认为促进了基质损失或库仑效率的降低,或是限制了厌氧微生物的生长;②竞争性的阳离子传质作用导致氧气还原反应所需的质子无法有效获取。在双室微生物燃料电池中,透过阳极室的氧气浓度,在 655 min 内从 0.38 mg/L 升到了 1.36 mg/L,随着阳离子通过膜进入阴极室影响缓冲溶液浓度,阴极电压的降低,影响了微生物燃料电池的性能。在使用铁螯合物阴极电解液的微生物燃料电池中,用 CEM – 1 – UltrexTM CMIT000 替换 PEM Fumapem F – 930 时,阴极电解液的 pH 值限度从 9.5 降到了 8.7。基于前面提到的常用单极膜,人们用聚乙烯以氯磺酸在 1,2 – 二氯乙烷中进行磺化制备了共聚物阳离子交换膜,该膜用聚乙烯为基质,磺酸基的多聚 Stco – DVB 为交叉耦合的聚合电解质。另外,利用含阳离子和阴离子交换膜的双极膜,两膜间厚度为 0.01 ~ 100 mm 的无机离子交换层。与其他膜不同,双极膜输送的离子是由 CEM 膜和 AEM 膜之间的过渡区内水裂解反应产生的,质子和 OH^- 分别穿过CEM 膜和 AEM 膜进行迁移。要将水裂解成质子和 OH^-,离子流入包含电解液离子流入和裂解水离子流入两部分。质子迁移到阴极,OH^- 迁移到阳极。除去质子和 OH^-,双极膜也允许荷正电或负电的基团通过。将使用双极膜的微生物燃料电池内阴极上的 Fe(Ⅱ)还原反应和铁的生物氧化反应进行比较,观察表明,阴极电解液的 pH 值会因迁移质子数量的减少而升高。因为双极膜内水裂解反应产生的质子远不能补偿微生物氧化 Fe(Ⅱ)离子所消耗的质子。此外,因双极膜在所有膜中最易极化,所以在微生物燃料电池中使用时需要注意。

2. 非极性膜

微滤和纳滤可以用于气相阴极单室微生物燃料电池的产电作用,但是需要进行表面接枝修饰。在共同基质葡萄糖(500 mg/L)和偶氮染料(300 mg/L)条件下,最大功率密度为234 mW/cm^2,外电阻为 500 Ω。

6.4.4 阴极电解质

对于阳极为微生物室的微生物燃料电池,尽管氰铁酸盐($K_3[Fe(CN)_6]$)作为阴极室的电子受体以补偿氧气还原反应的动力学限制很流行,其良好的性能通常用作电子受体,多用来提高阴极性能,但是每隔段时间必须进行化学再生或更换。Fe(HI)也可以作为阴极的最终电子受体,并可以在特殊细菌的作用下实现生物再生。用氧化亚铁硫杆菌氧化Fe(Ⅱ)的微生物燃料电池,可以得到的输出功率为 1.2 W/m^2(电流密度为 4.4 A/m^2),要比之前没进行 Fe(Ⅱ)氧化的研究 4.5 A/m^2 电流密度下(0.86 W/m^2)高了 38%。

Fe^{3+}/Fe^{2+} 氧化还原对使得阴极保持了与金属基化学催化剂相比相对稳定的高电压。然而,因为质子穿过膜到达阴极电解液的低效率,Fe^{3+} 和 Fe^{2+} 当阴极电解液 pH 值大于 2.5 时的难溶性弱化了 Fe^{3+}/Fe^{2+} 对的功用。因此在他们的研究中,H_2SO_4 逐时加入以调节 pH 值范围,保证 Fe^{3+}/Fe^{2+} 对生效。使用阳离子交换膜分隔双室,为了消除 pH 值的调节工程,人们引入了几种铁螯合阴极电解液,如 Fe - EDTA、Fe - NTA、丁二酸铁及柠檬酸铁进行试验,以潮湿空气曝气。结果表明,最大电流可达 35.4 mA,最大单位体积功率密度为 47.1 W/m^3,对比 Fe - EDTA 的 34.4 mA 和 22.9 W/m^3 都要高。柠檬酸铁和丁二酸铁之所以被认为不是合适的微生物燃料电池阴极电解液,是因为它们显现的低电量和电流。另外,丁二酸铁阴极电解液产生的红色沉淀也是一个重要因素。在这些阴极电解液中,Fe - EDTA 的 pH 值升到 9.5 仍能正常工作,并且不需要时常补充或替换阴极电解液。

6.5 微生物燃料电池的模型研究

建立完善、实用的数学模型不仅对微生物燃料电池过程的设计和运行管理有着重要意义,对控制策略的设计也有借鉴意义,利用微生物动力学理论及数学模型研究微生物燃料电池,可以提高发电量和污水中污染物的处理效率,为探讨微生物燃料电池中污染物微生物降解过程中电子传递的理论和方法,很多研究者对其机理及模型进行了研究,也逐步从经验数据的统计模型进入到两者结合的数学模型。

在微生物燃料电池的两极室中,微生物的催化主要在阳极室,并通过阴极室的氧化将电子进行传导而产生电能。微生物生长速率与微生物浓度及某些限制性底物浓度之间的相互关系,可以利用 Monod 方程为基础,将阳极室视为微生物反应器,利用微生物电化学的理论,将基质降解、微生物生长、产能发电的各参数之间的关系用数学模型来表示。由于微生物反应动力学的发展和微生物燃料电池反应过程的复杂性,模型以矩阵的形式对反应过程内部组分、电子传递电子传递及反应过程进行表述比较适合。

微生物燃料电池生物电化学反应动力学的描述如下:根据微生物燃料电池的工作原理,选取以葡萄糖做底物的微生物燃料电池为例,其反应如下:

阳极反应:

$$C_6H_{12}O_6 + 6H_2O \longrightarrow 6CO_2 + 24e^- + 24H^+ \tag{6.1}$$

阴极反应:

$$6O_2 + 24e^- + 24H^+ \longrightarrow 12H_2O \tag{6.2}$$

通常微生物燃料电池的主要生物反应由式(6.1)和式(6.2)组成。微生物的电子传递作用链在整个过程中起到十分重要的作用。以最简单的阳极室生物反应器为例,可以选取有机物葡萄糖,以 S 表示;在降解过程中产生电能为 E;微生物燃料电池中的微生物催化剂为 X,它们可以重复循环利用。通过阳极的半反应可以简单地将微生物燃料电池的微生物厌氧过程描述为:

$$S + 6H_2O \longrightarrow X + 6CO_2 + 24e^- + 24H^+ \tag{6.3}$$

微生物燃料电池的生物过程机理复杂,模型高度非线性,因此,为了保证微生物燃料电池过程的良好运行,提高发电和处理效率,控制策略设计也很重要。在微生物燃料电池过

程系统中,应用过程控制存在的主要问题如下:

①微生物燃料电池反应过程复杂。整个处理过程由多个操作单元组成,在同一单元内又发生多个性质完全不同的反应,包括物理化学和电生物反应。

②许多影响系统特性的参数难以控制(如瞬间流量、有机物输入变化、有毒物质的输入和进水温度等)。

③系统高度动态化,并且很少在稳态情况下运行,缺乏一个有效和精确描述过程动态的数学模型。

④微生物燃料电池系统的目标是既要进行发电,同时排放的污水又要满足国家污染水排放标准。

⑤非量化信息。定性的指标(如出水的气味和颜色、微生物质量等)对于操作人员是至关重要的信息,不能在常规的控制技术中使用。

从控制回路分析,微生物燃料电池的常规控制策略主要是对微生物燃料电池过程变量的控制,包括以下几点:

①进料流量控制。进料流量大小决定了有机污水在系统中的平均滞留时间,而有机污水与微生物之间的新陈代谢活动主要在有效滞留时间内发生,故流量的变化会使系统所有组分受到影响。

②pH 值控制。微生物燃料电池接种细菌的繁殖和催化对 pH 值大小有一定的要求,同时 pH 值也会影响反应速度,产氢过程 pH 值范围保持在 $3.8 \sim 4.5$。

③DO 浓度控制。阴极的溶解氧控制十分重要。

④F/M 控制。当 F/M 过低时,细菌的生产速率将下降,菌龄增加,系统容易受到有机物的峰值影响。

模型的研究应以动态最优化为基础,在确定一组控制变量后通过状态方程、约束条件与性能指标,建立最优控制数字模型,然后通过计算得到一组能使性能指标达到最优的控制参数指挥控制。在过程最优控制设计时,选择合适的控制变量、状态变量和性能指标,根据模型、机理或经验建立约束条件,简化状态方程。

目前,控制变量的研究相对比较少,如对底物浓度或底物排出浓度波动性能指标及回流微生物排出量性能指标等对发电量的影响的研究。当前运用的最优控制计算方法包含传统单变量无约束条件的最优控制计算方法和有约束条件的多变量最优控制问题的计算方法两种,后者比前者更复杂且具有实际意义。在有约束条件的多变量最优控制计算方法中,以 pH 值、微生物排放量、底物浓度和出口浓度作为变量,进行条件约束的多变量最优控制。另外,建立数学模型也可以采用人工智能化控制系统、模糊控制系统、微生物的混沌与分形催化等方法。随着研究的深入,将会有更多的方法应用于微生物燃料电池的建模与控制方面。

6.6 微生物燃料电池应用概况

微生物燃料电池作为一种清洁、高效而且性能稳定的电源技术,已经在航空、航天等领域得到了应用。目前,世界各国都在加速其在民用领域的商业开发。使用微生物燃料电池处理污水是微生物燃料电池新的研究方向,通过微生物燃料电池既可以处理污水,又可以生产能量和进行资源的循环利用,实现了污水处理的可持续发展。在采用污水作为原料的微生物燃料电池中,通过阳极的微生物修饰,将有效提高其输出功率。

6.6.1 用于生物传感器的微生物燃料电池

微生物燃料电池可以作为生物传感器的基础。研究中的微生物燃料电池类 BOD 传感器由两个电极构成,均为石墨平板材料。两区之间用 Nafion 膜分隔,接外电阻为 IOD,使用的微生物呈现电化学活性,不加入介体。研究用微生物燃料电池类 BOD 传感器分别对污水进行了取样测定和连续在线测量,实验结果显示可以成功地测量到污水样的 BOD 值,与传统方法测量 BOD 值相比较,偏差范围为 3% ~ 10%。在取样测定实验中,采用的微生物燃料电池中富集电化学活性的菌群,原料为淀粉加工厂污水。结果显示,电池产生的电流与污水浓度之间呈明显的线性关系,相关系数达到 0.99。低浓度时电流响应时间少于 30 min,但质量浓度达到 200 mg/L 时,响应时间需要 10 h。如果污水没有用缓冲溶液稀释,则其浓度与电流间没有线性关系。微生物燃料电池测定的 BOD 值的标准偏差为 12% ~ 32%。在用污水处理厂的活性污泥对微生物燃料电池接种的连续研究中,待监测的污水为用葡萄糖和谷氨酸配制的模拟污水,结果显示,污水流动速率和阴极流速均会影响电池电流;当污水的 BOD 值小于 100 mg/L 时,电流与浓度呈线性关系,因此,可利用微生物燃料电池来测量污水中的 BOD 值,而且使 BOD 的在线监测更方便。

6.6.2 污染控制中应用的微生物燃料电池

利用微生物燃料电池进行污水处理的研究日益增加,人们设计了很多不同结构的微生物燃料电池用来处理污水。其中,直接使用空气作为阴极的微生物燃料电池明显提高了电池的输出功率密度。在单室微生物燃料电池的阳极室处理生活污水或葡萄糖,可将污水中的细菌用作生物催化剂。当电池以生活污水(COD 为 200 ~ 300 mg/L)为燃料时,连续运行 140 h 后,达到最大电压 0.32 V,处理后污水的 COD 值降低了 50% 以上。微生物燃料电池还可以利用溶解有机质的氧化直接产生电流。但是,如果要对微生物燃料电池进行优化,就必须知道更多的关于增加燃料电池功率的影响因素,例如,质子交换系统的类型和电极材料等。为了考察这些影响因素的具体情况,人们在微生物燃料电池中使用纯介体和混合介体两种情况下进行了实验。结果显示,使用纯接种 *G. metallireducen* 菌时,电池功率是 (40 ± 1) mW/m^2,而使用污水做接种体的电池功率是 (38 ± 1) mW/m^2。同时,可以用微生物燃料电池通过盐桥代替质子交换膜进行研究,盐桥的微生物燃料电池功率为 2.2 mW/m^2,与质子交换膜相比,盐桥体系的内电阻为 $(19\ 920 \pm 50)$ Ω,在这两个体系里,依靠喷射氮气可以提高电池的库仑效率约 28% ~ 36%,为了提高库仑效率,需要依靠控制溶解氧到阳极室的流量,解决内在电阻是增加微生物燃料电池功率的最主要因素。

第7章　电池能量的计算

7.1　电压和电流的计算

7.1.1　电　压

电压,也称为电压差或电位差,是衡量单位电荷在静电场中由于电压不同所产生的能量差的物理量。此概念与水位高低所造成的"水压"相似。需要指出的是,"电压"一词一般只用于电路当中,"电压差"和"电位差"则普遍应用于一切电现象当中。电压在国际单位制中的单位是伏特(V),简称伏,用符号 V 表示。1 伏特等于对每 1 库仑的电荷做了 1 焦耳的功,即 1 V = 1 J/C。强电压常用千伏(kV)为单位,弱小电压的单位可以用毫伏(mV)或微伏(μV)表示。

研究表明,温度对 MFC 的电压输出有较大的影响。为了排除温度的干扰,获取稳定的 MFC 电压数值,MFC 通常要在恒温条件下运行。冯玉杰等采用了两种控温方法:一是使用电阻线 – 温度传感器的温控系统,另外一种就是搭建恒温工作房,控制整个房间的温度在指定的数值(一般为 30 ℃)。图 7.1 为冯玉杰等使用的恒温工作房数据采集系统照片。数据采集系统由连接在电脑上的数据采集器和相应的数据采集软件组成。每块数据采集器能够同时连接 32 台 MFC,每隔 1 min 采集一次各路电压值并保存到相应的文件中。每隔 30 min,数据采集软件将获得的 30 个电压数值,并由高到低排序,去掉最大值和最小值,其余的 28 个数据求得平均数,并最终作为每 30 min 获得的电压值保存在另一个文件中。电流密度(i)由欧姆定律计算:

$$i = \frac{V}{RA}$$

式中　V——外电阻上的电压;
　　　　R——外电阻阻值;
　　　　A——电极有效面积。

图 7.1　恒温工作房数据采集系统

7.1.2　电流和电流密度

电流是指电荷的定向移动。电源的电动势形成了电压,继而产生了电场力,在电场力的作用下,处于电场内的电荷发生定向移动,形成了电流。电流的大小称为电流强度(简称电流,符号为 I),是指单位时间内通过导线某一截面的电荷量,每秒通过 1 库仑的电量称为 1 安培(单位为 A)。安培是国际单位制中所有电性的基本单位。除了 A,常用的单位有毫安(mA)、微安(μA)。

电流是描述电路中某点电流强弱和流动方向的物理量。它是矢量,其大小等于单位时间内通过垂直于电流方向单位面积的电量,以正电荷流动的方向为该矢量的正方向。

电流密度的物理意义是单位电极面积或体积上通过的电流,和电极的电化学反应速率有关。公式:$J = I/A$,单位是安培每平方米,记作 A/m^2。它在物理中一般用 J 表示。MFC 的电流密度可根据需要按阳极面积或体积进行计算,即面积电流密度或体积电流密度,这里采用体积电流密度为例,计算公式如下:

$$j_V = \frac{I}{V} = \frac{U_{cell}}{R_{ex}V} \tag{7.1}$$

式中　j_V——体积电流密度,A/m^3;

$\quad\quad U_{cell}$——电池电压,V;

$\quad\quad V$——阳极体积,m^3;

$\quad\quad R_{ex}$——外电阻,Ω。

7.1.3　电位和过电位

MFC 单电池的开路电压一般在 0.8 V 以下,小于热力学平衡电位,主要是由于电池的极化作用产生过电位,造成电压损失。过电位是使电荷迁移顺利进行所需要的多出的能量。在 MFC 中,电子在从有机物到微生物、到阳极通过导线传至阴极的转移过程中由于受到阻碍作用而导致的电位损失,包括阳极底物扩散过电位、微生物代谢过电位、电子转移过电位、欧姆过电位、阴极扩散过电位、阴极反应过电位。在燃料电池的研究中,为了使问题简化,通常把过电位分成不同的种类,方便对其进行定量研究。实际的电位应该等于平衡电极电位和所有过电位的差值,即:

$$E_{cell} = E_0 + \eta_a + \eta_\Omega + \eta_d \tag{7.2}$$

式中　E_{cell}——电池实际电位,V;

$\quad\quad E_0$——电池理论热力学平衡电位,V;

$\quad\quad \eta_a$——活化过电位,V;

$\quad\quad \eta_\Omega$——欧姆过电位,V;

$\quad\quad \eta_d$——浓差极化过电位,V。

活化过电位 η_a 也叫做电荷转移过电位,和电极反应的活化能有关。活化过电位和电流密度之间的关系可以用经典电化学理论中的 Butler - Volmer 方程进行描述,方程如下:

$$j = j_0 \left\{ \exp\left(\frac{\alpha b F \eta_a}{RT} \right) - \exp\left[\frac{-(1-\alpha)bF\eta_a}{RT} \right] \right\} \tag{7.3}$$

式中　j——电流密度,A/m^2;

j_0——交换电流密度，A/m^2；

α——电荷转移系数，无量纲，在 $0 \sim 1$ 之间取值；

b——氧化 1 mol 有机物转移的电子数，$mole^-/mol$；

F——Faraday 常数，96 485 C/mol；

R——理想气体常数，8.314 5 J/(mol·K)；

T——绝对温度，293.15 K。

欧姆过电位 η_Ω 和电路中电流密度呈现线性关系，主要和电池内阻有关，可以用物理学中的欧姆定律进行描述：

$$\eta_\Omega = IR_{int} \tag{7.4}$$

式中 I——电流，A，数值上等于电流密度 j 和电极面积 A 的乘积；

R_{int}——电池内阻，Ω。

浓差极化过电位是在电流密度较大时，底物扩散速率成为反应的限制因素时对电流的流动造成的阻力和电位损失。由经典的 Fick 第一扩散定律和 Faraday 定律可以推导出扩散过电位和扩散限制底物之间的关系：

$$\eta_b = \frac{RT}{bF}\ln\frac{S_E}{S_B} \tag{7.5}$$

式中 S_E——电极表面的反应物浓度，mg/L；

S_B——液相主体中的反应物浓度，mg/L。

7.2 MFC 热力学分析和能量效率

7.2.1 MFC 热力学可行性分析

对于一个化学反应来说，热力学上的可行性是保证反应能够自发进行的前提，MFC 也是如此。根据热力学第二定律，只有在阳极和阴极总反应的吉布斯自由能为负或者总氧化还原反应电位差为正时电池才能向电流输出的方向进行。下面以热力学第二定律和 Nernst 方程为基础，对 MFC 中的可逆反应的热力学可行性进行简单的分析。对于一个特定的可逆反应：

$$a\text{A} + b\text{B} \rightarrow c\text{C} + d\text{D} \tag{7.6}$$

其反应的吉布斯自由能可以用 Nernst 方程表示：

$$\Delta G = \Delta G^0 + RT\ln\frac{[\text{C}]^c[\text{D}]^d}{[\text{A}]^a[\text{B}]^b} \tag{7.7}$$

式中 ΔG——特定条件下反应的吉布斯自由能，J；

ΔG_0——标准条件下的吉布斯自由能，温度为 293.15 K，压力为 1.013×10^5 Pa，反应物的浓度为 1 mol/L，pH = 0；

R——理想气体常数，8.314 5 J/(mol·K)；

T——反应绝对温度，K；

a, b——反应物计量系数，A 和 B 为反应物；

c, d——生成物计量系数,C 和 D 为生成物。

理论上,电池能够产生的最大能量输出可以写成:

$$-\Delta G = W_{\text{T}} = QE_{\text{cell}} = bFE_{\text{cell}} \tag{7.8}$$

式中 W_{T}——理论做功,J;

Q——电量,C;

E_{cell}——阳极和阴极的电位差,V;

b——单位物质的量的物质反应转移的电子数;

F——Faraday 常数,96 485.3 C/mol。

将式(7.8)提出负号并代入式(7.7),便得到电池在一般条件下的热力学平衡电位方程:

$$E_{\text{cell}} = E_{\text{cell}}^0 - \frac{RT}{nF}\ln\frac{[\text{C}]^c[\text{D}]^d}{[\text{A}]^a[\text{B}]^b} \tag{7.9}$$

下面以 MFC 最经常使用的阳极底物和阴极电子受体为例来对电池反应电位的热力学进行分析。如果阳极使用葡萄糖作为底物,经过完全氧化后生成 CO_2,则阳极半反应为:

$$C_6H_{12}O_6 + 6H_2O \xrightarrow{\text{微生物}} 6CO_2 + 24H^+ + 24e^- \tag{7.10}$$

根据式(7.7),该反应的 Nernst 方程为:

$$E_{\text{阳极}} = E_{\text{阳极}}^0 - \frac{RT}{24F}\ln\frac{[C_6H_{12}O_6]}{P_{CO_2}^6[H^+]^{24}} \tag{7.11}$$

其中 $E_{\text{阳极}}^0 = 0.014$ V(对 SHE)。如果不作特殊说明,以下讨论的电极电位均是对标准氢电极(SHE)的电位。假设葡萄糖浓度为 1×10^{-3} mol/L^1,生成的 CO_2 及时排出(忽略影响),溶液 pH = 7.0,反应温度为 298.15 K(25 ℃),将数据代入式(7.11),并整理,得到的阳极工作电位为 $E_{\text{阳极}} = -0.406$ V。如果阴极使用氧气作为电子受体,还原产物为水,则阴极半反应方程为:

$$O_2 + 4H^+ + 4e^- \xrightarrow{\text{催化剂}} 2H_2O \tag{7.12}$$

根据式(7.7),该反应的 Nernst 方程为:

$$E_{\text{阴极}}^{O_2} = E_{\text{阴极}}^{0,O_2} - \frac{RT}{4F}\ln\frac{1}{P_{O_2}[H^+]^4} \tag{7.13}$$

其中 $E_{\text{阴极}}^{0,O_2} = 1.23$ V。假设氧气的分压为 $P_{O_2} = 1.0$ atm,其他条件同阳极,将数据代入式(7.13)并整理,得到阴极的工作电位为 0.816 V。因此,对于氧气阴极,电池的理论工作电压应为:

$$E_{\text{gell}}^{O_2} = E_{\text{阴极}}^{0,O_2} - E_{\text{阳极}} = [0.816 - (-0.406)]\,\text{V} = 1.222\,\text{V} \tag{7.14}$$

假设阳极不变,阴极使用铁氰化钾($K_3[Fe(CN)_6]$)作为电子受体,还原产物为 $K_4[Fe(CN)_6]$,那么阴极半反应方程为:

$$Fe(CN)_6^{3-} + e^- \rightarrow Fe(CN)_6^{4-} \tag{7.15}$$

根据式(7.7),该反应的 Nernst 方程为:

$$E_{\text{阴极}}^{Fe^{3+}} = E_{\text{阴极}}^{0,Fe^{3+}} - \frac{RT}{F}\ln\frac{[Fe(CN)_6^{4-}]}{[Fe(CN)_6^{3-}]} \tag{7.16}$$

其中,$E_{\text{阴极}}^{Fe^{3+}} = 0.771$ V。假设 $[Fe(CN)_6^{3-}] = [Fe(CN)_6^{4-}]$,将数据代入式(7.16)并整理,得

到阴极的工作电位为 $E_{\text{阴极}}^{\text{Fe}^{3+}} = 0.771\ \text{V}$。因此,对于铁氰化钾阴极,电池的理论工作电压应为:

$$E_{\text{阴极}}^{\text{Fe}^{3+}} = E_{\text{阴极}}^{0,\text{Fe}^{3+}} - E_{\text{阴极}} = \left[\,0.771 - (\,-0.406\,)\,\right]\text{V} = 1.177\ \text{V} \tag{7.17}$$

以上分析可以看出,MFC 在热力学上是可行的,当葡萄糖用作微生物代谢的底物和能量来源时,无论使用氧气还是铁氰化钾作为阴极电子受体,都能够使反应向电流输出的方向进行,电池的理论热力学平衡电压(开路电压)可达到 1.2 V 左右,这个数值和氢燃料电池相当,将葡萄糖换成其他的有机底物也可以推出类似的结论。

7.2.2 能量效率

能量效率(Energy Efficiency,EE)的意义是阳极有机物氧化转化的实际能量和理论标准熔变的比值,实际上反映的是有机物转化为电能的部分占总能量的百分比。

$$EE = \frac{E}{\Delta H} \times 100\% \tag{7.18}$$

式中 E——试验测定得到的电能,J;

        ΔH——理论计算得到的电子供体和受体反应的标准熔变,J。

$$E = P\Delta t = IV_{\text{cell}}^{\text{EX}}\Delta t = V_{\text{cell}}^{\text{EX}}Q_{\text{EX}} \tag{7.19}$$

式中 P——电池在工作期间的功率,W;

        Δt——工作时间,s;

        I——外电路电流,A;

        $V_{\text{cell}}^{\text{EX}}$——电池的电压,V;

        Q_{EX}——试验测定得到的电量,C。

在热力学计算中,标准熔变 ΔH 和吉布斯自由能 ΔG^0 的关系为:

$$\Delta H = -\Delta G^0 = V_{\text{cell}}^0 Q_{\text{TH}} \tag{7.20}$$

式中 V_{cell}^0——理论计算得到的电压差,V;

        Q_{TH}——理论计算得到的电量,C。

将式(7.19)和式(7.20)代入式(7.18),并整理,得到 MFC 能量效率的一般计算公式为:

$$EE(\%) = \frac{V_{\text{EX}}Q_{\text{EX}}}{V_{\text{cell}}^0 Q_{\text{TH}}Q_{\text{TH}}} \times \frac{V_{\text{cell}}^{\text{EX}}}{V_{\text{cell}}^0} = CE \times PE \tag{7.21}$$

式中 CE——电池的库仑效率或电子回收效率,%;

        PE——电池的电位回收效率,%。

式(7.21)的物理意义是,电池的能量效率等于库仑效率和电位效率的乘积,该式不但适用于间歇流 MFC,同样也适用于连续流 MFC。但是要注意的是,只有在使用特定有机底物(如葡萄糖、乙酸钠等)时才能获得和能量效率相关的热力学数据,实际有机废水中的化学成分十分复杂,无法计算能量效率。

7.3　库仑效率

7.3.1　库仑效率的计算

库仑效率(Coulombic Efficiency,CE)是反映 MFC 电子回收效率的重要指标。库仑效率通常用来衡量电泳涂料的上膜能力,表示耗用 1 库仑的电量析出的涂膜质量(mg/C),SEM 要求大于 30。影响库仑效率的因素有溶剂含量、NV、MEQ、ASH、槽温、施工电压等。库仑效率高,槽液的稳定性不良,可采用添加中和剂;库仑效率低,渗透力降低,膜厚分布不均,可采用废弃超滤液或添加溶剂来调整。

由于 MFC 反应器的阳极微生物种群具有多样性的特点,因此有机物的转化途径也具有多样性,其中通过产电微生物的代谢转化成为电流的部分是属于有效利用,以其他途径转化未产生电流的部分被看作是底物损失。在 MFC 的研究中,用库仑效率衡量阳极的电子回收效率,定义为阳极有机物氧化转化的实际电量和理论计算电量的比值,实际上反映的是有机物转化为电量的部分占理论电量的百分比,计算公式如下:

$$CE = \frac{Q_{EX}}{Q_{TH}} \times 100\% \tag{7.22}$$

式中　Q_{EX}——实际电量,C;

　　　　Q_{TH}——理论电量,C。

对于采用间歇流方式运行的 MFC 反应器,如果单周期反应时间为 t,则将外电路电流在时间 $0 \sim t$ 上进行积分,就可以得到实际电量,即:

$$Q_{EX} = \int_0^t I dt = \sum_{i=0}^t I_i \Delta t_i \tag{7.23}$$

式中　I——电流,A;

　　　　t——工作时间,s;

　　　　Δt_i——离散后的电流采样时间间隔,s;

　　　　I_i——在时间间隔 Δt_i 内的平均电流值,A。

在有机废水处理中,有机物浓度则是通过化学需氧量(COD)进行计算。因此,MFC 中的有机物也按照 COD 来计算。根据 Faraday 定律,有:

$$Q_{TH} = \frac{(COD_{in} - COD_{out}) V_A}{M_{O_2}} bF \tag{7.24}$$

式中　COD_{in}——初始的化学需氧量,mg/L;

　　　　COD_{out}——反应后的化学需氧量,mg/L;

　　　　V_A——MFC 阳极总体积,m^3;

　　　　M_{O_2}——以氧为标准的有机物摩尔质量,32 g/mol;

　　　　b——以氧为标准的氧化 1 mol 有机物转移的电子数,4 mole⁻/mol;

　　　　F——Faraday 常数,96 485 C/mol。

将式(7.21)和式(7.22)代入式(7.23)整理,得到间歇流 MFC 库仑效率的一般计算公式:

$$CE_{\text{Batch}}(\%) = \frac{M_{O_2} \sum\limits_{i=0}^{t} I_i \Delta t_i}{bF V_A (\text{COD}_{\text{in}} - \text{COD}_{\text{out}})} \tag{7.25}$$

对于连续流 MFC,设电压输出达到稳定状态时,稳定电流值为 I_0,如果电流有脉动,根据情况需要,可以取算术平均值或加权平均值 $\bar{I}_0$,则:

$$Q_{\text{EX}} = \bar{I}_0 \Delta t \tag{7.26}$$

式中　$\bar{I}_0$——连续电流输出的平均值,A;

　　　Δt——电池工作时间,s。

在一定体积流量 q_0 条件下,Δt 时间内通过阳极底物的总体积为 $q_0\Delta t$,于是,根据 Faraday 定律,有:

$$Q_{\text{TH}} = \frac{(\text{COD}_{\text{in}} - \text{COD}_{\text{out}})(q_0\Delta t)}{M_{O_2}} bF \tag{7.27}$$

式中　q_0——连续流体积流量,mL/min;

　　　其余的物理符号意义同上。

将式(7.25)和式(7.26)代入式(7.24),并整理,得到连续流 MFC 库仑效率的一般计算公式:

$$CE_{\text{Continuous}}(\%) = \frac{M_{O_2} \bar{I}_0 \Delta t}{bF q_0 \Delta t (\text{COD}_{\text{in}} - \text{COD}_{\text{out}})} = \frac{M_{O_2} \bar{I}_0}{bT q_0 (\text{COD}_{\text{in}} - \text{COD}_{\text{out}})} \tag{7.28}$$

7.3.2　库仑损失及机理分析

在 MFC 中,导致库仑损失的原因很多也很复杂,通常很难通过试验进行全面的碳平衡分析。通常来说,导致库仑损失的主要原因包括好氧损失和厌氧损失两个主要方面,赵庆良等通过几种电池的研究对此进行了分析与讨论。

1. 好氧损失

如图 7.2 所示,在初始时间点处,三种 MFC 阳极内的 DO(溶解氧,Dissolved Oxygen)几乎检测不到,随着运行时间的增加,$K_3[\text{Fe}(\text{CN})_6]$ 阴极 MFC 内的 DO 几乎没有变化,始终处于很低的水平,在 0.25 mg/L 左右;曝气阴极 MFC 内的 DO 呈现出缓慢的增加,12 h 后接近饱和,为 1.6 mg/L;单池 MFC 的 DO 变化比较显著,在前 8 h 内快速上升到 3.15 mg/L,然后缓慢增加至 3.62 mg/L,达到饱和。可以明显地看出,阳极内 DO 水平和增加的顺序依次是:单池 MFC > 双室曝气阴极 MFC > $K_3[\text{Fe}(\text{CN})_6]$ 阴极 MFC。阳极内的 DO 主要来自阴极,因此造成这种差别的主要原因还是氧气向阳极扩散动力学的差别。PEM(Nafion 117 膜)或碳布的氧传质系数可以由下式进行计算:

$$k_{\text{T}} = \frac{V}{At} \ln\left(\frac{\text{DO}_S - \text{DO}_B}{\text{DO}_S}\right) \tag{7.29}$$

式中　k_{T}——PEM 或碳布的氧传质系数,cm/s;

　　　V——阳极体积,28 mL;

　　　A——PEM 或碳布的有效扩散面积,7 cm^2;

　　　t——反应时间,s;

　　　DO_S——阴极饱和 DO 值,对曝气阴极和单室 MFC,取 7.8 mg/L;

　　　DO_B——阳极液相主体中的 DO,mg/L。

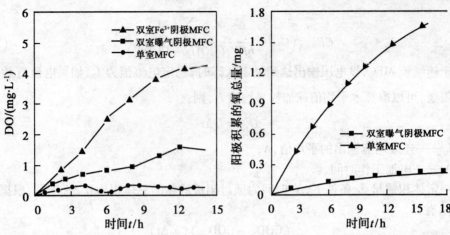

图7.2　一个周期内 MFC 阳极中的 DO　　图7.3 积累的氧气总量(B)随时间的变化

通过对第 1 h,2 h 和 3 h 点处阳极内的 DO 进行测定并计算,取平均值,得到 PEM 和碳布的 k_T 分别为 $(1.63 \pm 0.34) \times 10^{-4}$ cm/s 和 $(0.82 \pm 0.29) \times 10^{-3}$ cm/s。又因为:

$$D = k_T \delta \qquad (7.30)$$

式中　D——PEM 或碳布的氧扩散系数,cm^2/s;

　　　δ——材料厚度,PEM 为 0.019 cm,碳布为 0.07 cm。

因此,PEM 和碳布的 D 值分别为 $(3.1 \pm 0.65) \times 10^{-6}$ cm^2/s 和 $(5.74 \pm 0.91) \times 10^{-5} cm^2/s$,这个结果与文献中的结果有相同的数量级。利用 Fick 第一扩散定律和得到的 D 值估算特定时间段 $t_i \sim t_{i+1}$ 内的氧透过速率 q_i(mg/s),得:

$$q_i = DA \frac{dDO}{dx} \approx -DA \frac{\Delta DO_i}{\delta} = -DO_S \frac{DO_S DO_B^i}{\delta} \qquad (7.31)$$

将得到的式(7.9)对运行时间 t 进行积分,并离散化处理,得到 t 时间内阳极内积累的氧气总量 Q(mg),即:

$$Q = \int_0^t q_i dt = \sum_{i=1}^n q_i \Delta t_i \qquad (7.32)$$

将式(7.31)代入式(7.32),整理得:

$$Q = -\frac{DA}{\delta} \cdot \sum_{i=1}^n (DO_S - DO_B^i)(t_{i+1} - t_i)$$

如图 7.3 所示,可见,在 16 h 的运行过程中,单池型 MFC 的氧积累量高达 1.74 mg,远大于双室曝气阴极的 0.12 mg,这主要是由于碳布的氧扩散系数比 PEM 高出近一个数量级。$K_3[Fe(CN)_6]$ 阴极 MFC 内几乎没有 DO 积累,这是因为阴极内的 DO 水平与阳极相当,均低于 0.2 mg/L,氧的扩散没有浓度梯度。

综上所述,导致单室 MFC 库仑损失的主要原因是氧气从阴极的扩散,使阳极的厌氧环境被破坏,导致好氧或兼氧微生物的生长和繁殖,这些微生物以好氧生物膜的方式在阴极表面生长,而这些微生物的比增长速率一般要大于厌氧产电微生物,因此部分有机物对产电没有贡献,直接以氧气作为电子受体参与 TCA 循环。PEM 对氧气也有透过作用,但扩散速率小于碳布,因此好氧代谢也是导致双室曝气阴极 MFC 库仑损失的一个原因。$K_3[Fe(CN)_6]$ 阴极 MFC 即使没有氧气扩散,CE 的值也没有明显提高,这就是下面提到的厌氧损失。

2. 厌氧损失

在厌氧条件下,有机物除了用于产电外,还能够在产酸菌和产甲烷菌的作用下通过发酵或产甲烷途径被利用。赵庆良等研究使用乙酸钠属于非发酵有机物,只考察了甲烷在阳极气相中的变化。如图 7.4 所示,从启动的时刻开始计算,在 MFC 未启动成功之前,$K_3[Fe(CN)_6]$ 阴极 MFC 阳极内的 CH_4 分压在 30% 左右,去掉底物溶液中的厌氧污泥后,分压迅速下降到 18% 左右,随后比较稳定;曝气阴极 MFC 的 CH_4 分压在未运行前高达19.4%,200 h 后缓慢降低到 5.8%,去掉厌氧污泥后又下降到 <1%。单室 MFC 阳极内的 CH_4 分压在 100 h 之内从初始的 15.6% 迅速降低到了 1.8%,去掉厌氧污泥后,几乎检测不到 CH_4。可见,$K_3[Fe(CN)_6]$ 阴极 MFC 阳极气相中的 CH_4 分压远高于其他两种 MFC,因此,产甲烷菌和产电菌对有机底物的竞争是导致其库仑损失的一个重要原因。

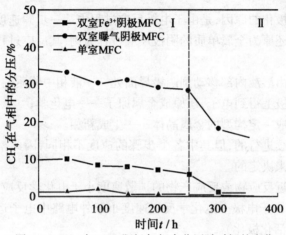

图 7.4　CH_4 在 MFC 阳极气相中分压随时间的变化

Ⅰ段—投加厌氧污泥;Ⅱ段—去掉厌氧污泥

在启动初期,三种 MFC 阳极内有高浓度的厌氧污泥和有机底物,扩散的氧气能够在短时间内被消耗掉,能够维持厌氧条件。当去掉阳极底物中的厌氧污泥时,曝气阴极和单室MFC 阳极内由于 DO 迅速增加,而产甲烷细菌属于严格的厌氧细菌,在这种情况下难以生存,因此 CH_4 的分压也随之降低。对 $K_3[Fe(CN)_6]$ 阴极 MFC 来说,阳极一直处于厌氧环境,因此产甲烷菌能够生长繁殖,有机物的产甲烷过程是导致库仑损失的一个重要方面。去掉厌氧污泥后,CH_4 在气相中的分压有所下降,主要原因是产甲烷菌的数量减少。另外,厌氧损失更容易发生在以实际废水为阳极底物时的情况,因为实际废水中除了含有有机物以外还会含有硫酸盐和硝酸盐,因此除产甲烷损失以外,还有可能发生厌氧硫酸盐还原和反硝化作用。事实上,除了以上提到的好氧损失和厌氧损失以外,还有更加复杂的因素会导致库仑损失,比如菌体的合成代谢、底物的燃料穿透、内阻消耗以及未知因素等。

7.4　极化曲线及功率密度曲线

7.4.1　极化产生的原因

所谓极化，是指电流通过电极时，电极电位偏离其平衡电位的现象。阳极极化使电位向正方向偏移；阴极极化使阴极电极电位向负方向偏移。电极通过的电流密度越大，电极电位偏离平衡电极电位的绝对值就越大，其偏离值可用超电压或过电位 Δ 来表示，一般过电位用正值表示。

通电时电极产生极化的原因，是由于电极反应过程中某一步骤速度缓慢所引起的。以金属离子在电极上被还原为金属单质的阴极反应过程为例，其反应过程包括下列三个连续的步骤：

①金属水化离子由溶液内部移动到阴极界面处——液相中物质的传递；

②金属离子在电极上得到电子，还原成金属原子——电化学；

③金属原子排列成一定构型的金属晶体——生成新相。

这三个步骤是连续进行的，但其中各个步骤的速度不相同，因此整个电极反应的速度是由最慢的那个步骤来决定的。

由于电极表面附近反应物或反应产物的扩散速度小于电化学反应速度而产生的极化，称为浓差（度）极化。由于电极上电化学反应速度小于外电路中电子运动速度而产生的极化，称为电化学极化（活化极化）。

1. 浓差极化

在电极上，反应粒子自溶液内部向电极表面传送的过程，称为液相传质过程。当电极过程为液相传质过程所控制时，电极产生浓差极化。液相传质过程可以由电迁移、对流和扩散三种方式来完成。

在酸性镀锌溶液中，未通电时，各部分镀液的浓度是均匀的。通电后，镀液中首先被消耗的反应物应当是位于阴极表面附近液层中的锌离子。故阴极表面附近液层中的锌离子浓度逐渐降低，与镀液本体形成了浓度差异。此时，溶液本体的锌离子，应当扩散到电极表面附近来补充，使浓度趋于相等。由于锌离子扩散的速度跟不上电极反应消耗的速度，于是电极表面附近液层中离子浓度进一步降低。那么，即使 $Zn^{2+} + 2e^- \longrightarrow Zn$ 的反应速度跟得上电子转移的速度，但由于电极表面附近锌离子浓度降低，阴极上仍然会有电子的积累，使电极电位变负而极化。由于此时在电极附近液层中会出现锌离子浓度的降低，从而与本体溶液形成浓度差异，所以称为浓差极化。阳极的浓差极化也同样如此，阳极溶入溶液的锌离子不能及时地向溶液内部扩散，导致阳极表面附近液层中的锌离子浓度增高，电极电位将向正方向移动而发生阳极的浓差极化。

在阴极，当电流增大到使预镀的金属离子浓度趋于零时的电流密度称为极限电流密度，在电化学极谱分析曲线上出现平台。当阴极区达到极限电流时，因为预镀金属离子的极度缺乏，导致 H^+ 放电而大量析氢，阴极区急速碱化，此时镀层中有大量氢氧化物夹杂，形成粗糙多孔的海绵状的电镀层，这种现象在电镀工艺中被称为"烧焦"。

2. 电化学极化

阴极反应过程中的电化学步骤进行缓慢所导致的电极电位的变化,称为电化学极化。电极电位的这一变化也可认为是改变电极反应的活化能,从而对电极反应速率产生了影响。

镀锌过程中,当无电流通过时,镀液中的阴极处于平衡状态,其电极电位为零。通电后,假定电化学步骤的速度无限大,那么尽管阴极电流密度很大(即单位时间内供给电极的电子很多),还是可在维持平衡电位不变的条件下,在阴极锌离子也能进行还原反应。也就是说所有由外线路流过来的电子,一到达电极表面,便立刻被锌离子的还原反应消耗掉,因而电极表面不会产生过剩电子的堆积,电极的电荷仍与未通电时一样,原有的双电层也不会发生变化,即电极电位不发生改变,电极反应仍在平衡电位下进行。

如果电极反应的速度是有限的,即锌离子的还原反应需要一定的时间来完成,但在单位时间内供给电极的电量无限小(即阴极电流密度无限小)时,锌离子仍然有充分的时间与电极上的电子相结合,电极表面仍无过剩电子堆积的现象,故电极电位也不变,仍为平衡电位。

事实上这两种假设情况均不存在,电镀时,电荷流向电极的速度(即电流)不是无限小,锌离子在电极上还原的速度也不是无限大。由于得失电子的电极反应,总要遇到一定的阻力,所以在外电源将电子供给电极以后,锌离子来不及被还原,外电源输送来的电子也来不及被完全消耗掉,这样电极表面就积累了过剩的电子(与未通电时的平衡状态相比),使得电极表面上的负电荷比通电前增多,电极电位向负的方向移动而极化。

同样,由于阳极上锌原子放出电子的速度小于电子从阳极流入外电源的速度,阳极上有过剩的正电荷积累(锌离子的积累),使阳极电位偏离平衡电位而变正,即发生了阳极的电化学极化。

由电极极化过程的讨论可知,电极之所以发生极化,实质上是因为电极反应速度、电子传递速度与离子扩散速度三者不相适应造成的。阴极浓差极化的发生,是离子扩散速度小于电极反应消耗离子的速度所导致,而阴极电化学极化则是电子传递速度大于电极反应消耗电子的速度所致。

7.4.2　极化曲线

极化曲线(Polarization Curve)是分析燃料电池特性的有力工具,它表征的是电极电压与通过电极的电流密度的关系曲线。如电极分别是阳极或阴极,所得曲线分别称为阳极极化曲线(Anodic Polarization Curve)或阴极极化曲线(Cathodic Polarization Curve)。理论上,电池的总电压应为阴阳极电位之差,但在实际研究中得到的电压数值往往要比理论值低很多,这是由于实际电池中存在极化现象,即电极电位偏离平衡电位。极化作用直接的反应是产生过电位,即电池在产电过程中受到阻力而损失的电压,在实际研究中可以通过测定极化曲线来分析系统的极化情况。

在燃料电池的基础和应用研究中,可以通过改变电路中的电流,同时观察电位对电流的响应来获得电池的极化曲线,它反映的是电池电压对电流的依赖关系。如图 7.5 所示,一条完整的极化曲线包括 5 个部分。

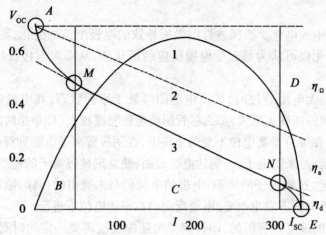

图 7.5　燃料电池功率密度极化曲线的一般模式

①A 点：在该点，电路中没有电流通过（即电流 $I=0$），此时电池处于热力学平衡状态，对应的电压叫做热力学平衡电压或开路电压，用 V_{OC} 表示。如果电池内部没有任何的能量损失，开路电压将不随电流的变化而变化，V_{OC} 始终保持不变（如图 7.5 中的虚线 1 所示）。根据 $P=V_{OC}I$ 可知，电池在外电路的功率输出和电流成正比，这意味着功率可以随电流的增大而无限制地增大。事实上，在实际系统中，由于电池内阻的存在，不可能没有能量损失，当电路中有电流通过时，电压和功率在内阻上的损失就会随即出现。

②B 区域：在该区域内，电流处在一个较低的水平，欧姆极化和浓差极化也处在较低的水平，因此凸显出来的是活化过电位（η_a），电压随电流的增大而出现陡降（AM 段）。此时体系的限速步骤是电荷的转移，对应的内阻是电荷转移内阻，也叫活化内阻（R_a）。由于电位和活化内阻之间呈非线性关系，所以活化内阻很难在此区域内定量给出。

③C 区域：随着电流的继续增大，临界点 M 出现，欧姆极化开始占据主导地位。在此区域内，电压随电流的增大而呈线性下降（MN 段），遵循欧姆定律，此时的过电位叫做欧姆过电位（η_Ω）。如果电路中没有其他任何形式的损失而仅存在欧姆极化，则在整个电流变化的区间内，电压将一直呈现线性下降趋势（如图 7.5 中的虚线 2 所示）。由于电压和欧姆内阻之间的线性关系，欧姆内阻可以在此区域内定义。

④D 区域：当电流增大到一定的数值后，基质向电极表面的扩散速率开始小于电化学反应速率，此时体系的限速步骤变成了物质扩散，对应的过电位叫做浓差极化过电位（η_d）。当继续增大电流越过临界点 N 时，浓差极化开始占据主导，电压又出现一次陡降（NE 段）。由于电位和扩散内阻之间呈非线性关系，扩散内阻也很难在此区域内定义。

⑤E 点：进入了扩散限制区域后，电压迅速下降至零，此时电路中的电流达到最大，叫做短路电流，用 I_{SC} 表示。在此点，外电路没有负载，所有的能量都消耗在电池的内阻上。

根据欧姆定律，可以得到不同电流值对应的功率，将电流换算成电流密度便可得到相应的功率密度，于是可以根据极化曲线计算得到功率密度曲线（$P-I$），同样根据欧姆定律，当系统内阻与外阻相等时功率输出即达到最大值，$P-I$ 曲线的顶点即最大功率密度，由此也可得到系统的总内阻：$P=UI$。

我们知道在研究可逆电池的电动势和电池反应时，电极上几乎没有电流通过，每个电极反应都是在接近于平衡状态下进行的，因此电极反应是可逆的。但当有电流明显地通过电池时,电极的平衡状态被破坏,电极电压偏离平衡值,电极反应则处于不可逆状态,而且随着电极上电流密度的增加,电极反应的不可逆程度也随之增大。由于电流通过电极而导致电极电压偏离平衡值的现象称为电极的极化,描述电流密度与电极电压之间关系的曲线称为极化曲线。金属的阳极过程是指金属作为阳极时在一定的外电压下发生的阳极溶解过程,如下式所示:

$$M \longrightarrow M^{n+} + ne^-$$

此过程只有在电极电压正于其热力学电压时才可能发生。阳极的溶解速度随电位变正而逐渐增大,这是正常的阳极溶出,但当阳极电压达到某一正数值时,其溶解速度可达到最大值,此后阳极溶解速度随电压变正反而大幅度降低,这种现象称为金属的钝化现象。

7.4.3　极化曲线的测定

极化曲线的测定可采用恒电位法或恒电流法。

1. 恒电位法

恒电位法就是将研究电极依次恒定在不同的数值上,然后测量对应的各电位电流。极化曲线的测定应尽可能接近稳态体系。稳态体系是指被研究体系的极化电流、电极电压、电极表面状态等基本上不随时间而改变。在实际测量中,常用的控制电位测量方法有以下两种。

(1)静态法

将电极电压恒定在某一数值上,测定其相应的稳定电流值,如此逐点地测量一系列各个电极电压下的稳定电流值,来获得完整的极化曲线。对某些体系,达到稳态可能需要一段时间,人们为节省时间,提高测定的重现性,往往自行规定每次电压恒定的时间。

(2)动态法

控制电极电压以比较慢的速度连续地改变(扫描),并测量对应电位下的瞬时电流值,以瞬时电流与对应的电极电压作图,获得整个极化曲线。一般来说,电极表面建立稳态的速度越慢,其电位扫描速度也应越慢。因此对不同的电极体系,扫描速度也不相同。为测得稳态极化曲线,人们通常依次减小扫描速度来测定若干条极化曲线,当测到极化曲线不再明显变化时,可确定此扫描速度下测得的极化曲线为稳态极化曲线。同样,为节省时间,对于那些只是为了比较不同因素而对电极过程产生影响的极化曲线,应选取适当的扫描速度绘制准稳态极化曲线就可以了。

上述两种方法都已经获得了广泛应用,尤其是动态法,由于其可以自动测绘,扫描速度可控制,因而测定结果重现性好,特别适用于对比实验。

2. 恒电流法

恒电流法是控制研究电极上的电流密度依次恒定在不同的数值下,同时测定相应的稳定电极电压值。采用恒电流法测定极化曲线时,由于种种原因,给定电流后,电极电压通常不能马上达到稳态,不同的体系,电压趋于稳态所需要的时间也不相同,因此在实际测量时一般电压接近稳定(如 1 ~ 3 min 内无大的变化)即可读值,或人为规定每次电流恒定的时间。

7.4.4　功率和功率密度

1. 功率

电池的功率(Power)是在一定的放电方法下,单位时间内电池输出的能量,是表示电池做功的快慢的物理量,和反应体系的动力学特性有关,如微生物生长和代谢动力学、阳极电化学反应动力学、离子迁移动力学及阴极氧化还原反应动力学等。功率由下式计算:

$$P = IU_{cell}$$

一般通过测量固定外电阻(R_{ex})两端的电压,根据欧姆定律($I = U_{cell}/R_{ex}$)计算电流,由此得到的功率计算公式如下:

$$P(R) = RI^2 = R[\varepsilon/(R+r)]^2 \tag{7.33}$$

2. 功率密度

功率密度(Power Density)是指燃料电池能输出最大的功率除以整个燃料电池系统的质量或体积,单位是 W/kg 或 W/L。基于面积或体积电流密度,可得到相应的 MFC 面积功率密度 P_A 或体积功率密度 P_V,本研究均按照体积功率计算,公式如下:

$$P = \frac{U_{cell}I}{V} = \frac{U_{cell}^2}{R_{ex}V} \tag{7.34}$$

式中　P——体积功率密度,W/m^3;

　　　U_{cell}——电池电压,V;

　　　V——阳极体积,m^3;

　　　R_{ex}——外电阻,Ω。

7.4.5　MFC 功率密度强化的电路学理论

MFC 的最大功率密度比氢燃料电池低 2~4 个数量级,这在实际应用中受到阻碍。因此,需要进一步提高 MFC 的功率密度,对 MFC 的电化学性能进行强化。根据电路学基本原理,MFC 的功率密度可以写成下式:

$$P(R_{ex}) = \frac{i^2 R_{ex}}{A}$$

由欧姆定律,得:

$$i = \frac{V_{OC}}{R_{ex} + R_{int}}$$

$$P(R_{ex}) = \frac{V_{OC}^2 \cdot R_{ex}}{(R_{ex} + R_{int})A} \tag{7.35}$$

式中　$P(R_{ex})$——功率密度,W/m^2;

　　　V_{OC}——电池电动势,V;

　　　R_{int}——电池内阻,Ω;

　　　R_{ex}——外电路负载,Ω;

　　　A——电极面积,m^2。

其中,V_{OC}、R_{int} 和 A 是表征电池本身特性的参数。对式(7.35)两边的 R_{ex} 进行求导,得:

$$\frac{dP(R_{ex})}{dR_{ex}} = \frac{V_{OC}^2}{(R_{ex}+R_{int})^3 A}(R_{ex}-R_{int}) \tag{7.36}$$

在驻点 $R_{ex}=R_{int}$ 处，P 取得最大值，为：

$$P_{max} = \frac{V_{OC}^2}{4R_{int}A} \tag{7.37}$$

从式(7.37)可以看出，MFC 的最大功率密度与 V_{OC}、R_{int} 和 A 三个量有关系。在电极面积一定的条件下，提高电池的功率密度可以通过提高电池的开路电位 V_{OC} 或降低电池内阻 R_{int} 来实现。开路电位是阴极电位和阳极电位的差值，阳极电位和微生物氧化有机物的产能及代谢过程有关，一旦底物、电极材料和接种微生物确定，则其数值变化不大，所以通过选择具有高电位的阴极电子受体来提高阴极电位是一种可行的方法。另一方面，内阻和电池的设计结构密切相关，可以通过增大质子通过面积，减小电极之间的距离等措施来降低电池内阻。

7.5 内　阻

内阻（又称内电阻），即电源内部的电阻，如蓄电池和发电机本身的电阻。为了减少电流通过时的能量损耗，电源的内电阻应尽量减小。电池的内阻指电池在工作时，电流流过电池内部所受到的阻力，一般分为交流内阻和直流内阻。由于充电电池内阻很小，测直流内阻时由于电极容量极化，产生极化内阻，所以无法测出其真实值，而测其交流内阻可免除极化内阻的影响，得出真实的内值。

微生物燃料电池的内阻由欧姆内阻（R_Ω）和电极在电化学反应时所表现的极化内阻（R_f）两部分组成。欧姆内阻由电极材料、电解质、隔膜电阻以及部件之间的接触电阻组成。极化电阻则是指电化学反应时由于极化引起的电阻，包括电化学极化内阻和浓差极化内阻。

7.5.1 内阻的测定

目前在对 MFC 的研究中，MFC 的内阻测定方法没有被专门进行研究，相关方法不统一，普遍采用的内阻的测定有电流中断法、交流阻抗法和极化曲线法 3 种。这 3 种方法可分为两类：一类是暂态法，包括电流中断法和交流阻抗法，其中交流阻抗法在氢氧燃料电池测定中被广泛采用，而在微生物燃料电池中通常用来测定欧姆内阻；另一类是稳态法，通过稳态放电得到极化曲线，通常将极化曲线在欧姆极化区的数据拟合得到的等效电阻称为电池的表观内阻（又称为电池的内阻），这是因为在各个阶段中，欧姆极化区的电池输出功率最大。

但表观内阻中的活化内阻和传质内阻测定值均随电流变化，同时受极化曲线法中稳定时间的影响，有关表观内阻测定条件尚待完善，如 Menicucci 等发现改变外电阻的速度不同，所获得的 MFC 最大供电能力不同，所对应的表观内阻也不一致。梁鹏等的研究首先确定改变外电阻后的稳定时间对极化曲线测定的影响，以更准确地测定 MFC 的表观内阻，然后通过电流中断法确定 MFC 的欧姆内阻，参照等效电路，进而确定不同电流条件下 MFC 各部分内阻所占比例，以期为提高 MFC 产电能力提出合理的建议。

在实验中,在测量 DMFC 的内阻时一般会采用电流中断法和极化曲线法。相应测得的即为电池的欧姆内阻和表观内阻。电流中断法比较简单,易于理解。当外电路连接一定负载 R、稳定放电时(闭合回路中只有这一个负载),突然中断电路,电池两端的电压会随着时间的变化有一个突跃(从 U_0 至 U_1),电压突跃的主要原因是电流突然中断后电池内欧姆损失在极短时间内降为 0,断开前的电流 I 可以通过 U_0/R 来计算,而欧姆内阻则可以通过 $R_\Omega = (U_1 - U_0)/I$ 计算得出。

1. MFC 内部等效电路

电池在放电过程中需要克服 3 种阻力:①电化学反应顺利进行需要克服活化能的能耗引起的电化学阻力(活化极化);②反应物和生成物由于传质限制所引起的传质阻力;③电解质中离子(质子)和电极中电子传递受到的阻力所引起的欧姆阻力。这 3 种阻力分别对应 3 种电阻,分别为电化学反应电阻、传质电阻和欧姆电阻。参考氢氧燃料电池,建立 MFC 内部等效电路,如图 7.6 所示。图 7.6 中 R_Ω 代表欧姆内阻,R_a 代表阳极及其双电层所产生的非欧姆内阻,R_c 代表阴极及其双电层所产生的非欧姆内阻,R_a 加 R_c 即为 MFC 的非欧姆内阻 R_n,代表 MFC 电化学反应电阻和传质电阻之和,C_a 和 C_c 分别表示阳极和阴极的双电层电容。

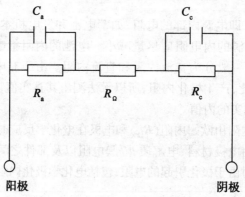

图 7.6　单室型 MFC 内部等效电路

2. 内阻测试方法

采用稳态放电法测定 MFC 的表观内阻。稳态放电法是通过测量 MFC 在不同外电阻条件下,稳定放电时的外电阻电压,通过 $I = U/R$ 得到电流,进而得到极化曲线,将极化曲线的欧姆极化区部分数据线性拟合所得斜率即为表观内阻。如图 7.6 中电容的存在,改变外电阻后需要一定的稳定时间。梁鹏等研究考察测定表观内阻所需的最小稳定时间,采用电流中断法测定 MFC 欧姆电阻。电流中断法是将稳定放电的 MFC 外电路突然断开,通过高频采样器测定阳极 – 阴极之间的电压随时间的变化,得到电流中断瞬间电压的升高值 ΔU,电路断开前电流为 I,因此欧姆电阻 R_Ω 等于 $\Delta U/I$。

7.5.2　影响内阻的因素

从 2002 年以来,人们对于 MFC 内阻的影响因素和形成机理的了解逐渐深入。如图 7.7所示,从 MFC 的组成和内阻的来源上看,目前认为可将内阻细分为阳极内阻 R_a(主要是活化内阻)、阴极内阻 R_c(主要是活化内阻)和室间内阻(包括膜)R_Ω(主要是欧姆内阻)。

$$P_{\max} = \frac{E^2}{4R_i} = \frac{E^2}{4(R_a + R_\Omega + R_c)}$$

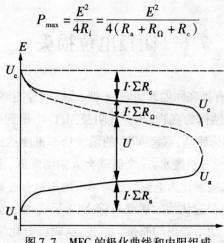

图 7.7　MFC 的极化曲线和内阻组成

欧姆内阻来自于电极和电解质及膜对电子和离子传导的阻碍作用,活化内阻则来自于电极反应过程,图 7.8 以不同颜色区分了欧姆和活化内阻的分布。

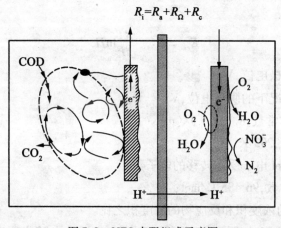

图 7.8　MFC 内阻组成示意图

研究发现,随着 MFC 结构材料的改进和优化,包括减小电极间距、膜的替代和省略、提高离子强度等,欧姆内阻被大大降低。表 7.1 总结了两瓶型、"二合一"、"三合一"三种构型的 MFC。由于反应器结构的优化引起的内阻组成的变化,可以看到随着欧姆内阻的降低,产电菌与电极之间的活化内阻所占比例逐渐增大,成为限制功率的主要因素。

表 7.1　三种构型 MFC 的内阻组成

MFC 构型	两瓶型	二合一	三合一
$R_\Omega/(\Omega \cdot m^{-2})$	2.65(83%)	0.085(24%)	0.008 6(11%)
$R_a/(\Omega \cdot m^{-2})$	0.055(2%)	0.115(33%)	0.034(45%)
$R_c/(\Omega \cdot m^{-2})$	0.466(15%)	0.15(43%)	0.033(44%)
$R_i/(\Omega \cdot m^{-2})$	3.17	0.35	0.076
$P_m/(mW \cdot m^{-2})$	31	354	1 180

7.6　阴极电位损失

在 MFC 中,使用单纯的有机底物如葡萄糖、赤糖、乙酸钠等能够产生较高的功率密度,比如,Cheng 和 Logan 使用乙酸钠作为底物,在空气阴极 MFC 中得到的功率密度为115 W/m^3;Aelterman 等人使用乙酸钠作为底物,双室 MFC 的最大功率密度达到 258 W/m^3。但是,如果将阳极的有机底物换成实际的有机废水,这个值就会大幅度降低,主要是实际的废水中存在一些难生物降解的物质,无法被氧化为电流。如果不考虑阳极存在难生物降解的物质和产电细菌接种过程的差异,就目前普遍认为的观点来看,阴极反应动力学和与之密切相关的质子迁移过程才应该是限制 MFC 功率输出的瓶颈。首先,从阴极电化学反应的基本原理来分析一下阴极的限制作用。对于一个电极系统和电极反应过程来说,实际的电极电位一定小于理论的电位,因此反应过程的电位损失是影响电极电位的决定因素。

对于一个热力学平衡态下的阴极反应来说,阴极的电位可以用 Nernst 方程进行计算,即:

$$E_{cat} = E_{cat}^0 - \frac{RT}{nF}\ln\Pi \tag{7.38}$$

式中　E_{cat}——条件阴极电位,V;

E_{cat}^0——标准状况下的阴极电位,V;

R——标准气体常数,8.314 5 $J/(mol \cdot K)$;

T——开氏温度,293 K;

N——反应 1 mol 电子受体转移的电子数;

F——法拉第常数,96 485 C/mol;

Π——生成物的浓度积和反应物的浓度积之比。

一旦电路中有电流流过,阴极将不再处于平衡态,损失也随之而来。在 MFC 中,阴极的损失可以分为活化损失 η_{act}、欧姆损失 η_{ohm} 和传质损失 η_c 三种损失。因此,在外电路有电流通过的情况下,阴极的实际电位可以表示为:

$$E = E_{cat} - (\eta_{oct} + \eta_{ohm} + \eta_c) \tag{7.39}$$

活化损失是由于反应动力学的限制引起的,可以用电化学理论中经典的 Bulter - Volmer 方程进行描述:

$$i = i_0 \left\{ \exp\left[\frac{(1-\alpha)nF\eta_{act}}{RT} \right] - \exp\left[\frac{-\alpha nF\eta_{act}}{RT} \right] \right\} \tag{7.40}$$

式中　i——电路中通过的电流,A;

i_0——交换电流密度,A;

α——形状因子;

η_{act}——活化过电位,V;

n、R 和 T 的意义同上。

　　从式(7.40)可以看出,活化损失的大小取决于电路中的电流,还有形状因子以及交换电流,其中形状因子和交换电流与阴极的催化剂及电极材料本身的性质密切相关。

　　阴极的活化损失在 MFC 中占有很大的比例,尤其是在低电流密度区,随着电流密度的增大,电位呈指数下降。活化损失一旦出现,就会在所有的电流密度区一直存在,对 MFC 的性能有非常大的影响。在化学燃料电池中,阴极的活化损失占据主导地位,实际上,这种损失在 MFC 中依然十分重要。根据式(7.40)可知,降低阴极活化损失的方法可以包括:降低反应的活化能、增大阴极的界面面积、升高反应温度和增大电子受体浓度。

　　MFC 阴极的欧姆损失跟全电池的欧姆损失类似,遵循着欧姆定律,决定于阴极的欧姆内阻 $R_{ohm}(\Omega)$,跟电路中的电流成正比,即:

$$\eta_{ohm} = iR_{ohm} \tag{7.41}$$

而欧姆内阻又可以表示为:

$$R_{ohm} = R_{sol} + R_{mem} + R_{contact} \tag{7.42}$$

式中　R_{sol}——溶液内阻,Ω;

　　　R_{mem}——膜内阻,Ω;

　　　$R_{contact}$——电极的接触内阻,Ω。

　　在 MFC 中,反应器的结构、电解液的性质和电极材料的接触内阻决定系统的欧姆内阻,已报道 MFC 的性能差别主要是由于欧姆内阻的差别,因此欧姆内阻是决定 MFC 性能好坏的关键因素。在式(7.42)中,只要选择合适的膜和电极材料,就会使得后两项内阻远小于溶液内阻,因此溶液内阻成为欧姆内阻的主要影响因素,根据电解池理论:

$$R_{sol} = \rho \frac{l}{A} \tag{7.43}$$

式中　ρ——溶液的比电阻率,Ω/m;

　　　l——电极间的距离,m;

　　　A——离子迁移的横断面积,m^2。

　　因此可以看出,缩短阴极和阳极之间的距离,增大电极正对面积,降低电解液的比电阻率均能够有效降低溶液内阻。

　　传质损失 η_C,浓差损失一般在电流密度较高的情况下发生,且电压随电流指数下降,可以表示为:

$$\eta_C = -b\ln\left(1 - \frac{i}{i_l}\right) \tag{7.44}$$

式中　b——MFC 本身和工作状态决定的常量,V;

　　　i_l——极限电流密度,A。

　　这部分损失主要取决于阴极电子受体的补给和还原产物的移除。电子供体的补充不足和产物不及时排出都会导致电子供体浓度的降低,进而导致 Nernst 电位(热力学)和反应速率(动力学)降低,降低的这部分电压需要用来驱使底物向电极表面的扩散,因此也叫浓差损失,或扩散损失。一般地,在燃料电池中,阴极的浓差损失要远高于阳极。

7.7　反应器的化学和电化学分析

电化学交流阻抗法(Electrochemistry Impedance Spectroscopy,EIS)是指控制通过电化学系统的电流(或系统的电压)在小幅度的条件下随时间按正弦规律的变化,同时测量相应的系统电压(或电流)随时间的变化,或者直接测量系统的交流阻抗(或导纳),进而分析电化学反应的机理、计算系统的相关参数。

保证相应信号 Y 是和扰动信号 X 同频率的正弦波,从而保证所测量的频响函数 $G(\omega)$ 有意义,必须满足以下三个条件。

1. 因果性条件

系统输出的信号只有对于所给的扰动信号的响应。这个条件要求我们在测量对系统施加扰动信号的响应信号时,必须排除任何其他噪声信号的干扰,确保对体系的扰动与系统对扰动的响应之间的关系是唯一因果关系。很明显,如果系统还受其他噪声信号的干扰,则会扰乱系统的响应,就不能保证系统会输出一个与扰动信号具有同样频率的正弦波响应信号,扰动与响应之间的关系则无法用频响函数来描述。

2. 线性条件

系统输出的响应信号与输入系统的扰动信号之间应该存在线性函数关系。正是由于这个条件,在扰动信号和响应信号之间具有因果关系的情况下,两者是具有同一角频率 ω 的正弦波信号。如果在扰动信号和响应信号之间仅仅满足因果性条件但是不满足线性条件,响应信号中就不仅具有频率 ω 的正弦波交流信号,还包含其他谐波。

3. 稳定性条件

稳定性条件要求对系统的扰动不会引起系统内部结构发生变化,因此当对于系统的扰动停止后,系统能够回复到它原来的状态。一个不能满足稳定性条件的系统,在受激励信号的扰动后会改变系统的内部结构,因此系统的传输特性并不是反应系统固有的结构的特征,而且停止测量后也不再能回复到它原来的状态。在这种情况下,就不能再由传输函数来描述系统的响应特性。

在电化学交流阻抗的测量过程中,保证适当的频率和幅度等条件,总是使电极以小幅度的正弦波对称地围绕某一稳态直流极化电压进行极化,不会导致电极体系偏离原有的稳定状态,从而满足了频响函数的稳定性条件。

7.8　MFC 中微生物的分析

7.8.1　生物量测定方法的建立

曹效鑫等研究采用脂磷法来测定生物量。相比于其他生物量测定方法,如 MLSS、蛋白质含量等,脂磷法可靠性更高,常见于微量生物量的测定场合,如饮用水处理工艺。脂磷法通过萃取细胞的脂类物质,测定其中磷含量来表征总生物量。由于生物膜中的脂类在细胞死亡后就会很快分解,这种方法基本可以反映活菌的量。

在 MFC 研究中,由于电极生物量很少,因此曹效鑫等采用脂磷法测定悬浮菌液和碳毡电极上的生物量。该方法主要分为提取、消解和测定三个环节。首先,将阳极碳毡剪碎置于 100 mL 分液漏斗中,若测定菌液中生物量,则视情况取 1 mL 或 2 mL 加入分液漏斗。在分液漏斗中依次加入 15 mL 氯仿、30 mL 甲醇和 12 mL 去离子水。振荡并静置 2 h 后,向混合液中再加入 15 mL 去离子水和 15 mL 氯仿,静置 24 h 至溶液分层。将下层脂相放出至茄形瓶中,在旋转蒸发仪中蒸至大约 3 mL 左右。将剩余溶液转移至 10 mL 比色管中,并用氯仿洗茄形瓶 2 次。在氮吹仪上 40 ℃恒温吹干溶剂。最后,在比色管中加入 4 mL 过硫酸钾溶液,121 ℃加热消解 30 min。

若测定菌液中生物量,采用检测限更低的孔雀绿分光光度法测定正磷的含量,其原理是在表面活性剂存在下,磷钼杂多酸与孔雀绿形成的缔合物具有特征吸收峰,其灵敏度较高,检出限可达 1 μg/L;若测定碳毡生物膜中生物量,由于生物量较大,可采用常用的钼锑抗分光光度法测定提取的磷。曹效鑫等根据实际情况对国标的孔雀绿分光光度法进行了适当修改,显色剂中孔雀绿浓度取为国标的 1/2。钼锑抗分光光度法与孔雀绿分光光度法的标准曲线如图 7.9 和图 7.10 所示。以细胞中的磷含量来表征生物量。

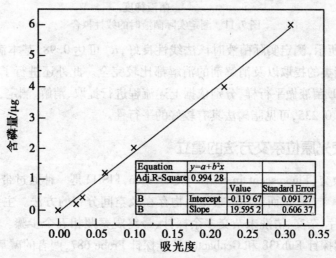

图 7.9　钼锑抗法标准曲线

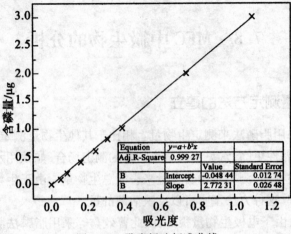

图 7.10　孔雀绿法标准曲线

在预备试验中,对这种方法测定生物量的有效性进行了初步检验。将菌液以 1/2 梯度稀释 5 级,分别取 1 mL 进行测定,采用孔雀绿分光光度法测定磷含量。

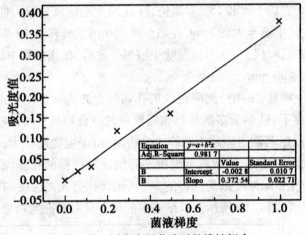

图 7.11　测定实际菌液时的线性拟合

由图 7.11 所示,测定实际菌液时该法线性良好,R^2 可达 0.98,基本满足要求,说明提取剂对细胞中脂类的提取以及消解剂的消解都比较完全。此外还进行了方法的平行性检验。取 3 个 1 mL 菌液做平行样,分别依据上述流程进行提取、消解、测定,吸光度测量分别为 0.233、0.231、0.235,可见脂磷法具有较好的平行性。

7.8.2　荧光原位杂交方法的建立

荧光原位杂交(Fluorescent In Situ Hybridization,FISH)是一种通过带荧光修饰的探针与微生物的 RNA 结合,从而定性观察微生物存在及空间分布的方法。主要分为样品 RNA 保存、固定到玻片、杂交、清洗未杂交多余探针、最终观察照相五个步骤。曹效鑫等在研究中采用细菌通用探针 Eub338 和 Geobacter 特异探针 Probe 687,两者的碱基序列见表 7.2。

表 7.2　本研究所用探针及序列

探针	碱基序列($5'\sim3'$)
Eub338	GCTGCCTCCCGTAGGAGT
Probe687	TACGGATTTCACTCCT

曹效鑫等在研究中改进了 FISH 法的玻片包被、样品固定和最终清洗环节,并优化了照相观察部分,保证最终观察照相的效果,主要的操作流程如下。

(1)细胞 RNA 的固定

将新鲜的 4% 多聚甲醛分装至若干个 2 mL 离心管中,将碳毡样品置于离心管,放于 4 ℃冰箱里静置 1 h。离心弃去上清液,加磷酸盐缓冲溶液重悬,如此洗涤 3 次(10 000 r/min,3 min)。如果测试样品是菌液,则固定液与菌液的体积比为 3:1。

(2)细胞在载玻片上的固定

①载玻片的预处理

为了保证固定和观察效果,载玻片需要彻底清洗。用热肥皂水刷洗,再用自来水清洗后,置于清洗液中浸泡 24 h,清水洗净烘干,在酸中泡数小时以上,取出后再用流水冲洗,95% 酒精中浸泡 24 h 后蒸馏水冲洗烘干。也可将载玻片泡在酒精中现用现取。

②碳毡固定在载玻片上

用 200 μL 枪吹吸离心洗涤后的离心管中液体使之重悬,吸取少量带有碳毡碎屑的液体于洗净的载玻片上,在酒精灯下干燥固定。为了保证固定效果,最好再重复以上固定步骤,使得肉眼下有较多碳毡碎屑。对涂片进行 50%、80%、96% 系列(每个系列 3 min)的乙醇脱水。脱水的目的是为了除去组织内多余的水分,便于所加的非水溶性药剂渗入组织。乙醇与水及一些有机溶剂都互溶。为了减少组织材料的急剧收缩,因此从低浓度到高浓度递增的顺序进行。最后风干载玻片。

注:为避免后序的杂交环节受影响,玻片要彻底风干,碳丝在后面的多次清洗过程中很容易被冲掉,这会影响最终的样品量,进而影响观察效果。

(3)全细胞杂交和清洗

①将一片滤纸折好放在 50 mL 螺盖离心管里面,加入杂交缓冲溶液使滤纸润湿,这个体系就是反应室。

②将反应室在杂交仪中杂交,温度在 46 ℃下平衡。

注:需预先平衡好。

③一份探针溶液混合八份杂交缓冲溶液,使得最终探针质量浓度约为 5 μg/μL。

④将杂交缓冲液/探针混合液展开在每一个固定了碳毡或细胞的区域上。

⑤将载玻片快速转移至事先预热的反应室内,杂交 4~6 h。杂交时间 10 h 左右基本不会影响结果。

⑥杂交完毕,将载玻片转移至盛有 50 mL 的清洗液的离心管中快速漂洗几次。

⑦将载玻片浸泡在双蒸馏水中快速漂洗,然后空气风干。在本研究中,我们是将载玻片放在超净台中,开风机加速风干。至此制片完成,荧光显微镜下观察。

注:杂交之后要注意避光,否则很容易造成荧光的猝灭。

（4）观察照相

明场选择，荧光照相，即在明场下选择要观察的碳纤维，然后切换至荧光模式下观察照相。使用荧光显微镜时，注意载玻片尽量避光。

7.8.3　电子显微镜观察生物膜

采用扫描电子显微镜 SEM 观察电极表面以及生物膜，其主要步骤如下。

（1）固定

将碳毡样品用2.5%的戊二醛固定4 h，然后用磷酸缓冲液清洗3次，每次15～20 min；再用1%锇酸固定2～4 h，然后用磷酸缓冲液清洗3次，每次15 min。

（2）脱水

用30%、50%、70%、85%和95%的乙醇各处理一次，每次15～20 min；再用100%乙醇处理两次，每次15～20 min。

（3）置换

用乙酸异戊脂置换两次，每次15 min。

（4）观察

将样品依次经过二氧化碳临界点干燥和离子溅射仪喷金后，用扫描电子显微镜观察、照相。

第8章　微生物燃料电池中的传质与扩散过程

8.1　微生物燃料电池中的传质与扩散过程的现代研究方法

8.1.1　无介体法

　　微生物细胞膜含有类脂或肽聚糖等不导电物质,电子难以穿过。因此,微生物燃料电池大多需要介体,而介体对细胞膜的渗透能力是电池库仑效率的决定因素。寻求一种电子直接传递的方法,有可能为生物燃料电池找到提高电池功率密度的有效途径。如果分离到一种能直接传递电子的微生物,就能改变电子传递的方式,使生物燃料电池在技术和经济上达到要求。近年来,人们陆续发现了几种特殊的细菌,这类细菌可以在无氧化还原介体存在的条件下,将电子传递给电极,从而产生电流。例如,从海底沉积物中分离到的 *Rhodofetax ferrireducens*、*Geobacter metallireducens* 和 *Geobacter sulfurreducens* 三种微生物可将电子传递到 Fe(Ⅲ),产生微弱、不稳定的电流,其原理如图8.1所示。同样具有产电能力的还有 Rf – 6、Gm – 6 和 Gs – 6 三种微生物,它们在分解有机底物进行自身代谢过程中,易在固体表面吸附成膜,把降解有机物产生的电子传递到电池阳极,具有直接传递电子的能力。如图8.1所示为微生物 Rf – 6、Gm – 6 和 Gs – 6 燃料电池工作原理图。

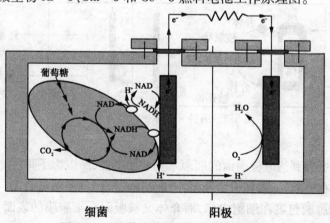

图8.1　无介体生物燃料电池工作原理图

8.1.2　微生物 – 介体组合法

　　自20世纪80年代开始,生物燃料电池的研究全面展开,出现了多种类型的电池。到目前为止,使用介体的间接型电池占主导地位。制约生物燃料电池输出功率密度的主要影响因素是电子传递过程。由于代谢产生的还原性物质被微生物的膜与外界隔离,从而导致微生物与电极之间的电子传递通道受阻。尽管电池中的酶或微生物可以将电子直接传递至电极,但电子传递量和传递速率很低。

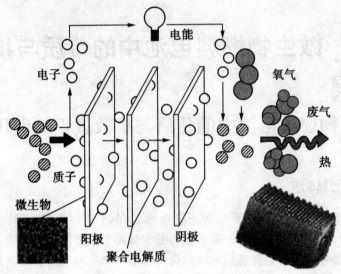

图 8.2　微生物燃料电池工作原理图

　　人们利用氧化还原介体努力构建生物燃料电池的电极与生物间的电子传递体,希望能提高生物燃料电池的功率效率,并对此展开了大量的研究。研究发现,在电子传递过程中添加介体,底物在微生物或酶的作用下被氧化,介体穿过封闭空间的薄膜进入容器,电子通过介体的氧化还原态的转变,从而把自由电子传输到阳极。该过程如图 8.3 所示。

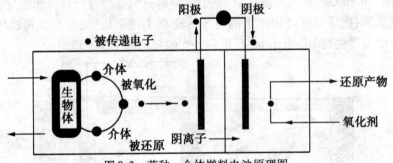

图 8.3　菌种 – 介体燃料电池原理图

1. 介质固定

　　由于只有那些能到达电极表面的细菌才具有导电性,所以为了将生物燃料电池中的生物催化体系组合在一起,需要将微生物细胞和介体共同固定在阳极表面。微生物细胞的活性组分往往被细胞膜包裹在细胞内部,而介体又被吸附在细胞膜的表面,因而无法形成有效的电子传递。在厌氧条件下与电极键合的染料能促使微生物细胞与电极之间的电子传递,如有机染料中性红是一种具有活性的、能实现从大肠埃希氏菌的菌体表面传递电子的介体。它可通过石墨电极表面的羧基和染料中的氨基共价键结合实现固定化。但是,介体的价格非常昂贵,而且需要经常补充,相对于生物燃料电池提供的功率,添加介体所付出的成本极高,且很多氧化还原介体有毒,使其不能在从有机物中获得能量的开放环境中使用。因此,有氧化还原介体的微生物燃料电池不适于用作一种简单的长期能源。这也在很大程度上阻碍了微生物燃料电池的商业化进程。

　　2. 菌种 - 介体

　　最近研究发现,选择适当的菌种 - 介体组合,对微生物燃料电池的设计至关重要。用亚甲基蓝等 14 种介体及大肠杆菌等 7 种微生物,以葡萄糖或蔗糖为原料进行了实验测量,结果表明,介体的使用明显改善了电池的电流输出曲线,其中 TH$^+$(硫堇) - P. vulgaris - 葡萄糖组合的性能最佳,库仑产率最高达到了 62%。另外,一些有机物和金属有机物可以用作生物燃料电池的电子传递介体,其中,较为典型的是硫堇类、吩嗪类和一些有机染料。需要指出的是,虽然硫堇很适合于用作电子传递介体,但是当以硫堇作介体时,由于其在生物膜上容易发生吸附而使电子传递受到一定程度的抑制,导致生物燃料电池的工作效率降低。

8.1.3　低强度超声波法

　　运用低强度超声波也可以在一定程度上改善微生物燃料电池的产电效能。这是因为酶分子蛋白质的外壳也会对从活性中心到电极的直接电子传递产生屏蔽作用。而低强度超声波可以有效提高酶的活性,促进细胞的生长与生物合成及改变细胞膜和细胞壁的结构,提高细胞膜的通透性。短时间低强超声波的机械应力可以在细胞表面瞬间造成细小损伤,该损伤的伤口很小,容易被自身修复,在其修复过程中,酶的分泌增多,细胞繁殖加快,新陈代谢活性增强,使得电子能够更容易地穿透酶分子蛋白质的外壳到达电池阳极。姚璐等采用低强度超声波(0.2 W/cm^2)对燃料电池的试验结果表明,低强度超声波的强化是一个持续的、长期的过程,长期的低强度超声波间歇作用促使反应器中的微生物产生了一定程度的驯化和进化,使得微生物更适应在所处的环境中产电。

8.1.4　电极构型法

　　电极构型对电子传递也有一定的影响。在对生物燃料电池的电极构型的研究中,发现生物燃料电池的产电性能与阳极和阴极面积的相对比值有关,而不是只与阴极面积有关。阳极和阴极面积的相对比值越大,则电子穿透性越好,产电性能越好。

8.2　微生物燃料电池中的传质与扩散过程

　　生物燃料电池是以酶或微生物作为催化剂,将碳水化合物中的化学能转化为电能的装置,由阳极区、阴极区和质子交换膜(或无膜)组成,其中中间膜通常将阴极区和阳极区分开。生物燃料电池的工作过程分为以下几个步骤:

　　①在阳极区,微生物利用电极材料作为电子受体将有机底物氧化,这个过程要伴随电子和质子的释放;

　　②释放的电子在微生物作用下通过电子传递介质转移到电极上;

　　③电子通过导线转移到阴极区,同时,由 NADH $\longrightarrow$ NAD$^+$ + H$^+$ + 2e$^-$ 的反应,释放出来的质子透过质子交换膜也到达阴极区;

　　④在阴极区,电子、质子和氧气反应生成水。随着阳极有机物的不断氧化和阴极反应

的持续进行,在外电路获得持续的电流,其反应式如下。

阳极反应:

$$C_6H_{12}O_6 + 6H_2O \longrightarrow 6CO_2 + 24H^+ + 24e^- \quad (E^0 = 0.014V) \tag{8.1}$$

阴极反应:

$$6O_2 + 24H^+ + 24e^- \longrightarrow 12H_2O \quad (E^0 = 123 \text{ V}) \tag{8.2}$$

根据其原理不同,生物燃料电池可分为细菌电池(微生物燃料电池)和酶电池。下面分别介绍其传质过程。

8.2.1 细菌电池

细菌电池的概念虽然早在 20 世纪初就被提出,但直到 20 世纪 80 年代末才取得突破性进展。目前,人们发现许多细胞具有直接将太阳能转化为电能的能力。但是,人们还发现直接将太阳能转化为电能需要一系列反应,同时,这些细菌发电方式还需要分解微生物的共生作用,而且转化的效率也比较低。另外,细菌发电还存在着需要不停地充气,排出微生物反应产生的各种产物与杂质等问题。为了解决这些矛盾,人们试图利用纯的葡萄糖溶液来消除因杂质的排放而造成的问题,同时还添加了某些芳香族化合物作为生物的电介体,增加电子的传递速度,并通过巧妙的系统设计排出影响产电效率的杂质。此外,越来越多的研究表明,许多细菌和微生物具有直接将太阳能转化为电能的能力,而其中大多数具有光电直接转换能力的细胞,利用的都是它们独特的质子泵效应和光电特性。细胞视紫红质的主要生理作用就是在光的直接驱动下单向地运输质子,可以在细胞膜两侧形成很大的质子梯度,这就是细胞视紫红质的质子泵效应。

研究表明,细胞视紫红质在空间卷曲折叠成 7 条跨膜的 α 螺旋,每条螺旋长度在 3.5 ~ 4.0 nm,螺旋柱基本垂直于细胞膜,N 端在细胞外侧,C 端在细胞内侧。7 个螺旋体中有 3 个在一起组成内环,另外 4 个组成外环,中间包埋着一个维生素 A 醛,被称为视黄醛分子,它和 7 个螺旋基本垂直,它的醛基和 G 螺旋上的一个赖氨酸形成希弗碱,另一端嵌入蛋白深处。在质子泵循环中,视黄醛呈现两种异构体:"13 – 顺式(13 – cis)"和"全反式(all – trans)"。在黑暗中,含有这两种异构体的细胞视紫红质分子数量相等。当有光照时,因为存在一个分支的途径使"13 – 顺式"转入到"全反式",而负效应很慢,因为光照下"13 – 顺式"视黄醛很快消失,只有含"全反式"视黄醛的细胞视紫红质分子参与质子泵循环。

8.2.2 酶电池

1. 利用光能的酶燃料电池

Gust 等用含有纳米 TiO_2 微粒并涂有卟啉感光剂的 ITO 玻璃电极制成的利用光能的酶燃料电池,其生物传质与扩散过程是当光照射到阳极时,电子从激发态的卟啉感光剂 S^* 转移到涂有纳米 SnO_2 的导电 ITO 玻璃电极(CB)上,失去电子的卟啉感光剂 S^{*+} 从酶电极氧化还原对 NAD(P)H/NAD(P)$^+$ 重新得到电子,转变为 SO。葡萄糖脱氢酶氧化葡萄糖的同时将 S^{*+} 与 NAD(P)H 的反应产物 NAD(P)$^+$ 还原为 NAD(P)H。这个电池还可以用乙醇做燃料。

2. 普通酶生物燃料电池

普通酶生物燃料电池一般为一个两极室酶燃料电池。用电子介体修饰的葡萄糖氧化酶(EC 1.1.3.4,GOx)电极作为电池的阳极,固定化微过氧化物酶 – 11(MP – 11)电极做阴极。电池工作时,在 GOx 的辅助因子 FAD(黄素腺嘌呤二核苷酸)的作用下,葡萄糖转化为葡萄糖酸内酯并最终转化为葡萄糖酸,产生的电子通过介体转移到电极上,H^+ 透过隔膜扩散到阴极区;在阴极区 H_2O_2 从电极上得到电子,在 MP – 11 的作用下与 H^+ 反应生成 H_2O,反应方程如下。

阳极反应:

$$\beta – D – 葡萄糖 \longrightarrow 葡萄糖酸内酯 + 2H^+ + 2e^- \tag{8.3}$$

阴极反应:

$$H_2O_2 + 2H^+ + 2e^- \longrightarrow 2H_2O \tag{8.4}$$

8.3　强化传质与扩散材料的制备与种类

8.3.1　酶的强化介质

1.酶电极

在生物燃料电池中,利用酶进行生物电化学的催化,可以强化生物燃料电池酶电极的传质过程。通常,生物体外酶的催化活性保持比较困难,如果将其用于生物燃料电池的酶电极,有可能导致电池稳定性高,同时,普通蛋白酶的导电性较差,因此需要对酶催化剂进行改性,并且提高其浓度,这样电极与电解质间在酶的催化作用下,传质壁垒会被逐步破除或降低传质壁垒的阈值,因此更有利于电子的传递。酶强化传质的重点是生物电化学催化酶的适当选取及酶电极的制备。

有关酶的选取与制备可以参见前面章节的讨论。但是,有了有效性较强的生物电化学催化酶,还需要将其固定在生物燃料电池的电极表面,制成生物燃料电池的酶电极,以发挥其催化作用。目前,研究的重点之一是在酶辅基与电极导电体之间建立良好的电子转移通道。人们选用葡萄糖氧化酶作为目的酶,通过葡萄糖氧化酶的接枝和改性,使其与电极结合,制备成葡萄糖氧化酶电极。具体方法是通过共价键连接和分子自组装、加入导电材料和氧化还原聚合物修饰电极等技术手段,更好地满足了酶生物燃料电池对电极的要求。但是,酶的辅基经常被蛋白质外壳包围,阻碍了电子在酶活性中心和电极导电材料之间的转移。人们尝试通过电化学生物印刷技术将酶的辅基与大分子导电介体和电极用共价键连接,从而实现酶的催化反应活性中心与电极的直接电连接,生物燃料电池与酶电极的电子传递结构示意图如图 8.4 所示。人们还尝试用纳米金粒子和 Cu^{2+} 聚丙烯酰胺膜进行酶的负载,并制成酶电极用于生物燃料电池中,明显地强化了电极室中的传质过程,提高了酶电极的性能。

2.实现直接电子传递的方法

酶电极还可以采用导电聚合物来修饰,聚丙烯酸(PAA)与 VK_3 进行聚合,得到 PAA – VK 聚合物,它们再与黄递酶、NADH 和 KB 连接。通过引入氧化还原聚合物包埋酶,利用电子在氧化还原聚合物中的转移能力,使电极能够满足酶燃料电池的要求,这种连接使酶电极的电化学活性和电子传递与物质扩散功能加强。酶电极和其功率密度与电压的变化情况如图 8.5

所示。在这种酶电极中,电子在氧化还原活性中心的跳跃、氧化态和还原态的活性中心的碰撞和作为骨架的聚合物链段的运动,使反应从介质到酶活性位点的扩散途径变得很短,传质阻力减少,酶活性增大,加速或强化了酶电极与电解质间的传质与扩散过程。

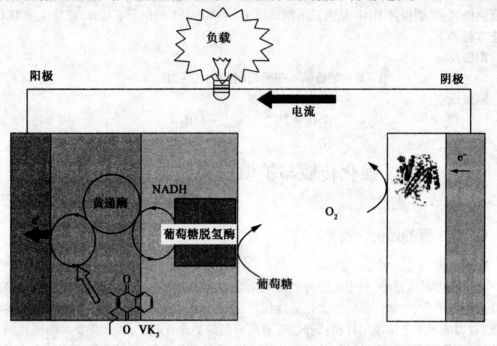

图 8.4　生物燃料电池与酶电极的电子传递结构示意图

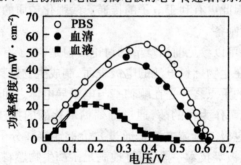

图 8.5　酶电极及其功率密度与电压的变化情况

实现直接电子传递的方法主要有以下 3 种:

①通过在电极表面进行贵金属纳米粒子及碳纳米管等物质的修饰,利用纳米粒子的尺寸效应、表面效应等奇妙的特性来实现直接的、快速的电子传递。常用的固定化材料包括无机材料、有机聚合物、凝胶及生物材料等。

②对微生物酶分子的蛋白质外壳进行修饰,使它能够允许电子通过,然后再把修饰后的酶固定到电极上。

③在比微生物细胞更小的尺度上,直接用导电聚合物固定酶。导电聚合物就像是导线一样穿过蛋白质外壳,将电极延伸至酶分子活性中心附近,大大缩短了电子传递的距离,从而实现电子的直接传递。

3. 电极立体化

生物燃料电池通常采用液体电解质,由于电解液对电催化剂的浸润和毛细力的作用,电解液会进入电极的催化层并形成薄的浸润液膜,不仅稳定了反应区(三相界面),而且确保在电极催化层内均可实现电化学反应,即实现电极的立体化。

对于固体为电解质的燃料电池(如质子交换膜燃料电池),它以固体的全氟磺酸膜(如 Nafion 膜)为电解质隔膜;固体氧化物燃料电池,它以氧化钇稳定的氧化锆为固体电解质。当将电极与固体膜组合为电池时,由于电解质不能进入电极的催化层,因此电极催化层内无法建立离子通道,不能起电催化作用,电化学反应仅能在膜与电催化层交界面处进行。为扩大反应界面,在制备电极时,可将离子导体(如质子交换膜燃料电池为全氟磺酸树脂,对固体氧化物燃料电池为氧化钇稳定氧化锆型氧离子导体)加入电极催化层内,以期在电极内建立离子导电通道。向电催化层内加入离子导体的技术称为电极的立体化技术。

4. 深层亲水电极

在上述各种电极(如双孔电极)内的粗孔层,加入由聚四氟乙烯构成的憎水网络内,反应气体靠气相扩散传质到达反应区,溶解进入很薄的电解液液膜,到催化反应点参加催化反应。而在质子交换膜燃料电池开发过程中,Willson 等设计制备了反应气靠在水或全氟磺酸树脂中溶解扩散传质的电极催化层,这种电极称为亲水电极。这种电极内可以没有由憎水剂构成的气体气相扩散传质通道。由于电极内靠反应气体在水中或全氟磺酸树脂中溶解扩散实现传质,所以这种电解催化层很薄,一般为几微米。简要计算表明,当电极催化层厚度小于等于 5 mm 时,反应气体在水中或全氟磺酸树脂中的溶解扩散不会成为整个电极过程的控制步骤。这种电极用于质子交换膜燃料电池的优点如下:

①有利于电极催化层与膜的紧密结合,避免了由于电极催化层与膜的溶胀性不同所造成的电极与膜的分层;

②使酶 – 铂/炭催化剂与 Nafion 型质子导体保持良好的接触;

③有利于进一步降低电极的铂当量。

5. 酶电极的电化学生物印刷固载方法

目前,酶电极的电化学生物印刷固载方法发展迅速,对提高生物燃料电池性能有很大的推动作用。常见的酶电极电化学生物印刷的方法较多,方法也较为简单,如在电极表面对酶进行薄层的固定或印迹等,但是其实质还是酶的固定化技术,主要还是通过包埋、吸附、共价、交联等方法与电极材料连接。通过把所选择的酶包埋于聚合物材料的网络结构或微胶囊结构中,可防止酶蛋白渗出,同时包被有酶的聚合物与电极结合,而生物燃料通过微孔能渗入而与酶接触发生反应。这种结合可以通过网络结构或微胶囊结构与电极相连。

电化学生物印刷也可以通过酶的吸附方式进行固载。固载时酶分子直接吸附于不溶性载体电极上,酶与载体之间的亲和力是范德华力、离子键和氢键。此法操作简单,易于在许多材料上进行,是一种较为温和的蛋白质固定方法,能有效保留蛋白质活性。但这种印刷方法酶负载量较低,这就意味着灵敏度较低,同时吸附一般是可逆过程,吸附的酶容易脱落。

电化学生物印刷还可以通过酶的共价键的方法进行。通过对电极进行化学修饰,再利用酶蛋白分子中可以进行结合的—NH、—OH、—SH、—COOH 等活性基团与电极表面上的反应基团之间形成共价键连接。该方法形成的膜厚度与吸附法相似,且酶与载体之间的连接很牢固,稳定性好,无酶脱落和开裂现象。由于酶分子与载体材料表面易形成较大的多点结合界面,所以共价法的结合力较强,结合率较高。另外,通过酶的交联也可以进行电化学生物印刷。为了增加负载,进一步提高电极的稳定性,酶与多官能团试剂进行交联反应,生成不溶于水的二维交联聚集体(网状结构)。将此法与吸附或包埋联合使用可以达到更好的效果。

酶电极的自组装复合固定化过程也是未来酶电极制作的发展方向。自组装通过化学键或其他作用力自发吸附在电极的界面上,形成热力学稳定和能量最低的有序结构。当有吸附分子存在时,其局部已形成无序结构,但是可以通过自我再生完善其结构,并将体系变得更有序化,以提高酶电极效率。

8.3.2　酶的固定

1. 介孔介质的酶负载

载体酶的介孔材料,内表面孔穴丰富,人们还可根据需要改变介孔内部的表面性质,使其具有对酶负载的特殊物理化学性能。因此,目前对介孔材料生物酶负载研究较多,结果也表明,载体酶的介孔材料是一种优良的酶固定化的基质。人们采用介孔材料固定化酶技术,应用于生物传感器、肽合成和纸浆的生物漂白中,预计在生物燃料电池中也会发挥其效能。

要将酶固定在介孔材料上,最常用的方法是简单吸附,但吸附后酶的稳定性受到许多因素的影响。例如,孔径的大小会影响酶的吸附和滤取,而材料的相互影响对决定酶在介孔材料中的稳定性起到决定性作用。

介孔材料也能制成包含多重酶催化剂,它们的负载酶和辅助因子具有纳米尺度,在微反应器中,如将 L 型乳酸脱氢酶(LDH)、葡萄糖脱氢酶(GDH)和辅助因子(NADH),固定在孔径为 30 nm 或 100 nm 的多孔粒子上,在用 LDH 氧化的丙酮酸还原为乳酸的反应中,NADH 转化为 NAD^+,通过 GDH 催化的葡萄糖的氧化反应,NAD^+ 又恢复为 NADH。这种方法可直接应用于生物燃料电池的电极构建。

2. 壳聚糖固定酶电极(层层组装法)

利用壳聚糖链上基团所带电荷与带反电荷的酶,通过静电力结合,并结合于电极上,固定后的酶电极,强化了酶电极、电解质和燃料的传质过程,提高了生物燃料电池的性能。在该酶电极的制备时,人们通常采用壳聚糖作为酶的固定化电极材料,导电聚合物和碳纳米管作为电极增强材料,并通过直接电化学沉积法或电化学生物印刷法制备酶电极,构建待测的酶燃料电池。随着修饰酶电极技术的发展,大多数酶燃料电池研究工作采用正、负电极均为酶电极的结构。以电极材料、导电聚合物和碳纳米管作为电极增强材料,并通过直接电化学沉积法或电化学生物印刷法制备酶电极,构建待测的酶燃料电池。

8.4　生物多孔电极、电解质与隔膜间的传质扩散

在生物燃料电池中生长在电极表面的细菌承担电子的转移作用,而与液相中的微生物没有关系。生物燃料电池的启动实际上是微生物在电极表面形成生物膜的过程,也是转移电子的微生物和其他种群微生物的竞争过程。电压的升高是电极对转移电子微生物选择

的结果。随着研究的深入,人们已经开发出了生物阳极、生物阴极和生物双极的生物燃料电池,通常根据使用的目的加以选择,但是其内部的传质与扩散过程有其相似性。

在生物燃料电池内,电子主要有三个去向:一部分转化成电量,一部分通过厌氧呼吸被消耗,还有一部分通过微生物的兼氧和好氧呼吸被损失掉。电子回收率为贡献于电量转化的有机物和总有机物浓度的比值,反映的是转化为电能的有机物占有机物总量的百分比。运行过程中大部分电子被损失掉主要是由于阴极对空气中氧气分子的透过作用,原因是反应器内的兼性好氧微生物能够利用有机物做电子供体,利用氧气做电子受体进行代谢,导致底物和电子的损失。

在生物燃料电池的发展过程中,已借鉴和开发出多种结构的多孔扩散电极。从电极的厚度上分,有厚度达毫米级的厚层电极,也有厚度仅为几微米的薄层电极;从建立稳定的三相界面(反应区)上分,有双孔结构电极,也有掺有聚四氟乙烯类憎水剂三相界面的电极;还有依据气体压力与毛细力和电极与电解质隔膜的孔径分布相互配合来稳定反应区的电极。下面进行简单介绍。

8.4.1　双孔结构电极

依据毛细力的公式可知,对于浸润型液体和两种孔半径不同的多孔电极,在将多孔电极用于气体端时,控制气体压力,可使孔半径小的为浸润型电解液填充,而孔半径大的多孔体为气体填充。依据这一原理,人们成功制备了双孔结构电极,并确保反应区的稳定。

由图8.6可知,这种结构的电极可以满足多孔气体扩散电极的要求。细孔层内充满电解液,具有一定的阻气能力并可传导导电离子。电解液在粗孔内浸润,形成弯月面,浸润层越靠近气体侧越薄,厚度可达微米级,极大提高了反应气体的传质速度和极限电流密度。为确保在粗孔层内获得较大的浸润面积,即电极活性面积(反应区,即三相界面),除提高电极粗孔层孔隙外,电极还应有一定的厚度,一般为零点几毫米厚。而高活性的电催化剂应担载在粗孔层内。

图 8.6　双孔结构电极示意图

8.4.2　Shell 塑料电极

Shell 塑料电极属于催化层双孔结构电极。在这种电极结构中,细孔层用微孔塑料膜,当其充满电解液后起传导离子和阻气作用。在微孔塑料膜涂催化层一侧镀 1 mm 的金层,起集流作用,所以采用这种电极组装出的电池,电流从电极周边导出受到限制,用这种电极难以组装出大功率电池组。再在镀金层上利用黏合剂(如聚四氟乙烯)和电催化剂(如铂黑与 Pt/C 电催化剂)制备几微米厚的催化剂。由于这种电极在电催化层与反应气之间无起集流和支撑作用的扩散层,所以这种电极特别适于用空气和生物质氢或粗氢做反应剂,它消除了在扩散层内由传质引起的浓差极化。

8.4.3　聚四氟乙烯憎水剂黏合型电极

　　在生物燃料电池中,水溶性电解质较为常见,各种导电的电催化剂(如 Pt/C)可被电解质所浸润,不但能提供电子通道,而且还可以提供液相(如水)和导电离子的通道。但它不能为气体气相传质提供通道。例如,聚四氟乙烯等憎水剂,由于其憎水特性,掺入其中可构成不被电解液浸润的气体通道。憎水剂的加入除了能提供反应气体气相扩散的通道外,它还具有一定的黏合作用,能将电催化剂黏合到一起构成这种黏合型多孔气体扩散电极。简言之,在这种电极中由催化剂构成的亲水网络为电解质完全浸润,可提供电子、离子和水的通道,而由憎水剂构成的憎水网络为反应气的进入提供气相扩散通道。图 8.7 是这种结构电极的示意图。由图 8.7 可知,由于电催化剂浸润液膜很薄,所以这种结构的电极应具有较高的极限电流密度。另外因为电催化剂是一种高分散体系,具有高的比表面积,因此这种电极应具有较高的反应区(三相界面)。

图 8.7　聚四氟乙烯黏合型电极结构示意图

　　由电催化剂掺入聚四氟乙烯等憎水剂制成的黏合型多孔气体扩散电极,均为由聚四氟乙烯构成的憎水剂网络和由电催化剂构成的亲水网络形成的双网络型电极。它既不具备阻气性能也不具备阻液性能,因此当用其组成电池时,又形成了两种结构组合方式:

　　①当反应气压力高于电解液压力时,它与石棉膜等微孔膜组合,形成类似双孔电极结构,饱浸电解液的石棉膜微孔层起阻气、传导电解液和离子的功能。当采用一张饱浸碱性电解液的石棉膜,两侧各置一片这种多孔气体扩散电极时,即构成石棉膜型碱性燃料电池;当采用两张石棉膜,各一片电极组合时,在两片石棉膜之间构成可自由流动的碱腔,即为双膜、自由介质型碱性燃料电池。当将这种电极置于无孔不透气的质子交换膜两侧时,无孔质子交换膜便起着阻气、传导质子的作用,即构成质子交换膜燃料电池。

　　②当反应气压力等于或稍低于电解液压力时,如在微生物锌空电池中的空气极,为防止电解液透过电极的渗透,则必须在电极的气室侧加置憎水透气层,否则,电解液的损失将严重影响微生物的生长和电池效率。

第9章 微生物电解池

9.1 操作原理

当今世界对促进经济和环境协调发展,实施可持续发展战略已形成共识。而如何在治理环境污染的同时获得清洁能源,则是整个社会实现物质循环的技术保障。一方面,我们目前面临着使用传统能源(如煤和石油)带来的环境问题,如全球变暖、酸雨等;另一方面,随着经济和人口的增长,污水的排放量日益增加,寻求可再生的新能源,已成为人类迫切需要解决的难题。氢作为一种无污染和可再生的能源,具有可储可输的特点,已引起广泛重视,并且以其清洁、高效、可再生等特点,将会成为21世纪应用最为广泛的传统能源的替代能源之一。传统的制氢技术主要有天然气、煤、重油制氢和水电解制氢等,然而这些方法需要消耗大量的能源或化石原料,生产成本普遍较高。因此,寻找成本低廉、可再生的大规模清洁制氢技术已成为人们研究的热点,由此诞生了微生物电解池制氢技术。微生物电解池(Microbial Electrolysis Cell,MEC)是在微生物的作用下利用电化学技术将废水中有机物的化学能转化为氢能,并同时使废水得以处理的一种装置。因为 MEC 技术可以实现生物质废物的资源化利用且具有绿色、节能、环保等特点,所以在能源和环境问题日益受到重视的今天具有广阔的发展前景。

电解池是在外电源作用下工作的装置。电解池中与电源负极相连的一极为阴极,阳离子在该极接受电子被还原;而与电源正极相连的一极为阳极,阴离子或电极本身(对电镀而言)在该极失去电子被氧化。该电解池通过阳极微生物的作用,将溶液中有机物降解,同时产生氢离子和电子,产生的电子通过位于细胞外膜的电子载体传递到阳极,再经过外电路到达阴极,氢离子通过质子交换膜或直接通过电解质到达阴极,在外加低电压电源的作用下,在阴极上还原为氢气。该方法有如下特点:

①原料来源广泛,理论上一切可被微生物利用的废弃物都能用以产氢;

②清洁高效,无二次污染,具有很高的产氢效率和能量利用率,这一技术将为生物质能源利用提供一条新的途径;

③反应器设计简单,操作条件温和,一般是在常温、常压、接近中性的环境中进行工作。

在电解池(或电镀池)中,根据反应现象也可以推断出电极名称:凡发生氧化的一极为阳极,凡发生还原的一极为阴极。例如,用碳棒在电解溶液中做两极,析出的一极为阴极;放出电子的一极为阳极。电解池中,与外电源正极相连的则为阳极,与负极相连的则为阴极,这一点与原电池的负对阳、正对阴恰恰相反。

9.1.1　产氢微生物

MEC 研究中使用的微生物菌种大多数为混合菌,相对于纯菌,混合菌抗环境冲击能力强、可利用的基质范围广,对微生物电解池的工程实用化有较大的优势。混合菌是目前微生物电解池研究中最常用的接种方法之一,这种接种方法对于初级产氢微生物的筛选十分重要。研究者们从生活污水、污水处理厂的活性污泥以及天然厌氧环境中的污泥中寻找微生物菌群接种在微生物电解池中,均出现了产氢现象,这说明接种源中存在直接产氢的微生物,但究竟何种微生物对产氢起关键作用并不清楚。此外,由于接种源的不同,富集得到的微生物往往有较大的差别。

9.1.2　阴极催化剂

MEC 阴极的主要功能是在催化剂的作用下将电子传递给电子受体,并把质子还原为氢气来完成还原半反应。阴极通常采用碳布或碳纸为基材,将催化剂涂布或采用电沉积技术附着在阴极上。催化剂可以降低阴极反应所需的活化能,加快反应速度,降低析氢电压。

目前,MEC 制氢技术在国际上仍处于实验室研究阶段,其原因是因为相关研究主要集中在反应器设计方面,对于催化剂的研究比较少。一直以来,MEC 的阴极主要采用碳载铂为催化剂。此外,研究还发现不锈钢和镍合金也能起到良好的催化效果。

1. 化学催化剂

Pt 一直被认为是 MEC 制氢技术中最有效的催化剂。Call 等人在外加电压为 0.8 V 的条件下,以碳布负载 0.5 mg/cm^2 的 Pt/C 作为催化剂,获得的产氢率为 3.12 $m^3/(m^3 \cdot d)$,阴极氢气回收率为 96%,能量回收率为 75%,这是目前为止最大的产氢率。但是,由于铂催化剂的价格昂贵,导致成本较高,因此需要寻找廉价的可替代 Pt 的催化剂。

Tartakovsky 等人用 Pd/Pt(质量分数各占 50%)来代替 Pt 作为催化剂。实验结果表明,相同条件下使用 Pd/Pt 催化剂与使用 Pt 催化剂的产氢率相当,这说明 Pd 对析氢反应有较高的催化活性,但 Pt 的价格是 Pd 的 4 倍,因此,使用 Pd/Pt 作为催化剂可以有效地降低成本。

由于过渡金属具有稳定性、经济性、在自然界储量丰富和对微生物低毒等特点,近年来被广泛用作电解水制氢的催化剂。Priscilla 等人首次在 MEC 制氢技术中采用不锈钢和镍合金作为催化剂,在外加电压 0.6 V 的条件下,最终获得的产氢率为 0.76 $m^3/(m^3 \cdot d)$。由于反应周期长,因此导致产甲烷菌活跃,使生成的气体组分中甲烷浓度较高。他们又在外加电压 0.9 V 的条件下以不锈钢为催化剂,产氢率为 1.5 $m^3/(m^3 \cdot d)$,而在相同条件下,以纯 Pt 板为催化剂的产氢率仅为 0.68 $m^3/(m^3 \cdot d)$,他们推断可能是由于 MEC 溶液中的硫、氮等引起 Pt 催化剂中毒,从而导致其催化性能降低。

2. 生物催化剂

非生物的阴极通常需要催化剂以获得高的产氢率,但是也相应地增加了成本,降低了操作的可行性。此缺点可以通过用生物阴极代替来克服,即可以用生物来协调阴极反应。Rozendal 等人发现附着在阴极上的微生物可以催化析氢反应的发生,在外加电压为 0.7 V 的条件下,在连续流加进料的双室反应器中获得的产氢率为普通阴极的 8 倍,电流密度是含有铂涂层阴极的 2.4 倍,这说明与 Pt 催化剂相比,生物阴极可以大大降低析氢电压与成本。

9.1.3　阳极

目前,MEC 主要采用无腐蚀性的导电材料作为阳极,从阴极的具体形式上可以将阳极分为平板式和填料型两种。平板式阳极的缺点是增大阳极面积的同时必须增加反应器的体积,其材质多为碳布或碳纸,也有采用较厚的石墨毡或石墨刷作为阳极材料。填料型阳极材质多为石墨颗粒,在相同阳极室体积下可以增加微生物附着的表面积,从而增大产氢率。作为微生物附着的阳极,应尽可能地为微生物提供较大的附着空间,为微生物提供充足的营养,同时还要将微生物产生的电子和质子迅速传输出去。现有对 MEC 阳极材料的研究,除了试图增大微生物的附着面积、提高微生物的附着量外,缺少对提高电子和质子传递的措施的研究。

Logan 等人认为用于 MFC 的阳极材料同样可以在 MEC 反应器中应用。Zeikus 等人报道了用石墨阳极固定微生物来增加电流密度,然后用 AQDS、NQ、Mn^{2+}、Ni^{2+}、Fe_3O_4、Ni^{2+} 来使石墨改性做阳极。结果表明,这些改性阳极产生的电流功率是平板石墨的 1.5~2.2 倍。Zhang 等人报道了在石墨中加入聚四氟乙烯作为 MFC 的阳极,研究表明,PTFE 会引起石墨电极的多孔结构,低含量的 PTFE 使得亲水性的细菌容易附着在电极表面。Cheng 等人用氨气预处理过的碳布作为 MFC 的阳极,结果表明,预处理过的碳布产生的功率要大于未预处理过的,并且 MFC 的启动时间缩短了 50%。这主要是由于碳布经氨气处理后,比表面积增加,从而有利于产生电子和质子以及微生物的吸附。

到目前为止,国内外还未见对 MEC 阳极进行改进的报道,因此下一步的研究重点应对MEC 的阳极进行改进,增加阳极比表面积,以提高微生物的附着量,并在阳极上加入催化剂,以利于电子向阳极的迁移。

9.1.4　反应器及操作参数优化

1. 双室

双室 MEC 反应器有一个阴极室和一个阳极室,中间由质子交换膜隔开。细菌在处于厌氧状态的阳极室内生长,通常采用通入氨气的方式驱赶阳极室内残存的氧。其优点是可以抑制阴极、阳极物质的相互扩散,其缺点是增加了质子扩散的阻力,另外也增加了反应器的成本。

Liu 等人在双室 MEC 反应器中成功地生产出氢气,产氢率为 0.37 $m^3/(m^3 \cdot d)$。Call等人认为,膜的作用是为了确保阴极室中含有高的氢气浓度和阻止氢气扩散到阳极室而被微生物利用。然而,有研究者报道,在膜存在的情况下,阴极上产生的氢气中仍然会混有阳极上产生的二氧化碳等其他气体。也有研究者发现,膜的存在也不能阻止氢气向阳极室扩散。Rozendal 等人认为由于膜把反应器的阴极和阳极隔离开,造成了阴极 pH 值的上升,由此产生的 pH 梯度是造成电压损失的主要原因。

2. 单室

由于双室的复杂性,很难对其进行放大,于是 Hu 等人开发了单室 MEC 反应器,在相同外加电压条件下与 Liu 等人使用的双室相比,获得的产氢率是双室的 2 倍,电流密度为双室的 3 倍。Call 等人对操作条件进行了优化,在外加电压 0.8 V 的条件下,产氢率为3.12 $m^3/(m^3 \cdot d)$,库仑效率为 92%,阴极氢气回收率达到 96%。实验结果表明,单室

MEC 反应器可以获得高的库仑效率和阴极氢气回收率,但装置的长期稳定性和减少甲烷浓度还有待进一步研究。与双室相比,单室 MEC 反应器具有以下特点。

(1)优点

①阴极和阳极在同一反应器中,质子交换膜直接敷在阴极表面,简化了反应器结构;

②减少了反应器的内阻,提高了产氢率;

③由于质子交换膜的成本高且易受污染,所以单室 MEC 反应器可以降低设备费用。

(2)缺点

①阴极产生的氢气会扩散至阳极被产甲烷菌利用,影响产氢率;

②副产物二氧化碳浓度会升高。

3. 连续流加式

由于间歇式的运行方式具有处理规模小、操作不稳定等特点,所以 Rozendal 等人设计了连续流加式 MEC 反应器,其优点是提高了底物的利用率,同时提高了 COD 降解率,增加了这一新兴工艺在污水处理中应用的可行性,但其缺点是容易造成阳极微生物的流失。

由于产电细菌能够释放电子,所以可以利用 MFC 形式的反应器进行产氢。在这个体系中,微生物会氧化底物释放电子。与 MFC 产电过程不同,这些电子与同步产生的质子结合形成氢气,这个过程称为电辅助产氢(Electrohydrogenesis)。实现这个过程的反应器有很多,其中包括生物电化学辅助微生物反应器(BEAMR)。由于它是一个基于生物催化电解有机物的反应器,故又叫生物催化电解池(BEC)。如果遵循 MFC 的命名方法,根据 MFC 像燃料电池一样产电,又像电解池一样产氢,那么应该称它为微生物电解池(MEC)。这里遵循 MFC 的命名惯例,将这个过程、细菌和反应器分别命名为电辅助产氢(Electrohydro - Genesis)、产电菌(Exoelectrogenes)和微生物电解池(MEC)。

之所以用"电化学的"和"辅助的"来描述这个过程,是因为产氢过程要通过对电路施以外加电压来实现。在 MFC 中,阳极的电位能够逼近底物 $E_{An} = 0.3$ V 的理论极限。当阴极电子受体为氧气时,阴极电位通常约为 0.2 V(标准氢电极参比),从而使整个电池的电压接近 0.5 V。如果想在阴极生成氢气,则需要消除氧气并在阴极克服如下的电压(pH = 7.298 K):

$$E_{cat} = E^{\ominus} - \frac{RT}{nF} \ln \frac{H_2}{[H^+]^2} = 0 - \frac{8.31 \text{ J/(mol} \cdot \text{K)} \times 298.15 \text{ K}}{2 \times (9.65 \times 10^4 \text{ C/mol})} \ln \frac{1}{(10^{-7})^2} \quad (9.1)$$

因此,计算得到在阴极生成 H_2 所需的电池电压为:

$$E_{emf} = E_{cat} - E_{An} = (-0.414 \text{ V}) - (-0.3 \text{ V}) = -0.114 \text{ V} \quad (9.2)$$

电池电压为负,所以这个反应并不能自发进行。这就解释了为什么微生物产生乙酸和氢气,但不能将乙酸进一步转化为氢气,因为该反应是吸热的(例如需要能量)。然而,理论上来讲,当 MEC 系统外加了大于 0.114 V 的电压后,阴极可以生成氢气。因此,结合"生物"(有机物的生物电解)与"电化学辅助",就可以在 MEC 中实现氢气的生产。

MEC 产氢所需要的外加电压可以由 MFC 或其他电源提供。如果在阳极能够获得更高的电位,细菌就可以降解除乙酸盐以外更多的产能底物。可能这时细菌无需乙酸盐等氧化中间体,电流由底物直接产生,从而自发地产氢。例如,在温度 298 K,pH 值为 7.0 的环境中,葡萄糖的理论电位为 $E^{\ominus} = -0.428$ V。此时理论电池电压为正,即 $E_{emf} = (-0.414 \text{ V}) - (-0.428 \text{ V}) = 0.014$ V,表明葡萄糖产氢的反应可以自发进行。然而,如果葡萄糖发酵降解为乙酸盐,自发反应便无法进行。

当乙酸盐为底物时,理论上需要电压为 0.114 V。实际上由于阴极电位的存在,需要外加更大的电压。实验证明,当外加电压在 0.25 V 左右或更高时,才能获得合理的电流密度和可用的产氢率。需要注意的是,电流密度是随外加电压呈线性升高的。研究这个反应如同我们分析燃料电池时使用 Tafel 曲线一样,斜率和截距可以用来分析系统的性能。例如 Liu 等人进行的测试,电流密度增加的速率为 1.27 $A/(cm^2 \cdot V)$ 或 0.003 A/V。根据 $R = E/I$,电阻为 330 Ω。Rozendal 等人开发的盘状反应器系统的速率为 1.78 $A/(cm^2 \cdot V)$ 或 0.08 A/V,因此阻抗仅为 12.5 Ω。横轴的截距则表示发生产氢反应时两个电极的过电压之和的测量值。在上面两个例子中,Liu 等人的过电压为 0.13 V,略小于 Rozendal 等人的 0.17 V。

增加外加电压可以增加电流的密度,但施加的电压越大,输入反应器的能量就越多。在 MEC 中施加 0.25 V 电压,要比常规电解水所需的电压(1.8 ~ 2.0 V)低得多。这是因为有机物电解或者在细菌作用下有机物分裂为质子和电子是一个热力学的有利过程(如放热反应),电子最终传递给电子受体(或者通过发酵过程传递,依赖于底物类型)。相比之下,裂解水通常是吸热过程。MEC 产氢与 MFC 产电不同,从整体上来看,它终究还是一个吸热反应,需要外加能量才能促使氢气生成。

微生物电解池中使用的是从自然界筛选的微生物和醋酸。醋酸由葡萄糖或者纤维素发酵产生。电解池的阳极是颗粒状的石墨,阴极是带有铂催化剂的石炭,其中还使用了一种普通的阴离子交换膜。微生物消耗醋酸释放出的电子和质子,可以创造高达 0.3 V 的电压,当外界电压超过 0.2 V 时,液体中就会有氢气产生。这个过程中产生的氢能是所消耗电能的 2.88 倍,而标准的制氢方法——电解水的产能效率只有此过程的 50% ~ 70%。用电能和不同有机物质的产氢率在 63% ~ 82% 之间。使用乳酸和醋酸的效率为 82%,使用经过预处理的纤维素的效率为 63%,葡萄糖效率为 64%。微生物电解池的另一个可应用的方面是化肥的生产,现在的化肥都是在大的工厂中生产出来之后,运输到各个农场中去的。现在可以在规模很大的农场中或者与几个农场合作,用农场中的木屑等纤维素生产氢气,然后利用空气中的氮气,通过一个通用的过程生产氨和硝酸,并且氨和硝酸可以直接使用或者生产硝酸铵、硫酸盐和磷酸盐,这项技术已经申请了专利。

有些人认为氢能大规模使用是很久以后的事情,但是 Logan 说现在就可以将用纤维素等可再生能源生产的氢气与天然气混合,用在以天然气为燃料的车辆上。现在已经有大量的天然气汽车投入使用。天然气中主要是甲烷,甲烷的燃烧非常清洁,如果在其中掺入氢气,燃烧会更加充分并且能够优化现有的天然气车辆的性能。通过研究,生物质能制氢技术是包括风能、核能、电能等在内的 28 项制氢技术中最为清洁、高效的技术。因此,有人说生物氢能是实现氢经济发展的最为可行的途径。新的生物制氢方法与电解水相比效率更高。通过电解水技术生产可再生的清洁氢能,需要依赖于太阳能、风能、生物质能、核能发电来实现。新的技术可以直接使用纤维素和其他可降解有机物生产氢能,并且环境良好。研究者们说,虽然纤维素、乙醇将来也可用农业废弃物或者非粮作物作为原料,但至少还需10 年,而生物制氢如今就可以用这些丰富的生物质资源。

微生物电解池制氢技术具有低能耗、环保等优势,是目前国内外研究的热点。目前国内外对其反应机理和电极制备工艺的研究都取得了进展,但是电极成本还有待进一步降低,氢气产率还不足达到工业化生产水平,远远无法满足人类对氢的需求,因此进一步提高产氢率已迫在眉睫。综合相关资料,今后的研究方向可大致归纳为:

①研究高效廉价产氢电极的催化剂,提高电子的传递速率。

②进一步优化反应器的结构。要求结构简单,操作方便,并且可以减少传质阻力,以提高产氢量,使其易与污水处理工艺偶联。

③扩大底物利用范围。不单单依赖于筛选能够降解不同底物的产氢菌株,通过基因工程手段在目标菌株中表达降解不同生物体高分子的酶也是将来的一个重要手段。

④目前已有研究采用膜技术对氢气进行选择性纯化,但是国内尚未见这方面的报道。今后 MEC 制氢的研究重点之一是开发高效氢气纯化技术,从而推动反应 – 分离 – 利用一体化系统的实际运用。

随着全球能源的短缺及环境问题的日益突出,开发清洁的 MEC 生物制氢技术,其重要意义是毋庸置疑的,其发展前景是令人鼓舞的。我们有理由相信在不远的将来,MEC 生物制氢的产业化生产就会成为现实,该项技术的研究开发及推广应用,将带来显著的经济效益、环境效益和社会效益。

9.2　微生物电解池系统

微生物电解池是以阳极微生物作为催化剂,利用电化学技术将废水中有机物的化学能转化为氢能的装置,由阳极和阴极组成,中间用质子交换膜(PEM)分开。微生物电解池中使用的是自然界筛选到的微生物和醋酸。醋酸由葡萄糖或者纤维素发酵产生。电解池的阳极是颗粒状的石墨,阴极是带有铂催化剂的石炭,其中还使用了一种普通的阴离子交换膜。微生物消耗醋酸释放出的电子和质子,可以创造高达 0.3 V 的电压,当外界电压超过 0.2 V 时,液体中就会有氢气产生。这个过程中产生的氢能是消耗的电能的 2.88 倍。而标准的制氢方法——电解水的产能效率只有此过程的 50% ~ 70% 。

MEC 系统是最近发展起来的,所以文献中没有太多关于这种系统的测试和报道。目前已报道了四种系统使用 MEC 工艺产氢:其中三种使用乙酸盐为底物,一种使用生活污水。这些系统都是典型的双室反应器,阴极和阳极通过质子交换膜分隔,尽管其中一个系统使用气体扩散电极来进行修正。该系统使用电源在电路上外加电压,通过测量在电路中串联的一个小电阻的电压来确定其电流。使用电阻导致了少量的能量损耗,但一些电源能够自动更正这些损耗。

第一个报道的产氢系统是由 Liu 等人设计的双室小瓶形反应器(310 mL)。每个极室有 200 mL 电解液,由一小片阳离子交换膜隔开,两极室中间由管子相连。阳极是普通的碳布,阴极为载有 0.5 mg Pt/cm^2 的碳纸(每个电极 12 cm^2)。该系统与 Liu 等人使用的 MFC 系统设计相同,电极间距为 15 cm。使用乙酸盐作为底物时,平均产氢量为 2.9 mol H$_2$/ mol 乙酸盐,理论产率是 4 mol H$_2$/mol 乙酸盐。外加电压为 0.25 V 时,这里的能量输入相当于 0.5 mol 的氢气。在这个系统中,乙酸盐的电子回收率非常高。在不同的外加电压下,产氢库仑效率在 60% ~78% 之间,电路电子回收与氢气的比率大于 90%。虽然该反应器的内阻较大,但使用小面积的 CEM 限制了阴极室氢气的反向扩散。

　　Liu 等人使用 Liu 和 Logan 设计的管状反应器考察了第二个反应器。这种单室反应器在立方体 MFC 的中部插入 CEM(同上)转为双室反应器。反应器中部由长为 4 cm、直径为 3 cm 的圆柱相连,两侧均密封隔绝空气。阴极气体释放到一根管子中,管子另一头与密封的集气瓶(120 mL)相连,周期性地测量氢气的浓度。这个系统的库仑效率与其他双室系统相同,但整体氢气回收率却降低到 60% ~ 73%,从而降低了该系统的效率。由于在这个系统中,膜面积远大于相同规模的双室系统,因此,我们认为回收率降低是因为一部分氢气从阴极室和气体收集瓶经过膜扩散损失掉了。

　　Rozendal 等人构建了圆柱形双室 MEC 系统,该系统由两个大型盘状阳极和阴极组成,中间以阳离子交换膜隔开,每个极室长 5 cm,直径 29 cm(总容积为 3.3 L)。阳极材料为石墨毡,阴极材料为镀铂的钛网丝(铂含量为 50 g/m²)。当外加电压为 0.5 V 时,他们获得了高达 92% ±6.3% 的库仑效率,但根据电路电流计算出的阴极氢气回收率只有 57% ±0.1%,导致整体氢回收率仅为 53% ±3.5%。氢气回收率低可能是因为在实验过程中,氢气透过大面积的阳离子交换膜扩散造成的。该课题组后期在实验中将阴极转移到阳离子交换膜上,形成一个气体扩散电极。他们称这个系统为单室反应器,尽管第二个极室仍然需要气体收集。不论使用阳离子交换膜还是阴离子交换膜,氢气的整体回收率都很低(23%)。

　　Ditzig 等人在 MEC 中以生活污水里的有机物为底物产氢。反应器由两个方形极室组成,阳极室中包含一张碳纸,其余空间填充粒径为 2 ~ 6 mm 的颗粒石墨。阳离子交换膜的面积为 11.4 cm²,两极室分别为 292 mL。产氢所需的最小电压为 0.23 V,但如果要产生能够测量出的氢气,则需要更大的电压。作为一个废水处理的反应器,它的性能比较理想,总 BOD 去除率可以达到 97% ±2%,COD 的去除率达到 95% ±2%。然而,它作为一个产氢的反应器,性能较差。当底物为废水时,氢气的库仑效率在 9.6% ~ 26.2% 之间。外加电压为 0.5 V 时,阴极氢气回收率为 42.7%,库仑效率 $C_E = 23\%$,导致整体氢气回收率仅有 9.8%,产氢率为 0.012 5 mg H_2/mg COD。

　　基于 MFC 的测试,废水的库仑效率普遍低于如乙酸盐等单一物质。同时还存在另一个问题,即与 MFC 和 MEC 测试通常使用的有机物浓度(1 g 底物/L 或更多)相比,生活污水样品中有机物含量低。因此只有阳极在高 COD 浓度时,获得的电位才可以与以乙酸盐为底物时相比。

　　MEC 研究中使用的微生物菌种大多为混合菌,相对于纯菌,混合菌的抗环境冲击能力强、可利用基质范围广,对微生物电解池的工程实用化有较大的优势。混合菌是目前微生物电解池研究中最常用的接种形式,这种接种方法对于初级产氢微生物的筛选十分重要。研究者们利用生活污水、污水处理厂的活性污泥以及天然厌氧环境中的污泥接种微生物电解池,都出现了产氢的现象,这说明接种源中存在直接产氢的微生物,但究竟何种微生物起产氢关键作用并不清楚。此外,接种源不同,富集得到的微生物往往有较大差别。虽然有文献报道了采用 16S rDNA 技术对产氢微生物进行鉴定,但是对其基因序列和染色体构成还没有形成统一的认识,还需要进一步研究,已发表的研究成果均是利用厌氧污泥里丰富的混合菌群来提高氢气产率。

　　MEC 技术是一项很有前景的技术。这项技术完全不同于普通废水处理方法,MEC 技术从废水中获得能量,这些能量以电能和氢气的形式存在,而不是耗费电能。20 世纪 90 年代末,Kim 及其同事证实了细菌可被应用于已知浓度的乳酸废水的生物燃料电池中,之后他们又发现使用淀粉工业废水可维持 MEC 产电。但是,MEC 的产能较低,并且现在还不清楚这一技术对废水的浓度将产生多大影响。直至 2004 年,才证实了 MEC 处理生活废水的同时可产生电能后,MEC 技术的产电和处理废水的关系正式确立。此研究中的产电功率虽然低($26\ mW/m^2$),但已远远高于(几个数量级)之前所得到的废水产电值。Reimers 等人研究发现,海洋沉积物中的有机质和无机质可用于构造新型 MEC,可以通过多种多样的基质、材料及系统架构利用细菌从有机物中获得电能。但这些研究所得能量均相对较低。MEC 决定性的发展要归功于 Rabaey 等人,他们证实了利用葡萄糖的 MEC 在不需添加化学中介质的情况下,可将功率密度提升两个数量级,这个发现把人们的注意力吸引到 MEC 上。

以上的研究发现之后,MEC 的实际应用研究接踵而来,其首要目的在于开发 MEC 在生活污水、工业和其他类型废水处理中的可放大技术。从废水中获得的电能虽然不足以供应给一个城市,但却足够运转一个处理厂。有效收集这部分电能,可为水资源的循环利用提供持续的能量来源。请看下面这个中等城市能量回收的例子,其电能来源于废水。

【例 9.1】 按最大能量回收率计算,生活污水 MEC 系统可使一个人口为 10 000 的城镇获得多大收益?

(1)假设每人每天产生 500 L 废水,废水的 COD 为 300 mg/L,14.7 kJ/g COD(基于废水污泥),最大能量产出值是多少?

(2)假设每千瓦时电能需 0.44 美元,这些电能的价值为多少?

(3)假设每个家庭用电量为 1.5 kW,这些电能可供多少个家庭使用?

解 (1)按照假设可求出废水转化成电能的兆瓦数。

$$P = 300\ mg/L \times 500\ L \times 10^5 \times \frac{g}{10^3\ mg} \times \frac{14.7\ kJ}{g} \times \frac{1\ kW \cdot h}{3\ 600 kJ} \times \frac{1\ d}{24\ h} \times \frac{MV}{10^3\ kW} = 2.6\ MW$$

(2)上式结果为持续电能产出值,按给定的电价转换为 1 kW,可以计算出这些电能的价值。

$$价值 = 2.6\ MV \times \frac{0.44\ 美元}{kW \cdot h} \times \frac{10^3\ kW}{MW} \times 24 \times 365\ h = 10 \times 10^6\ 美元$$

由此可以看出,每年可得到 1 000 万美元的电能,虽然各地区电的价格不尽相同。

(3)这里所指的受益家庭数仅是同一时间需要用电的家庭数。

$$家庭数\ h = \frac{2.6\ MW}{1.5\ kW} \times \frac{10^3\ kW}{MW} = 1\ 700(个)$$

以上计算均假定能量回收为 100%,在后面我们会发现这是不合理的。我们的目标回收率为原能量的 25% ~50%。因此,上面的数字需减半或降低更多才符合实际。

从上面的例子可以看出,从废水处理中回收的电能对个人来说虽然微不足道,但当人数增至很大值时,则能显示其优势。例如,回收一个人所产废物所得的最大电能为 25 W,这些电能仅够供给一个小灯泡,而对一个四口之家而言,就是 100 W,则可供一个明亮的白炽灯照明。因此,由生活污水回收的电能对单个家庭而言是微小的,但对于一个规模较大的工厂而言,即使在生活污水浓度相对较低时,这部分电能也变得相当巨大。

用于废水处理的 MEC 最重要的节能方式除可产电外,还可节省曝气处理和固体废物处理的费用。废水处理费用主要集中在废水曝气处理、污泥处理和废水输送方面。对于典型的废水处理厂,曝气处理费用占全部运行费用的一半。削减这些费用可节省大量的能量输出。MEC 本质上属于厌氧处理过程,一些氧气扩散到系统中会造成某些好氧有机物的损失。厌氧过程的污泥产率是好氧过程的 1/5,因此,使用 MEC 可大幅降低废水处理厂固体物质的产出,进而大幅降低固体物质的处理成本。

废水浓度通常由废水中有机物氧化所需要的氧气的量来决定,包括生化需氧量(BOD,5 天生物降解实验法)和化学需氧量(COD,即化学实验中有机物通过生物降解和非生物降解的需氧量)。由于 1 mol COD 需消耗 1 mol 氧气,因此,很容易通过 COD 值估算产氢量。1 mol COD 氧化产生 4 mol 电子,可产生 2 mol 氢气(1 mol COD = 2 mol H_2)。氧气的摩尔质量为 32 g/mol,H_2 的摩尔质量为 2 g/mol,这意味着 1 g COD 能产生 0.125 g 氢气。

【例 9.2】　一个人口为 100 000 的城市的生活污水可产生多少氢气?

(1)计算例 9.1 中每年可产生氢气的质量。

(2)假设每千克氢气为 6 美元,这些氢气的价值是多少?

解　(1)按例 9.1 中的计算结果得到的产氢量如下:

$$m_{H_2} = 300 \text{ mg/L} \times \frac{500 \text{ L}}{d} \times 10^5 \times \frac{0.125 \text{ gH}_2}{\text{gCOD}} \times \frac{\text{kg}}{10^6 \text{ mg}} \times 365 \text{ d} = 6.84 \times 10^5 \text{ kg}$$

(2)据以上条件,氢气的价值为:

价值 $= 6.84 \times 10^5$ kg $\times 6$ 美元/kg $= 2.75 \times 10^6$ 美元

因此,可以看出每年氢气的价值约为 275 万美元。然而,这种计算没有考虑反应过程施加的电能和气体纯化及压缩所需的费用,并假设底物在电池和其他过程中无损失,全部转化为氢气。

9.3　氢气产率

尽管氢是自然界里最丰富的元素之一,但是天然氢气在地面上却很少有,所以只能依靠人工制取。氢能是一种环境友好型能源,但要找到一种清洁高效的途径来大规模制氢决非易事。通常制氢的途径有:从丰富的水中分解氢;从大量的碳氢化合物中提取氢;从广泛的生物资源中制取氢;或利用微生物生产氢,等等。各种制氢技术均可掌握。但是作为能源使用,特别是普通的民用燃料,首先要求产氢量大,同时要求造价较低,即经济上具有可行性,这是今后制氢技术的选择标准。利用微生物对有机原料(比如秸秆中的纤维素)进行发酵是可能的方法之一,不过,较低的转化效率一直是制约该方法的主要因素。就长远和宏观而言,氢的主要来源是水,以水裂解制氢应是当代高技术的主攻方向。

电解是一种制备高纯氢气的传统方法,制得的氢气的纯度可达 99.9%,但是此工艺只适用于水力资源丰富的地区,并且耗电量较大。一般碱性电解池在 1.8 ~ 2.0 V 的电压下电解水制氢。电解水制氢的成本主要取决于电能的消耗,大约三分之一的制氢成本是消耗在电能供应上的。为了增加电解产氢工艺的经济竞争力,行之有效的方法是降低电能消耗。

微生物电解池技术已经被用于有机废水制取氢气,该技术是生物燃料电池与电解池技术相结合的产物。它同时应用了原电池和电解池原理,利用电活性微生物作为催化剂,通过电能的中间形式将燃料中的化学能转化为氢能。在 MEC 中,人们已经成功地实现了由纤维素、葡萄糖、乙酸、丙酸、丁酸、乳酸以及戊酸生产氢气。醋酸也是葡萄糖或纤维素发酵后的主要产物之一。研究人员利用的是以醋酸为电解液的微生物电解池及其中自发产生的微生物。该电解池的阳极是颗粒状的石墨,阴极是带有铂催化剂的碳棒,研究人员同时还利用了一层普通的阴离子交换膜。研究发现,细菌会消耗醋酸并在溶液中产生 0.3 V 的电压。如果再从外界施加 0.2 V 的电压,氢气泡就会从液体中冒出来。Logan 表示:"该过程产生的氢能量是施加电能的 288%。"即使用产出的氢气来制造额外施加的电能,该过程的能量净产出仍然相当可观。

在 MEC 中,电池需要一个外加电压以克服产氢的热力学能垒。由乙酸产氢的理论外加电压为 0.14 V,而由于极化电压的影响,实际外加电压要高于 0.22 V 才能实现产氢。在 MEC 的制氢研究中,一般采用 0.6 ~ 0.8 V 的外加电压以达到理想的产氢效果。尽管 MEC 产氢所需电能输入要远远低于电解水制氢,但是能量消耗仍占据制氢成本的主要部分。采用廉价的 MEC 的辅助能源以降低制氢成本是关系到 MEC 技术应用推广的关键。

产氢耦合系统由产氢 MEC 和电化学刺激的 MFC 串联组成。MFC 为单室反应器构型,而 MEC 采用双室反应器构型。MEC 反应器分为左右两个对称的圆筒形极室,每个极室内径为 6 cm,容积为 450 mL。两个极室之间由直径 3 cm,长 6 cm 的连通管相连,中间由 GEFC - 10 N 阳离子交换膜隔开。MEC 和 MFC 的阳极电极材料分别为 4 cm × 4 cm 和 3 cm × 7.5 cm 的碳纸,其阴极分别为 4 cm × 4 cm 和 2 cm × 2 cm 经过防水处理的载铂碳纸,其中铂的负载量为 2 mg/cm^2。反应器由有机玻璃加工制成,各级室顶部和两级室连接处均用防水胶皮密封。在反应器的上方和底部侧面各有一个内径为 1 cm 的气体以及液体取样口。

产氢系统中两个反应器的生物阳极通过在乙酸或丙酸基质中富集驯化得到,阳极碳纸上已经形成电活性生物膜。驯化过程采用间歇补充底物方式。经过长时间的富集驯化,阳极生物膜具有较好的电化学活性,MFC 的开路电压达到 800 mV。MEC 系统的性能可以用多种方法来表征。产氢率就是其中的一个,它基于 COD 去除率和 Y_{H_2}($mgH_2/mgCOD$):

$$Y_{H_2} = \frac{n_{H_2} M_{H_2}}{V_L \Delta COD} \tag{9.3}$$

式中　n_{H_2}——实验中回收的氢气的物质的量,由氢气体积按理想气体定律计算得到;

　　　M_{H_2}——氢气的摩尔质量;

　　　V_L——阳极的液体容积;

　　　ΔCOD——连续流中的进出水 COD 浓度之差或间歇流实验中起始点和最终点 COD 浓度之差。

如果氢气的体积 V_{H_2} 是由实验测得的,则氢气的物质的量依照下面的公式计算:

$$n_{H_2} = \frac{V_{H_2} p}{RT} \tag{9.4}$$

式中　p——压力,atm;

　　　R——气体常数,$R = 0.082\ 06$ L · atm/(mol · K);

　　　T——采样时的热力学温度,$T = 303$ K。

对于已知的底物,较容易计算出底物消耗的质量。假设 C_S 为底物变化的质量,摩尔质量为 M_s,则产率 Y_{H_2}(gH_2/g 底物)为:

$$Y_{H_2} = \frac{n_{H_2} M_{H_2}}{V_L \Delta C_S} \qquad (9.5)$$

对于葡萄糖,理论最大产氢量为 12 mol H_2/mol 葡萄糖,而 COD 的产量则为 Y_{H_2} = 0.126 gH_2/gCOD,计算过程见例9.3。

【例9.3】 葡萄糖细菌发酵最多生成 4 mol H_2/mol 葡萄糖。

(1)将这个结果与 MEC 系统最大摩尔产氢量对比。

(2)将此结果转化为 30 ℃下的体积产量。

解 (1)为了计算摩尔产量,首先把葡萄糖在厌氧条件下生成 CO_2 的化学方程式配平:

$$C_6H_{12}O_6 + 6H_2O \longrightarrow 6CO_2 + 12H_2$$

这样,氧化 1 mol 葡萄糖转移 24 mol 的电子,生成 12 mol 的氢气。质量产率如下:

$$Y_{H_2} = \frac{12 \text{ mol } H_2}{\text{mol 葡萄糖}} \times \frac{2 \text{ g } H_2}{\text{mol } H_2} \times \frac{1 \text{ mol 葡萄糖}}{180 \text{ g 葡萄糖}} \times \frac{\text{g 葡萄糖}}{1.06 \text{ gCOD}} = 0.126 \text{ g } H_2/\text{g COD}$$

(2)利用理想气体定律计算氢气体积得:

$$Y_{H_2} = \frac{0.126 \text{ g } H_2}{\text{g COD}} \times \frac{0.082 \text{ 1 L} \cdot \text{atm}}{\text{mol} \cdot \text{K}} \times \frac{303 \text{ K}}{\text{L} \cdot \text{atm}} \times \frac{1 \text{ mol } H_2}{2 \text{ g } H_2} \times \frac{10^3 \text{ mL}}{\text{L}} = 1 \text{ 570 mL } H_2/\text{g COD}$$

这些结果与 0 ℃时的结果一起总结在表9.1 中,对比了葡萄糖完全氧化和可能的发酵过程。

表9.1 产氢转化过程的总结

产量	葡萄糖 - 完全	葡萄糖 - 发酵	产量	葡萄糖 - 完全	葡萄糖 - 发酵
物质的量 (mol H_2/molglu)	12	4	体积(0 ℃)/ (mL · g^{-1} COD)	1 410	470
质量(g H_2/gCOD) 或(g H_2/kgCOD)	0.126 126	0.041 9 42	(30 ℃)/ (mL · g^{-1} COD)	1 570	520

9.4 氢气回收率

9.4.1 最大产氢物质的量

氢气产率代表了基于 COD 去除的氢气产量,氢气回收率则以更细致的分析指标表征了系统性能。例如,针对特定的底物,氢气的摩尔产量 n_{th} 为:

$$n_{th} = \frac{b_{H_2/S} V_L \Delta C_S}{M_S} \qquad (9.6)$$

式中 $b_{H_2/S}$——化学计量反应中每摩尔底物产氢的物质的量;

M_s——底物的摩尔质量。

理论上基于 COD 去除的最大氢气产率($gH_2/gCOD$)为：

$$n_{th} = Y_{th}V_L\Delta COD \qquad (9.7)$$

现在,基于库仑效率和阴极氢气回收的物质的量,就可以解释氢气损失是如何发生的了。

库仑氢气回收率(库仑效率)是基于测量的电流,计算得到的氢气物质的量 n_{CE} 为：

$$n_{CE} = \frac{\int_{t=0}^{t} Idt}{2F} \qquad (9.8)$$

式中　I——电流;

　　　2——生成每摩尔氢气转移 2 mol 电子;

　　　F——法拉第常数,F = 96 485 C/mole$^-$。

则库仑氢气回收率 r_{CE} 可以由下式计算得到：

$$r_{CE} = \frac{n_{CE}}{n_{th}} = C_E \qquad (9.9)$$

从式(9.9)可知,n_{CE} 是电路回收电子总物质的量的一半。同时,n_{th} 是完全氧化底物转移电子总数的一半。因此,氢气库仑回收率 r_{CE} 与库仑效率相同(同时消掉分母上的2)。

9.4.2　阴极的氢回收率

已知由电路电流计算出氢气的回收量,就可以知道实际电流产生多少氢气。其中,r_{cat} 是阴极氢气的回收率。在实验室的测试中,Liu 等人获得双室反应器的 r_{cat} 在 0.90 ~ 1.00 之间。Rozendal 等人获得 r_{cat} 为 0.57,其他人研究的数值均能达到 100%(见表9.2)。

表9.2　BEAMR 研究中的氢气回收率

研究组	底物	氢气回收		
		库仑效率 C_E/%	阴极 r_{cat}/%	全部 r_{H_2}/%
Liu 等(2005c)—外加 0.25 V,瓶状 MFC	乙酸盐	60	90	54
Liu 等(2005c)—外加 0.45 V,立方体 MFC	乙酸盐	65	94	61
Rozendal 等(2006a)—盘状 MFC	乙酸盐	92	57	53
Rozendal 等(2007)—盘状 MFC	乙酸盐	23	101	23
Ditzing 等(2007)—立方体 MFC	废水	9.6 ~ 26	1.8 ~ 43	9.8
Cheng and Logan—外加 0.6 V(未发表)	乙酸盐	87.5	100	87.5

注:由于废水成分未知所以不能准确计算。

9.4.3　整体氢气回收率

基于氢气的总回收物质的量与理论值之比,产氢效率为：

$$r_{cat} = \frac{n_{H_2}}{n_{CE}} \qquad (9.10)$$

整体氢气回收率最大为 r_{H_2} = 1 mol/mol,而对于葡萄糖,氢气产率最大值为 Y_{H_2} = 0.126 $gH_2/gCOD$。

氢气在各方面都具有一定的潜力,美国宾州大学研究人员最新研究发现,生物可分解有机物质能产生氢气,而以这种方法可以提供丰富的干净燃料,在未来极具发展潜力。这项由该校环境工程教授提出的既廉价又有效能的方法,可由各种唾手可得并且能再生的生物体来完成,例如纤维素或葡萄糖,来产生氢气,用于汽车动力、制作肥料等。虽然目前已有部分大众交通工具使用氢气为动力引擎来替代汽油,但现今大部分的氢气都由天然气等无法再生的化石燃料所产生。不过,宾州大学工程师所运用的方法,则是把可产生电子的细菌与微生物燃料细胞中的小电荷相结合,来产生氢气。微生物燃料细胞经由细菌的动作,能将电子变成阳极。电子从阳极经过导线传至阴极,产生电流。在此过程中,细菌会消耗生物体中的有机物质。而来自外部的少量电力,有助于在阴极产生氢气。

过去氢气制造过程效能差、产量低,而经过改良后的制作程序,在实验中使用“醋酸”生产氢气,达到将近99%的理论最大产生率。《美国国家自然科学院学报》发表的研究里,研究人员就是用自然产生的细菌,加上醋中含有的乙酸,放入电解细胞中,释放出氢气的。细菌啜食着乙酸,释放出电子和质子,产生 0.3 V 的电流,此时外界再稍加一点电流,氢气便从液体里冒出来。研究人员表示,所释放出的清洁的氢燃料,可用于车辆“加油”,以替代现有的汽油。这种所谓微生物燃料电池,能将几乎所有可分解的有机材料转化为零排放的氢气燃料。与现在的氢能源汽车相比,这项技术更具环保优势。因为现有氢汽车燃料所用的氢通常来自化石燃料,即使车子本身不释放温室气体,但在原料生产加工过程中也会排放。罗根表示,目前这项技术具有经济可行性,有望使氢气超越其他生化燃料。

9.5　能量回收

二氧化碳是石油、煤炭、天然气等燃烧的产物,是温室气体,会造成地球温度的逐年升高。专业机构的最新研究结果表明,全球气候变暖已经导致非洲乞力马扎罗山的山顶80%冰盖的消融,如这一趋势得不到遏制,100 年后山顶冰雪将完全消失。德国汉诺威大学的植物研究所科学家瓦尔特指出,尽管目前全球气温仅上升 0.6 ℃,但对生态造成的影响已经明显威胁到动物和植物的生存,现在,春天的来临以及许多植物的生长期正在提前,较长时间后的动物食物链可能会发生混乱。同时,化石燃料中含有的杂质,特别是硫、氮、磷、砷等,燃烧后产物均为酸性,会造成大气污染和酸雨。

酸雨不仅给农作物和蔬菜的叶片带来伤害,而且会降低农作物和蔬菜种子的发芽率,降低大豆蛋白质含量。阔叶林和针叶林的林冠层在酸雨的作用下,钙、镁等离子在林冠层雨溶液中富集,造成叶子中营养离子的大量淋失,进而加速根部营养的吸收和迁移,重新吸收的营养离子也会从植物体大量析出,如此循环,就会造成营养亏缺,从而直接影响森林生长,威胁森林生态系统内的物质循环,而且这个过程会随着酸雨的强度增加而增加。酸雨还会造成土壤中铝的大量释放和镁等有毒金属元素的沉降和积累,对树木形成毒害。同时,直接影响和危害土壤表层,干扰微生物正常的生化活性,使森林枯枝落叶的分解和物质再循环受到破坏;降低土壤的 A0 和 A1 层的 pH 值,使适中偏碱性菌类活动受到遏止;氮元素的同化和固定作用减少,土壤肥力下降。酸雨还会使湖泊酸化,将土壤中的活性铝冲洗到河流、湖泊中,毒害鱼类,改变整个水生生态系统,使水体中的生物种类和数量大大减少。

另外,酸雨还会导致温室效应的加剧,刺激皮肤,引起哮喘等多种呼吸道疾病。

我国的能源结构以煤炭为主(约占 75% 左右),且随着经济建设的迅速发展,能源的消耗量日益增加。据统计,1990 年全国煤炭消耗量为 10.52 亿吨,1995 年增到 12.8 亿吨。1995 年我国燃煤排放的二氧化硫达 2 370 万吨,超过欧洲和美国,位居世界首位。据国家环保总局对全国 2 177 个环境监测站 3 年的监测结果统计,有 62.3% 的城市二氧化硫年平均浓度超过国家二级标准,日平均浓度超过国家三级标准,年降水 pH 值低于 5.6 的酸雨覆盖面约占国土总面积的 30% 左右,粉尘爆炸、粉尘污染严重,生态环境和经济建设受到严重影响。而且我国北方地区冬寒漫长,大多数采用锅炉供暖,由于能源结构以煤炭为主,就使得烟尘污染成了又一重要的环境问题。针对这些情况,我们必须找到一种储量大、后续性强、热效率高、储存形式多的环保型清洁能源,氢能源正是这样一种优质能源。在化石燃料日益减少的情况下,我国能源本来就不占优势,再加之人均资源占有量不足,这就势必要求我国必须比其他国家更重视后续能源的开发和利用,而汽车、飞机、轮船等机动性强的现代交通工具只能采用"含能体能源",所以氢能源无疑成为一个新兴的热点。

氢能是一种二次能源,不像煤、石油和天然气等可以直接从地下开采,几乎完全依靠化石燃料,它是通过一定的方法,利用其他能源制取的。随着化石燃料消耗量的日益增加,其储备量日益减少,终有一天这些资源将要枯竭,这就迫切需要寻找一种不依赖化石燃料的储量丰富的新的含能体能源。氢能正是这样一种在常规能源出现危机时开发的二次能源,同时也是人们期待的新二次能源。氢位于元素周期表之首,原子序数为 1,常温常压下为气态,超低温高压下为液态。作为一种理想的新的含能体能源,它具有以下特点。

①质量最轻的元素。标准状态下,密度为 0.899 9 g/L,-252.7 ℃时,可成为液体,若将压力增大到数百个大气压,液态氢可变为金属氢。

②导热性最好的气体,比大多数气体的导热系数高 10 倍。

③自然界中存在的最普遍的元素。据估计它构成了宇宙质量的75%,除空气中含有氢气外,它主要以化合物的形态储存于水中,而水是地球上最广泛的物质。据推算,如果把海水中的氢元素全部提取出来,它所产生的总热量比地球上所有化石燃料放出的热量还要大9 000 倍。

④除核燃料外,氢气的发热值是所有化石燃料、化工燃料和生物燃料中最高的,为142.351 kJ/kg,是汽油发热值的 3 倍。

⑤燃烧性能好,与空气混合时有广泛的可燃范围,而且燃点高,燃烧速度快。

⑥无毒,与其他燃料相比,氢燃烧时最清洁,除生成水和少量氮化氢外不会产生如一氧化碳、二氧化碳、碳氢化合物、铅化物和粉尘颗粒等对环境有害的污染物质,少量的氮化氢经过适当处理也不会污染环境,而且燃烧生成的水还可继续制氢,循环反复使用。另外,产物水无腐蚀性,对设备无损害。

⑦利用形式多。既可以通过燃烧产生热能,在热力发动机中产生机械能,又可作为能源材料用于燃料电池,或转换成固态氢用作结构材料。

⑧可以以气态、液态或固态金属氢化物的形式出现,能适应储运及各种应用环境的不同要求。

⑨可以取消远距离高压输电,代以远、近距离管道输氢,安全性相对提高,能源损耗减小。

⑩氢气的利用取消了内燃机噪声源和能源污染隐患,利用率高。

⑪氢气可以减轻燃料自重,增加运载工具的有效载荷,这样可以降低运输成本,从全程效益考虑,社会总效益优于其他能源。

多途径开发氢能,其中利用微生物有效开发氢能是重要途径之一。人们熟知,氢是"水之源",2 个氢原子结合成氢分子,氢气在氧气中易燃烧释放热量,并生成水。由于氢、氧结合不会产生二氧化碳、二氧化硫、烟尘等污染物质,所以氢被看作未来理想的清洁能源,有"未来石油"之称。氢也可用于燃料电池的研制,氢能和燃料电池技术将会彻底改变全球能源系统的发展方向。氢在自然界中算是最丰富的元素之一,它存在于淡水、海水之中,也存在于碳氢化合物和一切生物质中。因此,对氢能的研究开发引起了国内外学者的高度重视,并将其作为清洁能源研发的一项重要战略措施。氢能作为气态能源之一,不仅洁净,而且高效,不污染环境,将是本世纪能源发展的一大方向。发展氢能将成为国际上关注的热点,而生物氢能的研发同样吸引各国研究者和企业家的关注。

美国政府投入 1.2 亿美元用于氢能的研究,以加速氢能的发展,美国将会兴起氢经济;日本将把生产氢能作为可再生能源长期发展的途径来考虑,认为这是发展清洁能源的最佳选择;我国也在不断加强对生物氢能的研究和开发。国内外高度重视氢能的研发,并采取多途径索取氢能,这是大势所趋。据报道,全球大约99%的氢源于石油,而石油又是一类用量最大的非再生能源,因此争夺石油也变得异常激烈。当然,也可考虑其他氢能来源,如可用电力电解水制氢,也可利用太阳能生产氢气(主要是日本),等等。在考虑氢能发展的同时,还要考虑如何使用氢能更方便。美国在这方面有所准备,在其国内已建立了第一个氢气站,为氢气使用者带来便利。

除了以上所提到的获取氢能的某些途径之外,微生物制氢技术的研究与开发是未来发展清洁能源的一个重要途径。如下几方面的研究成果尽管还未完全进入产业化,或还处于试验或"中试"阶段,但使得对生物氢能的发展得到了进一步关注。

（1）异养细菌发酵制氢

美国宾夕法尼亚大学研究人员利用源于土壤的产氢细菌(菌种不详),以制糖工业废水为原料发酵制氢,并采用细胞固定化技术保持该菌株产氢的连续性,提高产氢效率。其实,通过发酵途径生产氢气的异养细菌很多,如梭菌($Clostridium$)、肠杆菌($Enterobacter$)、埃希氏杆菌($Escherichia$)、柠檬杆菌($Citrobacter$)、芽孢杆菌($Bacillus$)、脱硫弧菌($Desulfovibrio$)和产甲烷菌($Methanobacter$)等,不论是严格厌氧菌还是兼性厌氧菌,对同样有机底物的利用和产氢能力各不一样。前者多用它的纯培物,后者多为混合培养的优势菌,但必须防止氢营养菌的入侵(污染),可采用降低 pH 值的方法来抑制或杀死氢营养菌,因此,选育合适的优势产氢菌种是研究产氢效能的基础,也是关键。

（2）厌氧梭菌发酵制氢

日本北里大学研究人员以各种生活垃圾,如剩菜、肉骨等经过处理后作为生产氢的原料,借助一种梭菌($Clostridium$)AM21B 菌株,在37 ℃下发酵生产氢气。1 kg 垃圾有效分解代谢,可获得49 mL 氢气,有望实现规模生产。也有采用固定化细胞(酶)技术用于梭菌生产氢气,如一种丁酸梭菌($Clutyricum$)利用糖作为供氢体,包埋于聚丙烯酰胺载体中,在37 ℃条件下可连续产氢20 天,最大产氢量达到1.8～3.2 L/d。同时,必须优化产氢条件,如铁、磷无机营养的满足。铁是氢化酶的重要组成成分,而氢化酶的活性随铁的消耗而降低;铁也是氧化还原酶的重要组成部分。该菌以甘油发酵产氢,铁、磷不足会导致该菌代谢途径的改变。在我国,中科院微生物研究所研究人员从垃圾处理场污泥中获得一种新的产氢梭菌(*Clostridium defluvii*),在最适营养、温度、pH 值条件下有效产氢。因此,对产氢细胞无论是游离细胞还是固定化细胞,发酵产氢所需要复杂的生态条件因素是不可忽视的。

(3)混合微生物发酵制氢

我国大连化物所研究人员利用 3 种微生物,如丁酸梭菌(*Clbutylicum*)、产气肠杆菌(*Enterobact aerogenes*)和麦芽糖假丝酵母(*Candida maltose*)于 36 ℃混合发酵废弃有机物48 h,产氢量达到 22.2 mL/(h·L),平均产氢为 15.45 mL/(h·L),这 3 种菌有协同产氢作用,即产气肠杆菌起主导作用,另两种菌起协同作用,使代谢产物不易积累,为彼此之间创造生存环境,使 3 种菌株代谢活性充分发挥起来,从而提高产氢能力,增加产氢量。由此可见,选择混合菌制氢,利用其互补性,创造互为有利的生态条件,是一条可取的微生物制氢途径。

(4)活性污泥发酵制氢

实际上也是一种混合菌制取氢气的方法。在我国,哈尔滨工业大学研究人员以有机废水(含糖类、纤维素等)为原料借助厌养发酵污泥(含厌养菌等)接种在 50 m³ 反应器中进行发酵,并产生氢气,每天可获取 250~285 m³ 氢气,纯度可达99%以上,已完成了中试,有望实现工业化生产,并在哈尔滨建立了小规模"生物制氢产业化基地",生产氢气可达600 m³/d。但这项制氢技术涉及活性污泥接种剂,其所含微生物群落、各自功能作用、优势菌群种类、生态关系以及它们产氢的持续性和稳定性仍值得进一步探究。

在国外,研究厌氧污泥用于产氢及其过程,涉及氢的纯度问题。研究从降低 pH 值来抑制不相干细菌的生长和繁衍,如甲烷菌是不相干者,它所需最适 pH 值为 7,而在静态罐培养时 pH 值降到 4~5,从而阻断了该菌产生甲烷,这样为含菌活性污泥在降解有机物产生氢气和有机酸方面创造了良好条件,增加了发酵气体中氢的浓度,显示了活性污泥用于处理有机废水制造氢气所具有的特色。对比活性污泥法与纯菌种法生产氢气的能力确有不同之处。实验结果表明,前者可获得氢气 66 mL/(g·h),而后者只有 51 mL/(g·h),从此可以看出,前者优于后者。这表明充分利用不同产氢菌及其互生菌的混合培养发酵制取氢气的优势,从而可达到利用活性污泥或混合培养之间的协同作用,以达到最佳的产氢效果。

(5)光合细菌利用有机废水制氢

光合细菌利用有机废水制氢是制氢的另一重要途径。光合细菌不仅可以产氢,而且还有多种功能可以利用。它的产氢速率大大高于其他类型的微生物,每克菌体每小时可获得最大产氢量 51 mL/(h·g)。这类光合细菌是行使不放氧的光合作用,产生的氢不含氧,纯度高。在我国,已利用豆腐加工废水为原料,通过光合细菌固定化技术制氢,并且连续产气达 260 h 以上,平均产气率为 146.8~351.4 mL/(L·d),气体中氢的体积分数为 60%以上,若维持产气 93 h,平均产气率达到 120.7~140 mL/(L·d),而气体中氢的体积分数为 75%以上。这些光合细菌包括具有固氮作用的荚膜红假单胞菌(*Rhodopseudomonas Capsulatus*),它能持续产氢 10 天以上(45 mL/(L·h)),而其中有的光合细菌产氢量为 260 mL/(g·h),达到最大的产氢率。然而,光照对该菌的光合作用是必需的。就深红红螺菌(*Rhodospirillum Rubrum*)而言,一种突变株固氮酶活性不受氨存在的影响,也就是说,在氨态氮存在下,该菌照样继续固氮产氢。日本、美国等国研究人员利用基因工程技术建构高效产氢光合细菌用于氢能生产,具有较高的产氢率,达到用于实际氢能生产水平。另据报道,有的国家已建立"光合细菌工厂",每天可生产 10 t 液态氢,作为飞机燃料,并且试飞取得成功。

(6) 微型藻制氢

藻类如同光合细菌一样利用光合作用产氢,如蓝藻(又称蓝细菌)中的柱状鱼腥藻(*Anabaena Cylindria*),属于异形胞种类,通过光水解产生氢和氧,也是好氧固氮蓝细菌之一。聚球藻(*Synechococcus*)、颤藻(*Oscillatoria*)等这些微型蓝藻同样具有产氢能力,每小时每克底物产氢 20 mL。有些藻类(原核生物)产氢量达 30 mL/(L·h),氨氮对其产氢有抑制作用。除原核藻类外,真核绿藻,如莱因哈德衣藻(*Chlamydomonas reinhardtii*)等均具有产氢能力,但其产氢量只能达到理论值的 15%,它们均可实行大规模生产以获得氢能。在德国建立了"藻类农场",为未来开发无污染的清洁氢能源开辟了一条重要的途径。

(7) 甲醇制氢

甲醇是一种可替代能源,同时也是微生物的代谢产物。日本研究人员发现一种发孢甲烷菌,也叫丝孢甲烷弯菌(*Methylosinus trichosporium*),在 30 ℃培养条件下可以使甲烷转化成甲醇,并表现出了其稳定性,用生物反应器细胞固定化技术可连续生产甲醇。然而,用甲醇转化成氢或许具有更大的优越性,不论源于生物或非生物生产的甲醇,都有可能利用它汽化-水蒸气反应产生氢气。在日本,已完成了工艺流程生产氢气,将其作为燃料驱动燃气轮机带动发电机组发电,已进入实用化,显示了其优越性,不会对环境造成大的污染,而且成本又低于石油、天然气等燃料。但有一点值得注意,就是燃烧甲醇时会产生大量甲醛(一种致癌、有毒性刺激眼睛的物质),比燃烧石油时多几倍,对人体健康有害,必须考虑解决方法。也就是说,甲醇汽化产生氢时如何同时使甲醇降解或转化(氧化),变有害为无害,或者能有效回收,这需要进一步研究解决。

此外,非生物途径制氢方法也应引起注意:

①用废塑料制氢的新技术。日本 NKK 公司采用会聚冲击波原理,利用一些没有使用价值的含氢、烃的废塑料,于约 200 ℃蒸汽汽化中生产氢气。该技术的应用既处理了塑料废弃物、保护了环境,又获得清洁的氢能源。

②光催化剂制氢。日本研究人员以水为原料,利用可见光及其新型光催化剂使水分解,从而获得氢气。日本一家产业技术综合研究所成功开发出了一种新型光催化剂(铟钽化合物),用阳光等可见光照射水,使水分解成氢和氧,为简便制取氢气提供可能,这在世界上尚属首创。此新型光催化剂可促进阳光中波长处于 402 nm 可见光域的可见光与水反应,使其分解成氢和氧,但目前仍处于试验研究阶段。使用 0.5 g 此光催化剂,每小时可制取氢 2~3 mL,离实用化尚远。但研究者们打算利用纳米技术将光催化剂的结构进行改良,以提高分解水的效率达 100 倍以上,这将有望加快该技术的实用化。美国宾夕法尼亚州一所大学的研究人员在这方面研究也取得了类似的结果。

总之,产氢微生物作为一类生物资源很有开发潜力,不仅可以从中获得清洁的氢能源,而且可以从中获取有价值的生理活性物质。然而,微生物在产氢过程中如何确保所使用的微生物(无论是原核的还是真核的)的有效性、持续稳定性和对不同生态条件的适应性仍然是一个需要深入探究的课题。现代生物技术的应用在改造菌种、选育最适合工业化生产的优良菌种,创造其最适需要的条件,致使产氢微生物发挥各自特定功能等方面是具有潜力的;并与细胞(酶)固定化或共固定化技术相结合,有可能为氢能高效生产、更好服务能源经济建设作出重要贡献。与此同时,发展包括氢能在内的清洁新能源是保证国家经济建设稳健发展的一个重要因素。为此,加快清洁新能源研究与开发的步伐,是时代发展所必需的。

新型产电微生物的发现,使得微生物燃料电池概念的内涵发生了根本性的变化,展现了广阔的应用前景。这种微生物能够以电极作为唯一电子受体,把氧化有机物获得的电子通过电子传递链传递到电极上产生电流,同时微生物从中获得能量而生长。这种代谢被认为是一种新型微生物呼吸方式。以这种新型微生物的呼吸方式为基础的微生物燃料电池可以同时进行废水处理和生物发电,有望把废水处理发展成一个有利可图的产业,是 MFC 最有发展前景的方向。

能源性微生物不仅在微生物教学中非常重要,而且该类微生物在环境保护,非再生性能源节约和提高有关领域综合效益等方面,都具有直接的和显著的作用。在生态系统中绿色植物及少数自养型微生物,能够借助体内的光合色素将太阳能转换成生物能并储藏于体内。在生物体之间和不同生物之间的生物能的循环和能量流动过程中,异养型微生物作为生态系统中的物质循环的分解者,利用动植物残体等各种有机物将其矿化分解,最终使生物能以其最简单的无机物状态释放,这就是甲烷、乙醇和氢气产生菌等微生物与能源的基本关系。这种关系的重要意义在于使人类能够通过利用能源性微生物来直接有效地使用生物能。

1. 能源性微生物的主要种类

根据安斯沃思的分类系统,运用伯杰细菌鉴定法和洛德的酵母菌等鉴定法分类鉴定表明,能源性微生物的主要种类是:甲烷产生菌,如甲烷杆菌属、甲烷八叠菌属、甲烷球菌属等;乙醇产生菌,如酵母菌属(酿酒)、裂殖酵母菌属(裂殖)、假丝酵母属(念珠菌)、球拟酵母属(球拟酵母)、酒香酵母属(酒香)、汉逊氏酵母属(汉逊酵母)、克鲁弗氏酵母属、毕赤氏酵母属、隐球酵母属(隐球菌)、德巴利氏酵母属(德巴利)、卵孢酵母属、曲霉属等;氢气产生菌,如红螺菌属(红螺)、红假单胞菌属(沼泽)、红微菌属、荚硫菌属、硫螺菌属、闪囊菌属、网硫菌属、板硫菌属、外硫红螺菌属、梭杆菌属(梭)、埃希氏菌属(大肠杆菌)、蓝细菌类等。

2. 能源性微生物的能源产生机理

①甲烷产生菌的作用机理是沼气发酵过程。该过程的第一阶段是复杂有机物,如纤维素、蛋白质、脂肪等在微生物作用下降解至其基本结构单位物质的液化阶段;第二阶段是将第一阶段中产生的简单有机物,经微生物作用转化为乙酸;第三阶段是在甲烷产生菌的作用下将乙酸转化为甲烷。

②乙醇产生菌的作用机理是酒精发酵作用,即把葡萄糖酵解生成乙醇。微生物酵解葡萄糖的途径主要是电磁脉冲。

③氢气产生菌的作用机理主要是丁酸发酵作用。该作用的代谢途径是除在丁酸菌作用下进行丁酸发酵外,氢气产生菌的其他分解有机物产生氢气的代谢机制目前尚未查清。

3. 能源性微生物目前的应用概况

甲烷产生菌所产生的能源是当前已获得大量实际应用的一种微生物能源。我国现在正利用人畜粪便、农副产品下脚料、酒糟废液和其他工业生产中的废液等生产甲烷,用于照明、燃烧等,其使用价值是相当可观的。例如,日产酒糟 500 ~ 600 m^3 的酒厂,可获得日产含甲烷 55% ~ 65% 的沼气 9 000 ~ 11 000 m^3,相当于日发电量 12 857 ~ 15 714 kW,日产标准煤 17.1 ~ 20.9 t,可以代替橡胶生产中烘干用油的 30% ~ 40%。乙醇产生菌生产的能源性物质,目前主要用于燃料和替代汽车等运输工具所使用的汽车用油(如汽油和柴油)。例如,巴西用乙醇产生菌生产的乙醇 1990 年已达到 16×10^6 m^3,足够供应 200 万辆汽车驱动能源的需要。氢气产生菌生产的氢气,目前主要是应用于燃料电池方面。由于许多自养性和异养性微生物产氢的机制和条件还在研究过程中,所以该类微生物能源的使用尚处于试验阶段。

4. 利用微生物生产能源的前景

虽已探明我国的煤储量为 6 000 亿吨,石油为 70 亿吨,水力发电为 6.8 亿瓦,但由于 1978 年以来我国总的能源利用率已超过 30%,并存在能源分布不均匀,能源产量低和农村能源供应短缺等因素,致使能源供应趋于紧张。因此,开发利用微生物能源,可以起到显著的缓解作用。特别是在农村年产稻壳 3 225 万吨,玉米芯 1 250 万吨,甘蔗渣 400 万吨,棉籽壳 200 万吨,糠醛渣 30 万吨,人畜粪便 1 380 万吨的条件下,可利用微生物作用年产沼气达 1.428×10^9 m^3,从而彻底改变现在农村能源短缺的状况。我国现在因利用能源导致了严重的环境污染,例如烟尘和二氧化硫年排放量为 2 857 万吨,燃烧后的垃圾排放为年均 573 000 万吨,因薪柴之用破坏森林植被导致每年土壤流失 50 亿吨。而利用微生物生产能源和对其进行利用,不仅没有出现环境污染问题,而且还可使目前污染严重的环境状况得以缓解。更有发展前景的是生产和使用微生物能源,可以治理污染,变废为宝,并获得综合效益。例如,用我国年产的木材采伐废物 1 000 万吨,油茶壳 75 万吨,胶渣 13 万吨,纤维板生产废液 350 万吨和亚硫酸纸浆废液 180 万吨为原料,通过微生物作用可获得沼气 1.78×10^{12} m^3。同时使上述废液的净化率达 30% ~60%,并可获得单细胞蛋白饲料约 9 万吨。

氢气虽说取之不尽、用之不竭,但因其属于二次能源,地球上单质氢含量微乎其微,只能由其他能源转化得到。当采用水电解的方式制氢时,制氢过程的副产品仅仅是氧气。而采用天然气、石油或煤制氢时,不可避免地要产生二氧化碳和其他温室效应气体。因此,使用氢能作为燃料仅能解决整个环境问题的一半。其实从氢的制取到氢的使用,氢都扮演着能量载体的角色,如果在氢气制取上也能完全解决污染问题,那么整个氢能的利用过程就能成为真正意义上的零污染过程。

回收能量输入 W_{in}($kW \cdot h$)在整个实验过程中,由加载的电压对电路电流积分获得:

$$W_{ps} = \int_{t=0}^{t} IE_{ps} dt \tag{9.11}$$

式中　I——根据测量的电路电压和外电阻(R_{ext})计算获得的电流,$I = \dfrac{E}{R_{ext}}$;

　　　E_{ps}——电源加载的电压值;

　　　dt——时间增量(通常对实验测量 n 个数据点,以时间增量 Δt 积分)。

如果时间增量在时间 t 内是常量,则公式可简化为:

$$W_{ps} = IE_{ps} \Delta t$$

外电路附加电阻(R_{ext})测量电流,会导致一定能量的损失,这部分损失的能量并未用作产氢。有些电源可以自动修正这部分能量损失,但对于其他电源,必须减掉外电阻消耗的能量来校准能量需求:

$$W_{in} = W_{ps} - W_R = \int_{t=0}^{t} (IE_{ps} - I^2 R_{ext}) dt \tag{9.12}$$

通过选择小阻值的外电阻,可以降低能量损失至几个百分点以内。这个过程中的能量损失可以基于氢气的燃烧热值$[\Delta H_{H_2}(kJ/mol)]$换算为氢气的物质的量(n_{in}):

$$n_{in} = \frac{W_{in}}{\Delta H_{H_2}} \tag{9.13}$$

其中,为了保证 $\Delta H_{H_2}(kJ/mol)$ 与 $W_{in}(kW \cdot h)$ 单位的一致,它们的单位换算为 $3\,600\ kJ/(kW \cdot h)$。对氢气来说,ΔH_{H_2} 恒定为 285.83 kJ/mol(焓或高位热值)。需要指出的是,氢气的高位热值假设水为液态,而低位热值假设水为气态(242 kJ/mol = 121 kJ/g)。

包括能量输入在内的整个过程的效率是以氢气产量与能量输入的氢气当量之比 η_w 来确定的:

$$\eta_w = \frac{n_{H_2}}{n_{in}} \tag{9.14}$$

$1/\eta_w$ 代表电能用于产氢的分数。也可将这个效率表示为产出氢气所含能量与输入能量之比:

$$\eta_w = \frac{W_{H_2}}{W_{in}} = \frac{n_{H_2}\Delta H_{H_2}}{W_{in}} \tag{9.15}$$

根据一些假设,上述公式可以简化为与施加电压和氢气产量直接相关的公式。使用式(9.8)中定义的氢气回收物质的量,假设电流不变,$n_{H_2} = n_{CE}r_{cat} = I\Delta tr_{cat}/(2F)$。在此条件下,假设输入能量不变,当电路中没有外接负载时,$W_{ps} = IE_{ps}\Delta t$。将这些结果代入式(9.15),得:

$$\eta_w = \frac{\Delta H_{H_2}r_{cat}}{2FE_{ps}} = \frac{\Delta H_{H_2}r_{cat}}{193E_{ps}} \tag{9.16}$$

在 Liu 等人使用乙酸盐的实验中,报道了平均 0.2 mol 氢气能量的当量,$\eta_w = 500\%$。然而这个结果基于平均回收率,在计算过程中用的是氢气的低位热值。能量回收率随施加电压而改变(见下面的例子)。在最低电压 0.25 V 下,Liu 等人获得了 $r_{cat} = 90\%$ 的氢气回收率和 $\eta_w = 533\%$ 的能量回收率(见表9.3)。在使用生活污水的实验中,由于输入能量的减少,所以氢气产量很低,能量回收率 η_w 仅有 93% ~ 108%。当 $\eta_w < 100\%$ 时,输入的能量将大于产生氢气所含的能量。

表9.3 以乙酸盐为底物,基于氢气高位热值,以电流和氢气含量评价单位容积反应器能量回收和氢气产量

	能量(电)输入/%	能量回收		产量	
		电流 η_w/%	电流 + 底物 η_{w+s}/%	$I_V/$ (A·m^{-3})	$Q_{H_2}^{①}/$(m^3·m^{-3}·d^{-1})
Liu 等(2005c)—外加 0.25 V,瓶状 MFC	12	533	62	0.45	0.004 5
Liu 等(2005c)—外加 0.45 V,立方体 MFC	21	309	64	35	0.37
Rozendal 等(2006a)—盘状 MFC	29	169	49	2.8	0.02
Rozendal 等(2007)—单室 MFC	17	148	25	28	0.30^{②}
Cheng and Logan—外加 0.6 V(未发表)	30	263	80	99	1.10

注:①以 303 K 计算;
②基于阳极室容积计算,因为阴极室并不是整体所需的部分。

基于电能输入的 MEC 产氢能量效率与水电解相比,单纯电解过程远远小于整体电解

过程。对于水电解,一般只有 1.5～1.7 mol 的氢气当量能量输入时,才能产生 1 mol 的氢气,因此此时的能量回收率仅为 59%～67%,这与一般报道的 50%～70% 相吻合。商业化的水电解通常在总投资和产率上得到优化,但不考虑能量效率。因此,这些工厂经常在低能量效率下运行,使材料造价最低化或者在特殊设计比率下运行,降低运行成本。在 MEC 系统中,由于有机物含有能量,并且体系中是有机物而不是水被"电解",因此能量的效率比系统的整体性更重要。输入的能量使质子和电子重新结合为氢气,就像文献中提到的产氢反应(Hydrogen Evolution Reaction,HER)一样。

【例 9.4】 使用式(9.16),(1)当阴极室产生的氢气 100% 回收时,计算能量效率随加载电压的变化;(2)计算输入能量与获得氢气能量相同的外加电压值。

解 (1)在 Liu 等人的测试中,产氢所需最小电压为 0.13 V。以此数值为起始点,根据式(9.16),可以做出如下的效率和外加电压关系曲线(图 9.1)。

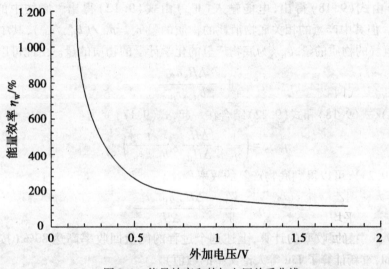

图 9.1 能量效率和外加电压关系曲线

(2)当 $\eta_{\mathrm{W}} = 100\%$ 时,输入能量与获得氢气能量相同的外加电压值为:

$$E_{\mathrm{ps}} = \frac{\Delta H_{\mathrm{H_2}} r_{\mathrm{cat}}}{193 \eta_{\mathrm{W}}} = \frac{285.83 \ \mathrm{kJ/mol} \times 1}{193 \times 1} = 1.48 \ \mathrm{V}$$

因此,当外加电压高于 1.48 V 时,输入的电能只有少部分转化为氢气。当外加电压升高到 1.8 V 或达到水电解的电压时,效率降低到 $\eta_{\mathrm{W}} = 82\%$。所以当外加电压大于 1 V 时,就没有使用 MEC 的必要了。

①基于底物和电输入的能量回收

通过上面计算的能量回收并不包括被微生物降解的底物中的能量。考虑到底物,根据底物能量和输入的电能,可以计算出 MEC 的总电子回收率 $\eta_{\mathrm{W+S}}$:

$$\eta_{\mathrm{W+S}} = \frac{W_{\mathrm{H_2}}}{W_{\mathrm{in}} + W_{\mathrm{S}}} \tag{9.17}$$

式中 $W_{\mathrm{H_2}}$——回收氢气中含有的能量值,由式(9.17)计算得出:

$$W_{\mathrm{H_2}} = n_{\mathrm{H_2}} \Delta H_{\mathrm{H_2}} \tag{9.18}$$

需要注意，W_{rep}的单位是 $kW \cdot h$，需要乘以换算系数 $3\,600\ kJ/(kW \cdot h)$。W_S 是底物能量值，由式(9.19)计算得到：

$$W_s = \Delta H_s n_s \tag{9.19}$$

式中　ΔH_s——底物的燃烧热值，kJ/mol；

　　　　n_s——底物的物质的量。

对乙酸盐来说，能够通过下式计算 ΔH_s：

$$CH_3COOH + 2O_2 \longrightarrow 2CO_2 + 2H_2O \tag{9.20}$$

利用已知数据，CO_2 的热值为 $-393.51\ kJ/mol$，H_2O 的热值为 $-285.83\ kJ/mol$，乙酸的热值为 $-488.40\ kJ/mol$，O_2 的热值为 $0\ kJ/mol$，计算燃烧热量为：

$$\Delta H_s = [2 \times (-393.51) + 2 \times (-285.83)] - 1 \times (-488.40) = -870.28\ kJ/mol \tag{9.21}$$

另一种计算 η_{w+s} 的方法是在式(9.17)中代入氢气回收率和能量效率。产生氢气的能量总量(W_{H_2})由式(9.18)得出，电能输入(W_{in})由式(9.12)得出。底物中的能量如式(9.19)所示。但其中产氢的相关底物消耗的物质的量 $n_s = n_{H_2}/(b_{H_2/s}\,r_{H_2})$，其中，$n_{H_2}/r_{H_2}$ 为底物生成的氢气的物质的量，$b_{H_2/s}$ 为底物产氢的化学计量的物质的量。由此可以得到：

$$W_s = \frac{\Delta H_S n_{H_2}}{b_{H_2/s}\,r_{H_2}} \tag{9.22}$$

式(9.15)、式(9.18)和式(9.22)结合在一起，式(9.17)变为：

$$\eta_{w+s} = \left(\frac{1}{\eta_w} + \frac{\Delta H_S}{\Delta H_{H_2}} \times \frac{1}{b_{H_2/s}\,r_{H_2}} \right)^{-1} \tag{9.23}$$

根据式(9.23)，可以得到底物产氢的效率：

$$\eta_S = \frac{W_{H_2}}{W_S} = \frac{\Delta H_{H_2} b_{H_2/s}\,r_{H_2}}{\Delta H_S} \tag{9.24}$$

根据表9.3中氢回收率的计算，上述这个过程的能量回收率高达80%(按照 $\Delta H_{H_2} = 285.83\ kJ/mol$，重新计算了 Liu 等人论文中的数值)。

另一种检验效率的方法是比较在输入的总能量中电能和底物化学能各自的比例。电能所占的比例为：

$$e_{in} = \frac{W_{in}}{W_{in} + W_S} \tag{9.25}$$

同样，底物输入的能量的比例为：

$$e_S = \frac{W_S}{W_{in} + W_S} = 1 - e_{in} \tag{9.26}$$

②基于容积密度的反应器性能

最终衡量反应器最佳性能的参数为产氢率，即单位反应器容积中产生的电流和生产氢气的速率。报道的电流密度是以"A/m^2 电极的面积"为单位，它能换算为容积电流密度为 $1\ V(A/m^3)$。根据容积电流密度和 2 mol 的电子生成 1 mol 的氢气，法拉第常数以及理想气体定律，可以得出氢气容积产率 $Q_{H_2}[m^3/(m^3 \cdot d)]$ 为：

$$Q_{H_2} = \frac{I_V r_{cat}[(1\ C/s)/A] \times (0.5\ molH_2/mol\ e^-) \times (86\,400\ s/d)}{F_{C_g}(molH_2/L)(T) \times (10^3\ L/m^3)} = \frac{43.2 I_V r_{cat}}{F_{C_g}(T)} \tag{9.27}$$

式中　C_g——通过理想气体定律（0.040 mol/L,30 ℃）在温度 T 下计算出的气体浓度；

　　　　43.2——单位换算系数。

同样,也可以将理想气体定律（$C_g = p/RT$）代入式（9.27）,假设氢气在 1 atm 下,F 为常量,则有：

$$Q_{H_2} = 3.68 \times 10^{-5} I_V T r_{cat} \tag{9.28}$$

能量回收率和氢气产率如图 9.1 所示。使用双室瓶形反应器,Liu 等人基于反应器总容积（阳极与阴极之和）的氢气产率为 0.004 5 $m^3 H_2/(d \cdot m^3)$,获得了 0.45 A/m^3 的电流密度。反应器设计成立方体形状,电流密度升到 35 A/m^3,但总的氢气回收率仅有 46%（见表 9.2）。其他由 Rozendal 获得的电流密度和整体能量效率均在 Liu 等人获得的数据范围之内。近期的实验表明,Cheng 和 Logan（未发表）设计的新型反应器,获得了高达 1.1 $m^3/(d \cdot m^3)$（99 A/m^3）的产氢速率（见图 9.2 和表 9.3）。需要强调的是,这些比率是基于反应器的整体容积（阳极室和阴极室容积之和）计算的。然而在很多情况下,阴极容积并没有得到优化,而是选择跟阳极相同。这样,如果优化阴极设计,这些产率可以加倍。

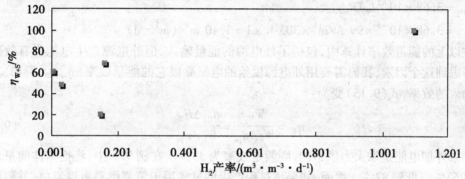

图 9.2　一些文献中报道的 BEAMR 系统的单位容积氢和能量效率（基于电和底物输入）的关系

基于每天单位容积反应器的产氢量,这些产氢效率可以与发酵法制氢相比。Hawkes 等人以葡萄糖或蔗糖为底物做了 12 组平行实验,产氢速率从 0.15 ~ 15.1 $m^3/(m^3 \cdot d)$ 不等（跨度为 $(3.1 \pm 4.6) m^3/(m^3 \cdot d)$）。其中除了最高的产率 15.1 $m^3/(m^3 \cdot d)$ 以外,其他 11 个实验的平均产率仅为 $(2.0 \pm 2.8) m^3/(m^3 \cdot d)$。以富含高浓度糖的废水作为底物,产氢速率更低。MEC 系统的产氢速率远远超过那些低产率的系统,并以很快的速率赶超上述高的产氢速率。因此,我们很容易联想到,以容易发酵的糖作为底物,将 MEC 与发酵系统联合产氢。然而,MEC 产氢并不局限于糖类等生物易降解的有机物,它可以将底物范围扩展到可再生的生物质。随着 MFC 系统的改进,MEC 系统可以进一步改进构型,从而提高氢气产率。

【例 9.5】　用乙酸盐作为底物的 MEC 实验提供了以下信息：氢气产生的物质的量 $n_{H_2} = 0.34$ mmol（3.8 mol H_2/mol 乙酸）；库仑氢气回收率 $C_E = 0.875$；阴极氢气回收率 $r_{cat} = 1.0$；所需能量 $Wr_{eq} = 0.037$ kJ；电流密度 $I_V = 99$ A/m^3。

（1）分别基于电能和底物化学能（乙酸盐 $\Delta H_s = 870.28$ kJ/mol）计算能量效率。

（2）计算单位容积产氢率［单位为 $m^3/(d \cdot m^3)$］。

解　（1）首先计算整体氢气回收率：

$$r_{H_2} = C_E r_{cat} = 0.875 \times 1.0 = 0.875$$

然后根据最大摩尔产率（$b = 4\ \text{mol}\,\text{H}_2/\text{mol}$）和氢气高位热值（$\Delta H_\text{s} = 285.83\ \text{kJ}/\text{mol}$）计算不同的效率。根据式（9.15）、式（9.23）和式（9.24）得：

$$\eta_\text{W} = \frac{W_{\text{H}_2}}{W_\text{in}} = \frac{n_{\text{H}_2}\Delta H_{\text{H}_2}}{W_\text{in}} = \frac{3.4 \times 10^{-4}\ \text{mol H}_2 \times 285.83\ \text{kJ/mol H}_2}{0.037\ \text{kJ}} \times 100\% = 263\%$$

$$\eta_\text{S} = \frac{W_{\text{H}_2}}{W_\text{S}} = \frac{\Delta H_{\text{H}_2} b_{\text{H}_2/\text{S}} R_{\text{H}_2}}{\Delta H_\text{S}} = \frac{285.83\ \text{kJ/mol} \times 4\ \text{mol/mol} \times 0.875}{870.28\ \text{kJ/mol}} \times 100\% = 115\%$$

$$\eta_{\text{W}+\text{S}} = \left(\frac{1}{\eta_\text{W}} + \frac{\Delta H_\text{S}}{\Delta H_{\text{H}_2}} \times \frac{1}{b_{\text{H}_2/\text{S}} r_{\text{H}_2}}\right)^{-1}$$

$$= \left(\frac{1}{2.63} + \frac{870.28\ \text{kJ/mol}}{285.83\ \text{kJ/mol}} \times \frac{1}{4\ \text{mol/mol} \times 0.875}\right)^{-1} \times 100\% = 80\%$$

从以上分析可以看出，基于电或底物获得的效率均高于100%，但当引入氢气和底物的热值时，总的能量效率只有80%。

（2）由式（9.26）得，30 ℃时的产氢速率为：

$$Q_{\text{H}_2} = 3.68 \times 10^{-5} I_\text{V} T R_{\text{H}_2}$$
$$= 3.68 \times 10^{-5} \times 99\ \text{A/m}^3 \times 303\ \text{K} \times 1 = 1.10\ \text{m}^3/(\text{m}^3 \cdot \text{d})$$

在以上的能量效率计算中，包括了外电源的能量输入，但外电源产生电能也有效率问题。考虑到这个因素，我们需要用外电源供给的电能除以它的能量效率（η_ps）。例如，基于电能输入的效率，式（9.15）变为：

$$\eta_\text{W} = \frac{W_{\text{H}_2}}{W_\text{in}/\eta_\text{ps}} = \frac{n_{\text{H}_2}\Delta H_{\text{H}_2}}{W_\text{in}/\eta_\text{ps}} \tag{9.29}$$

如果外加电能是靠火力供给的，则假定效率为33%。在例9.5中，将把整体能量效率 η_W 由263%降低到87%。然而，如果该过程产生的氢气用于氢氧燃料电池发电，并假设效率为50%，则整体能量效率将升高到132%。如果基于外电能和底物能用同样的方法考察能量效率，式（9.23）将变为：

$$\eta_{\text{W}+\text{S}} = \left(\frac{1}{\eta_\text{W} \eta_\text{ps}} + \frac{\Delta H_\text{S}}{\Delta H_{\text{H}_2}} \times \frac{1}{b_{\text{H}_2/\text{S}} r_{\text{H}_2}}\right)^{-1} \tag{9.30}$$

根据例9.5可以得出，当外电源能量效率为50%时，整体效率为61%。这个结果仍要好于水电解，因为水电解过程中火电供能的效率仅有17%～23%，而氢氧燃料电池供能也只有25%～35%。当然，使用其他方式，如太阳能、风能或MFC作为外加电能的来源时，能量效率也是不同的。

对于微生物燃料电池而言，电极材料直接关系到该电池的电子传输速率及其内阻大小，对其产电性能有着显著的影响。研究主要考察了两种电极材料：一种是成本较低，机械强度较好的石墨；另一种是碳纤维纸。由于石墨电极的反应表面为平面，因此选用碳纤维纸（简称为碳纸）作为对比的电极材料。同传统的石墨电极相比，碳纸具有体积小、重量轻、孔隙率高等优点。两电极材料的对比试验都是在 COD 为 1 000 mg/L，外阻为 100 Ω 的条件下进行的。在底物中 COD 的质量浓度都为 1 000 mg/L 时，对两者产电性能进行比较得知：石墨电极产电的稳定性优于碳纸电极，在其后期该趋势显得更加明显；石墨电极外路的平均电流密度比碳纸电极高出 30%。此外，在以碳纸和石墨为电极的条件下，电池系统对模拟废水中 COD 的去除率均保持在 70% 以上，出水 COD 都保持在 300 mg/L。因此，对于石墨和碳纸而言,无论采用何种电极材料,对微生物燃料电池的废水处理效果都没有显著的影响。

二次能源是联系一次能源和能源用户的中间纽带。二次能源又可分为过程性能源和合能体能源。当今的电能就是应用最广的过程性能源;柴油、汽油则是应用最广的含能体能源。过程性能源和合能体能源是不能互相替代的,它们各有自己的应用范围。作为二次能源的电能,可以从各种一次能源中生产出来,例如煤炭、石油、天然气、太阳能、风能、水力、潮汐能、地热能、核燃料等均可直接生产电能。而作为二次能源的汽油和柴油等则几乎完全依靠化石燃料来生产。随着化石燃料消耗量的日益增加,其储量日益减少,终有一天这些资源将要枯竭,这就迫切需要寻找一种不依赖化石燃料的、储量丰富的新的合能体能源。氢能正是这样一种理想的新的合能体能源。过去,氢主要用于化工原料。从 20 世纪 70 年代初以来,研究将氢作为发电、各种机动车和飞行器的燃料、家用燃料等。当作为能源使用时,氢能无污染物产生,燃烧产物只有水,是世界上最清洁的能源。生产氢的原料也是水。它的热值高,每克液氢可达 120 kJ,是汽油的 2.8 倍。

氢能是氢的化学能,氢在地球上主要以化合态的形式出现,是宇宙中分布最广泛的物质,它构成了宇宙质量的 75%,因此氢能被称为人类的终极能源。氢能具有以下主要优点:

①氢的燃烧效率非常高,每千克氢燃烧后的热量约为汽油的 3 倍,酒精的 3.9 倍,焦炭的 4.5 倍。只要在汽油中加入 4% 的氢气,就可使内燃机节油 40%。

②燃烧的产物是水,是世界上最干净的能源。如把海水中的氢全部提取出来,将是地球上所有化石燃料热量的 9 000 倍。

③资源丰富,氢气可以由水制取,而水是地球上最为丰富的资源。

④氢能的储运性能好,使用方便,可转化性优于其他各类能源,安全性也与汽油相当。太阳能、风能、地热、核能、电能等均可转化成氢加以储存、运输或直接应用,氢是一种理想的载能体。

目前,氢能技术在美国、日本、欧盟等国家和地区已进入系统实施阶段。美国计划到 2040 年每天将减少使用 1 100 万桶石油,这个数字正是现在美国每天的石油进口量。随着科技进步,氢能开发利用很有前途。今后技术经济过关,可以使用氢能来解决因化石燃料而引起的环境、生态等严重问题。氢气可以由水制取,而水是地球上最为丰富的资源,演绎了自然物质循环利用、持续发展的经典过程。

我国对氢能的研究与发展可以追溯到 20 世纪 60 年代初,中国科学家为发展我国的航天事业,对于生产作为火箭燃料的液氢以及燃料电池的研制和开发都进行了大量而有效的工作。而对氢作为能源载体和新的能源系统进行开发,是 20 世纪 70 年代开始的。多年来,我国氢能领域的专家和科学工作者在国家经费支持不多的困难条件下,在制氢、储氢和氢能利用等方面均取得了不少进展和成绩。氢作为能源利用应包括以下三个方面:

①利用氢和氧化剂发生反应放出的热能;

②利用氢和氧化剂在催化剂作用下的电化学反应直接获取电能;

③利用氢的热核反应释放出的核能。

我国早已试验成功的氢弹就是利用了氢的热核反应所释放出的核能,这是氢能的一种特殊应用。我国在航天领域使用的以液氢为燃料的液体火箭,是氢用作燃料能源的典型例子。

　　近年来,我国科学工作者在这方面进行了大量的基础性研究和开发性的工作。西安交通大学曾进行过"氢燃烧和动力循环的研究"及"氢燃烧流场的研究及氢火焰性能评价"。浙江大学新材料所与内燃机所成功改装了一辆燃用氢－汽油混合燃料的中巴车,通过添加约4.7万吨氢气进行的氢－汽油混合燃料燃烧,平均节油率可达44%。我国工业制氢方法主要是以天然气、石油和煤为原料,在高温下使之与水蒸气反应而制得,也可以用部分氧化法制得。这些制氢方法在工艺上都比较成熟,但是由化石能源和电力来换取氢能,在经济和资源利用上并不合适。现有的工业制氢主要是维持化工、炼油、冶金及电子等部门的需要。水电解制氢和生物质气化制氢等方法,现已形成规模。其中,低价电电解水制氢方法是当前氢能规模制备的主要方法,但电耗过高,一般约为 $4.5\ kW\cdot h/m^3\ H_2$,有待进一步改进。

　　此外,由中科院山西煤炭化学研究所开发的"甲醇重整制氢技术"已投入生产实际应用,目前最大规模为 $360\ m^3/h$,并实现系列化、批量化生产。中科院大连化学物理研究所在国家"九五"科技攻关项目"燃料电池技术"中,承担了燃料电池电动车用"甲醇重整制氢装置"的研制,并且目前已形成概念样机。中国石油大学承担的"九五"科技攻关项目"从 H_2S 制取氢气的扩大实验研究",此方法制氢能耗低,约为 $2.6\ kW\cdot h/m^3\ H_2$,使低电耗制氢技术达到了世界先进水平。中科院感光化学研究所的人工模拟光合作用分解水制氢及非常规资源制氢研究达到了世界先进水平。在光化学、生物质和电化学制氢领域,中科院兰州化学物理研究所、中科院微生物研究所以及南开大学、天津大学等单位也进行了大量的基础研究工作。目前,获得大量单质氢的唯一途径是依靠人工从天然气、石油、煤炭、生物质能及其他富氢有机物等物质中制取。氢的最大来源是水,特别是海水,根据计算,9 t 水可以生产出 1 t 氢,氢气燃烧热为 28 900 kJ/kg,而且氢与氧的燃烧产物也是水,因此,水可以再生。由此可见,以水为原料制氢,可使氢的制取和利用实现良性循环,取之不尽,用之不竭。据估计,我国水能源理论稳定蕴藏量为 7 亿 kW,而开发量为 4 亿 kW,开发成功后,每年可节约大量煤炭,减少大量二氧化硫的排放。工业副产氢也是对燃料电池提供燃料的有效途径。据统计,我国在合成氨工业中氢的年回收量可达 $14\times10^8\ m^3$;在氯碱工业中有 $87\times10^6\ m^3$ 的氢可供回收利用。此外,在冶金工业、发酵制酒厂及丁醇溶剂厂等的生产过程中也有大量氢被回收。上述各类工业副产氢的可回收总量,估计可达 15 亿立方米以上。

　　由此看来,我国氢的来源极为丰富,技术水平也有了一定的基础,水电解制氢、生物质气化制氢等制氢方法,现已逐渐形成规模。其中低价电电解水制氢方法在今后仍将是氢能规模制备的主要方法。另外,用氢代替煤和石油,不需对现有的技术装备作重大的改造,现在的内燃机稍加改装即可使用,这可降低氢能的应用成本。由此,我国发展氢能源优势可见一斑。任何事物的发展都具有两面性,在看到优势的同时,我们也要看到它所面临的困难。大量廉价氢的生产是实现氢能利用的根本。获取氢需要消耗大量的电能使氢和氧进行分离;而直接从天然气中获取氢,需消耗汽油,能耗过高。因此,欲获得大量廉价的氢能,将取决于是否能实现低能耗低成本的规模制氢方法。虽然,在交通运输方面,美、德、法、日等汽车大国早已推出以氢做燃料的示范汽车,并进行了几十万公里的道路运行试验。其中美、德、法等国采用氢化金属储氢,而日本则采用液氢。试验证明,以氢做燃料的汽车在经济性、适应性和安全性三方面均有良好的前景,但目前仍存在储氢密度小和成本高两大障碍。前者使汽车连续行驶的路程受限制,后者主要是由液氢供应系统费用过高造成的。"生态氢能"的关键并不是技术,而是成本。就环境保护和市场需求而言,洁净和成本是两个关键的参数,光有洁净而成本过高就没有市场,很难推广。因此,要实施这一战略,就必须有目的地降低成本。每百公里所加注氢的价格与汽油价格要尽可能接近,否则该技术只能永远停留在实验室或样车阶段。当然,氢能的使用还有其他方面的问题,如作为基础设施的氢加注站。

9.6 氢 损 失

很多过程均能导致 MEC 系统阴极室的氢损失,包括:①透过水和膜向阳极室扩散;②微生物消耗氢的产甲烷作用以及利用其他电子受体(如硫酸盐和硝酸盐)的呼吸作用;③氢气转化为甲烷的非生物过程(热力学自发的)。这里我们检测到氢气扩散过膜(CEM)的传质损失,下面以 Nafion 膜为例。

在 MEC 系统中的传质系数,氢气从阴极室到阳极室的整体通量为:

$$J_{CA} = K_{CA}(C_{H_2, cat} - C_{H_2, An}) \tag{9.31}$$

式中 J_{CA}——通量,$\mathrm{mol/(cm^2 \cdot s)}$;

K_{CA}——阴极室和阳极室的整体物质的传递系数,$\mathrm{cm/s}$;

$C_{H_2, cat}$ 和 $C_{H_2, An}$——阴极室和阳极室溶液中氢气的浓度,$\mathrm{mmol/L}$。

假设由于生物利用,阳极溶液中的氢气浓度 $C_{H_2, An} = 0$(这可能是造成最大氢气传质损失速率的原因)。这里我们认为系统中氢气的传质通量恒定(如同计算 MFC 库仑效率损失过程中假设氧气进入阳极的速率恒定一样)。因此,MEC 系统中可以通过将产氢位置远离膜,来实现减小氢气的损失。

整体的物质传递系数可以分为两种阻力:

$$\frac{1}{K_{CA}} = \frac{1}{K_{H_2, w}} + \frac{1}{K_{H_2, m}} \tag{9.32}$$

式中 $K_{H_2, w}$ 和 $K_{H_2, m}$——氢气的水相传质系数和膜固相传质系数。

假设系统是滞流膜,则传质系数与化学扩散能力有关:

$$K_{H_2, w} = \frac{D_{H_2, w}}{\delta_w} \tag{9.33}$$

$$K_{H_2, m} = \frac{D_{H_2, m}}{\delta_w} \tag{9.34}$$

式中 $D_{H_2, w}$ 和 δ_w——氢气在水相和膜相中的扩散系数。

如果假设在阴极产生纯氢气,那么阴极表面的氢气浓度应等于纯氢气的平衡浓度。由 1 atm 下的理想气体定律可知,氢气浓度 $n/V = p/RT = C_{H_2, g} = 0.040\ 2\ \mathrm{mol/L}$(303 K)。根据亨利定律,氢气的亨利常数 $H_{H_2} = 52.76$(mol/L 气体)/(mol/L 液体)(303 K),则阴极室水中氢气的浓度为:

$$C_{H_2, cat} = \frac{C_{H_2, g}}{H_{H_2}} = \frac{0.040\ 2\ \mathrm{mol/L\ 气体}}{52.76(\mathrm{mol/L\ 气体})/(\mathrm{mol/L\ 液体})} = 7.62 \times 10^{-4}\ \mathrm{mol/L\ 液体} \tag{9.35}$$

在 298 K 下,氢气在水中的扩散常数为 $5.85 \times 10^5\ \mathrm{cm^2/s}$。使用 $D_{H_2, w}/T =$ 常数(Logan, 1999 年),其中 T 是温度 (K)下水的动力学黏滞系数,计算 303 K 下扩散系数为:

$$D_{H_2,w}(303\ K) = 6.64 \times 10^{-5}\ cm^2/s \tag{9.36}$$

在 293 K 和 313 K 下,水饱和的 Nafion 膜中氢气的扩散系数分别为 $7.6 \times 10^{-6}\ cm^2/s$ 和 $1.29\ cm^2/s$。303 K 下的扩散系数由线性插值获得:

$$D_{H_2,w}(303\ K) = 1.03 \times 10^{-5}\ cm^2/s \tag{9.37}$$

【例 9.6】　使用图 9.3 所示的反应器,以生活污水为底物进行产氢测试。基于稳定运行的系统,计算:(1)假设 Nafion117 膜的厚度为 0.018 3 cm,膜与电极之间的间距为 8.6 cm,求最大氢气过膜通量;(2)膜面积 $A_m = 11.9\ cm^2$,40 h 间歇流实验后,计算氢气的容积损失(与 9.2 mL 的氢气回收量相比);(3)阴极热压在膜上时,重复计算上述数值。

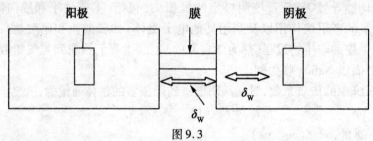

图 9.3

解　(1)水相物质传递系数使用 $\delta_w = 8.60\ cm$ 作为 MEC 系统中阴极和膜之间的距离:

$$K_{H_2,w} = \frac{D_{H_2,w}}{\delta_w} = \frac{6.64 \times 10^{-5}\ cm^2/s}{860\ cm} = 7.72 \times 10^{-6}\ cm/s$$

对于膜,用同样方法计算膜物质传递系数:

$$K_{H_2,m} = \frac{D_{H_2,m}}{\delta_w} = \frac{1.03 \times 10^{-5}\ cm^2/s}{0.018\ 3\ cm} = 5.63 \times 10^{-4}\ cm/s$$

将 $K_{H_2,w}$ 和 $K_{H_2,m}$ 代入式(9.32),整体物质传递系数为:

$$\frac{1}{K_{CA}} = \frac{1}{K_{H_2,w}} + \frac{1}{K_{H_2,m}} = \frac{1}{7.72 \times 10^{-6}\ cm/s} + \frac{1}{5.63 \times 10^{-4}\ cm/s}$$

$$K_{CA} = 7.62 \times 10^{-6}\ cm/s$$

因此,我们看到大部分(99%)物质传递的阻力是由液相传质阻力造成的。假设 $C_{H_2,An} = 0$,则可得出从阴极到阳极的氢气通量。假设废水中不含有溶解的氢气,则最大的氢气流量为:

$$J_{CA} = K_{CA}C_{H_2,cat} = 7.62 \times 10^{-6}\ cm/s \times 7.62 \times 10^{-4}\ mol/L \times \frac{1\ L}{1\ 000\ mL} = 5.80 \times 10^{-12}\ mol/(cm^2 \cdot s)$$

(2)在一个间歇流实验中 $t_b = 40\ h$,使用给定的膜表面积 $A_m = 11.9\ cm^2$,则总氢气容积损失 V_{H_2} 为:

$$V_{H_2} = \frac{J_{CA}A_m t_b}{C_{H_2,g}} = \frac{5.80 \times 10^{-12}\dfrac{mol}{cm^2 \cdot s} \times 11.9\ cm^2 \times 40\ h}{0.040\ 2\ mol/L} \times \frac{3\ 600\ s}{h} \times \frac{10^3\ mL}{1\ L} = 0.25\ mL$$

这个容积与 9.2 mL 的氢气回收量相比($C_E = 37.5\%$),在传质过程中只有 2.7%(9.41 mL 中的 0.21 mL)的氢气损失,相比之下非常小。这个值是假设的上限,即在整个周期中氢气一直存在于溶液中。

(3)如果把阴极与膜压在一起,水相中的阻力即会消失。这时,整体的传质系数仅来自于膜。这时得出：

$$J_{CA} = K_{CA}C_{H_2,cat} = 5.63 \times 10^{-4}\,cm/s \times 7.62 \times 10^{-4}\,mol/L \times \frac{1\,L}{1\,000\,mL} = 4.29 \times 10^{-10}\,mol/(cm^2 \cdot s)$$

$$V_{H_2} \approx \frac{4.29 \times 10^{-10}\dfrac{mol}{cm^2 \cdot s} \times 11.9\,cm^2 \times 40\,h}{0.040\,2\,mol/L} \times \frac{3\,600\,s}{h} \times \frac{10^3\,mL}{1\,L} = 18.3\,mL$$

此时可以发现过膜损失的氢气总量达到了 18.3 mL,比产生的氢气量高出许多。因此,扩大阴极与膜的距离是非常重要的。

9.7　MEC 与 MFC 系统的差异

根据世界能源组织的调查显示,世界原油可采储量为 1.383×10^{11} t,天然气为 2.4×10^9 t,合计 1.407×10^{11} t,按照年产 3.2×10^9 t 来计算,有专家预言:包括石油、煤、天然气等在内的矿物质能源将在未来的 100～200 年内耗尽,因此开发包括风能、太阳能、生物质能等在内的可再生能源是解决未来能源紧张,保护环境,实现可持续发展的必由之路。由此可知,建立节约型清洁能源是当前研究的重要课题。MFC 是燃料电池中特殊的一类,是一种利用酶或者微生物作为催化剂,通过其代谢作用,在常温、常压下将生活污水和工业废水中含有的大量有机化合物的化学能直接转化为电能的装置,包含阴阳两个极室,中间由质子交换膜分隔开,在降解有机物的同时回收清洁能源。1910 年,英国植物学家把酵母或大肠杆菌放入含有葡萄糖的培养基中进行厌氧培养,发现利用微生物可以产生 0.2 mA 的电流和 0.3～0.5 V 的开路电压,MFC 的研究由此开始。20 世纪 50 年代初,随着航天研究领域的迅速发展,对 MFC 研究的兴趣随之升高,由此发现一些微生物可以不通过氧化还原媒介体直接氧化有机物转移电子,并以 Fe^{3+} 为最终电子受体。20 世纪 70 年代,作为心脏起搏器或人工心脏等人造器官电源的 MFC,逐渐成为研究的中心。20 世纪 80 年代,对 MFC 的研究全面展开,出现了多种类型的电池,其中使用介体的间接型电池占主导地位。20 世纪 90 年代以后,研究发现微生物不通过介体也可以传递电子,研究热点开始转向无介体MFC。经过近半个世纪特别是近几年的研究,MFC 技术打破了传统的污水处理理念,实现了污水处理技术的重大革新,但该技术离产业应用还有很长的路要走。

9.7.1　电池工作原理及结构

1. 电池工作原理

MFC 系统的优点是原料来源广泛、操作条件温和、生物相容性强及无二次污染。通常MFC 的反应器主要由 3 个部分组成:阴阳电极、质子交换膜和反应室。其燃料(淀粉、糖类、醇类、半光氨酸、蛋白质等有机质物质)在微生物的催化作用下在阳极室中被氧化,产生的电子通过位于细胞外膜的电子载体传递到阳极,再经过外电路到达阴极,质子通过质子交换膜或直接通过电解质到达阴极,氧化剂在阴极得到电子被还原,其阴阳极电化学反应式如下式所示。

阳极反应：

$$C_6H_{12}O_6 + 6H_2O \longrightarrow 24H^+ + 24e^- + 6CO_2$$

阴极反应：

$$6O_2 + 24e^- + 24H^+ \longrightarrow 12H_2O$$

2. 电池结构

当前，MFC 反应器的反应室构型呈现多元化，常见的几种具有代表性的反应器构型是双极室、单极室、升流式、旋转阴极式和阴阳极连续式。在实际应用中它们的最大区别是有无质子交换膜。质子交换膜的功能是起到质子传递作用，并防止其他物质（如有机质和氧气）的扩散，但是其对氧气的屏蔽作用不甚理想，并对胺敏感，会增加系统的内阻而降低反应器的产电效率，且价格昂贵，成本高。因此，改变电池结构，省去昂贵的质子交换膜和减小内阻，增大功率输出是当前研究的重点。

9.7.2　MFC 的发展状况

1. 介质对电池性能的影响

质子交换膜是影响 MFC 性能的重要因素之一。目前的研究表明，质子交换膜在传递质子方面比水要高效得多，但是在实际应用中反而会增加系统的内阻而降低反应器的产电效率，因此，无质子交换膜（PEM）的 MFC 的性能要比有 PEM 的 MFC 的性能强。温青等构建了空气阴极单室 MFC 以考察电池的电化学性能。结果表明 MFC 的开路电压为 0.62 V，内阻为 33.8 Ω，最大输出功率为 700 MW/m^2，电子回收率为 20%，运行时间 8 h，COD 的去除率为 56.5%，且 COD 的降解符合一级反应动力学。刘丽红等以葡萄糖为燃料和 *Rhodoferaxferrireducens* 为产电微生物，成功实现无介质燃料电池的制备，其中刘志丹等在常温下研究结果为外接电阻 510 Ω，电流密度可达 158 mA/m^2（电压为 0.46 V，电极有效接触表面积为 57 cm），且循环性能良好，具有国际领先水平。同时酶 MFC 研究也取得了突破性的进展，电池不但有足够大的电压和电流，还能在人体生理条件下工作。Zayats 等人用吡咯并喹啉醌（PQQ）苯基硼酸与金电极结合，然后分别用苹果酸脱氢酶（MalD）和乳酸脱氢酶（LDH）对其改性。MalD 酶电极的电子传递周转率为 190 个/s，LDH 酶电极电子传递周转率为 2.5 个/s，在废水中有机质去除方面已经显示出了其巨大的优势，MFC 有机质去除率均大于 90%，但是有 PEM 的 MFC 功率密度为 0.13 W/m^3（以反应器有效容积换算），库仑效率为 81%，而无 PEM 的 MFC 功率密度为 7.6 W/m^3，库仑效率为 44% ~85%。所有这些研究均表明无 PEM 时 MFC 的输出功率更大而且更经济有效。当然，无膜 MFC 反应器也有其自身的缺点，如氧气向阳极的扩散影响到阳极室内专性和兼性厌氧菌的生长；阴极催化剂直接与污水接触，容易中毒等问题亟待解决。

2. 阴阳极材料对电池性能的影响

MFC 电极由无腐蚀性的导体材料构成，常用的电极材料有炭布、石墨毡、石墨颗粒、石墨棒和石墨盘片等，其库仑效率较低，最新研究表明，采用生物阴极的产电效率比接种前提高了 2 倍多。这表明阴极表面附着的微生物对氧化还原反应确实具有催化作用。为了进一步提高生物阴极 MFCs 的产电效率，研究者对采用化学修饰电极即过渡金属氧化物修饰电极材料进行了探索。连静等以 Fe(OH)$_3$ 固体作为电子受体，在阴极涂上锰元素，电子回收率高达 80%，电流密度达 704.4 mA/m^2，电池工作效率更高。Shantaram 等采用 MFCs 作为无线传感器供电,利用 Mn(Ⅱ)参与空气生物阴极的反应,最高电压可达 2.1 V。在分析阴极对阳极电压影响的研究中发现,锰修饰后的生物阴极的产电性能均优于铁氰化钾阴极。中国科学院过程工程研究所研制了含铁离子的阴极板,铁离子在二价和三价间循环转化促进了电子传递和氧的还原,MFC 功率密度达到 14.58 mW/m² (以阳极有效面积换算)。唐致远等研究还发现,以 MnO_2 作为电极材料,化学掺杂 Fe(Ⅲ)有利于提高 MnO_2 电极的放电性和循环性。因此,在铁锰联合修饰的生物阴极中,铁离子对锰离子的生物氧化过程可能会具有催化或者促进作用。纳米技术应用到燃料电池,促进了电子传递速率,提高了电流密度。Zou 等采用聚吡咯(吡咯)涂层碳纳米管(碳纳米管)复合材料作为负极材料,大肠杆菌作为生物催化剂,输出的最大功率密度为 228 mW/m²,远远高于文献报道。

3. 分子生物学与生物固化技术的应用

最新的研究趋向于纯菌种的研究,是将分子生物学技术应用到提高 MFC 电能输出筛选、培育优势产电基因工程菌种的研究领域中,为研究 MFC 的性能开辟了新的途径。Kim 和 Pham 采用分子生物技术,通过基因工程分离、鉴别、克隆、培养出梭状芽孢杆菌 (*Clostridium*) EG3 和亲水性产气单胞菌 (*A. hydrophila*) PA3,直接使 MFC 的性能进一步提高。并且 Kim 在 MFC 的研究中删除了细胞色素蛋白 OmcF 编码的基因和一个 monoheme 外膜 C 型细胞,大大降低了 MFC 的功率密度,研究认为不是 OmcF 直接参与电子转移,而是 OmcF 通过其他基因的转录而间接参与电子转移,为深入研究 MFC 的产电机理提供了理论基础。

另一方面是生物固定化技术为 MFC 的发展提供了新的研究方向。Delina 等人在聚苯乙烯表面涂上抗菌富勒的粒子(称为 nC60),通过溴化染色和电镜扫描观察发现,nC60 促进了生物膜的生成,活细菌数目增多,MFC 功率密度显著提高。Robert 和 Shelley 将线粒体固定在阳极表面,此时 MFC 的电功率密度可达 (0.203 ± 0.014) mW/cm²。由于游离态酶容易失活,因此一般采用固化技术将酶固定在电极上,通常采用聚合物膜固定酶,常用的聚合物有聚苯胺、聚吡咯等,最新研究发现丝蛋白和壳聚糖是生物相容性非常好的天然酶固定材料。MFC 的研究最令人振奋的是新发现的铁还原红富菌 (*Rhodoferax ferrire - ducens*) 在 MFC 中将葡萄糖的化学能转化为电能的库仑效率超过了 80%,而硫还原地杆菌 (*Geobac - ter sulfurreducens*) 在 MFC 中将乙酸的化学能转化为电能的库仑效率超过了 96.8%。这将为分子生物学技术应用到 MFC 的研究开辟了新的途径,提供了新的方法。

9.7.3 MFC 的应用前景

氢气是一种高效节能的,可以作为交通运输及电力生产的清洁能源;同时也是石油、化工、化肥、玻璃、医药和冶金工业中的重要原料和物质。随着全球能源的日益紧缺以及环保意识的不断增强,氢气这种既具备矿石燃料的优点,符合长远能源发展的要求,又具备无毒、无臭、无污染的特性,满足环保要求的清洁燃料引起了各国政府的广泛关注。氢气是一种能源载体,自然界中没有可以作为燃料存在的氢气,必须用某种一次能源生产。清洁的可持续发展的一次能源主要指可再生能源,包括水电、风能、太阳能、核能和生物质能。水的电解制氢法是一项传统的工艺,制得的氢气的纯度可达 99.9%,但是此工艺只适用于水力资源丰富的地区,并且耗电量较大,在经济上尚不具备竞争优势。而风能、太阳能等,都是先发电,再用电解工艺制氢。

燃料电池是一种将化学能转化为电能的电化学装置,其机理是凭借其阳极催化剂的强电离能,通过消耗阴极的燃料物质如氢气、甲烷等,进行氧化反应,从而产生电流。而微生物燃料电池(MFC)的独特之处在于它不需要传统燃料电池所使用的金属阳极;相反,它利用微生物使有机物氧化分解,并将电子传递到阳极。这些电子通过外部线路定向移动到阴极,并与氢离子和阴极的电解质如氧气相结合。虽然非贵金属也可以充当氧气还原反应的催化剂,但常用的都是贵金属,如铂。MFC 中阳极有机物的氧化并不是真正的催化过程,而是具有催化作用的微生物通过氧化有机物而获得能量,这样就造成了整体上的能量损失。考虑到细菌带来的能量增益和阴极的能量损耗,采用葡萄糖或乙酸等低电压物质通常可获得 0.3～0.5 V 的电压。理论上来说,从而利用 MEC 技术制得的氢气的纯度与采用水的电解方法相当,而其所消耗的电量则要低得多。一般碱性电解池在 1.8～2.0 V 电压下电解水制氢。而在 MEC 中电压高于 0.22 V 就可以实现产氢。几乎任何可生物降解的有机物都可用于 MFC 发电,这包括简单的化合物,如碳水化合物和蛋白质;同样,人类、牲畜、食物加工过程中产生的废水等复合有机物、混合物也不例外。微生物对各种类型有机物的适应性,使得 MFC 成为一种理想的可持续的生物发电技术。

生物质制氢的主要方法有两种,分别为热化学法制氢和生物制氢(发酵制氢)。其中发酵制氢是利用发酵微生物代谢过程来生产氢气的一项技术,由于所用原料可以是有机废水、城市垃圾或生物质,来源丰富,价格低廉。其生产过程清洁、节能,且不消耗矿物资源,正越来越受到人们的关注。目前发酵制氢方法存在着所谓的"发酵屏障"的限制问题。细菌在发酵葡萄糖时只能产生一定数量的氢,伴随产生如乙酸、丙酸之类的发酵终端产物,而细菌不具有足够的能量把残留的产物转化成氢气。而利用 MEC 技术,则可以在正常的状况下跳过"发酵屏障"的限制,将乙酸、丙酸等转化为氢气,同时能量转化率非常高。通常状况下,MEC 工艺不像传统的发酵工艺那样局限于使用以碳水化合物为基础的生物群来制造氢气。理论上,可以通过任何可以生物分解的物质来获得高质量的氢气。利用 MEC 技术获得的是较为纯净的氢气,而发酵过程的产物则是氢气和二氧化碳的混合气,另外还混合有甲烷、硫化氢等杂质。MEC 这种新形式的可再生能源生产工艺不但可以帮助人们弥补处理废水所耗费的成本,同时还能提供可以作为动力资源的氢气、合理地将发酵技术与 MEC 技术相结合,可以发展出价廉、长效的产氢系统。在没有充足的生物质来供应全球氢能经济的现状下,MEC 技术是一项具有发展前景的生物制氢工艺。

在产氢体系中包含四个相互影响的电极半反应:MEC 和 MFC 阳极的底物氧化反应,MEC 阴极的产氢反应以及 MFC 阴极的氧气还原反应。MEC 阳极的底物氧化所产生的电子沿电路传递到 MFC 阴极,与来自于 MFC 阳极的质子结合用于还原氧气,而 MFC 阳极的底物氧化所产生的电子则在 MEC 阴极与来自于 MEC 阳极的质子直接结合生成氢气。并且对于一个稳定的耦合系统而言,从 MEC 阳极流出的电子与 MFC 阳极流出的电子应该相等,这样才能得到稳定的电路电流。

为了进一步了解 MEC 和 MFC 的四个电极反应之间的相互作用,设计了几组产氢实验,在每组实验中,通过降低磷酸盐浓度或去除 Pt 催化剂使某一电极反应得到抑制。当 MFC 的阴极氧气还原反应被抑制时,MFC 不足以提供 MEC 产氢所需要的能量,因此没有氢气产生。当 MEC 的阴极产氢反应被抑制时,CE_{mec} 和 CE_{mfc} 分别下降。类似地,在 50 mmol/L PBC 浓度下,当降低 MEC 或 MFC 的 PBC 浓度至 10 mmol/L、从而主动抑制其阳极反应时,另一个阳极未被抑制的反应器的 CE 同样下降。通过以上分析认为,一个稳定的耦合体系需要四个电极反应高效协调地进行,而抑制任何一个电极反应均会使其他三个反应受到影响,即体系整体效率受限于效率最低的电极反应。在 MFC 或 MFC 缺乏阴极催化剂的情况下,限制性电极反应则是底物的氧化反应。由于耦合系统的总体效率由 MFC 和 MEC 共同决定,因此为了使系统能够高效地进行产氢反应,首先需要提高 MEC/MFC 长期运行的稳定性。其次需要采取各种措施提高 MEC/MFC 的电池效率。如采用低内阻的电池构型、选用高生物亲和性和导电性的电极材料、优化电池反应条件等。

在电化学反应器中,人们通过调节阳极电压的高低,使细胞释放电子,并直接测试细胞间电子传输的电压差,由此得知某细菌的电子传输能力。如不对电压施加人工控制,MFC 中的阳极电压会随着负载——电子携带者的氧化还原电压的变化而变化。当存在电子中介体的 MFC 处于开路状态时,阳极电压会变得更低,接近培养基氧化的热力学极限。当 MFC 重新接上负载时,阳极电压增长了,因为带有自由电子的呼吸酶和电子携带者被氧化了。在一个设定的阻值下,阳极电压越低,MFC 能量恢复得就越大,细菌所消耗的能量也就越低。发生氧化反应的电子携带者与发生还原反应的电子携带者的种类比率的变化,随着电子在细胞间的进出而影响微生物的电压。当使用稳压器将阳极电压固定在某个值以便于检测其他影响因素时,我们才可以较好地理解整个过程。

虽然某些菌株在一定的阳极电压下,表现出了高电流密度产出的能力,但这并不代表它在 MFC 微生物群落中处于支配地位。设置阳极电压为 0.52 V(对于标准氢气阳极),高于氧气阴极的 0.25 V。虽然某类细菌具有获得高电压的能力,但在实际的 MFC 装置中,由于消耗氧气而导致电压达不到理想高度。在混合株群里,微生物中的“赢家”可能就是那些能在最低阳极电压呼吸的细菌。在没有接通稳压器的时候,阳极初始电压应为正值,在植入混合菌株后,由于细菌间的竞争作用阳极电压会逐渐变为负值。因此,那些不能适应阳极电压逐渐趋负的细菌,会在竞争过程中被其他菌种所淘汰。但阳极电压越低,阴阳两极电压就越大,从捕获能量的角度出发,对于 MFC 来说却是有利的。与此同时,细菌因为减小的电压而获取较小的能量。一些细菌似乎具有显著的 NADH(烟酰胺腺嘌呤二核苷酸,还原态)与 NAD$^+$(氧化态)之比,而这个比率依赖于氧化还原反应的条件;通过这个比率人们可以了解电子携带者是如何影响胞外电子传输的。如当大肠埃希氏菌在有氧条件下消耗葡萄糖时,NADH 与 NAD$^+$ 之比为 0.094:1;大肠埃希氏菌在无氧条件下消耗葡萄糖时,其比率为 0.22:13。NADH 的累积会影响细胞的组成过程。在丙酮丁醇杆菌内,NADH 会阻止三磷酸甘油醛的活动,通过葡萄糖发酵限制氢气的产出。就胞外电子传输而言,较多 NADH 的积累允许电子在低阳极电压条件下进行传输。不同的 NADH 与 NAD$^+$ 之比,或环绕细菌的其他电子携带者,以及只能在较窄的 NADH 与 NAD$^+$ 比率下进行呼吸的细菌,它们可能因此限制了细菌原本可达到的电压高度。脱硫弧菌脱硫亚种菌 ATTC 27774 就是如此,它们不能将电子传送到极化阳极,除非限定电压的范围。在这种情况下,细菌能生成电流,其电压为 -0.158 V,(对标准氢电极而言),不是 -0.358 V 或大于 0.042 V。对于一个特定的细菌而言,其电子传输的最佳电压区位表明作为终端电子接受者的呼吸酶,其电压能被消耗了。例如,与锰相比,三价铁的最佳呼吸途径需要不同的电极电压。

据我们所知,培养基动力学及微生物生长率均能影响细菌在生物膜内的竞争,而另一个对于 MFC 十分重要的因素,那就是库仑效率。因为在 MFC 中是化学能转化为电能,因此高库仑效率是可取的。但是由于制造高库仑效率的细菌产量会减少,培养基里的电子也会随之减少。据报道,当库仑效率高达96.8%时,仅有3.2%甚至更少的电子参与到细菌生物量的制造环节。随着反应的进行,培养基同混合菌株里的电流一样都不能回升,最终将不能为微生物所用。而此时电子被阴极的电子接收者所利用,如通过阴极释放的氧气、硝酸盐、硫酸盐、二氧化碳等。培养基虽然不能进入电流,但是能制造并储存电子中介体,稍后再作为电子传输之用。人们发现,在培养基消耗殆尽、处于超低浓度之前,高功率密度会一直保持,这表明MFC中培养基的储量大小十分重要。

目前,在测定的体积或预计的阳极区域附近,我们似乎还没有接近功率密度的上限。在空气阴极MFC中,功率密度已高达1.55 kW/m^3,从理论上讲,单位体积的功率产出限值是微生物生长率的一个应变量。一个大肠埃希氏菌细胞重2×10^{-13} g,每小时分裂2次,体积为$0.491 \text{ } \mu\text{m}^3$,能产出$16\,000 \text{ kW/m}^3$的功率。以细胞体积为基准,对这个能量密度进行透视比较,一个人每天通过食物摄入$8\,400$ J的热量,并以100 W或1 kW/m^3的持续功率消耗能量。在MFC实际操作过程中,要想控制微生物的产电量,电极面积以及电极反应表面的微生物存在方式是一个重要的议题。

早在1999年,人们就首先发现在没有外界中介体的条件下,希瓦氏腐败菌能够产生电流。但是对于希瓦氏菌胞外电子传输的机理却成了争论的话题,众说纷纭,莫衷一是。奥奈达希瓦氏菌可通过其外膜的细胞色素来传送电子,也可发散出具有导电性的纳米导线。除此之外,奥奈达希瓦氏菌还能产生具有电子中介体功能的四羟酮醇。尽管奥奈达希瓦氏菌的胞外电子可能存在混合传送模式,但在空气阴极、分批补料的MFC中,奥奈达希瓦氏菌的功率密度产出仅为适宜的污水接种体的56%。在选用电极材料的问题上,使用碳电极比使用金属氧化物电极会产生较低的功率密度,其可能的原因是奥奈达希瓦氏菌的电子传输载体(如细胞色素、四羟酮醇以及纳米导线内部)产生了无效运动。同时,经过一个反应周期(培养基耗尽,回路电流大大减弱)后,分批补料的MFC中的氧化还原反应会产生波动效应,而此时正负两极电压差的变化也可能影响产电品质。实验证明,在一个小的MFC反应器(1.2 mL)中,在厌氧环境下培养奥奈达希瓦氏菌并及时抽走其细胞悬浮液,在使用空气作为阴极时,其功率密度可达2 W/m^2或330 W/m^3;使用铁氰化物阴极时,其功率密度可达3 W/m^2或500 W/m^3。因此,在一定的MFC环境中,奥奈达希瓦氏菌似乎天生具有高功率密度输出能力。

在1999~2006年之间,单位电极面积最大的预期功率密度增长了6倍,达1.54 W/m^2。这种增长归因于MFC装置结构的不断改良,以及人们对如何更有效地从细菌那里获得能量的认识的加深。2006年以前,在功率密度增长方面并未获得重大的突破,但这种低增长不应该归因于细菌本身。选取较厚的胞外电子生物膜时,由于大量细菌能对电流的产生作出贡献,因此应该获得更高的功率密度。如果功率密度受限于单细胞层生物膜,假定在稳定的环境中(培养液的消耗同细菌的代谢成比例),硫还原泥土杆菌(2 h分裂一次,细胞电压在0.8 V)的最大功率密度为0.97 W/m^2。在设定的电极面积区域内,我们已经实测到更高的功率密度,硫还原泥土杆菌在穿过较厚生物膜时保持的良好电活性即是对其的明证。培养液中流向生物膜的物质、生物膜的代谢产物,才是限制功率密度峰值的根本因素。除此之外,当阴极大小为阳极的14倍时,阳极面积能达到6.9 W/m^2的功率密度。不久前,人们在不考虑MFC内阻的前提下,估计其功率密度可达19 W/m^2。通过生物膜的质子在一定程度下可以降低培养液的pH值,这是阻止我们获得更高功率密度值的因素之一。另外,非产电菌或非活性细胞的出现,会干扰生物膜的传导作用,或是附在生物膜表面,会对功率密度的峰值测定有阻碍作用。因此,只有掌握了生物膜活性,更深入地了解 pH 值的变化、生物膜中二氧化碳的变化率对生物膜传导作用的影响,才能帮助我们更好地预测 MFC 可达到的功率密度峰值。

2005 年,liu 等人报道了第一个双室瓶状 MEC 反应器,采用碳布作为阳极,载铂碳纸作为阴极,阴阳极之间用阳离子交换膜相隔,该电池的库仑效率较低,仅为 60% ~78%,据分析是由于反应器的高内阻引起的。第二个 MEC 反应器采用了管状构型,由于氢气的泄漏比较严重,所以氢气转化率比较低。Rozendal 等人构建的圆柱状双室反应器,阴阳极均采用圆盘电极,在 0.5 V 的外加电压下,最高库仑效率达到 92%,但是又由于氢气通过 CEM 膜的泄漏比较严重,所以氢气转化率只有 57%。当采用无膜 MEC 反应器用于产氢时,由于有效地降低了电池内阻,因而氢气的产生速率和氢气的产率均得到了提高。生活污水也可以作为 MEC 产氢的来源,尽管氢气转化率比较低,但是 MEC 中污水的 COD 去除率可达到97%。

对 MFC 的结构构造和运行做微小的调整,就可以得到高产量的氢能,经过改造的电池称为微生物电解池。MEC 技术巧妙地结合了原电池和电解池的工作原理,利用电活性微生物作为催化剂,通过电能的中间形式将燃料中的化学能转化为氢能。在用于发电的 MFC 中,质子和电子在阴极与氧气等电子受体结合形成水。而在用于产氢的 MEC 中,阴极维持在无氧和其他电子受体的状态,同时外加电压使阴阳极的电压差越过热力学能垒,质子和电子就可以在阴极直接结合生成氢气。在 MEC 中,需要通过外加电压使电池克服产氢的热力学能垒。由乙酸产氢的理论外加电压为 0.14 V,而由于极化电压的影响,实际外加电压要高于 0.22 V 才能实现产氢。在 MEC 的研究中,一般采用 0.6~0.8 V 的外加电压以得到理想的产氢效率。

MEC 与 MFC 系统存在很多相似的地方,因此有望将 MFC 系统中发现的提高电能输出的方法应用于提高 MEC 的产氢量。然而,考虑到氢气回收率等诸多问题,这两个系统存在显著的差异:

①MEC 中氢气的损失是由于氢气过膜扩散到阳极室以及阴极室生长的细菌的降解作用。产氢过程需要保证产出的氢气不再扩散回阳极室。但是在 MFC 系统中,没有类似的问题,因为阴极的氧化产物是水。此外,MEC 系统还将需要利用氢气的细菌最小化来减少氢气的损失;

②在无膜的 MFC 系统中,由于扩散到阴极的质子都生成了水,因此电荷是平衡的。但是在 MEC 系统中,需要各种膜作为减少氢气损失的屏障。在一些 MFC 中,用阳离子交换膜进行极室间的质子交换,但实际上是 Na^+、K^+ 或 Ca^{2+},而不是质子充当了阳离子交换的主体,造成了阴极质子的损失。在 MEC 系统中,高浓度的质子是保证产生氢气的前提。使用阴离子交换膜可以通过传递溶液中高浓度的负电阴离子(如磷酸根)保证质子传导;

③在 MFC 中底物可以透过膜(如果有膜)到达阴极。但对于 MEC,这就意味着为阴极的细菌提供了生长的底物(食物)。接下来,这些细菌可以利用氢气,降低氢气产率。因此,在 MEC 中,需要严格控制底物扩散过膜。在使用空气阴极的 MFC 或者单室的 MEC 反应器中,并没有考虑底物扩散到阴极的损失(除非某些底物有挥发损失);

④在 MFC 中氧气扩散到阳极会导致大量底物的损失。但在 BEAMR 系统中,这个过程

是不存在的,因此氢气库仑效率要比 MFC 的库仑效率高很多。例如,在一项研究中,MEC 系统的库仑效率大约在 60% ~78% 之间,在另外一个使用乙酸盐的研究中则高达 92%。优化 MFC 构型、减小内阻的方法对改进 MEC 的构型是有好处的。然而,上述比较说明 MFC 和 MEC 系统的确存在很大的差异,这些差异会导致它们的设计向两个不同的方向发展。此外,氢气的获取和纯化过程复杂,并且需要外加能量,这将影响该过程作为持续产氢方法的经济性。

　　与产电的 MFC 相比,MEC 的主要好处是为不同能量需求提供了更多的选择。可以先将氢气存储起来,然后将其作为燃料或化工原料,而不仅仅是发电。由于 MEC 是在 MFC 的基础上改造而来的,其阳极电活性微生物的工作原理相似,因而很多用于提高 MFC 工作效率的措施同样适用于 MEC。但是,MEC 和 MFC 这两个系统之间还是存在很大的差异的。首先,在 MEC 的阴极发生产氢反应,但是氢气有可能扩散至阳极,如果阴极灭菌不彻底,产生的氢气还有可能被微生物消耗,因而如何解决 MEC 中氢气的损耗是其面临的主要问题。而在 MFC 中,阴极的产物是水,因而不存在扩散问题,而有针对性地培养生物阴极反而可以提高氧气的还原速率。其次,在 MFC 中,采用阳离子交换膜比采用质子交换膜效果更好,因为 Na^+、K^+ 等离子也可以起到电荷传递的作用,但是,在 MEC 中为了保证产氢所需要的氢质子的浓度,质子交换膜更为合适。再次,在 MFC 中,底物通过膜扩散进入阴极所造成的影响不大,但是在 MEC 中,这可能会滋生阴极好氧细菌的生长,因而减小阳极底物至阴极的扩散是 MEC 要解决的关键问题之一。最后,在 MFC 中,氧气通过膜扩散进入阳极,因而在膜附近会生长部分的好氧微生物,微生物的消耗会造成底物的浪费。但是在 MEC 中,这个是可以避免的,因而 MEC 中的库仑效率通常高于 MFC。

　　MFC 在废水处理方面已显示出了它的巨大潜力。Gregory 等研究发现电极是 NO_3^- 唯一的电子供体,且 NO_3^- 只有在 *G. metallireducens* 存在时才能被还原,这说明其还原过程中有微生物的参与,并且运行一个阴阳两极分别进行反硝化和硝化反应的电解池,利用外加电源的电能促进电池中的生物反应,证实了 *Geobacter* 种属的微生物能直接从电极获取电子,且反硝化速率和产电效率均受阴极微生物的影响。尤世界等利用厌氧活性污泥作为接种体已成功地启动了空气阴极 MFC,以乙酸钠和葡萄糖作为底物分别产生了 0.38 V 和 0.41 V 电压(外电阻 1 000 Ω),最大功率密度分别达到 146.56 mW/m^2 和 192.04 mW/m^2,乙酸钠和葡萄糖的去除率分别为 99% 和 87%,两者的电子回收率均在 10% 左右。胡永有等研究了以葡萄糖 – 偶氮染料(活性艳红 X23B)为共基质条件下,BCMFC 产电性能及偶氮染料的降解特性。结果表明,BCMFC 可以成功地实现同步电能输出和高效脱色,并且功率密度维持在 50.7 mW/m^2,最终脱色率在 94.4% 以上。Wen 等以葡萄糖模拟废水为基质构建了上流式直接空气阴极单室 MFC(UACMFC),在连续运行条件下考察了电池的产电性能和水力停留时间(HRT)对电池性能的影响。结果表明,HRT 对 MFC 的产电性能和 COD 的去除效果均有影响,水力停留时间为 8 h 时,电池的最大输出功率密度为 44.3 W/m^3(废水),COD 的去除率为 45%。Virdis 等在 MFC 最近的研究中表明阴极硝酸盐还原菌具有同步产电脱氮效果,并且 MFC 的最大输出功率为 34 671.1 W/m^3NCC,最大电流为 133.7 mA/m^3NCC。而且 Jeffrey 研究认为,MFC 技术在厌氧环境中可以提高石油污染物的生物降解,无需终端电子受体(如氧气),效果理想。因此,MFC 将有机废水中的化学能直接转化为最清洁的电能,在实现电能输出的同时实现了废水处理,具有显著的环境效益和经济效益。据文献记载,采用厌氧技术只能从废水中回收 15% 的能量,废水中剩余的 85% 的能量被浪费掉。当前,随着分子生物学技术和纳米材料技术的发展,MFC 技术已在实验室广泛应用于废水或污泥的脱氮过程,在不久的将来,MFC 的功率密度将会达到 $1\ W/m^2$, 电流密度将达到 $100\ mA/m^2$,库仑效率将达到 90% 以上,使污水中回收的能源可以最大限度地实现污水处理的可持续发展,使污水处理成为一个有利可图的产业。

在美国,大约有 1.5% 的电能用于污水处理,而大约有 4% ~5% 的电能用于水资源基础设施。通过 MFC 对污水、废弃生物质进行能量回收,或许可以确保水资源基础设施的能源供给。据估算,相对于目前能源密集型产业使用曝气工艺处理污水所消耗的电能,本土污水自身含有的能量是它的 9.3 倍。使用空气阴极 MFC 可以消除曝气工艺的能耗,从能源生产的角度讲这也是响应节能的需要。另外,MFCs 中厌氧繁殖的细菌生长慢,相比有氧进程产生更少的废弃生物质。沉积物 MFCs 可以满足偏远地方的能量需求(比如海底),在那里很难做到定期更换电池。因此,收集沉积物或可降解燃料里的能源物质,如甲壳质,并将其植入到沉积物 MFCs 中,它所产生的能量足以驱动江河湖海里大范围内的监控装置。

在不远的将来,要将 MFCs 技术运用于以上实际领域,其发展必受制于其效能以及材料成本、物理结构以及化学边界条件,如培养液的传导性和 pH 值。我们对电极表面的细菌电子传输机理的认识应达到分子级水平,这样就可以通过改进电极表面来优化电子的传输进程。例如,预先对阳极进行高温氨气处理(氨气中氨气达到 700 ℃),这可以促进阳极表面的细菌附着度,从而提高 MFC 的产电性能。这种预处理可以提高细菌吸附到电极表面的速度和数量,但是否以此种办法作为提高电能产出的出路,有待进一步讨论。阳极表面分子互动的激发,涉及生物传感器的发展以及酶固定燃料电池的改进,这都需要进行 MFC 实验来求解。当阳极表面已大大超过阴极时,进一步增加阳极表面对于 MFC 的性能并无太大影响。相对而言,正是由于当前缺乏对阴极技术研究的突破,从而限制了 MFC 的性能,并且这种现状还会持续一段时间。无疑,这为微生物学家对产电菌基因工程的研究创造了时间上的空当,一旦某天阴极技术的瓶颈被攻克,细菌就成为影响 MFC 产电性能的唯一因素。

近几年来,我国也对氢能和燃料电池技术的研究给予了稳定的支持。国家"863"计划设立了氢能技术和系统技术开发的课题,"973"计划设立了氢能基础的研究项目。科技部从 2001 年开始组织实施以燃料电池汽车研发为重要内容的"电动汽车重大科技专项",作为"十五"期间 12 个国家重大科技专项之一,国家投入近 9 亿元。通过科学家们的努力攻关,我国氢能和燃料电池技术正在不断向前发展。继德国、美国、日本之后,我国自主研制开发出燃料电池系统及燃料电池轿车和城市客车,其关键技术指标与国际先进水平相当。在科技部"电动汽车重大科技专项"和氢能源燃料电池领域项目支持下,清华大学汽车安全与节能国家实验室已经自主研发出了 5 辆燃料电池城市客车,它们的关键技术指标优于国际主流车型,而造价只有国外平均水平的 1/4,累计运行里程已超过 5 万公里,引起了国内外的广泛关注。

在加紧氢能和燃料电池自主研发的同时,我国还积极参与国际合作。2003 年 11 月,包括我国在内的 15 个国家和欧盟共同发起了"氢能经济国际合作伙伴"计划,以协调和促进世界各国在氢能和燃料电池方面的研发工作。另外,在联合国发展计划署和全球环境基金的资助下,科技部、北京市政府和上海市政府联合实施"中国燃料电池公共汽车商业化示范项目",采用全球招标的方式购买了3辆燃料电池公共汽车,目前已在北京试运行。

王贺武认为,目前,我国在氢能和燃料电池技术领域已取得了一系列成果,研发水平排在第一梯队,仅次于日本、美国、加拿大和德国。但是,我国氢能研究起步较晚,在基础研究、仪器设施、应用体系、开发路线、研发经费等许多方面与这些国家还有较大差距。因此专家建议,应加大投入、加强基础研究、加快突破核心技术,以使我国氢能和燃料电池研究在世界竞争中处于有利地位。

第 10 章　MFC 在废水处理中的应用

10.1　概　述

10.1.1　污水处理现状

1. 国外现状

19 世纪以来,一些经济发达的国家相继出现了环境污染和社会公害等问题,许多国家的河湖水域溶解氧降低,水生物减少甚至绝迹。由于水环境污染,人们的发病率大幅度增加,有关当局也开始认识加强污水处理的必要性,并投以大量资金兴建污水处理工程。经过 30 多年的大力整治,付出巨大代价,才基本控制了形势,使水生物恢复生长,水环境得到改善。这种污水处理事业与经济发展不相适应的状况所造成的损失是极大的,教训是深刻的。为此,各国政府对于污水处理工作极为重视,从法律和建设资金上给予保证,并不断开拓新技术,使城市污水处理事业得以迅速发展。

目前,美国是世界上拥有污水处理厂最多的国家,平均 5 000 人/座,其中 78% 为二级生物处理厂;英国共有处理厂约 8 000 座,平均 7 000 人/座,几乎全都是二级生物处理厂;日本城市废水处理厂约 630 座,平均 20 万人/座,但其中二级处理厂及高级处理厂占 98.6%;瑞典是目前污水处理设施最普的国家,下水道普及率 99% 以上,污水处理厂平均 5 000 人/座,其中 91% 为二级生物处理厂。这些国家的经验表明,大力兴建二级处理厂对改善水体卫生情况起了很大的作用。例如,美国 7 000 多条河流的水质有了明显改善;日本不符合环境标准的水域,已从 1971 年的 0.6% 下降到 1980 年的 0.05%;欧洲莱茵河的有机污染也得到基本控制,部分河段水质明显改善,鱼类复生;英国泰晤士河绝迹了 100 多年的鱼群又重新出现,目前已达 119 种。

截至 20 世纪 70 年代,发达国家已基本上普及二级处理。但二级生物处理耗能多,运行费用高,基建投资也不低。发展中国家普遍"建不起"或是"养不起",因此纷纷寻求适用于本国国情的经济高效技术。据悉,就连美国也因废水处理费用的高昂引起了众多的非议,美国每年二级生物处理厂所耗能量的费用已超过 10 亿美元,因此他们也在大力研究新技术或改革传统工艺的流程。

2. 国内现状

我国城市污水处理事业开始于 1921 年,上海首先建立了北区污水处理厂,1926 年又建立了西区和东区污水处理厂,总处理量为 4 万吨/日。近几年来随着经济的发展,我国水污染控制所面临的问题也越加严重,目前不仅大、中、小城市在建设污水处理厂,还有些郊区县也在建设污水处理厂,如上海市嘉定县的污水处理厂已投入运行十几年了,上海市青浦区徐泾镇、重庆市渝北区、河南省汝州市、浙江省多个县郊等几十个污水处理厂正在兴建中。据 2000 年统计,全国城镇的污水处理率达到 25% ,2010 年已达到 50% 。

　　同先进国家比较,我国城市污水处理工程在数量、规模、普及率以及机械化、自动化程度上,还存在着较大的差距。按照《城市污水污染控制技术政策》要求,城区人口达 50 万以上,必须建立污水处理设施;在重点流域和水资源保护区,城区人口在 50 万以下的中小城市及村镇,应依据当地水污染控制要求,建设污水处理设施。我国宪法中也有明文规定,并组建了许多专门生产环保设备和给排水机械的专业工厂,许多产品已系列化,但自动化仪表、检测仪与国外差距还很大。

　　目前,常用的水处理技术有物理非破坏性的吸附法、混凝法等,其原理是将污染物从液相转移到固相,虽有一定的处理效果,但由于再生费用昂贵,推广起来受到一定限制。而化学、光化学、生物等处理技术虽是破坏性的,但因处理周期长,实际应用中也存在一定的问题。目前,国内外仍以生化处理法为主,尤以好氧生物处理占绝大多数。

10.1.2　微生物技术处理废水的意义

　　MFC 的研究是目前燃料电池界,乃至化学界、生物界研究的前沿课题和热点,近年来我国能源、电力供求趋紧,国内外对资源丰富、可再生性强、有利于改善环境和可持续发展的生物质资源的开发利用给予了极大的关注。2004 年,"国际生物质液体燃料与生物能发电研讨会"暨"拉丁美洲生物能论坛研讨会"在北京举行,第七届北京国际科技产业博览会专门举办的首届中国能源战略国际高层论坛,对生物质能发电给予较高的重视。但基于目前微生物燃料电池的研究现状,无法达到能源再利用的目的,非但低于传统的能源产出,且其功率远远低于较为新兴的氢能源的研究热点——氢氧燃料电池(低三个数量级),但根据目前研究现状,作为微生物燃料电池所提倡的绿色能源主义的双重性来看,能否在处理废水方面打开一个突破口,亦意义重大。

　　微生物处理废水由于其来源广泛,处理价格低廉,很久之前就已经成为人们处理污水的首选。随着人们在微生物学、毒理学、控制扩散学、流体力学等学科方面不断取得成就,微生物处理技术日益成熟,人们不断地开发了新的菌种,建筑新的处理构型来提高废水处理效率,也得到了较好的效果,对日常环境的改善有着极其重大而有益的影响。

　　但是就其本质而言,所有的微生物处理技术可分为好氧、厌氧、兼氧三个代谢类型。更直接的划分,其实就好氧、厌氧两种方式,所谓的兼氧只是微生物根据水体环境中溶解氧的含量来决定其是好氧或是厌氧或是部分好氧部分厌氧的代谢模式。MFC 技术具有传统废水生物处理技术难以比拟的技术优势,见表 10.1。

表 10.1　微生物燃料电池技术与传统废水生物处理技术对比

工艺	关键微生物	条件要求	产能方式	能源利用方式	污泥产量	适用范围
好氧法	好氧微生物	中等	消耗能量		多	中低浓度废水
厌氧消化	产甲烷菌	较高	沼气	复杂	少	中高浓度废水
MFC	产电菌	常温常压	电力	简单	少	皆可

10.1.3　微生物燃料电池处理废水的研究应用

由微生物燃料电池的原理可知,电池中的微生物需要降解有机物才能产生电子和质子,为产电打下基础,所以用微生物燃料电池技术来处理的废水多为有机污染废水。近年来,微生物燃料电池在处理各个行业的有机废水中有了越来越广泛的应用,Karube 和 Suzuki 用可以进行光合作用的微生物 Rhodospirillum rubm 发酵产生氢,再提供给燃料电池。除光能的利用之外,更引人注目的是他们用的培养液是含有乙酸、丁酸等有机酸的污水。发酵产生氢气的速率为 19 ~ 31 mL/min,燃料电池输出电压为 0. 12 ~ 0. 135 V,并可以在 0. 15 ~ 0. 16 A 的电流强度下连续工作 6 h 左右。通过比较进出料液中有机酸含量的变化,他们认为氢气的来源可能是这些有机酸。Habermann 和 Pommer 进行了直接以含酸废水为原料的燃料电池实验。他们使用了一种可还原硫酸根离子的微生物 Desulfovibrio desul-furleans,并制成管状微生物燃料电池。在对两种污水的实验中,降解率达到35% ~ 75%。此工作显示了微生物燃料电池的双重功能,即一方面可以处理污水,另一个方面还可以利用污水中的有害废物作为原料发电。

MFC 研究一直朝着增加功率输出的同时降低造价的趋势发展,并且能将其放大后用于实际废水处理工程中。因此,微生物燃料电池在废水处理方面的研究的未来发展趋势主要有:

①继续提高 MFC 的输出功率,降低其基础造价;

②MFC 的放大与大规模应用;

③MFC 用于难降解有机物的处理;

④用于环境生物修复和污染治理。

尽管目前微生物燃料电池仍处于实验室研究阶段,经数十年的研究距离实用仍较为遥远,但微生物燃料电池仍成为一个世界范围的研究热点。伴随着人类发展生物能量的内涵在不断革新,MFC 将愈加发挥重大作用,但它的利用和研究却仍处于起步阶段。随着人类科技不断的发展,随着交叉科学研究的深入,特别是依托生物传感器和生物电化学的研究进展,以及对修饰电极、纳米科学等研究的层层深入,MFC 的研发具有非常广阔的前景。另外,近 20 年来生物技术的巨大发展,也为微生物燃料电池研究提供了巨大的物质、知识和技术储备。所以综上所述,微生物燃料电池有望在不远的将来取得重要进展。

10.2　MFC 在污水处理厂的应用

10.2.1　MFC 与污水厌氧生化处理相结合

厌氧生物处理法是利用兼性厌氧菌和专性厌氧菌将污水中大分子有机物降解为小分子化合物,进而转化为甲烷、二氧化碳的有机污水处理方法,可分为酸性消化和碱性消化两个阶段。在酸性消化阶段,由产酸菌分泌的外酶作用,使大分子有机物变成简单的有机酸和醇类、醛类氨、二氧化碳等;在碱性消化阶段,酸性消化的代谢产物在甲烷细菌作用下进一步分解成甲烷、二氧化碳等构成的生物气体。这种处理方法主要用于对高浓度的有机废水和粪便污水等的处理。

厌氧生物处理的目的从卫生上讲,通过厌氧生物处理,可杀菌灭卵,防蝇除臭,以防传染病的发生和蔓延；从环境保护的意义上讲，可以去除污水中的大量有机物，防止对水体的污染；从获得生物能源上讲，利用污水处理厂污泥和高浓度有机污水产生沼气可获得可观的生物能。从污水处理的角度来说，希望保持这样一种形式：释放能量多，代谢速度快，代谢产物稳定，将有机物分解得比较彻底，在较短的时间内，将污水中的有机污染物稳定化。但是，这恰恰不是厌氧生物处理法所具备的，厌氧分解代谢中有机物氧化不彻底，最终代谢产物中有的还可以燃烧，还含有相当高的能量，释放的能量少，代谢速度较低，因此在污水处理中较少采用厌氧代谢的形式，仅当有机浓度较高时，才采用厌氧方式生产沼气，回收甲烷。

厌氧生物流化床废水处理技术是 20 世纪 70 年代初期由美国首先开始进行研究和应用起来的以生物膜法为基础的高效废水处理工艺。随着生化技术向工业应用的发展，流态化反应装置在这一领域也得到了越来越广泛的应用，如植物细胞和动物细胞培养、生化法有机废水的处理、单细胞蛋白的生产、发酵技术、生化法金属浸取等。以砂、活性炭、焦炭、陶粒、玻璃珠、多孔球等一类较小惰性颗粒为载体，通过微生物栖息于载体表面，形成薄层生物膜。废水或废水和空气混合液由下而上以一定的速度通过床层，使载体流化，上升流速较小时，生物颗粒相互接触；增大反应器上升流速，可以使生物颗粒脱离接触，并成悬浮状态；达到一定程度时，生物颗粒呈现流化状态。

流化床反应器能保证厌氧微生物与被处理介质充分接触。由于形成的生物薄膜传质条件好，反应过程快，克服了固定床生物膜法中固定床存在的易堵塞的问题，而且由于负荷高，高度与直径比例大，因而可以减少占地面积。厌氧生物流化床既适于处理高浓度的有机废水，又适于处理中、低浓度的有机废水，尤其适用于处理氮磷缺乏的工业废水。厌氧生物流化床有以下特点：

①流化态能最大限度使厌氧污泥与被处理的废水接触；

②由于颗粒与流体相对运动速度高，液膜扩散阻力较小，且因为形成的生物膜较薄，传质作用强，因此生物化学过程进行较快，允许废水在反应器内有较短的水力停留时间；

③克服了厌氧滤器的堵塞和沟流；

④较高的反应器容积负荷可减少反应器体积，同时由于其高度与其直径的比例大于其他厌氧反应器，可以减少占地面积。

厌氧流化床也存在着一些问题：

①难以保持良好的流化状态，污泥、载体易流失，生物膜颗粒保持形状的均匀性等；

②为使生物颗粒呈现流化状态，需要大量回流水，增加系统的能耗和运行成本；

③流化床三相分离特别是固液分离较为困难，难以达到较高的运行和设计水平。因此，厌氧流化床反应器在国内的大规模应用并不多见。

微生物燃料电池技术在利用微生物降解污水中有机物的同时能产生可以直接使用的能源的可能性，使得人们纷纷将眼光投向了将 MFC 与污水的厌氧生物处理相结合这一方向，力求达到"清洁和产能"的双重效果。厌氧流化床阳极空气阴极单室 MFC 是将 MFC 技术与流化床反应器相集成而研究开发的一种新型反应器，属于待开发和创新的技术。MFC 适用于实验室的研究，阳极多用搅拌的方式，存在微生物分布不均匀，传质效率低，不易于污水处理工业放大等突出缺点。厌氧流化床传质效果好，生化反应速率快，易于放大和工业化应用等优点弥补了上述普通 MFC 的缺点，为微生物燃料电池技术废水处理工业化提供了新的研究思路。

　　赵书菊等构建了一种基于液固厌氧流化床的微生物燃料电池,首次提出利用流态化技术耦合微生物燃料电池技术进行废水处理的概念,通过调节不同的运行条件,以达到清洁与产能的双重效果。在固定床状态下,随着流体流速增加,活性炭表面微生物变薄,基质向活性炭表面微生物膜层的传质阻力下降,最大产电功率密度增加。在固定床状态下,流速增加,电池内阻降低了近 14%;在散式流化状态下,流速增加,电池内阻降低近 38.3%。活性炭颗粒床层由固定床转变至流化床,最大输出功率密度增加了 83.3%。厌氧流化床 MFC 运行 5 d,COD 去除率(91%)较固定床(87%)高。

　　液固流化床 MFC 是三维液固流化床与 MFC 反应器的结合,其综合特性为两种反应器的某些特性的综合,这使得该类反应器在结构设计上有特殊要求,其中主要考虑到空气阴极,流化床独特的流化特性,较高的反应面积和传质速率,这些要求在废水处理和产电方面尤为重要。为了具有较高的产电性能,提高电池电压和电功率,应尽量减小阴极与阳极之间的距离以减小内阻;为了满足厌氧流化床废水处理效果,保持足够的水力停留时间,流化床反应器需要有足够的流化区和液固分离区。因此,赵书菊等研究采用层流三维液－固流化床。三维厌氧流化床 MFC 处理废水,针对啤酒、食品及化学工业二级污水进行处理,避免好氧微生物处理时氧气曝气消耗大量电能,克服普通厌氧废水处理产生的甲烷难以储存运输的弊端,在将废水中有机物在产电菌作用下转变为电能的同时,达到清洁的目的。由于生物流化床载体颗粒小,总表面积大,床内具有高微生物浓度,提高了单位容积反应器的微生物量,载体处于流化状态,无床层堵塞现象,可处理高、中、低浓度废水。该装置具有方法简单、结构简单、成本低、效率高等优点。

10.2.2　基于升流式厌氧污泥床反应器的微生物燃料电池

　　升流式厌氧污泥床(Up－flow Anaerobic Sludge Bed,UASB)工艺由于具有厌氧过滤及厌氧活性污泥法的双重优点,COD 去除能力较其他生化处理工艺高且处理成本低,在高 COD 污水的处理方面得到广泛应用。

　　UASB 工艺采用的是连续进液的方式,与微生物燃料电池结合起来后可以克服序批式进液所造成的放电电压不稳定的问题,结合了 USAB 和 MFC 两者的优点,以提高产电稳定性。生活污水和工业废水中含有大量的有机物可作为其燃料而获得电能。同时,使有机物得到降解,废水得以处理。因此,结合 UASB 工艺的 MFC 的研究与开发已成为当前污染治理、开发新型能源的研究热点。

　　厌氧生物处理又称厌氧消化,是在无氧条件下,由多种微生物共同作用,使有机物分解生成 CH_4、CO_2、H_2O、H_2S 和 NH_3 的过程。有机物的厌氧消化过程可用 1979 年 Bryant 提出的三阶段理论来说明(如图 10.1 所示):第一阶段是水解、发酵阶段,复杂的有机物被微生物的胞外酶分解成小分子化合物后,进入发酵细菌(即酸化菌)的细胞内,并在其中转化为更加简单的化合物,同时,细菌利用部分物质合成新的细胞物质;第二阶段是产氢、产乙酸阶段,由一类专门的细菌(产氢、产乙酸细菌)将丙酸、丁酸等挥发性脂肪酸和乙醇等转化为乙酸、H_2 和 CO_2;第三阶段是产甲烷阶段,由产甲烷的细菌利用乙酸、H_2 和 CO_2 产生甲烷(CH_4)。以上三个阶段中都可能存在含硫化合物被硫酸盐还原菌还原的过程。厌氧处理属于一种串联代谢过程,其中最慢步骤是限制之前基质的积累。如果这种基质是以非酸性有机物形式存在(如乙醇),则对整个微生物群体并无不良影响。微生物群体中生长最慢的组分常常是丙酸或乙酸利用菌,所以丙酸和乙酸的积累会抵消系统中的碳酸氢盐碱度,这样的运行故障有可能使系统的 pH 值降低,进而对整个微生物群体产生不利的影响,而且低 pH 值恰好会对引起这一问题的丙酸和乙酸等有机酸利用微生物产生较大抑制作用。

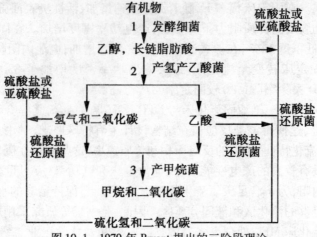

图 10.1　1979 年 Bryant 提出的三阶段理论

王万成等基于 UASB 工艺的 MFC 的构造如图 10.2 所示,和传统双室 MFC 一样,池体分为阴、阳两极室,在两极室之间安装一片离子交换膜,离子交换膜的两边分别放置阳极和阴极;污水自底部由蠕动泵泵入阳极室,阳极室在进液口上面安置一个布水器使进液分布均匀,在阳极室上部装有一个气液分离器;阴极室暴露于空气中。研究以葡萄糖模拟废水为燃料,构建了一种基于升流式厌氧污泥床反应器的微生物燃料电池,分别考察了水力停留时间、进液方式因素对于 MFC 性能的影响,在水力停留时间为 6 h 连续进液的条件下,连续运行三个月,放电功率稳定在 145 mW/m^2。

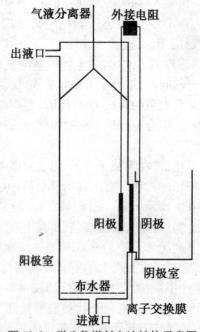

图 10.2　微生物燃料电池结构示意图

10.2.3　A/O 微生物燃料电池的应用

由于污水排放标准的提高,现在正在建造的大多数城市污水处理厂为了达到脱氮除磷的排放要求,将厌氧生物处理工艺引入到了城市污水处理工艺过程中,与传统的好氧生物处理工艺组合成了目前广泛使用的 A/O 处理工艺。A/O 处理工艺也叫厌氧好氧工艺,A(Anacrobic)是厌氧段,通过反硝化细菌的反硝化作用达到脱氮的目的;O(Oxic)是好氧段,通过水中好氧微生物的新陈代谢活动除去水中的含磷有机物和其他有机物。A/O 处理工艺常常和混凝澄清工艺联用,可达到更好的去除效果。

在使用 A/O 处理工艺处理城市污水时,在去除污水中 COD 的同时还能得到很理想的脱氮除磷效果,这样能达到国家要求的污水排放标准。针对污水处理工艺的这种变化趋势,将微生物燃料电池应用到城市污水实际处理过程中也变得可行。将 A/O 微生物燃料电池系统应用到工业废水处理过程中,虽然其产电性能及 COD 的去除效率低于城市污水处理过程,但是由于工业废水 COD 值高、含盐度高等特点,为微生物燃料电池应用到工业废水中提供了有利条件。通过李毅等实验可以看出微生物燃料电池应用到城市废水处理过程中是可行的,但是需要控制进入电池系统的进水 COD 及盐度,以保证电池系统中微生物的数量及活性。同时,为了获得较好的产电性能及 COD 去除效率,需要调整厌氧端及好氧端的工况参数,使得利用微生物燃料电池系统在工业废水处理过程中能获得较好的 COD 去除效率的同时还能回收较高的电能。

李毅等将水处理中广泛使用的 A/O 处理工艺与微生物燃料电池有机地结合起来,并考察了在阴极(好氧端)添加及不添加好氧污泥作为电子受体等两种不同的条件下,该电池系统在实际的城市污水处理过程中的产电性能。通过大量实验证明,在阴极(好氧端)添加好氧污泥,不但提高了产电性能,还能大大提高城市污水处理过程中的 COD 去除效率。此时,电池系统的输出电流密度为 26 mA/m^2,COD 的去除效率达到了 90% 左右。

10.3　MFC 处理有机废水的研究

有机废水就是以有机污染物为主的废水,现在大部分废水都是这个类型的,有机废水易造成水质富营养化,危害比较大。微生物燃料电池用于有机物发电和有机废水处理既是一项全新的技术,也是一种全新的理念。目前,尚没有形成一套独立完整的理论和评价体系来指导 MFC 的研究,所有的研究方法均借鉴于包括化学、物理学、环境工程学、微生物学等在内的其他学科。

与一般意义上的化学燃料电池不同,MFC 的另一个功能是能够在发电的同时降解有机污染物,以达到处理废水的效果。和传统的废水生物处理工艺相比,其在结构和功能上都表现出了十分明显的优点,具体体现在:能够直接从生物质或有机废物中回收最清洁的能源——电能;传统的厌氧处理工艺能够从有机废水中产生甲烷或者氢气,可以作为燃料间接发电,但是这种间接方式会使总能量浪费 30% 以上,而 MFC 可以直接从有机物中发电,降低了中间过程的能量损失;传统的好氧微生物处理工艺的污泥产量大,大约每去除 1 kg COD 产生的污泥量为 0.4 kg,处理这部分剩余污泥需要巨大的费用,而 MFC 产生的剩余污泥量要大大低于这个量,当然污泥的实际产量和运行条件有关;传统的厌氧微生物处理工艺虽然能够产生可回收的甲烷和氢气等燃料气体,但是同时也会产生像氮气、硫化氢和二氧化碳这样没有任何实用价值的气体。而在 MFC 中,由于电子以电流的形式被转化,这些气体很难生成,因此省去了废气处理;好氧处理需要在曝气池中曝气,而曝气消耗的电能占污水处理厂全部运行费用的 70% 以上。在空气阴极 MFC 中,氧气在大气的分压完全能够满足氧气在阴极反应的需要,因此可以省去曝气浪费的能量。

阳极和阴极是电池的关键组成部分,MFC 区别于化学燃料电池的最大特征之一就是电化学反应是在液/固相界面完成的,而溶液(电解液)除了作为反应的主体以外,还承担离子和质子迁移载体的作用。因此,阳极和阴极的溶液(电解液)的组成和浓度对 MFC 的电化学特性及功率密度输出有着本质的影响,具体体现在以下几个方面:

第一,有机物是在微生物作为催化剂的代谢作用下被氧化释放电子的,是电流产生的电子来源,而微生物本身对有机物就具有选择性,因此有必要对具有代表性的有机物发电的可行性做初步的判断和比较。另一方面,底物降解和功率输出动力学又依赖于有机物的浓度,因此需要对功率密度随有机底物浓度变化的规律与模式进行研究。

第二,溶液体系内物质的扩散和传质性能会受到水力条件的影响,而这种影响的显著与否受什么条件的控制也是一个需要研究的问题。

第三,在 MFC 的阳极中,有机物氧化过程除了释放电子外还伴随释放质子,而质子的去向与归宿直接影响溶液中的 pH 值,进而可能会影响阳极微生物的代谢和阴极电子受体的还原过程。除了质子以外,溶液中的离子强度也会对 MFC 内部的离子迁移有着重要的影响,这就涉及另外一个问题,即溶液的缓冲能力和离子强度在 MFC 中发挥怎样的作用,对产电过程究竟有怎样的影响。

第四,如果将 MFC 用于有机废水处理,那么一部分有机废水中会含有一定含量的离子态 $NH_3 - N$,考察这部分 $NH_3 - N$ 在 MFC 中扮演的角色和其迁移转化规律对 MFC 的基础和应用研究都有重要的理论指导意义。

MFC 中的产电细菌能够利用广泛的有机物作为底物进行产电,单糖、多糖以及一些常见的小分子有机挥发酸盐和醇类物质均可作为 MFC 产电的有机底物。其中,丁酸钠和丙酸钠作为底物时的功率密度较低,而乙醇作为底物时的功率密度与其他有机物相当,因此,可以考虑将"乙醇型"发酵与 MFC 联用,实现有机废水的高效同步产电产氢。

随着人类社会工农业的快速发展,芳香族化合物的需求增加和生产规模的扩大提高了含酚废水的排放量,给环境造成了严重污染,酚类也成为重点控制的污染物之一。

1. 苯酚

苯酚是酚类化合物的典型代表,主要存在于炼油、炼焦、造纸、石油化工、机械加工、合成氨、木材防腐、化学、制药、油漆、涂料、煤气洗涤、塑料农药等企业的生产废水中,处理含酚废水的方法有:生物法、电催化氧化法、吸附法、光催化氧化法和膜处理法等。这些方法存在占地面积大、操作条件困难和处理效果不理想等问题,目前研究较多的处理方法是厌氧处理法。这部分有机物能否作为 MFC 的燃料,在实现生物降解的同时获取电能,这对于环境污染物的生物处理是一种新的思路,有可能改变环境污染治理高能耗的现状,意义重大。

苯酚相对于葡萄糖、乙酸等有机物而言,较难生物降解,而且在高浓度下具有生物毒性,研究苯酚能否作为燃料被 MFC 降解且产电,这对于 MFC 对其他难降解有毒化合物的利用具有启发意义。研究表明,当废水中苯酚的质量浓度高于 5.5 mg/L 时会对微生物有抑制作用;当苯酚质量浓度达到 400 mg/L 以上时,废水中氨氮、磷和 COD 的去除效率受到显著影响。Kim 等则指出,质量浓度高于 200 mg/L 的苯酚对废水处理的硝化作用有显著抑制,当苯酚质量浓度为 500 mg/L 时,硝化作用将会停止。

研究表明,MFC 法处理苯酚废水的苯酚去除率比普通厌氧法高 31%,苯酚基本被降解,去除率达到 99.9%;骆海萍等以 100 mg/L 苯酚为单一燃料时,MFC 最高去除率也能达到 90%,这表明,在 MFC 运行条件下,微生物更能够有效地利用和分解苯酚,从而提高了苯酚去除率。

2. 双酚 A

双酚 A(bisphenol, BPA)又称二酚基丙烷,是一种广泛用于生产环氧树脂、聚碳酸酯、聚砜和环氧固化剂等的重要原料。双酚 A 在环境中主要存在于水体、污泥及沉积物中,由于它属于难挥发性化学物,故在大气中很少存在。在职业生产和日常生活中,人们可以通过皮肤、呼吸、消化道等途径接触 BPA。很多产品中都发现 BPA 的存在,如罐头内壁、黏合剂、地板、人造牙齿、指甲油、食品包装材料等。由于这些物品都是人们经常接触的生活用品,致使双酚 A 也随之进入人体。大量研究表明,双酚 A 具有雌激素作用,少量摄取就能破坏人体的内分泌系统,造成不育、畸胎等,属于内分泌干扰物质中的一种,它会对人类、家畜和野生动物的健康和繁殖产生极大的影响。

目前,BPA 的处理方法主要有:物理化学法、生物法、电化学法和光催化氧化法等。物化法主要是指吸附法,Guangmingzeng 等研究了湘江沉积物对双酚 A 的吸附特性。研究结果表明,双酚 A 与沉积物结合速率较快,在酸性条件下随着 pH 值升高,沉积物对双酚 A 吸附量减少,但在碱性条件下,该现象基本不存在。当用活性炭吸附去除 BPA 时,活性炭的原料种类是影响其去除双酚 A 的最主要因素,煤质活性炭吸附性最好。BPA 在碱性条件下会发生电离现象,电离度大的有机物,溶解度大,吸附效果差。所以 pH 值宜控制在偏酸性,当 pH 值在 2~9 的范围内时,吸附不受 pH 值的影响。光电催化氧化法是高级氧化法的一种,BPA 在羟基活性基团或其他氧化剂下降解。

双酚 A 的毒性虽然已经引起了人们的重视,但是对其降解的研究却鲜见报道,对降解基因还未了解,导致对双酚 A 降解菌的利用有相当的困难。因此,在今后的科研工作中,要加强双酚 A 降解菌的筛选,并研究其生理、生化、遗传特性,这对从分子水平了解其降解机制以及构建高效工程菌具有重要意义。目前已有不少生物法处理 BPA 废水的研究报道,大多集中在研究纯菌种对 BPA 的降解途径、降解中间产物的分析和降解机理等方面。

研究表明,在 MFC 法和普通厌氧法两种方法情况下比较双酚 A 的去除率,普通厌氧法达到了 20% 多,效率不高,但对于一般厌氧法的 10% 而言效果还是很不错的。而相对的MFC 法在运行时间内一直表现出比普通厌氧法高的去除率,最高值达到 41%。

3. 氯酚

氯酚类是一类具有致癌性和致内分泌紊乱性化合物,但目前已作为木材防腐剂、防锈剂、杀菌剂和除草剂等得到广泛应用,对自然环境特别是水体污染严重,美国 EPA 和中国环境监测总站都将多种氯酚类化合物列为优先控制污染物。氯酚由于其自身芳环结构和氯代原子的存在而很难降解,在给水处理中,用常规工艺和生物处理是很难降解的。近年来,采用零价铁降解氯酚的研究取得了很大进展,其机理为零价铁作为还原剂提供电子,氯

酚接受电子被还原脱氯,对氯酚(4－CP)还原为苯酚的电极反应的标准电极电压为
+0.5～+1.5 V。在典型的 MFC 中,阳极的标准电极电压为 0.296 V,因此,从理论上讲,
MFC 以氯酚类化合物为阴极氧化剂,氯酚类化合物能够接受由阳极传递到阴极的电子,能
够实现 MFC 在产电的同时利用阴极室降解含氯酚废水的功能。

　　基于上述事实,顾荷炎等以乙酸钠为燃料,对氯酚为阴极氧化剂构建了双室 MFC,该电
池具有较好的产电性能,对氯酚初始浓度为 60 mol/L,外电阻为 245 Ω 时,最大输出功率密
度为 12.4 mW/m²,库仑效率达到 22.7%。产电性能随着对氯酚初始浓度的增大而增强。

　　图 10.3 为以对氯酚为氧化剂的 MFC 的工作原理示意图,4－CP(图中以 RCl 表示)脱
氯是整个 MFC 系统共同作用的结果,包括质子和电子的产生、传递和消耗三个阶段。在厌
氧条件下,阳极室内微生物氧化乙酸钠产生质子和电子,电子从细胞内传到阳极后经由外
电路到阴极,质子则通过质子交换膜到阴极室,最后吸附在阴极上的4－CP接受质子和电子
被还原为苯酚,见下式:

$$CH_3COO^- + 4H_2O \longrightarrow 2HCO_3^- + 9H^+ + 8e^-$$

$$RCl + H^+ + 2e^- \longrightarrow RH + Cl^-$$

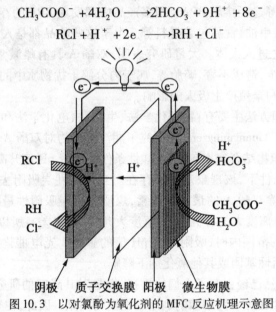

图 10.3　以对氯酚为氧化剂的 MFC 反应机理示意图

10.4　MFC 在各种环境污染治理中的应用

　　上一节中对 MFC 处理有机物进行了详细的阐述。本节将对 MFC 在各种不同的环境
污染治理中的研究和应用进展进行概述。

10.4.1　MFC 用于脱硫

　　硫酸盐、硫化物等含硫化合物是水体和大气污染的一种重要化合物。在氧化还原电势
高于 －0.274 V 时,硫化物可依次被氧化为 0 价硫、亚硫酸盐和硫酸盐。

　　作为生物电化学装置,MFC 在脱硫过程中具有特殊优势。Habermann 和 Pommer 构建
的 MFC 运行了长达 5 年,该装置阳极室硫酸盐还原菌的混合接种物可以将硫酸盐转化为

硫化物,并以之为能源物质进行产电,所生成的硫化物又可以被电极氧化为硫酸盐。与 Habermann 和 Pommer 的研究不同,Zhao 等人通过预培养硫酸盐还原菌 *Desulfovibrio desulfuricans* 将硫酸盐转化为硫化物,作为 MFC 的能源物质,在电极和微生物共同作用下,硫化物被氧化为元素硫而沉淀于电极表面,可以方便地除去,硫酸盐的去除率可达99%,最大输出功率密度为 $5.1\ W/m^2$(基于装置阳极电极面积的功率密度单位)。他们的研究还表明使用活性炭作为电极时产电效果更佳。而且由于活性炭对硫化氢等气体具有一定的吸附作用,可实现对硫化物的高效去除,所以使用活性炭电极是 MFC 去除该类化合物的最佳选择。在甲烷发酵装置中,硫酸盐及硫化物是造成产甲烷效率低的重要原因。

Rabaey 等人构建了不同结构的 MFC,并与厌氧甲烷消化装置相结合,可以实现对硫化物、硫酸盐和乙酸盐的去除,提高甲烷生成效率,减少了该过程的能量损失。值得关注的是,由于 MFC 处理过程中产生的硫化物的多样性,可能存在部分产物用于生物合成代谢,或者挥发以及扩散至阴极室,导致电子回收率较低。其中,HSO_4^-、HS^- 对常用的载铂电极的催化作用有一定的抑制。

10.4.2　MFC 用于脱氮

硝酸盐、亚硝酸盐、铵盐及其他形态的 N 元素广泛存在于各种水环境中,是地球氮循环的主要组成部分,然而氮元素超标也是环境污染的重要指标之一。MFC 可以有效地进行脱氮。氨氮的氧化还原电位较低,在有氧或厌氧氨氧化过程中都可作为电子供体为微生物生长提供能量。

Kim 认为氨氮的氧化不能在 MFC 中提供能量,MFC 运行中出现的氨氮的减少,可能是由于挥发或者氨氮透过质子膜转移到了阴极室造成的。He 提出了与 Kim 不同的观点,He 所研究的 MFC 在经过两个月的启动之后,可以 NH_4Cl 为电子供体输出电能,添加一定量的硝酸盐或亚硝酸盐可以促进氨氧化,提高产电量。而且,在他们的 MFC 中分离到了和 Kim 等装置中相同的氨氧化菌 *Nitrosomonaseuropaea*。对于 Kim 等的结论,He 等则认为可能是由于启动时间不够造成的。

Cluwaert 等首次将 MFC 与电化学生物反应器(Bioelectrical Reactor, BER)结合,克服了 BER 耗能的缺点。该装置以阳极产生并传递的电子作为阴极微生物生长代谢的唯一电子供体,实现了产电功率达 $8\ W/m^3$ 和硝酸盐的去除率达 $0.146\ kg/(m^3 \cdot d)$ 的目标。他们的研究结果表明,自然界中电极氧化微生物的存在,而且有可能在某些环境或应用中发挥特殊作用。相对于电极还原微生物,目前关于这类微生物的研究甚少,已知的电极氧化微生物只有 *Geobactermetallireducens*、*G. sulfurreducens* 和 *G. lovleyi*,杨永刚等在研究中发现了 *Shewanella decolorationis* S12 可以电极为唯一电子供体进行生长并进行偶氮还原(数据未发表)。

由于 MFC 中质子膜透过效率较低,大部分参与阴极反应的质子来自阴极溶液的电解,而随之产生的 OH^- 造成阴极室 pH 值升高,而不利于产电。常用的磷酸盐缓冲液可以很好地维持 pH 值平衡,但用于实际环境是不能现实的。NH_3-N 在有氧环境下通过氨氧化菌(Ammonia Oxidizing Bacteria, AOB)和硝化细菌(Nitrite Oxidizing Bacteria, NOB)的作用可以转化为 NO_2-N 和 NO_3-N,释放出质子,并起到一定的缓冲作用。You 等在阴极室中添加好氧活性污泥,补给氨氮为电子供体,以取代磷酸盐缓冲液,不仅实现了 NH_3-N 的去除,而且降低了 MFC 的内阻。

由于硝酸盐的氧化还原电势($+0.74$ V)高于一般 MFC 阴极的氧化还原电位,所以 MFC 阳极溶液中如果存在过量的硝酸盐,那么可能会与电极竞争接受微生物释放的电子而抑制 MFC 的产电量及产电效率。

10.4.3　MFC 用于偶氮类染料降解

分子中含有偶氮基(N—N)的染料被称为偶氮染料,偶氮染料是合成染料中数量最多的品种,约占有机染料产品总量的80%。由于该类废水具有色度高、结构复杂、可生物降解性低、对环境危害大等特点,因此是公认的难处理的有机废水。

MFC 用于偶氮染料降解可以结合传统的电化学降解和生物降解两种技术的优点。Sun 等构建单室 MFC 接种污泥对偶氮染料进行脱色降解。偶氮染料质量浓度从 $0 \sim 1\ 500$ mg/L 的范围内均可达到100%的降解效果,在使用葡萄糖为能源物质时,产电密度为 0.1 W/m^3。在 Liu 等构建的 MFC 中,Klebsiella pneumoniae L17 被用于阳极底物的氧化,产生的电子用于阴极偶氮染料的还原降解。pH 值较低时,偶氮染料的还原速度为 0.298 μmol/min,产电输出为 0.035 W/m^2。根据能斯特公式,电子供体和受体之间的氧化还原电位差越大,为微生物或 MFC 提供的能量越多,而偶氮染料的氧化还原电位一般介于 -180 mV 和 -430 mV 之间,即 MFC 中以氧为电子受体可以获得高于偶氮染料的能量,但在 Liu 等的研究结果中,偶氮染料作为电子受体可以得到与氧($+0.82$ V)相近的产电输出。杨永刚等在研究中也发现,在 S. decolorationis S12 以偶氮为末端电子受体的呼吸机制中,氧化还原电位较高的丙酮酸、铁和黄素类可以作为电子供体或电子介体用于偶氮还原。对于后者,一个可能的原因是在这些物质作为底物与相关酶蛋白结合时,其电化学性质发生改变。

10.4.4　MFC 用于金属还原与氧化

环境中微生物在金属的氧化还原过程中发挥了重要作用,异化金属还原菌和金属氧化菌可以将金属离子在其氧化态和还原态之间转换。在 MFC 中,除微生物作用之外,金属离子还可以在电极的作用下被氧化或还原。

1. 锰

考虑到铁氰化钾在实际应用中并不安全,You 等使用高锰酸钾溶液作为 MFC 阴极电子受体,产电功率为 0.116 mW/m^2,分别比以铁氰化钾和氧作为电子受体时高 4.5 和 11.3 倍,在此过程中,六价锰离子被还原为四价。Phoads 等构建的 MFC 对锰有较好的去除效果,阴极室中,在电极和金属氧化菌 Leptothrix discophora SP-6 的共同作用下形成 Mn^{2+}/MnO_2 氧化还原介体,其中生成的 MnO_2 沉淀在电极表面容易被除去或回收。

2. 铁

由于较高的氧化还原电位和良好的溶解性,铁氰化钾常用于 MFC 的阴极溶液。Heijne 等构建的 MFC 阴极可以进行三价铁还原。他们使用可以同时选择性透过阴离子和阳离子的两性膜以维持利于阴极室三价铁溶解和产电的 pH 值,产电密度为 0.86 W/m^2。通过在阴极接种铁氧化菌 Acidithiobacillus ferrooxidans,被还原生成的二价铁又可以氧化为三价铁,形成 Fe^{2+}/Fe^{3+} 氧化还原介体,可维持 MFC 的长期运行。

3. 铜

张永娟等利用厌氧微生物作为阳极生物催化剂,以 $Cu(NO_3)_2$ 为阴极电子受体阴极液,建立了双室 MFC。当阳极采用碳纸时,MFC 获得了最大功率密度为 147.4 mW/cm^2,并可长时间稳定运行。阴极通过调节 pH 值,阴极液中可以析出单质铜,铜的去除率可达 73%。

4. 铬

Liu 等构建的 MFC 与光化学电解池(Photoelectrochemical Cell,PEC)相结合,阴极含有具催化作用的金红石(TiO_2),以重铬酸钾作为阴极溶液,在电极还原及氙灯光源的共同作用下,26 h 后,97% 的六价铬被还原为三价,最大电流输出为 235 mA/m^3。Wang 等构建的阴极铬还原 MFC 在 150 h 内 100 g/L 的重铬酸钾被全部还原,产电功率密度为 0.15 W/m^2,与以氧气或铁氰化钾为电子受体相比,有更好的产电能力。

5. 铀

根据 Gregory 和 Lovely 的研究,Logan 提出了 MFC 用于将 U(Ⅵ)还原为 U(Ⅳ)的方法,即 MFC 中生物电极表面微生物接受来自电极的电子,用于 U(Ⅵ)还原,不同于直接电化学还原,生物还原得到的 U(Ⅳ)稳定地沉积于电极表面,可以方便地除去。

10.4.5　MFC 用于垃圾渗滤液处理

垃圾渗滤液含有较高浓度的氨氮、BOD、COD 以及重金属元素等,对周围土壤、水体和大气有严重危害。目前主要的垃圾渗滤液处理方法是生物法,生物法又分为好氧和厌氧处理两种,但通常效率较低,难以实现其资源化。

近年来,MFC 在垃圾渗滤液处理并资源化过程中表现出较好的应用前景。You 等首次将垃圾渗滤液作为 MFC 能源物质,他们对单室和双室 MFC 对垃圾渗滤液的处理效果进行了比较,其中单室 MFC 具有较小的内阻 510 Ω,产电量为 6.8 W/m^3,COD 去除率可达 98%,电极生物膜在降解中发挥了主要作用。在 Greenman 等的研究中,MFC 的产电密度在渗滤液的流加速度为 24～192 mL/h 的范围内与之呈较好的线性关系($R^2 = 0.971$),当渗滤液流加速度为 48 mL/h 时,BOD 去除率将达到最大。但是,试验中 MFC 的 BOD 去除能力低于有氧生物处理的对照组。

一般情况下,多个 MFC 串联可以得到高于单个 MFC 的产电能力。Galvez 等将 3 个 MFC 串联用于循环处理垃圾渗滤液,提高了 MFC 的 BOD 和 COD 去除率。处理 4 天后,BOD 和 COD 的去除率分别为 82% 和 79%。由于垃圾渗滤液本身的物化特性,MFC 用于处理垃圾渗滤液时尽管可达到较好地降低 BOD 和 COD 的效果,但产电库仑效率较低。解决这个问题可能需要适当的预处理方法或驯化更优的微生物群落。

10.4.6　MFC 用于纤维类固体生物质资源化

目前,绝大部分的谷物秸秆等纤维素类生物质未能得到有效利用,即使在美国利用率也小于 10%,这类物质在微生物作用下可以转化为乙醇、氢气等能源物质,但效率较低。

MFC 可以实现对纤维素类生物质更高效、更直接的能量转化。Zuo 和 Wang 等分别建立了双室和单室 MFC 以曝气处理由谷物秸秆得到的水解液作为阳极溶液。在 Zuo 等构建的 MFC 中,BOD 去除率达 90% 以上,产电量为 0.971 W/m^2。Catal 等证明了木质纤维素类生物质降解得到的多种单糖均可作为 MFC 的能源物质,并研究预处理过程生成的呋喃、苯酚类副产物对 MFC 的影响。Ren 等采用共培养的方法接种也可以降解纤维素类的 *Clostridium cellulolyticum* 和具有较强产电能力的 *Geobacter sulfurreducens* 共培养。*C. cellulolyticum* 首先将纤维素降解为乙酸、乙醇等,并为 *G. sulfurreducens* 提供电子供体产生电能。

10.4.7　MFC 用于其他环境污染物的降解

对硝基苯酚是工业生产中广泛应用的环境污染物。温青等构建的 MFC 以葡萄糖和对硝基苯酚为底物,运行 6 天,对硝基苯酚的去除率可达 82.1%,最大产电输出为 0.057 W/m^3,但研究并未表明对硝基苯酚在降解过程中是否可以作为能源物质。骆海萍等构建的 MFC 以苯酚为单一能源物质,在降解的同时输出电功率最高为 9.6 W/m^3,运行 60 h,苯酚去除率可达 90% 左右。但以苯酚为唯一能源物质时,MFC 的产电能力及库仑效率较低。

吡啶在较高浓度下对微生物有明显的毒害作用,因而被认为是一种难降解有毒的物质。在 Zhang 等构建的 MFC 中,经过较长时间的驯化(90 天),阳极微生物以吡啶为唯一能源物质电功率为 1.7 W/m^3,降解速度是普通好氧或厌氧降解的 60 倍以上。二氯乙烯是工业生产中应用最广的氯代烃,并广泛分布在地表水中危害人类健康。在 Pham 等的研究中,经过乙酸盐驯化的菌群对二氯乙烯有较强的降解和利用能力,运行了 4 个月,98% 的二氯乙烯被降解生成乙酸盐、二氧化碳等,最高电流输出为 3.78 A/m^3。但使用二氯乙烯驯化的微生物产电能力较弱,这可能是由于驯化时间不够或者形成的微生物群落不适于产电和降解造成的。

第 11 章 MFC 的其他应用

11.1 基于 MFC 技术的生物传感器

MFC 型传感器具有成本低、实时快速、操作简单,而且可实现 BOD 的在线自动检测等优点,可以将其应用于 BOD 在线监测和重金属、农药等物质的生物毒性监测。利用 MFC 工作原理开发生物传感器的关键在于:

①电池产生的电流或电荷与污染物浓度之间呈良好线性关系;

②电池电流对污水浓度响应速度较快;

③有较好的重复性。

目前,MFC 型传感器仍处在实验室阶段,其稳定性和可靠性还有待进一步研究。测定对象中的毒害因素如重金属和有毒有机物是影响微生物传感器稳定响应和寿命的关键因素,也是微生物传感器市场化的主要控制因素。因此,开发新的固定化技术,利用微生物育种、基因工程和细胞融合技术研制出新型、高效耐毒性的微生物传感器是该领域科研工作者面临的一项重大课题。相信微生物传感器作为一个具有发展潜力的研究方向,一定会随着生物技术、材料科学、微电子技术等的发展取得更大的进步,并逐步趋向微型化、集成化、智能化。

以下介绍了几种传感器,为大家研究提供参考。

11.1.1 BOD 传感器

生化需氧量(biochemiealoxygendemand,BOD)是表征水中有机物污染程度的综合性指标,被广泛应用于水体监测和污水处理厂运行控制,以 mg/L 或百分率表示。其含义是:在微生物作用下单位体积水样中有机物氧化所消耗的溶解氧质量。目前国内外主要采用 5 d 20 ℃培养法测定水样 BOD 值(BOD$_5$),包括水样采集、充氧、培养、测定等步骤。现行标准主要采用 BOD$_5$ 测定法,此方法具有适用范围广和对设备要求低等优点。但是,该方法检测过程烦琐、耗时长及重现性较差,同时不适合用于实时在线检测。为克服传统 BOD$_5$ 测定法的不足,目前发展了许多 BOD 快速测定方法,其中微生物电极法使用最广泛。

1977 年,Karube 等首次利用微生物传感器原理成功研制了 BOD 传感器。该仪器由固定化土壤菌群与氧电极构成,检测时间短(15 min 以内)。但由于微生物酶对固定化微生物膜的破坏,传感器的寿命非常短。近年来,微生物燃料电池用于 BOD 的在线监测受到越来越多的关注,研究发现,BOD 浓度与 MFC 的稳定输出电流或输出电量呈良好的线性关系。

目前用于 BOD 传感器研究的 MFC 均为双室型。Kim 等采用无介体双室 MFC 构建了 BOD 传感器,大大延长了传感器的使用寿命(5 年以上),并且测得 BOD 与电量之间的线性相关系数达到 0.99,检测样品废水结果显示标准差为 ±2% ~ ±3%。但是该 MFC 采用的质子交换膜价格昂贵,并且需要对阴极室曝气,操作较复杂。另外,目前 MFC 的阴极催化剂普遍采用金属铂,因其价格昂贵,限制了 MFC 型传感器的推广应用。Chang 等利用活性淤泥富集电化学活性微生物的性质,以富含葡萄糖和谷氨酸的人造废水为燃料,构建了微生物燃料电池型 BOD 传感器,并实现了对样品生化需氧量的连续检测。当进样流量为 0.35 mL/min,且样品中生化需氧量为 20 ~ 100 mg/L 时,电池的输出电流与生化需氧量成正比,相对误差 <10%。改变样品质量浓度,在 60 min 后电流可重新达到稳定。

为降低 MFC 型 BOD 传感器的成本,简化操作,提高实用性,吴峰等研究以廉价 MnO_2 为阴极催化剂,以阳离子交换膜代替质子交换膜,构建单室 MFC 型 BOD 传感器(如图 11.1 所示)。包括单室空气阴极无介体 MFC 和信号采集装置两大部分。以注射器作为 MFC 骨架,在注射器侧面打孔,以碳毡做阳极,以载 MnO_2 碳布作阴极,热压在阳离子交换膜上制成"二合一"膜阴极组,包裹在针管上,并用环氧树脂胶密封,阴阳极均由铁丝导出。注射器两端开口,其上为出水口,其下为进水口。该传感器检出限为 0.2 mg/L,精确度为 0.33%,BOD 测定范围为 5 ~ 50 mg/L,最佳测量范围为 20 ~ 40 mg/L,与 5 d 20 ℃培养法检测结果的相对误差在 4.0% 以内。

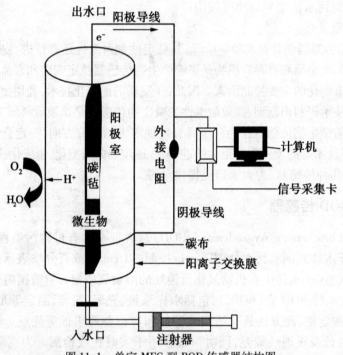

图 11.1　单室 MFC 型 BOD 传感器结构图

11.1.2　乳酸传感器

MFC 可以用于检测其他能提供电子的化合物,如乳酸等。Kim 等利用腐败希瓦氏菌(*S. putrefaciens*)构建了无介体 MFC,并将其作为检测乳酸的传感器。当乳酸浓度 <30 mmol/L 时,电流与乳酸浓度成正比;同时,电流的升高速率与乳酸浓度在 2 ~ 25 mmol/L 范围内成正比($R^2 = 0.84$)。Tront 等利用沙雷菌 MR - 1(*S. oneidensis* MR - 1)构建了 MFC 型乳酸传感器,当乳酸浓度为 0 ~ 41 mmol/L 时,电流与乳酸浓度成正比($R^2 = 0.9$)。由于微生物能代谢许多底物,因而无介

体 MFC 可以用来检测不同有机物的浓度。例如,利用硫还原地杆菌(*G. sulfurreducen*)和丁酸梭菌(*C. butyricure*)构建的 MFC 可以分别用来测定乙酸和甲酸浓度。

11.1.3　细菌活性检测传感器

微生物的代谢活性是所有微生物过程的关键因素,可以使用不同方法对其进行测定,例如测定底物降解、氧的消耗、生成的产物及酶活性等。MFC 也可用于测定微生物的活性。在 MFC 体系中,微生物通过将电子转移给阳极进行呼吸,在其他条件一定的情况下,微生物燃料电池产生的电流与微生物的代谢活性直接相关,因此电池产生的电流可用于直接、实时测定微生物的活性。Holtmann 等基于 MFC 技术在线测定了大肠杆菌 TG1(*E. coli* TG1)、酿酒酵母(*S. cerevisiae*)以及荧光假单胞菌(*P. fluorescens*)等许多微生物的活性。Tront 等以乙酸为电子供体,利用 MFC 现场监控硫还原地杆菌(*G. sulfurreducens*)的活性。Tront 等利用设计的 MFC 型乳酸传感器现场监控生物修复过程中沙雷菌 MR - 1(*S. oneidensis* MR - 1)代谢乳酸的呼吸速率。由于许多微生物可用作 MFC 阳极的催化剂,因而 MFC 可以用于测定许多微生物活性。

11.1.4　MFC 型生物毒性传感器

水质毒性的快速在线检测是水环境质量评价的最重要环节,也是实现水质污染预警、突发毒害物应急处置、污染处理设施在线监控等活动的前提与保障。传统理化分析方法有:高性能液体色谱法(High Performance Liquid Chromatography,HPLC),气相色谱 - 质谱法(Gas Chromatography Mass Spectrometry,GC - MS),液质联用法(LC - MS),这些方法能够定量分析水体中有毒物的种类与浓度,但操作过程复杂,无法实时在线监测,而且不能反映各种有毒物质的综合效应。生物毒性检测法采用鱼类、蚤类、藻类、发光细菌作为指示生物,通过检测有毒物质对指示生物的运动、生长发育或呼吸活动的抑制效应来评估水质毒性,目前国际上应用于水质毒性检测的各种急性毒性实验方法的原理及优缺点见表 11.1。由于它反映了水质生态毒性的综合结果,因此其可为水质的监测和综合评价提供科学依据,得到了迅速发展和广泛应用。然而,传统的生物检测方法存在灵敏度低、检测时间较长、维护成本高、指示生物保存困难的缺陷,因此迫切需要开发快速、简便、灵敏度高、易维护、能实时在线监测的生物毒性检测仪。

表 11.1　水质毒性检测方法比较

检测方法	检测原理	优点	缺点
鱼类毒性试验	水体有毒物质对鱼类游动抑制效应	可用于现场检验,现象直观,易观察	实验周期长、耗材大和多次重复实验
蚤类毒性试验	有毒物质对水蚤生长与发育活动的抑制效应	实验现象直观,易观察	测试灵敏度低、实验时间长、指示生物保存困难
藻类毒性实验	水体中有毒物质抑制藻类光合/呼吸作用	以藻类的生长抑制效应作为测试指标,准确可靠	工作量大,测定周期长,指示生物保存困难
发光细菌	监测水体中有毒物质对发光细菌发光强度变化	检测快速,技术发展较成熟,操作已程序化	灵敏度较差,重现性较低,指示生物保存困难

续表 11.1

检测方法	检测原理	优点	缺点
微生物燃料电池	检测水体有毒物质对 MFC 产电量的抑制率	灵敏度较高,操作简单,重现性好,产电微生物自我繁殖,无需保存	微生物易产生抗性,影响检测结果

Mia 等率先将 MFC 引入至水质生物毒性的检测,它设计了一个以双室型 MFC 为核心组件的 BOD 传感器,结果发现在一定范围内,阳极液中有毒物质种类和浓度与 MFC 的产电抑制率呈线性关系,通过在线检测 MFC 的电流输出信号来实现水质生物毒性的实时监控。目前韩国已研制出世界上第一台基于 MFC 的水质生物毒性检测仪(Biomonitoringsys-temHATox–2000),它采用双室型 MFC 作为核心部件,阳极室作为进样室泵入水样,阴极室需要连续曝气以提供氧气作为最终电子受体,结构与操作较为复杂,并且由于双室型 MFC 采用的质子交换膜价格昂贵。

吴峰等采用低成本离子交换膜代替质子膜,构建一种单室 MFC 型传感器,这种传感器生物毒性快速检测仪结构简单,操作方便,易于维护,灵敏度较高,响应时间较短,重现性好,便于携带。今后的研究重点是如何用于实际水样的检测,并维持 MFC 传感器的长期稳定性,达到生物毒性现场在线监测的目的。MFC 型传感器检测 BOD 的原理,反应过程可概括如下。

阳极反应:

$$(CH_2O)_n + nH_2O \longrightarrow nCO_2 + 4ne^- + 4nH^+$$

阴极反应:

$$4e^- + O_2 + 4H^+ \longrightarrow 2H_2O$$

阳极反应在不利因素影响下易导致电流强度改变(如图 11.2 所示)。各种污染物可通过抑制微生物细胞内各种酶的活性或呼吸代谢过程,从而影响电子的传递,致使电流强度减弱,抑制程度与污染物毒性强度和浓度呈正相关关系。

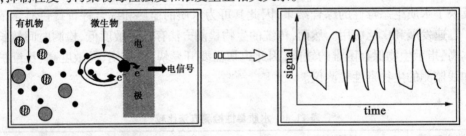

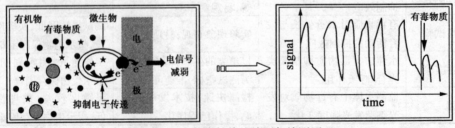

图 11.2　生物毒性快速检测仪检测原理

11.1.5　微生物数量检测传感器

微生物数量测定是衡量食品、水质和环境污染程度的重要指标之一,对于快速初筛、现场取证及预警具有非常重要的作用。传统的微生物测定方法有:平板计数法、显微镜直接观察法以及干重法。这些方法除了需要熟练的操作技能和严格的操作规则外,都存在操作烦琐、测定时间长等不足,且无法满足在线检测的需要。近年来,又发展了许多微生物快速检测方法,如阻抗法、放射法及生物发光法等,且有相应的产品上市。相对传统方法而言,这些方法检测微生物的时间显著缩短,但都存在着技术要求高、测量仪器复杂、设备和使用成本高及操作烦琐等缺点,因而很难得到普遍推广和实际应用。此外,这些方法也不适合于在线和连续检测微生物数量。基于 MFC 原理的微生物数量测定技术与上述检测方法相比,具有响应快、样品预处理要求低、设备简单、操作方便、制造与使用成本低等优点,适用于现场与在线测定,因而引起了人们的广泛兴趣。

Matsunaga 等利用 MFC 连续测定发酵罐里的细胞数量。当微生物酿酒酵母(S. cerevisiae)的浓度低于 4×10^9 个/mL 时,电池电流与微生物浓度成正比。然而,该体系只适用于快速测定高浓度微生物数量。Nishikawa 等将微生物预先浓缩在滤膜上,以 2,6 – 二氯酚靛酚为电子传递中间体,能在 15 min 内测定废水中 $10^4 \sim 10^6$ 个/mL 范围内低浓度的细菌数量。Patchett 等设计的传感器能在 5 min 内快速测定细菌的浓度,以劳氏紫为电子传递中间体,其检测下限为 10^5 个/mL。卢智远等研制了一种能快速测定奶乳制品中细菌含量的燃料电池型微生物传感器,该传感器能在 10 min 内检测出敞开鲜牛奶中滋生的细菌浓度,且测量结果与传统的平板计数法测得的结果吻合。同时,传感器具有很宽的测量范围,其检测下限为 10^3 个/mL,而检测上限则为 10^{12} 个/mL。

MFC 提供了一种快速及连续测定微生物数量的方法。然而,这种方法的精确性受微生物生理条件的影响,这是因为微生物处于不同生长期,其代谢活性存在差异。此外,这种方法在测定混合微生物的数量方面,由于不同微生物的代谢机理和活性存在差异,因此,影响了测定的准确性,需要通过进一步研究提高其测定混合微生物数量的准确性。传感器存在的上述不足制约了该技术的进一步应用。

微生物燃料电池型生物传感器的性能主要取决于微生物燃料电池的性能,而电池的性能主要受一些物理、化学和生物化学的因素影响。具体来说,电池的性能取决于微生物的性质、阳极电极的性质、阴极电极的性质、电池结构及操作条件。针对上述影响因素,可以通过提高微生物的活性,改善阳极电极的性能,增强阴极的反应效率,改进电池构造及优化操作条件等方法提高微生物燃料电池的性能,进而提高传感器的性能。

MFC 型生物传感器具有稳定性好和维护要求低等优点,且可以用于在线监测和过程控制,因此具有广阔的应用前景。目前,基于 MFC 技术开发了许多不同用途的生物传感器,除部分成功应用并投放市场外,大都停留在实验室研究阶段,仍需进一步改进与完善。目前,MFC 型生物传感器仍然存在许多局限性,从而影响了它在实际中的运用,这些局限性包括:

①响应时间长;

②灵敏度低;

③对样品中含有的很多有毒物质缺乏抵抗性。

为了解决传感器存在的以上问题,进一步的研究工作应集中在提高微生物的活性、改善阳极电极的性能、增强阴极的反应效率、改进电池构造及优化操作条件等方面。随着MFC 技术的进一步发展和完善,以及对该技术的深入了解,人们将开发出各种响应快、灵敏度高及稳定性好,且具有实际应用价值的 MFC 型生物传感器。

11.2　沉积物 MFC

沉积物微生物燃料电池(Sediment Microbial Fuel Cell,SMFC)是一种典型的无膜 MFC,它是利用阳极污泥中的产电微生物降解有机物并输出电能,而具有沉降性的污泥,将阴阳两区域自然分离,消除了两极的混合。其结构简单,成本低,十分接近自然湖泊水体,对MFC 技术走向实用化以及湖泊的底泥修复等都具有很大的研究价值,国外已有利用海洋和河流底泥构建 SMFC 的报道。SMFC 技术作为 MFC 技术领域中最简单实用的技术之一,在发达国家已经开展了越来越深入的研究。

11.2.1　国内外研究现状

2002 年,Tender 在两处沿海地选点演示一种用于运行低能量耗损海洋部署科技仪器的MFC,这种 MFC 是由埋在海洋底泥中的石墨板阳极和置于海水中的石墨板阴极组成,阳极通过外电路连接到阴极上,而阴极海水覆盖在底泥上,开路电池电压一般为 0.75 ± 0.03 V,最大功率密度在 $10 \sim 20$ mW/m^2 范围内。Tender 和 Reimers 发现该反应主要是利用富含氧化剂的海水和富含强还原剂的底泥(毫米到厘米)之间的自然氧化还原梯度实现的。Reimers 还发现底泥中微生物对氧化剂的利用与氧化剂随深度的变化关系相关,因此随着底泥深度的增加,氧化反应电位有序降低。Lovley 认为 MFC 技术的一种可能的应用就是利用远程水体里含丰富有机物的水体沉积物产电。

大部分底泥 MFC 已经在海洋环境中试验过,只有一小部分 MFC 在河流中试验过。海水的电导率比河水的高,由于电解质阻力较低,海水底泥 MFC 的预期产电量要比河水 MFC高。除了水的电导率,底泥 MFC 的产电量还与阴极催化剂、电极材料和电极间距有关。Lowy 认为底泥 MFC 的最大电能密度一般约为 $10 \sim 20$ mW/m^2(阳极表面积),但是 Reimers和 Tender 已报道在海洋环境中获得高于 30 mW/m^2 的最大电能密度。Hong 等则认为,与无孔电极相比,采用多孔电极可从河流底泥获得最高为 45.4 mW/m^2 的电量。Scott 等采用海绵状碳阳极从大洋底泥中获得了电能,其最大功率密度达 55.1 mW/m^2。Lowy 等的研究表明,用蒽醌 -1,6 -二磺酸或 1,4 -萘醌对阳极进行修饰,可将 SMFC 的最大产电效率提高到 98 mW/m^2,电流密度为 560 mA/m^2,电压为 0.24 V,而使用锰和镍做阳极材料时,最大功率密度达 105 mW/m^2,电流密度为 350 mA/m^2,电压为 0.35 V。

1. 工作原理

由于海水的电导率高于河水(20 ℃ 时,海水和河水的电导率分别为 50 000 μS/cm、500 μS/cm),相同条件下,海泥 - 海水体系的 SMFC 能产生更高的功率密度,因此 SMFC 的研究大多集中在海泥 - 海水体系。

以海泥 - 海水体系的 SMFC 为例,SMFC 由埋入无氧的海泥中的阳极和悬浮于有氧的海水中的阴极相连组成,如图 11.3 所示。海泥中的产电微生物在氧化有机物的同时将电子传递给阳极,氧气在阴极接受从外电路传输过来的电子,并与从阳极扩散过来的质子相结合形成水,由此产生电能。

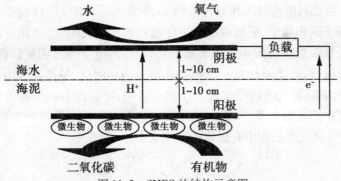

图 11.3　SMFC 的结构示意图

SMFC 之所以能产生电能,是因富含氧化剂的海水与富含还原剂的沉积物之间存在着氧化还原电位梯度,而这种氧化还原电位梯度来源于沉积物中微生物的活性。如图 11.4 所示,随着沉积物深度的增加,生存在其中的微生物群落会发生变化,从表层的好氧微生物到锰还原细菌、铁还原细菌和硫酸盐还原菌。这些厌氧微生物在利用 MnO_2、Fe_2O_3、SO_4^{2-} 氧化有机物的同时产生了 Mn^{2+}、Fe^{2+}、S^{2-} 等强还原性物质。这些还原剂的存在导致沉积物中的阳极和海水中的阴极之间的电位差(即开路电压),并促进了沉积物中有机物的氧化。

到目前为止,已证实在阳极上至少有三种氧化反应发生:S^{2-} 氧化为 S,特定微生物作用下的醋酸氧化为二氧化碳和 S 氧化为 SO_4^{2-}。阳极氧化反应的产物又可以被其他微生物还原,如此形成循环,结果净反应为沉积物中的有机物被氧气还原。

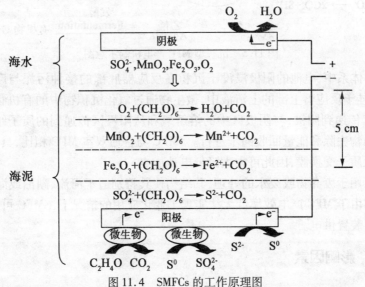

图 11.4　SMFCs 的工作原理图

11.2.2　技术特点

沉积型 MFC 可以用于驱动偏远海域中的低能耗传感器。这种装置可以称为海底无人值守产电装置（Benthic Unattended Generators，BUG），阳极埋于厌氧海底沉积物中，并与悬浮在上层好氧水中的阴极相连。另外，此无室式产电装置可以从有机物丰富的海底、河底、厌氧反应器池底及大型堆肥装置的底部收集电能。

沉积物微生物燃料电池的工作原理如图 11.5 所示。SMFC 阴极位于上层好氧的水相中，SMFC 阳极插于沉积物中，阴阳两极通过导线相连接，并接有外电阻。沉积物中有机物在阳极区附近厌氧微生物的催化作用下被氧化，产生的电子通过细胞膜传递到阳极，再经过外电路到达阴极，氢离子通过水－沉积物界面传递到阴极，悬浮在含溶解氧相对高的水中阴极接受电子，完成氧气的还原过程。在此过程中，电极作为微生物的电子受体来传递氧化有机物过程中产生的电子，从而加速了底物中有机物的去除并产生电流，而其中电流的大小代表 SMFC 氧化沉积物中有机物的速率大小。

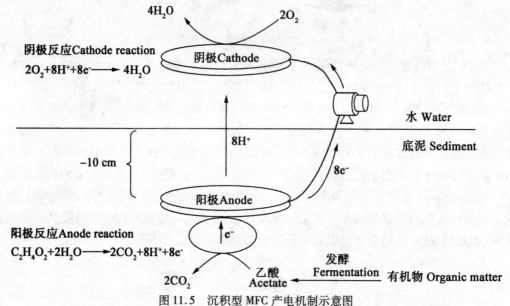

图 11.5　沉积型 MFC 产电机制示意图

在 SMFC 体系中，电池的阳极浸没于沉积在反应器底部的接种污泥与废物/水混合物中，阴极则悬挂于反应器上部的上清液中，微生物通过氧化沉积物中的有机物产生电子，并通过导线将其传递到阴极，与阴极区中的溶解氧和从阳极区传递到的质子结合生成水，从而将有机污染物去除和能量回收同步进行。SMFC 与普通双室 MFC 相比，具有如下特点：

①由于无质子交换膜，因此可大大降低电池成本；

②不仅可用于废弃物或废水的处理，其结构使其特别适于河流、湖泊或海洋底泥修复；

③在目前由于 MFC 产电效率低无法实现工业化应用的情况下，SMFC 可率先为用电量比较低的水下装置供电。

11.2.3　影响因素

1. 阳极

沉积物 MFC 的阳极主要是以碳材料构成的，最常见的为石墨阳极，其输出功率为 $20\ mW/m^2$，或者是以石墨纤维作为阳极，输出功率为 $10\ mW/m^2$。Scott 等研究了几种不同碳材料对沉积物微生物燃料电池的影响，分别以碳布、碳纸、泡沫碳、石墨、网状玻璃态碳作为阳极,结果表明泡沫碳的最大输出功率可达 55 mW/m²,是碳布和石墨的 2 倍。

在碳材料阳极的基础上,研究者们希望通过对碳材料的改性来提高其动力学活性。Lowy 等通过采用不同的制备方法来改进阳极,以增强其电催化活性。首先利用浸渍法,制备出含有 1,6 – 二磺酸蒽醌(AQDS)、1,4 – 萘醌(NQ)的石墨电极。此外把质量分数为 3% 的 MnSO₄·H₂O、NiCl₂·6H₂O 和石墨粉以质量比 2∶1 混合后,加入无机黏结剂,通过压模成型并煅烧,制备出掺入 Mn²⁺ 和 Ni²⁺ 的石墨电极,并以同样的方法制备出含有 Fe₃O₄ 的石墨电极。然后采用常规的三电极体系,通过电化学分析从 TAFEL 曲线上拟合得到交换电流 I_0,结果发现这些改性后的阳极,其电化学反应活性相对于不含催化剂的石墨电极提高了 115～212 倍,其输出功率高达 100 mW/m²。

Lowy 等在前期阳极掺入催化剂的基础上,又研究了阳极官能团对 SMFC 的影响。首先把石墨用砂纸打磨,再用去离子水清洗,在 120 ℃下烘干。然后把其放入电解池中,电解液采用 H₂SO₄(质量分数为 20%),通过电化学氧化使电极表面富含一定的醌基官能团,即得到氧化石墨电极。然后再通过浸渍法,在此氧化石墨电极上用 AQDS 进行改性,得到 AQDS 改性的石墨电极。研究结果发现,未改性的石墨电极电化学活性为 110,而氧化石墨电极的电化学活性为 5 718,AQDS 氧化石墨电极的电化学活性为 21 718。这主要是由于氧化后的石墨电极比表面积增大,更容易吸附电子介体,从而提高电化学活性。目前,仍需开展进一步的放大实验以研究这种电极的稳定性。

上述大部分研究中的阳极都为石墨电极或者是负载催化剂的石墨电极,但是由于石墨电极比较脆,因此只适合实验室研究,而对于进一步的工程放大,实际应用研究是不行的。正是基于此点,Dumas 等选择了不锈钢作为阳极材料,并比较了石墨电极和不锈钢电极作为阳极的差异。结果表明,采用石墨作为阳极,5 天后输出功率可以达到 100 mW/m²,而采用不锈钢作为阳极,输出功率为 20 mW/m²,说明不锈钢作为 SMFC 的阳极是可行的,但还需要进一步对其结构改进或者是在其表面涂层来提高其性能。

2. 阴极

氧气对于沉积物微生物燃料电池来说是一种比较好的电子受体,但是由于水体中有限的溶解氧以及氧气的扩散速度慢,造成了过高的电位。最常用的方法是加入催化剂来减少氧气还原的活化能,以提高反应速率。

Reimers 等最早用铂作为阴极,其输出功率为 114 mW/m²,虽然铂作为氧还原催化剂效果很好,但支撑体导电性能不高,影响了其输出功率。Scott 等人以碳布作为阳极,研究了不同阴极材料对微生物燃料电池的影响。主要分成两类:一类是不含催化剂的材料(碳布、碳纸、泡沫碳、石墨、网状玻璃态碳);另一类为含催化剂的材料(负载 CoTMMP 的碳纸、负载 FeCoTMMP 的碳纸、负载铂的碳纸、负载铂的钛网)。结果表明,不含催化剂的石墨电极输出功率最小为 7 mW/m²。而负载铂催化剂的碳纸,其输出功率也只有 8 mW/m²,这是因为负载铂催化剂的电极中加入了常规的 PTFE 黏结剂,其不适合这种依靠溶解氧活性的水淹电极。电极上负载催化剂 FeCoTMMP,输出功率最大为 60 mW/m²,并且发现不含催化剂的泡沫碳输出功率可达 38 mW/m²。这说明增大材料的比表面积,可使电流密度增大,从而减少过电位。正是基于上述原因,Hong 等通过在石墨电极上打孔来增加其比表面积,以提高电流密度。实验结果表明,10 mm 厚的多孔石墨电极最大电流密度为 4 514 mA/m²,6 mm 厚的多孔石墨电极最大电流密度为 3 716 mA/m²,都要高于无孔石墨的 1 319 mA/m²。

　　Hong 等研究了阴极和阳极的面积比对于微生物燃料电池性能的影响,其设计的阳极和阴极面积比分别是 1:1、1:1/2、1:1/5、1:1/10,结果发现阳极和阴极的面积比至少要满足 1:1/5 时,SMFC 才能稳定产电,因为 SMFC 不像常规的 MFC 有可持续提供的易生物降解的底物。此外,还有研究者用比表面积大的碳刷作为阴极,在 125 天内其输出功率为 34 mW/m^2。其次是通过增加氧的传递速度来加速氧还原速率。He 等制备了旋转阴极,通过阴极的旋转使水体中溶解氧质量浓度从 14 mg/L 增加至 116 mg/L,使其输出功率从 29 mW/m^2 增大至 49 mW/m^2。由此说明 SMFC 可利用水流或者海潮来推动阴极旋转,通过旋转将空气中的氧气带入水中,提高阴极附近的溶解氧浓度,以提高氧还原速率。可是过多氧的渗入会提高阳极的电子传递阻抗,最终限制其输出功率,因此合适的阴极转速还需做进一步研究。

　　近些年的研究显示,也可利用微生物来协助阴极的氧化还原反应。以不锈钢网作为沉积物燃料电池的阴极,研究发现,浸没在水体中的不锈钢网,经过长期的运行会在网上形成一层生物膜。Dumas 等以不锈钢网作为阴极,研究发现当生物膜形成后,其电流密度从 5 mA/m^2 增加至 25 mA/m^2。Shantaram 等通过牺牲阳极,在不锈钢网阴极上沉淀一层二氧化锰,并通过阴极上形成的锰还原菌来协助阴极的氧化还原作用。上述研究说明了附着在阴极上的微生物可加速氧气的还原,但具体的协同作用以及相应的生物阴极结构还需进一步的深入研究。

　　3. 电极设计

　　确定了电极材料之后,其结构设计对 SMFC 的性能影响也很大,这主要包括:阴阳极面积比、电极间距及电极连接方式等。

　　Hong 等人考察了阴阳极面积比对 SMFC 产电性能的影响,在实验中,以石墨毡作为电极材料,固定阳极面积,通过减小阴极的面积来实现阴阳极面积比从 1:1、1:2、1:5 到 1:10 的变化。结果发现,在阴极反应不是主要的限制因素时,减小阴极面积导致的电流密度减小并不明显,而当阴阳极面积比小于 1:5 时,电流密度明显减小。因此,在选定了电极材料之后,确定合理的阴阳极面积比,对实现 SMFC 产电性能与成本的最优化具有重要的作用。

　　电极间距会影响 SMFC 的内阻,电池的内阻会随着电极间距的增大而增加,从而降低 SMFC 的输出功率。在 SMFC 中,阳极一般是置于海泥 – 海水界面以下 5 ~ 15 cm,阴极的放置位置会影响氧的供应。因此,在保证氧的供应不受限制的前提下,尽可能地减小阴阳极之间的距离,可以增加 SMFC 的电流密度。

　　为了增大微生物燃料电池的电压,可以将单个电池串联成电池组。然而,这种方法对 SMFC 是不适用的,因为所有的电极均置于相同的电解液(如海水)中,串联会导致短路。但可以将多个阳极平行连接组成一个大的阳极,来增加电流密度。

　　4. 外电阻

　　MFC 以模拟废水作为底物时,电流的大小和化学需氧量(COD)的去除会随着外电阻的增大而减小,但在 SMFC 中结果却不一样。Hong 等研究了 10 Ω、100 Ω、1 000 Ω 下外电阻对电流大小的影响。在初始阶段,小的外电阻对应高的输出电流。但是在 20 天后,3 种不同外电阻对应的电流密度相近(1 113 ~ 1 310 mA/m^2),而对于输出功率来说有差别,在 1 000 Ω 下的输出功率最大。

5. 溶解氧浓度

水体中溶解氧的变化对 SMFC 的性能也有一定的影响。Seok 等研究发现,SMFC 电流密度波动的趋势和水体中溶解氧浓度的变化趋势相同。这主要是由于溶解氧浓度在不同时间段会不同,一般在下午时阴极所处的溶解氧质量浓度范围在 8 ~ 10 mg/L,而在早晨时则会降为 4 mg/L,这可能是由于白天藻类的生长加速引起的。他们建议阴极附近的溶解氧质量浓度要大于 5 mg/L,此时 SMFC 的电流密度变化较小。

6. 温度

温度可以显著影响化学反应速率,在 SMFC 中表现为对微生物反应活性和阴极氧化还原反应速率的影响。温度对水中氧的浓度也有影响,但影响不大。Hong 等人现场测得的夏季与冬季的氧质量浓度均在 6 ~ 7 mg/L 范围内。同时,他们发现,冬季的电流密度为夏季的一半左右,并把这些归因于温度对微生物反应活性的影响。所以,单纯从温度的角度考虑,选取温度较高的位点有利提高 SMFC 的产电性能。

电导率的影响已经在工作原理部分提及,在此不作陈述。值得注意的是,环境中的各因素并不是孤立地对 SMFC 的性能产生作用,而是彼此间相互影响,这就要求在位点的选择上要综合考虑到各个因素。与此同时,环境的变化还是会对产电微生物产生重要影响。

在深海沉积物中,Desulfuromonas 物种由于高的耐盐性,在阳极微生物群落中占有优势;在淡水沉积物中,Geobacter 物种则占优势。SMFC 的阳极微生物在一些情况下会变得非常复杂,在淡水中,Geothrix 物种虽然不像 Geobacter 物种那样富集,但是也可能具有重要性。在富含硫的沉积物中,Desulfobulbus 物种在阳极微生物群落中占有重要地位。微生物的种类差异又会导致其与阳极之间电子传递机制的差异。目前为止,已经提出了几种电子传递机制,包括:经由外表面细胞色素 C 进行的直接电子传递,经由微生物纳米线、含有细胞色素和可溶性电子介体的导电生物膜进行的长程电子传递。至于哪种机制起主要作用,要看微生物的种类及其所形成的阳极生物膜的厚度。

7. 水体种类

虽然对于沉积物的研究大部分集中在海水环境中,但是淡水环境也可以维持电流的产生。Holmes 等比较了两种不同水体的 SMFC 性能,结果海水沉积物微生物燃料电池最大电流密度达 20 mA/m^2,而淡水沉积物微生物燃料电池最大电流密度只有 10 mA/m^2。淡水沉积物微生物燃料电池的电流密度相对于海水环境的要稍微低,其主要原因是低的导电性。在 20 ℃下海水的导电性为 50 000 μS/cm,而淡水的导电性能只有 500 μS/cm。而在 MFC 中,电解质的导电性是影响内阻的重要因素之一,低的导电性意味着高的内阻,从而会降低其电流大小。其次是缺乏海水对于沉积物燃料电池阴极的腐蚀作用,阴极的腐蚀作用一方面可提高其比表面积,其次可形成生物膜,有利于阴极氧还原性能的提高。其他可能的原因是由于沉积物中有机物含量,以及有机物被微生物氧化的速率不同而引起的。

8. 底物传质

Hong 等以多孔石墨为电极,运行 160 d 后,对其在开路状态和闭路状态下有机物的去除进行了比较。研究表明,在阳极间距小于 1 cm 处,沉积物中总有机质的含量下降了30%。而在开路状态下以及远离阳极的附近间距为 3 cm 处,其总有机的质含量变化不大。这说明对于 SMFC,传质的限制是影响其性能的重要因素之一。因此,Schamphelaire 等通过把植物和 SMFC 进行耦合,以提高其传质作用。结果显示与植物联合作用的输出功率

SMFC 为不种植物的 SMFC 的 7 倍,这主要是由于植物以根系沉淀的形式可以持续地提供新的底物到阳极。

9. 微生物

SMFC 中的微生物可以在氧化有机物的同时把代谢过程中的电子传递到阳极上,因此加强对 SMFC 中微生物的了解,有利于找到合适的办法来提高其性能。Holmes 等分别利用海底沉积物、沼泽沉积物、淡水沉积物来构建沉积物 MFC,研究结果发现,在阳极上产电的微生物种类要明显低于不产电的微生物种类,这主要是因为在 SMFC 的阳极上富集了变形菌门(*Proteobacteria*),而其中泥土杆菌(*Geobacteraceae*)占据了主要地位(45% ~ 89%),在海底沉积物和沼泽沉积物中多为硫酸盐还原细菌(*Desulf uromonas*),而在淡水沉积物中多为异化还原菌(*Geobacter species*),这些传递电子的微生物种类会随不同沉积物的环境而出现差异。不仅水体种类对阳极微生物菌落形态有影响,在同种水体下也会有影响。Reimers 等研究发现,阳极微生物菌落形态会随阳极深度变化而变化,在棒状阳极的顶部微生物种类要明显少于底部。陈辉等以太湖 6 个不同区域的沉积物作为接种物来驯化微生物燃料电池,通过 3 个月的驯化周期发现,不同区域的产电性能存在差异,这也证实了同种水体下阳极微生物也会存在差异,并且这些微生物在极端条件下也可以降解有机物传递电子。Mathis 等研究发现,通过 SMFC 富集到的嗜热阳极呼吸菌,在 60 ℃ 下产生的电流密度是 22 ℃ 下的 10 倍。

第 12 章 MFC 的发展前景

12.1 MFC 的研究现状及前景

12.1.1 MFC 的基础研究

从 20 世纪 90 年代起，MFC 技术出现了较大的突破，在环境领域的研究和应用也逐步发展起来。2002 年美国马塞诸塞大学研究人员在海底沉积物 MFC 中发现，电能的产生与硫化物的氧化紧密相关。2007 年浙江大学基于需盐脱硫弧菌构建的 MFC 运行性能良好。此外，在单室 MFC 中引入硫酸盐还原菌回收单质硫，废水中硫化物和硫代硫酸盐的去除率分别达到 91% 和 86%。

MFC 的基本结构与其他类型燃料电池类似，由阳极室和阴极室所组成。根据阴极室结构的不同可分为单室型和双室型，根据双室间是否存在交换膜又分为有膜型和无膜型。MFC 产电机制可分为 5 个步骤，即底物生物氧化、阳极还原、外电路电子传输、质子迁移、阴极反应。MFC 的基础研究就是对上面 5 种产电机制的研究。

1. 底物生物氧化

微生物在呼吸代谢过程中能够产生电子（产电呼吸代谢），由于自然界中并未发现对产电呼吸的直接进化压力，因而推测自然界中应存在其他选择性压力导致微生物产电能力的形成。在 MFC 中，微生物的代谢途径决定电子与质子的流量，从而影响产电性能。除底物的影响外，阳极电压对微生物代谢途径也起着决定性作用。Kim 等发现呼吸链抑制剂能够抑制 MFC 中电流的产生，从而验证了此种代谢途径；在阳极电压降低，且存在硫酸盐等其他电子受体时，电子则会在其上累积，而不使用阳极；而当不存在硫酸盐、硝酸盐和其他电子受体时，微生物则主要进行发酵，代谢过程也会释放少量电能。同时，醋酸等发酵产物还可被某些微生物继续代谢，进行电子传递。

2. 阳极还原

电子由微生物细胞内传递至阳极表面是 MFC 产电的关键步骤，也是制约产电性能的最大因素之一。目前，已发现且研究证实的阳极电子传递方式主要有 4 种：直接接触传递、纳米导线辅助远距离传递、电子穿梭传递和初级代谢产物原位氧化传递。这 4 种传递方式可概括为两种机制，前两者为生物膜机制，后两者为电子穿梭机制。这两种机制可能同时存在，协同促进产电过程。

3. 外电路电子传输

转移至阳极的电子经由外电路传输至阴极。外电路负载的高低影响 MFC 内部燃料的消耗、微生物代谢、内部电子转移,从而影响电池的运行情况。当负载较高时,电流较低,内部产生的电子足够用于外电路传输,故电流较稳定,内部消耗较小,且输出电压较高;当负载较低时,电流较高,内部电子的产生和传递速度低于外部电子传递,故电流变化较大,内部消耗较多,输出电压较低。研究表明,当负载高时,负载对电子的阻碍为主要限制因素,而当负载低时,电池内阻及传质阻力为主要限制因素。因此,在现阶段 MFC 试验中,应根据 MFC 的不同,选择适合的负载;而在将来的实际应用中,应根据负载的不同,选择适合的 MFC。

4. 质子迁移

底物被氧化产生电子的同时产生质子,质子在 MFC 中向阴极室迁移。此过程直接影响电池的内阻,是限制 MFC 用于实践的关键步骤之一。影响质子传递的因素很多,主要有底物和电解液的离子浓度、质子交换膜的内阻、MFC 的构造等。研究发现,高浓度的缓冲液可以在某种程度上减弱质子交换的限制,同时增加电解液的离子浓度可以提高能量输出。在传统 MFC 中,质子交换膜是重要组件,其作用在于维持电极两端 pH 值的平衡以有效传输质子,使电极反应正常进行,同时抑制反应气体向阳极渗透。质子交换膜的好坏与性质直接关系到 MFC 的工作效率及产电能力。理想的质子交换膜应该具备:①可将质子高效率传递到阴极;②可阻止底物或电子受体的迁移。此外,在质子迁移系统中,氧气等电子受体向阳极的扩散现象值得关注。其发生会使兼性和好氧微生物消耗部分燃料,同时抑制厌氧微生物的代谢,导致库仑效率的降低。

5. 阴极反应

经由外电路传输的电子到达阴极,与阴极室中的氧化态物质即电子受体、阳极迁移来的质子于阴极表面发生还原反应,氧化态物质被还原。电子受体在电极上的还原速率是决定电池输出功率的重要因素,因此该步骤也是 MFC 产电过程的关键。一直以来,对于该步骤的研究主要集中在电极和电子受体两方面。阴极通常采用石墨、碳布或碳纸为基本材料,但直接使用效果不佳,可通过附着高活性催化剂得到改善。催化剂可降低阴极反应的活化电压,从而加快反应速率。目前所研究的 MFC 大多使用铂为催化剂,载铂电极更易结合氧,催化其与电极反应。

将 MFC 系统产电过程分解的 5 个步骤,环环相扣,缺一不可,共同完成 MFC 的产电循环。目前来说,前两个步骤是整个反应的限速步骤,即电子的产生与传递效率是影响 MFC 输出功率的最重要的因素。

12.1.2　MFC 的研究进展

微生物燃料电池利用微生物作催化剂直接从可降解有机物中提取电能,它具有废弃物处置与产电的双重功效,是未来理想的产电方式和有机废弃物资源化处置工艺。目前 MFC 产电机制研究仍处于起步阶段,电池输出功率较其他电池技术差距较大,严重制约其实际应用。已发现的电子传递方式都有各自优缺点:无介体电子传递理论上有较高库仑效率,但因自身的限制输出功率较低;有介质则相反。可以考虑将两者结合,以达到更好的效果,事实上,基于混合菌的 MFC 中就并存着这两种方式。

当前 MFC 技术的主要限制因素是电池输出功率低。MFC 产电机制的研究是深入掌握电池工作状态、改善电池构造、优化电极材料,从而提高输出功率的理论基础。为了提高输出功率,大大提高电子从生物膜覆盖阳极到阳极传递速率是非常必要的。Lovley 声称:如果泥菌以它的电子接受体三价铁同样的速度传输电子至阳极,那么 MFC 的电流可提高 4 个数量级。可以想象在将来诱变和重组 DNA 技术被用来获得一些"超级臭虫(危险而致命的超级病菌)"的微型燃料电池。

美国加州大学 Berkerley 分校机械工程系的 lin 由于对无污染的汽车能源和家用能源的研究,而注意到了微生物燃料电池。其研究表明,微生物燃料电池完全可以做到更小的尺度。Lin 的燃料电池面积目前只能达到 0.07 cm^2,使用的燃料为葡萄糖,催化剂为 Cerevisiae 酵母。

这种微生物燃料电池产生的电压,已足以驱动 MEMS(Microelectrom Echanical System)器件。同时,微生物燃料电池产生的只有二氧化碳和水,对 MEMS 器件不会有污染和侵蚀,所以 MEMS 和微生物燃料电池 MFC 的结合大有可为。这两种技术的融合,可能是未来微机械和微型燃料电池的一个具有发展前途的方向。例如,在微型的自维持型医疗器械上,若能有一个微生物燃料电池驱动的微型血糖浓度检测仪,将其植入血管壁上,在提取血液中的血糖作分析时,可通过自带的微生物燃料电池,提取小部分的血糖,利用其中的葡萄糖发电,即维持自身的能量又可以产生电磁信号,向外界传递关于血糖浓度的信息,从而达到长时间监测血糖的功能。类似的关于生物体内部的检测装置,均可采用 MEMS 和 MFC 技术的结合,实现对生物体内部参数的长期观测。进一步地,或许可以发展出微型的医疗设备,对生物体内部进行排毒。由于此时所采用的是微生物燃料电池,能源直接来自于生物体内部,所以不会产生"多余"物质,从而可避免对生物体的感染和伤害。

1. 新颖的微生物电池

近期出现了一些形式新颖的微生物燃料电池,其中具有代表性的是利用光合作用和含酸废水产生电能。Tanaka 等研究人员将能够产生光合作用的藻类用于微生物燃料电池,展示了光燃料电池新种类的可行性,他们的电池使用的催化剂是蓝绿藻。通过试验前后细胞内糖原质量的变化,他们发现在无光照条件时,细胞内部糖原的质量在试验中减少了;同时还发现在有光照时,电池的输出电流比黑暗时有明显的增加。除光能的利用外,更引人注目的是,所用的培养液是含有乙酸、丁酸等有机酸的污水,发酵产生氢气的速率为 $19 \sim 31 \text{ mL/min}$,燃料电池输出电压为 $0.2 \sim 0.35 \text{ V}$,并可以在 $0.5 \sim 0.6 \text{ A}$ 的电流强度下连续工作 6 h,降解率达到 $35\% \sim 75\%$。此工作显示了生物燃料电池的双重功能,即一方面可以处理污水,另一个方面还可以利用污水中的有害废物作为原料发电。

2. 吃肉的机器人

这种机器人是一种通过分解有机物质作为能源驱动力的机器人。基于微生物燃料电池技术的吃肉机器人如图 12.1 所示,它所依靠的正是典型的微生物燃料电池的技术,可将食物的能源转化为电流。以葡萄糖溶液作为基础燃料,利用发酵来起作用。这种基于微生物燃料电池的吃肉机器人,主要包括以下几个必要部件:生物催化剂,氧化还原反应的中介物,一个阳离子交换隔膜,电极,阴极氧化反应物(例如图 12.1 中的铁氰化物)。

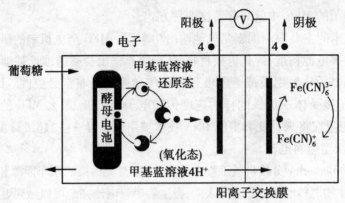

图 12.1　吃肉机器人的工作原理

3. 处理污水的微生物燃料电池

由美国宾夕法尼亚州立大学的科学家洛根率领的一个研发小组宣布他们研制出一种新型的微生物燃料电池,可把未经处理的污水转变成干净用水和电源。在发电能力方面,据洛根称,在实验室里,该设备能提供的电功率可以驱动一台小电风扇。虽然目前产生的电流不大,但该设备改进的空间很大。从提交发明报告到现在,洛根的研发小组已经把该燃料电池的发电能力提高到了 350 W,洛根希望这一数值最终能达到 500 ~ 1 000 W,等技术成熟后可以批量生产的微生物燃料电池的发电能力可以达到 500 kW 的稳定功率,大约是 300 户家庭的用电功率。

虽然微生物燃料电池的输出功率尚不能满足实际生产的需要,但原料广泛、操作条件温和、资源利用率高和无污染等优点,引起了能源、环境、航天等各方面的广泛关注。节约能源、净化环境、废水处理和生物传感器都会对未来社会产生深远影响,甚至在科幻电影中以天然食物为能源,可以通过"吃饭"来补充能量的机器人和汽车也将成为现实。这些梦幻般的画面时刻激励着世界各国的科研工作者们为实现这一目标而努力奋斗。因此,微生物燃料电池的研究必将得到更快的发展。

12.1.3　微生物燃料电池中底物的研究进展

微生物燃料电池是一种新型的生物化学催化装置,它利用微生物代替了阳极的金属催化剂,通过微生物自身代谢,实现了有机物的降解和电子的转移,使化学能直接转化为电能。MFC 具有能量转化效率高、安全无污染等优点,在能源短缺的今天,受到了广泛关注。随着对 MFC 兴趣的不断提高,与之相应的研究也不断深入。对 MFC 的研究开始于 1910 年,英国植物学家 Pouer 把酵母和大肠杆菌放入含有葡萄糖的培养基中进行培养而获得了电压,20 世纪 80 年代,电子传递中间体成为研究的热点,这类介体的广泛应用使 MFC 的输出功率有了很大提高。20 世纪 90 年代后,随着研究的进行,不通过介体而能够进行电子传递的微生物被发现,就此开始了对无介体 MFC 的研究。在无介体的 MFC 中,底物作为能量转化的来源,它的类型和利用效率影响着微生物的群落结构及生长速度,这就使之成为决定产电效率高低的重要因素之一,因此底物分析对提高微生物燃料电池产电能力具有重要意义。

目前为止,微生物传递电子的形式大致分为两种:直接进行电子传递和利用介体进行电子传递,如图 12.2 所示。

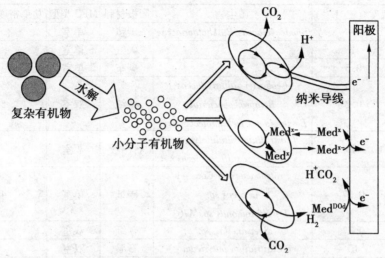

图 12.2 微生物传递电子的两种形式

在直接的电子传递中,某些细菌如 *Shewanellaoneidensis* MR - 1 和 *Geobacter sulfurreducens* 能够利用细胞色素 C 将 COQH$_2$ 解离下来的电子从细胞内传递到电极上,或是利用菌毛将细胞内的电子传递给外界电子受体。通过此种方式,底物氧化所释放出的全部电子都可以被阳极所捕获,获得最大的库仑效率。但是高分子的底物大多不能被直接进行电子传递的产电菌所利用,而需要被转化成低分子的有机酸或醇,降低了底物化学能的转化效率。

在不提供外源介体的情况下,电子还可以通过底物分解产生的小分子物质传递到阳极表面。通常在阳极表面形成生物膜后,外层的微生物无法与阳极相接触,就很难利用细胞色素 C 或菌毛传递电子,这时底物的某些代谢产物就会作为还原剂完成阳极的氧化。这些介体主要由初级代谢产物和次级代谢产物构成。在初级代谢中,介体的产生主要依靠无氧呼吸和发酵两条途径。在无氧呼吸中,介体主要有 NO_3^-、NO_2^-、SO_4^{2-}、CO_3^{2-}、CO_2 以及延胡索酸和甘氨酸等,其中硫酸盐呼吸是最普遍的呼吸途径,底物脱下的电子最终由末端电子受体硫酸盐接受。

$$SO_4^{2-} + 8H^+ + 8e^- \longrightarrow S^{2-} + 4H_2O \tag{12.1}$$

然而底物不能被彻底降解、硫酸盐还原菌只能利用小分子有机物等成为限制其化学能转化的因素。在发酵过程中,被降解的还原性代谢产物可以作为介体将电子传递到阳极。由于微生物发酵的类型多样,其充当介体代谢的产物也不相同,如乳酸、乙酸、甲酸、乙醇和氢气等。次级代谢产物也可作为低分子的末端电子受体将细胞内的电子传递到阳极表面,而且这种介体具有可逆性,在传递的同时被再次氧化,进入下一轮氧化还原反应。现已证明的在 MFC 中具有电子传递功能的次级代谢产物有绿脓菌素、吩嗪 - 1 - 酰胺等。

12.1.4 底物的种类

目前,已经有相当多种类的有机物被应用到 MFC 中,如糖类、醇类、氨基酸、蛋白质和脂肪酸等均可以作为底物为 MFC 提供电能,见表 12.1。

表 12.1 MFC 的底物类型表

底物类型	浓度/($g \cdot L^{-1}$)	微生物	阳极材料	MFC 类型	功率密度/($mW \cdot m^{-2}$)
乙酸盐	1	*Rhodocyclaceae Burkholderiaceae*	碳毡	单室	3 650
丁酸盐	1		碳纸	单室	349
葡萄糖	0.5		碳布	单室	1 540
乳糖	0.2	*Geobacter sulfurreducens* *Betaproteobacterial* *Bacteroidetes Deltaproteobacteria*	碳纸	双室	52 ± 4.7
纤维素	1	*Clostridium cellululolyticum* *Geobacter sulfurreducens*	石墨板	双室	143
乙醇	0.07	*Proteobacterium* Core - 1 *Azoarcus sp.* *Desulfuromonas sp.* M76	碳纸	单室	488 ± 12
半胱氨酸	0.77	*Shewanella spp.*	碳纸	双室	39
淀粉	10	*Clostridium butyricum*	石墨	双室	2 600
苯酚	0.4		碳纸	双室	6
生活污水	0.45 ~ 0.47		石墨碳刷	单室	422
酒厂废水	2.24		碳布	单室	528
造纸厂废水	2.452		石墨碳刷	单室	672 ± 27

1. 乙酸盐

乙酸盐是厌氧环境中含量最为丰富的脂肪酸,它可以作为电子供体被厌氧微生物所利用,并且是其中一些代谢途径的终产物,如 ED 途径。

$$C_2H_4O_2 + 2O_2 \longrightarrow 2CO_2 + 2H_2O \tag{12.2}$$

由于乙酸盐在室温下对于其他微生物转化具有不活泼性,使它成为研究 MFC 构造、操作条件和设计反应器等最常用的底物。能够氧化乙酸盐的厌氧微生物多数为产甲烷细菌(*Methanogens*)和硫化细菌(*Thiobacillus*),以及金属还原菌(*Metal - reducing bacterium*)中的地杆菌属,在此种底物培养 MFC 的微生物群落中,又以地杆菌(*Geobacter sulfurreducens*)为最主要微生物。Borol 等通过使用流动的阳极,以乙酸盐作为底物,使 MFC 的功率密度达到了 3 650 mW/m^2,库仑效率达到了(88 ± 5.7)%。Chae 等比较了分别以乙酸盐、丙酸盐、丁酸盐和葡萄糖为底物的 MFC 的产电性能,结果表明,乙酸盐培养 MFC 的库仑效率(72.3%)明显高于其他几种底物的电池(分别为 36.0%、43.0% 和 15.0%)。

2. 葡萄糖

葡萄糖也是最常用的底物之一,它的优点在于 MFC 中产电微生物群落的多样性,这些不同种微生物降解葡萄糖所产生的副产物种类也相当丰富,副产物又可作为底物被相应的微生物利用,从而使电池具有非常高的功率密度。

$$C_6H_{12}O_6 + 6O_2 \longrightarrow 6CO_2 + 6H_2O \tag{12.3}$$

但是由于葡萄糖属于发酵型底物,一部分能量用作微生物的自身生长,库仑效率就相应地降低了很多。厚壁菌门(*Firmicutes*)在葡萄糖转化中起着重要的作用,其他主要的微生物还有气单胞菌属(*Aeromonas*)等 γ - 变形菌纲(*Gammaproteobacteria*)的微生物。Cheng 等制作的连续添加葡萄糖的双室 MFC,可以实现的最大功率密度为 1 540 W/m^2,库仑效率为

60%。在 Chung 和 Okabe 设计的三个 MFC 的串联装置中,以葡萄糖为底物的第一个 MFC 能够保持相对较高的功率密度长达 150 天以上而没有衰退。

3. 纤维素

纤维素是自然界存在最多的一类可再生资源,它是以纤维二糖为单位形成的线性葡聚糖链,通过化学、生物等方法的水解作用,可以转化为葡萄糖分子。

$$(C_6H_{12}O_5)_n + nH_2O \longrightarrow nC_6H_{12}O_6 + nH_2 \tag{12.4}$$

但是对利用纤维素为原料产电的 MFC 研究还比较少,因为纤维素必须要先被水解成可溶性的底物才能够使 MFC 产电。之前的研究一般是通过加入水解酶或能够水解纤维素与具有电化学活性的菌种共培养的方法进行产电的。Ren 等用解纤维梭菌(*Clostridiumcellulolyticum*)与产电菌硫还原地杆菌(*Geobactersulfurreducens*)共培养,以羧甲基纤维素为底物得到的功率密度为 143 mW/m^2,以 MN301 型纤维素为底物得到的功率密度为 59.2 mW/m^2。另一关于纤维素培养 MFC 的研究是以梭状芽孢杆菌(*Clostridium spp.*)与丛毛单孢菌科(*Comamonadaceae*)为主要的微生物进行培养的,其最大功率密度达到 55 mW/m^2。在 Rezaei 等设计的 U 形管纤维素培养 MFC 中,首次发现了纤维素降解同步产电的菌种阴沟肠杆菌(*Enterobacter cloacae*),分离出的菌种 FR 可以产生(4.9 ± 0.01) mW/m^{2}的功率密度。

4. 乙醇

乙醇是新型的经济能源,具有毒性低,持续性好,容易从含糖原料中获得等优点,在好氧条件下很容易被降解,氧化后生成乙醛或 CO_2 和 H_2O。

$$C_2H_5OH + 3O_2 \longrightarrow 2CO_2 + 3H_2O \tag{12.5}$$

乙醇作为底物已经应用于酶燃料电池中,但对于微生物燃料电池,还需要更深入的研究。之前的研究表明,很多不同种的微生物都可以把硝酸盐或硫酸盐作为最终受体来降解乙醇,如自养脱硫杆菌(*Desulfobacteriumautotrophicum*)、不动杆菌(*Acinetobacter*)、蛋白质菌 Core – 1(*Proteobacterium*)等。还有几种地杆菌属(*Geobacter*)微生物在还原铁的同时可以氧化醇类。在 Kim 等的实验中,双室乙醇培养 MFC 的功率密度达到了(488 ± 12) mW/m^2,库仑效率为 10%。

5. 半胱氨酸

半胱氨酸是一种化学脱氧剂,常用它来保持厌氧的环境。

$$4C_3H_7NO_2S - H + O_2 \longrightarrow 2C_3H_7NO_2S - SO_2NH_7C_3 + 2H_2O \tag{12.6}$$

在 MFC 中使用的质子交换膜在保证较高的质子传导的同时,也会导致阴极氧气向阳极的渗透。氧气进入缺氧状态下的阳极后增加了还原电压,从而使细胞呼吸暂停,能量转化率降低。而半胱氨酸能够与氧反应,生成聚合物,同时还可作为 MFC 的底物。Logan 等制作的半胱氨酸培养 MFC 中富集的主要微生物为希瓦氏菌(*Shewanella*),输出功率可达到 39 mW/m^2,此外大肠埃希菌(*Escherichia coli*)也可将半胱氨酸降解为丙酮酸。

6. 其他底物

(1)简单底物

丁酸盐作为发酵的最终产物也可以用来产生电能。最大的功率密度可达 349 mW/m^2,库仑效率达 8% ~ 15%,但是能量转化效率明显低于乙酸盐。与葡萄糖相似的,乳酸可通过多种途径的发酵,分解成乙酸盐、乙醇等多种电子受体,且在 Jung 和 Regan 的研究中,乳酸培养 MFC 的最大功率密度和最大电流密度的平均值高于乙酸盐和葡萄糖。高分子碳水化合物淀粉能够被酪酸梭菌(*Clostridium butyricum*)和拜氏梭菌(*Clostridium beijerinckii*)利用,电流密度分别为 1 mA/cm^2 和 1.3 mA/cm^2。无机物也可作为 MFC 的底物,如硫化物氧化成硫的同时产电,功率密度为 39 mW/L,硫化物的去除率高达 98%;以苯酚为单一底物进行的化学能转化,在 60 h 内苯酚的降解效率可以达到 95% 以上,这使 MFC 不仅可以应用于电能的产生,还可应用于有毒污染物的生物降解。

(2)复杂底物

目前废水作为底物受到了广泛的关注。生产和生活污水中含有大量的有机物,如淀粉、糖类、脂肪和蛋白质等,可以作为 MFC 的燃料,而其中的污染物可以同时被降解。生活污水主要是粪便和洗涤用水,总的特点是含氮、含硫和含磷高,容易造成水体的富营养化。Liu 等设计的单室微生物燃料电池(SCMFC)反应器以生活污水为底物,最大可产生 26 mW/m^2 的功率,化学需氧量(COD)的去除率达到 80%;Ahn 和 Logan 的研究在细菌的嗜温状态下,MFC 最高的功率密度为 422 mW/m^2,但 COD 的去除率较低,为 25.8%。酒厂废水主要来自冷却和洗涤用水,具有很高的 COD,但氨氮等抑制物的含量很低,很适合作为 MFC 的底物。Feng 等的研究显示,加入 200 mmol/L 磷酸缓冲液后,酒厂废水培养 MFC 的最大功率密度可达 528 mW/m^2,但在相似的 COD 浓度范围内,酒厂废水培养 MFC 的最大功率密度低于生活废水培养 MFC。造纸厂废水中含有纤维素和一些可溶性的有机物,使用传统的污水处理方法不容易被降解,Huang 和 Logan 通过 MFC 同步生物降解产电的方法,在加入 100 mmol/L 磷酸缓冲液后,功率密度达到 (672 ± 27) mW/m^2,溶解性化学需氧量(SCOD)为 (73 ± 1)%,说明了可溶性有机物的去除效果显著,纤维素几乎被全部去除,达到了 (96 ± 1)%。从染料厂排出的废水中含有偶氮染料,是化学合成染料的一种,由于它具有明显的颜色,会阻止水中生物的光合作用,从而污染水源。Sun 等选择 ABRX3 为染料模型,与葡萄糖和糖果加工废水作为 MFC 的共同底物,考察了废水的脱色和 MFC 的产电情况,在 MFC 中染料的去除效果明显,且浓度过高时不会抑制废水的脱色,但会影响 MFC 的产电效率,更换阳极后电压即恢复原来水平。除上述废水外,家畜废水、化学废水等也可应用在 MFC 的电能转化上。

12.1.5　底物对 MFC 产电能力的影响

微生物氧化底物传递电子的能力直接影响着 MFC 的电能转化效率。底物的种类、浓度等实验条件的不同,会导致电流、功率密度、污染物去除效率等的不同。

在各种碳源培养的 MFC 中,菌群的结构存在着明显差异。乙酸钠为初始底物启动的 MFC 阳极生物膜中占主要的是拟杆菌纲(*Bacteroidetes*)和 δ - 变形菌纲(*Deltaproteobacteria*)微生物,葡萄糖为初始底物启动的 MFC 阳极生物膜中占主要的则是拟杆菌纲(*Bacteroidetes*)、芽孢杆菌(*Bacilli*)、α - 变形菌纲(*Alphaproteobacteria*)和 δ - 变形菌纲(*Deltaproteobacteria*)。菌群结构的差异和多种电子传递机制,影响了 MFC 产电效率的高低。相似的实验装置下,乙酸盐为底物的 MFC 的功率密度为 506 mW/m^2,而生活污水为底物的 MFC 的功率密度为 146 mW/m^2。有报道指出,简单的有机物相对于复杂的有机物更容易被降解,所产生的电流也会高于复杂的有机物。

底物的浓度会限制溶液中的氧化还原反应,从而影响电流的输出。Mohan 等报道了以水体作为碳源的底物浓度对功率输出的影响,水体中有机物含量越高,其功率输出也越高。

Jadhav 等也通过实验指出了在一定的 COD 范围内电流与底物去除的线性关系。

12.1.6　底物化学能的转化

储存在有机物中的能量通过一系列脱氢反应被传递。自有机物脱下的氢最终可与分子氧、有机物或无机物等氢受体相结合,将释放出的能量转化为电能。有机物的氧化放能主要通过两条途径完成,即微生物的呼吸和发酵。在有氧呼吸的作用下,底物被氧化,释放出的电子经过完整的电子传递系统,传递给最终外源电子受体——分子氧,从而生成水并释放出能量,有氧呼吸是获得能量最多的一条途径。无氧呼吸是无氧条件下,释放出的电子经过部分电子传递系统,最终的电子受体不是氧分子,而是氧化态的无机物或有机物。由于无氧呼吸所经过的电子传递系统要比有氧呼吸的短,因此获得的能量也比较少。在缺少外源电子受体时,许多微生物会以发酵的形式降解底物,在这一过程中,电子载体将释放出的电子直接传递给底物降解后的内源性中间产物,如丙酮酸、乳酸等,由于作为电子受体的中间产物是分解不彻底的有机物,所以获得的能量也低于有氧呼吸。

12.1.7　底泥研究的展望

MFC 研究的层层深入,使得不断有新的有机质被作为底物应用其中,尤其是与污水处理相结合的产电装置,利用不同种类污水中的生物质,达到污水净化和提高电能输出的目的。如酿酒厂、制糖厂、制药厂等排放的废水中含有丰富的有机质,且产生的废水量很大,对于 MFC 来说是良好的可持续性能源物质。底物的范围不断拓宽,也使得筛选更多高活性的产电菌种成为可能,高效的产电菌的逐步发现,有望进一步提高 MFC 的产电性能。但要作为电源应用于实际生产与生活还较遥远,主要原因是输出的功率密度不能满足实际要求,需要在诸如改进阳极与阴极材料和质子交换膜的质子穿透性、提高产电微生物的产电能力和底物的转化效率等方面优化 MFC 的性能,使其能够实现规模化应用的目的。

12.1.8　未来微型燃料电池的发展

微生物可作为纯培养物或混合培养物来形成一种相互作用的微生物团,以提供更好的性能。一种类型的细菌的一个"团"可以使用另一种类型的细菌提供电子介质作为载体,以更有效地运输电子。在未来,有可能有一个优化的微生物团在没有介质或生物膜存在的情况下运作,同时实现卓越的质量传递和电子传输速率。正如前述,微型燃料电池可能会有不同的应用。当应用于大面积的废水处理时,就必须建立生物膜的阳极。MFC 的输出功率符合常规化学燃料电池(如氢燃料电池)的这种预期是不切实际的。虽然在某些情况下库仑效率达 90 % 以上已经得到实现,但在反应速率低这一关键问题上的影响不大。虽然在 MFC 研究方面积累了一些基本知识,但在 MFC 大范围的应用方面还有很多值得学习,并且有很大提升空间。

按照 Marcus 和 Sotin 提出的理论,电子传递速率是由电压差、重组能和电子供体与受体之间的距离决定的,决定微生物燃料电池输出功率密度的主要因素是相关的电子传递过程,也就是说,生物体系缓慢的电子传递速率是微生物燃料电池发展的瓶颈。而影响电子传递速率的因素主要有:微生物对底物的氧化;电子从微生物到电极的传递;外电路的负载电阻;向阴极提供质子的过程;氧气的供给和阴极的反应。针对上述影响因素,未来提高电子回收率和电流密度的方法有以下几种：

①电极表面进行贵金属纳米粒子和碳纳米管等物质的修饰。利用纳米粒子的尺寸效应、表面效应等奇妙的特性来实现直接的、快速的电子传递；或是在比微生物细胞小的尺度上，直接使用导电聚合物固定酶，使导电聚合物深入到酶的活性中心附近，从而大大缩短电子传递的距离，实现电子的直接传递。

②改进阴极和阳极材料，增大电极比表面积。增大电极比表面积可以增大吸附在电极表面的细菌密度，从而增大电能输出。

③提高质子交换膜的质子穿透性。质子交换膜的好坏与性质将直接关系到微生物燃料电池的工作效率及产电能力。

12.2 MFC 的应用现状及前景

12.2.1 MFC 的利用领域及其优越性

随着微生物燃料电池的发展，它在很多方面都有很好的应用前景。首先，微生物燃料电池的能量转化效率非常高，可以发展出价廉、长效的电能系统。其次，微生物燃料电池利用废液、废物做燃料，不仅产生了电能，而且也净化了环境。再次，微生物燃料电池成为新型的人体起搏器，比如以人的体液为燃料，做成体内填埋型驱动电源。

另外，从转化能量的微生物燃料电池可以发展到应用转换信息的微生物燃料电池，作为介体微生物传感器。微生物燃料电池除了在理论上具有很高的能量转化效率之外，还有其他燃料电池不具备的若干特点。

①燃料来源多样化：可以利用一般燃料电池所不能利用的多种有机、无机物质作为燃料，甚至可利用光合作用或直接利用污水等作为原料。

②操作条件温和：一般是在常温、常压、接近中性的环境中工作，这使得电池维护成本低，安全性强。

③无污染，可实现零排放：微生物燃料电池的唯一产物是水。

④无需能量输入：微生物本身就是能量转化工厂，能把地球上廉价的燃料能源转化为电能，为人类提供能源。

⑤能量利用的高效性：微生物燃料电池是将来热电联用系统的重要组成部分，使能源利用率大大提高。

⑥生物相容性：利用人体内葡萄糖和氧为原料的微生物燃料电池可以直接植入人体，作为心脏起搏器等人造器官的电源。因此，细菌发电的前景十分诱人。

12.2.2 MFC 的应用

1. 发电

通过加入微生物，MFC 可以将储存在生物化学化合物中的化学能转化成为电能。因为来自燃料分子氧化性的化学能量可以直接转变成电能而不是热，受热利用效率限制的卡诺循环可以避免，理论上像传统化石燃料一样更高的转化率（>70%）是可以实现的。

Chaudhury 和 Lovley 报道说还原态铁酸盐产高达 80% 电子量的电。Rabaey 等提出更高的电子回收率达 89%。在铂催化下氧化态形成过程中极其高的库仑效率达 97%。然而 MFC 的产电能力仍然很低，这是因为电子吸收率很低。解决这个问题一个可行的办法是将电能存储在可重复使用的装置中，然后将其分配给终端用户。

在根据生物学发明的名叫"EcoBot 一号"的机器人所使用的电容可以积累 MFC 所产生的电能，并以脉冲形式运行。MFC 非常适用于小型遥感系统和无线检测器。它们只要很少能量就可把温度等信号传送到远处的接收装置。MFC 非常适用于当做分布能量供应给当地的使用者，特别是在不发达地区。专家们认为 MFC 是加斯顿机器人最好的能量供给选择，他们通过自己收集的自我供给的微生物来产电。现实中充满活力的自动机器人可能配备有 MFC，这些 MFC 使用诸如糖、水果、死昆虫和草等不同燃料。"EcoBot 二号"机器人只靠 MFC 供应能量，它可以做包括运动、侦测、计算和交流等一些动作。当地的一些微生物可以为本地能源需求提供可持续的能量。一些科学家预言在将来可将微型 MFC 植入人体内，这样它就成了人体内可供给人体营养物质的医疗设备。MFC 非常适用于作为长期不停的能量应用。然而，只有在彻底解决了 MFC 中微生物所带来的潜在健康和安全问题后，才能让 MFC 为这个目的服务。

2. 生物制取氢气

MFC 可以迅速地改进来产生氢气而不是发电。在通常的运行条件下，厌氧反应释放的质子迁移至阴极，并与氧结合生成水。MFC 工艺中质子生成氢气和微生物新陈代谢产生电子在理论动力学上是不合适的。Liu 等人应用外部电位来增加 MFC 电路图中阴极电位，很好地克服了这个障碍。这种模式中质子和厌氧反应产生的电子在阴极结合成氢气。由于一些能量来自厌氧室微生物氧化过程中，理论上需要加入 MFC 的外部电位为 110 mV，这比直接在中性 pH 值条件下电解水所需的 1 210 mV 要低很多。与传统发酵的 8~9 mol H_2/mol 葡萄糖相比，MFC 工艺可潜在产生大约 8~9 mol H_2/mol 葡萄糖。在使用 MFC 工艺制取氢气时不需要再在阴极室中加入氧气。阴极室氧泄漏问题不存在了，这样 MFC 的效率便提高了。生物制氢的另一个优势在于可将氢积累存储起来，以便后续工艺使用，这样就克服了 MFC 能量的固有缺点。和氢气储存的优点。

3. 废水处理

早在 1991 年，Habermann 和 Pommer 就考虑将 MFC 工艺应用于污水处理。城市污水中含有大量可作为 MFC 原料的有机化合物。污水处理中，MFC 工艺产生的总能量的一半可满足传统处理工艺给活性污泥充气所消耗的电量。Holzman 指出，MFC 工艺产生的需处理的污泥要少 50%~90%。再者，诸如醋酸盐、丁酸盐等可被彻底分解为 CO_2 和 H_2O。使用某些微生物 MFC 工艺对除去污水处理中所要求的硫化物有特别的能力。在污水处理中，MFC 工艺可以增强微生物生化活性，这样的话，处理过程便有良好的运行稳定性。由于连续水流、单室 MFC 工艺和少膜 MFC 工艺规模集中，所以它们适用于污水处理。卫生废物、食品加工产生的废水、猪产生的废水和谷物加工对 MFC 工艺都是微生物非常好的能源，因为它们含有丰富的有机物。这些例子中 COD 去除率高达 80%，库仑效率也曾被报道高达 80%。

4. 生物检测器

除了上述的应用外，MFC 技术的另一个潜在应用是污染分析检测和原地处理监测控制。MFC 的电荷产量与污水强度相适的比值使得它能够当作 BOD 监测器。测定水流中 BOD 值的一种准确方法是计算它的电荷量。许多研究表明,在 BOD 浓度较低的范围内电荷量和污水强度呈现出良好的线性关系。然而,当 BOD 浓度高时测定需要更长的响应时间。因为只有在稀释机制正确,BOD 浓度降低之后电荷量才能算出。人们正努力提高 MFC 作为监测器的动力响应能力。

12.2.3 MFC 产电呼吸的应用前景

微生物燃料电池是一种清洁、高效且性能稳定的产电技术,产电呼吸伴随 MFC 的应用将在以下方面起着重要作用。

1. 废水处理

基于 MFC 的有机废水处理技术可同时实现污水净化与电能产生,所以其具有以下优势:直接产电,库仑效率较高;可在常温甚至是低温下运行;污泥产生量减少,污泥处置费用降低。因而,有望使废水处理成为"有利可图"的产业。在今后的研究中,应着力于 MFC 产电稳定性和反应器规模化的研究,进而为微生物燃料电池技术用于将实际污水转变成再生用水和电能提供可能。

2. 为海底电力设备提供电能

这一应用有望在短期实现。海底无人值守产电装置(Benthic unattended generators, BUG)可以用于海底监测设备供电,其阳极埋于厌氧海底沉积物中并与悬浮在上层好氧水中的阴极相连,工作原理为:产电微生物将底泥中的有机物彻底氧化,产生的电子被微生物传递到阳极,然后通过外电路到达阴极,从而形成回路产生电流。目前此底泥燃料电池已被用于驱动气象浮标,在线实时测量气温、气压、空气湿度、水温等,这是 MFC 代替常规电池用于低能耗海底设备供电的第一例。

3. 生物修复

产电微生物以电极为电子受体进行呼吸,可以氧化降解沉积物或地下环境中的有毒污染物,如 *G. metallireducens* 能够以电极为唯一电子受体有效地降解甲苯。

4. 纳米电子学

微生物纳米导线将在电子设备微型化和纳米技术领域具有广阔的应用前景。利用金属、硅、碳等传统材料制造纳米线路非常昂贵,同时也存在一定的技术困难,而微生物纳米导线可能会使实现这一过程变得相对容易。此外,纳米导线也为新型传导材料、微型生物传感器的研发提供了契机。

5. 生物医学领域

2004 年,Kenji 等设计了一种 MFC 驱动的超微型心脏起搏器,作为可植入电源,它提取小部分血糖作为燃料发电,可长期运行,无需更换。另外,美国研究者开发出一种植入人体血管的微型血糖浓度检测仪,作为生物传感器,可利用血糖自我维持运行,同时产生电磁信号向外界传递血糖浓度信息,从而达到长时间监测血糖的功能。

毋庸置疑,微生物燃料电池已成为一个世界范围的研究热点。然而,虽然伴随人类的发展生物能量的内涵在不断革新,且将愈加发挥重大的作用,但它的利用和研究却仍处于起步阶段。相对于普通的化学电池和燃料电池来说,微生物燃料电池尽管目前功率密度仍比较低,但是具有新颖的特点。如何充分将生物质燃料的诸多优势为人类所用,如何提高生物转化效率,如何使生物质燃料满足现代轻便、高效、长寿命的需求,仍需要不懈的努力。依托生物电化学和生物传感器的研究进展,以及对修饰电极、纳米科学研究的层层深入,微生物燃料电池的研究必将得到更快的发展。

目前,产电呼吸代谢的研究还处于起步阶段,具体机制尚未清楚。产电呼吸作为微生物燃料电池产电的理论基础,对于 MFC 构型的改进、电极材料的优化、电子传递效率的提高,乃至产电性能的改善都至关重要。今后需要在以下几方面加强研究:

①产电微生物的多样性以及高效产电菌的筛选分离或基因工程菌的构建;

②产电呼吸代谢中有机物的生物氧化过程,通过基因工程改变细胞中心代谢路径以加快产电呼吸速率是未来研究的重点,利用分子手段分析电子传递链的组成,是未来研究的难点;

③电极还原,即电子向阳极传递的具体途径,特别是在混合菌群存在下外膜蛋白和纳米导线等导电活性物质的产生与协同作用机制;④拓展基于产电呼吸的 MFC 的应用领域,例如用于废水在线监测的 BOD 生物传感器的研发。

总之,如何提高产电呼吸中电子产生与传递速率是产电呼吸基础与应用研究所面临的重大挑战,今后应加强生物化学、分子微生物学、电化学与材料学的交叉研究来推动 MFC 的工业化应用的进程。

12.2.4 微生物燃料电池处理废水工艺的应用研究

由于近几年来微生物燃料电池得到了越来越多的关注,因此在各种领域中都有微生物燃料电池的身影,但目前应用较为广泛的还是对废水的处理。因此我们接下来为大家简要介绍一下微生物燃料电池对废水的处理。

1. 化工废水

化工废水的基本特征为极高的 COD、高盐度、对微生物有毒性,是典型的难降解废水。Mohan 等构建无介体双室型 MFC,采用含有多种化工原料及中间体,组成复杂并且难生物降解的化工废水作为底物,在不同有机负荷率条件下,考察了该 MFC 的产电能力及对底物的降解能力,实验表明:当有机负荷率分别为 1.165 kg COD/($m^3 \cdot d$) 和 1.404 kg COD/($m^3 \cdot d$) 时,产生的最大电压分别为 271.5 mV 和 304 mV,COD 去除率分别为 35.4% 和 62.9%。温青等构建了以碳纸为阳极,葡萄糖和对硝基苯酚为混合底物的空气阴极单室型 MFC,考察了对硝基苯酚的降解及 MFC 产电的特性。结果表明,MFC 对废水中不同浓度的对硝基苯酚均有一定的去除效果,400 mg/L 的对硝基苯酚降解 4 天的去除率为 74.1%,降解 6 天的去除率为 82.1%。丁巍巍等采用特征污染物苯酚为底物,钛基 – 二氧化铅电极为阳极来构建微生物燃料电池,发现微生物燃料电池能够有效处理苯酚废水,在苯酚质量浓度为 0.15 g/L,温度为 35 ℃时,去除率为 99.63%。Lei 等构建双室型 MFC 来考察对电镀废水中的六价铬离子的去除及产电能力,实验发现以多孔碳毡为阳极,石墨薄片(raphite paper)为阴极,当废水 pH 值为 2,废水中 Cr^{6+} 初始浓度为 204 mg/L 时,Cr^{6+} 的去除率可以达到 9.5%,产电的最大功率密度为 1 600 mW/m^2,说明微生物燃料电池技术是去除电镀废水中 Cr^{6+} 的有效途径。

2. 制药废水

抗生素是一类临床用于治疗各种细菌感染或其他致病微生物感染的重要药物,该类药物抗氧化性强,对微生物生长的抑制性强,难以生物降解,它的大量生产、消费和使用,对环境带来了严重的污染。Wen 等采用空气阴极单室型 MFC,处理以青霉素或青霉素与葡萄糖的混合物为底物的废水,实验证明,以 1 g/L 葡萄糖和 50 mg/L 青霉素混合液为底物能够产电的最大功率密度为 101.2 W/m^3,同时 24 h 内,青霉素的降解率达到 98%。薯蓣皂素是合成类固醇激素类药物的一种重要前体,主要从盾叶薯蓣块茎中提取,该过程中会产生大量的酸性以及高 COD 废水,Ni 等构建了典型的双室型 MFC 来处理该种废水,并对 MFC 在电能产出和有机污染物降解方面的表现进行连续监测,采用紫外 – 可见光谱,傅里叶变换红外光谱和气相色谱 – 质谱联用等技术联合分析废水处理过程中有机污染物成分的变化。结果表明,MFC 技术对废水的 COD 的去除率达到 93.5%,最大输出电能密度达到 175 mW/m^2。

3. 畜牧养殖废水

牲畜废水中含有大量的有机物,是非常适合使用 MFC 技术进行处理的一种废水,Min 等采用空气阴极单室型 MFC,对含有(8 320 ± 190)mg/L 可溶性化学需氧量的猪场废水进行处理,得到最大输出功率为 261 mW/m^2,比该研究组处理城市废水得到的最大输出功率达 79%。乳品加工废水的特点是含有易生物降解的有机物,如多糖、蛋白质、脂肪酸等,非常适合作为微生物燃料电池的底物。Mohan 等构建了无介体空气阴极 MFC,对乳品加工废水进行降解研究,结果表明,该 MFC 不仅能够很好地降解底物,COD 的去除率达到 95.49%,而且能够达到 78.07% 的蛋白质去除率,91.98% 的碳水化合物去除率,废水浊度也下降了 99.02%。

4. 食品加工废水

食品加工废水的特点是有机物质和悬浮物含量高,一般无大的毒性。Kapadnis 等使用活性污泥为微生物源,以巧克力工业废水为底物,构建双室型 MFC,由实验结果可知,处理废水的 TS 处理前为 2 344 mg/L,处理后为 754 mg/L,BOD 处理前为 640 mg/L,处理后为 230 mg/L,COD 处理前为 1 459 mg/L,处理后为 368 mg/L,都有了明显的下降。酿酒厂所排放的废水的特点是具有高 COD 值,其传统处理方法如好氧序批式反应器、升流式厌氧污泥床反应器等,都需要消耗大量的能量。构建了双极室连续流联合处理啤酒废水的微生物燃料电池,研究表明,采用双极室连续流 MFC 可以大大提高废水的处理效果,对啤酒废水化学需氧量(COD)的总去除率可达 92.2% ~ 95.1%。利用甘薯加工燃料乙醇是发展生物质能源的重要途径之一,在中国尤其在长江流域具有很大的发展潜力。然而在甘薯燃料乙醇生产过程中,由于具有高 COD,酸度大的废水的排放量大,虽然这些废水可以采用常用的生物法处理,但是这些工艺大多需要较高能耗。赵海等采用空气阴极 MFC 处理甘薯燃料乙醇废水,以 COD 为 5 000 mg/L 的废水作底物,获得的最大电功率为 334.1 mW/m^2,库仑效率为 10.1%,COD 的去除率为 92.9%。

5. 垃圾渗滤液

城市垃圾填埋场渗滤液是一种成分复杂的高浓度有机废水,其 BOD$_5$ 和 COD 浓度高、重金属含量较高、氨氮的含量较高,若不加处理而直接排入环境,会造成严重的环境污染。Puig 等构建空气阴极 MFC 对垃圾渗滤液进行处理,稳定运行 155 天,可生物降解有机物,去除达到 8.5 kg COD/(m^3 · d),同时输出功率密度达到 344 mW/m^3。除此之外,他们还通过调整 MFC 中垃圾渗滤液浓度首次考察了含氮化合物在 MFC 运行过程中的变化。Galvez 等也使用 MFC 技术对垃圾渗滤液的处理进行研究,为了提高废水处理及产电能力,采用

3 个圆筒形双室 MFC(C1,C2,C3)顺次连接,研究了增加阳极面积的影响,实验表明当电极面积从 360 cm^2 增加至 1 080 cm^2,电能输出 C1 增加了 264%,C2 增加了 118%,C3 增加了 151%,同时 COD 和 BOD$_5$ 的去除率也有所提高,分别是 C1 增加了 137% 和 63%,C2 增加了 279% 和 161%,C3 增加了 182% 和 159%。该装置也可以首尾连成一个循环来增加水力停留时间,研究表明循环装置稳定运行 4 d 后,COD 去除率可达到 79%,BOD$_5$ 去除率可达到 82%。

6.含氮废水

以硝酸盐为电子受体的厌氧型生物阴极,可以在 MFC 阳极利用微生物去除有机物的同时在阴极利用硝酸盐还原,脱去废水中的氮,实现同步脱氮除碳,这对 MFC 处理废水的实际应用具有十分重要的意义。Virdis 在双室型 MFC 中将阳极出水引入一个好氧反应器中进行硝化,硝化后的水进入阴极室,进一步实现了连续脱氮除碳,有机物去除速率达到 2 kg COD/(m^3·d),硝酸盐去除速率达 0.41 kg NO$_3$ – N/(m^3·d),最大功率输出为 (34.6 ±1.1)W/m^3。梁鹏等利用双筒型微生物燃料电池生物阴极,以硝酸盐为电子受体,在阴极中能实现生物反硝化,对 MFC 用于废水处理具有十分重要的意义。Hu 等首次将脱氮工艺中的膜曝气生物膜反应器与微生物燃料电池技术相结合,开发出具有较高脱氮效率和产电能力的 Membrane – aerated MFC(MAMFC),并将其和 Diffuser – aerated MFC(DAMFC)进行对比考察,结果表明如果阴极室溶解氧的质量浓度控制在 2 mg/L,两种反应器都有较高的 COD 去除率(99%),氨去除率 >99%,但是氮去除率相对较低(< 20%)。如果阴极室溶解氧的质量浓度控制在 0.5 mg/L,两种反应器都仍有较高的 COD 去除率(> 97%),但是氮去除率 MAMFC(52%)是 DAMFC(24%)的两倍,表明阴极室中溶解氧还原后 MAMFC反硝化的效率更高。

7.微生物燃料电池处理废水的研究方向

面对能源危机和环境污染这两大问题,微生物燃料电池这种创新型的水处理技术,显示出极大的研究和应用价值,但是要实现 MFC 的实际应用,关键问题是提高其产电能力和废水中污染物的去除效率。建议今后主要开展以下研究:

①对微生物产电机理进行深入研究,以提高微生物的电子传递效率,或是寻找更高电化学活性的微生物;

②进一步优化反应器的结构,寻求新型高效的电极材料;

③深入开展 MFC 处理各类典型工业废水、生活污水的工艺条件和降解机理研究。相信随着研究的不断深入,MFC 处理废水的技术必将在有机污染废水的处理中得到应用与推广。

12.2.5　微生物燃料电池在脱氮方面的研究进展

微生物燃料电池是一种可利用微生物的催化作用,将有机物中的化学能直接转化为电能的装置。传统双极室 MFC 由阳极室、阴极室构成,之间由质子交换膜隔开。在厌氧态的阳极室中,附着在阳极电极表面的微生物作为催化剂,把分解有机物产生的电子传递到阳极,然后通过外电路传递到阴极;同时微生物分解作用产生的质子通过质子交换膜传递到阴极;在阴极室内,电子氧化剂(比如氧气)和质子反应得到还原产物,从而完成整个产电过程。

　　MFC 研究最初主要集中在产电方面,关注产电输出水平的高低。随着研究的深入,用 MFC 的阴极生产 H_2O_2 等有用物质、微生物电解电池(MEC)产氢、微生物脱盐电池(MDC)脱盐淡化海水、沉积物微生物燃料电池(SMFC)给气象浮标供电等,MFC 被发掘的用途越来越广泛。MFC 的产电量也比最初提高了 5~6 个数量级,达到了 1 610 mW/m^2。虽然产电水平与传统的化学燃料电池相比还有较大差距,但独特的产能方式和广泛的应用领域,还是让 MFC 展现出了广阔的应用前景。

　　特别是在污水处理领域,MFC 与成熟的污水处理工艺相结合,不仅能够净化氮、硫含量高的有机废水,降解印染废水等难处理的工业废水,还原一些金属离子,同时还能产生电能。研究已经确认发现生物阴极型 MFC 具有脱氮的能力,它为生物脱氮技术提供了一条新的思路。

　　本部分对 MFC 在脱氮方面的研究进展进行综述,总结了不同观点的 MFC 脱氮的原理,并与传统生物脱氮技术相比,分析了碳氮比、溶解氧、pH 值等因素对 MFC 脱氮性能的影响,最后对存在的问题及今后发展前景进行了阐述,以期对 MFC 在脱氮方面的相关研究提供参考和借鉴。

1. MFC 脱氮原理分析

　　传统生物脱氮理论认为,生物脱氮包括硝化和反硝化两个过程。硝化是水中的氨氮在自养好氧硝化菌的作用下,被氧化成亚硝酸盐和硝酸盐的反应过程;反硝化则是亚硝酸盐和硝酸盐在缺氧的条件下,被反硝化菌还原为氮气的过程。两者具有一定的相互制约关系,一方面,在有机物大量存在的情况下,自养硝化菌对营养物和氧气的竞争力不如好氧异养菌,会使硝化菌无法占据主导地位;另一方面,反硝化菌需要以有机物作为电子供体,但硝化过程会消耗大量的有机碳,使得碳源缺乏,反硝化受到影响。

　　MFC 的脱氮原理研究基于上述传统生物脱氮理论并有所发展。目前认为 MFC 的脱氮功能可在阳极室和阴极室中分别发生。阳极室的脱氮原理尚处于争论之中,生物阴极的脱氮原理基本达成一致。

　　就阳极室脱氮原理而言,氨氮在阳极室的厌氧环境下能否作为电子供体为微生物生长提供能量,有研究者对其进行了相关研究。Min 等在用 MFC 处理养猪废水时,发现伴随着阳极室进水 COD 的去除,对应的氨氮浓度也减少。Kim 等对类似现象的研究分析则认为没有证据表明氨氮的减少是生物电化学作用导致的,氨氮的减少可能是由于氨氮的挥发或者透过质子交换膜转移到阴极室而造成,氨氮的氧化并不能为 MFC 提供能量。He 等却提出了不同的观点,他们在研究中发现:随着 NH_4^+ 的加入,电流的产生有一定的提高;而且伴随着氨氮的减少,硝酸盐和亚硝酸盐随之增加,说明氨的减少并不全是挥发和转移的结果,因此提出了 MFC 能够用于在碳源有限的污水中去除氨氮的观点。Kim 等的结论则认为可能是由于启动时间不够所造成的。在此方面的研究还有待深入。

　　在生物阴极型 MFC 脱氮方面,硝酸盐在阴极室作为电子受体,通过阴极反应完成电子传递过程中实现脱氮已经得到证实。生物阴极型 MFC 是一种在阴极室中利用微生物作为催化剂来实现阴极电子受体还原的微生物燃料电池装置。

　　Gregory 等利用微生物 *Geobacter sulfurreducens* 把硝酸盐还原为亚硝酸盐。

　　Clauwaert 等也证实了生物阴极型 MFC 能够用于反硝化,首次在 MFC 中实现了同时脱氮除碳和产电的功能,得到了每天 0.146 kg/m^3 硝酸盐的去除率和最大输出功率密度为

$8\ \text{W/m}^3$ 的产电能力。

MFC 阳极氧化有机物产生的电子传递到阴极室后,能够将阴极的硝酸盐还原为氮气,一般认为此过程经过下述 4 步:

$$NO_3^- + 2e^- + 2H^+ \longrightarrow NO_2^- + H_2O$$

$$E^{0'} = +0.433\ \text{V} \tag{12.7}$$

$$NO_2^- + e^- + 2H^+ \longrightarrow NO + H_2O$$

$$E^{0'} = +0.350\ \text{V} \tag{12.8}$$

$$NO + e^- + H^+ \longrightarrow 1/2\ N_2O + 1/2H_2O$$

$$E^{0'} = +1.175\ \text{V} \tag{12.9}$$

$$1/2\ N_2O + e^- + H^+ \longrightarrow 1/2\ N_2 + 1/2H_2O$$

$$E^{0'} = +1.355\ \text{V} \tag{12.10}$$

式中　$E^{0'}$——标准条件下相对于标准氢电极(SHE)的氧化还原电位。

从上述反应式可以看出,生成 1 mol N 需要 5 mol 电子。所需电子可来源于两部分:一部分是从阳极传递过来的;另一部分可以由反硝化菌代谢周围环境中的有机碳源得到。说明氮的去除不再像传统生物脱氮工艺那样受到碳源的限制,解决了传统硝化反硝化过程对于碳源的需求,从而引起竞争的矛盾问题,使碳源不再成为去除效果的限制因素。这一点是生物阴极型 MFC 在脱氮方面的优势所在。目前 MFC 脱氮功能的研究也多集中于生物阴极型 MFC。

2. MFC 脱氮单元结构设计

由于传统脱氮工艺中硝化和反硝化对环境的要求不同,两者往往是在不同的反应器中进行的,由此也发展出各种不同的构型。研究者们结合 MFC 和传统生物脱氮反应器的构造,设计了不同结构的具有脱氮功能的 MFC,实现了可产生电能又能去除碳氮的双重功能。以下是几种具有代表性的不同脱氮 MFC 结构设计。

Clauwaert 等采用反硝化和除碳功能单元相互分开的 MFC 系统,即两条独立的供给线分别给阴阳极室输送原水,阳极室的出水没有进入到阴极室,这样阳极室的除碳功能和阴极室的反硝化功能分别独立进行。此构型以研究阴极室的反硝化作用为目标,可每天去除 $0.146\ \text{kg/m}^3$ 硝酸盐,得到 $8\ \text{W/m}^3$ 的最大输出功率密度。

Virdis 等设计了一种以阳极室原水为单一进水水源,可同时脱氮除碳的 MFC 环形体系,其示意图如图 12.3 所示。人工合成废水在 MFC 阳极室内进行有机物降解后,再进入到一个外加硝化反应器中进行氨氮的硝化,最后进入 MFC 阴极室内进行反硝化作用,阴极室的出水进行最终排放。此系统把传统脱氮的 A/O 处理工艺与 MFC 结合起来,通过连串序列处理,实现同时脱氮除碳功能,可实现每天 $2\ \text{kg/m}^3$ COD 和 $0.41\ \text{kg/m}^3$ 硝酸盐的去除率,得到 $34.6\ \text{W/m}^3$ 的最大输出功率密度。

随后 Virdis 等把外加的硝化反应器去掉,在阴极室进行同步生物硝化和反硝化反应。如图 12.4 所示,人工合成废水通过 P_1 泵入到阳极室进行有机物降解除碳处理,出水通过连接管(图 12.4 中的 LOOP 虚线段)进入到阴极室进行脱氮处理;P_2 和 P_3 两个泵分别实现阳极室和阴极室的内部循环,提高处理效率;溶解氧的浓度通过 P_4 调节用以控制硝化和反硝化过程的平衡。他们首次在 MFC 阴极室实现了同步硝化反硝化(Simultaneous nitrification and denitrification:SND),得到了 94.1% 的氮去除率。

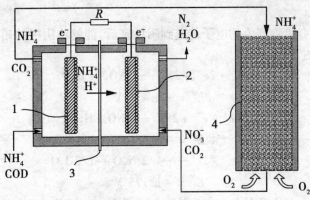

图 12.3　MFC 环形体系

1—阳极;2—阴极;3—阳离子交换膜;4—外接好氧硝化罐

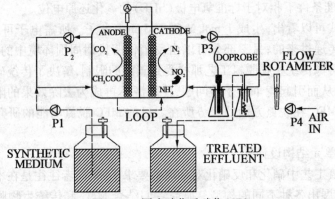

图 12.4　同步硝化反硝化 MFC

Xie 等则构建了好氧生物阴极 MFC(O－MFC)和厌氧生物阴极 MFC(A－MFC)耦合系统,O－MFC 用于硝化反应,而 A－MFC 用于反硝化反应。如图 12.5 所示,P_1 和 P_2 分别给 O－MFC 和 A－MFC 的阳极室泵入处理原水进行除碳功能;P_3 和 P_4 分别用于循环 O－MFC 和 A－MFC 的阳极室溶液;P_5 和 P_6 负责将 O－MFC 和 A－MFC 阳极室出水泵入到对应阴极室中,并起到循环作用;P_7 则把经过硝化反应的 O－MFC 阴极室出水泵入到 A－MFC 阴极室进行反硝化过程;P_8 把 A－MFC 的阴极室出水引入到 O－MFC 的阴极室。该系统把两种功能不同的生物阴极 MFC 结合起来,对有机碳、氨氮、硝酸盐和亚硝酸盐进行同时去除,COD、氨氮和总氮的去除率分别为 98.8%、97.4% 和 97.3%,O－MFC 和 A－MFC 分别得到了 14 W/m^3 NCC(Netcathodic Compartment)和 7.2 W/m^3 NCC 的功率密度,实现了产电的同时高效脱氮除碳。

3. MFC 脱氮性能影响因素

生物阴极型 MFC 的脱氮性能除了受反应器结构、电极材料、功能微生物等因素影响外,还受到工况运行参数如碳氮比、溶解氧、pH 值和温度等因素的影响。本部分对目前研究中碳氮比、溶解氧和 pH 值对生物阴极型 MFC 脱氮性能的影响进行分析讨论。

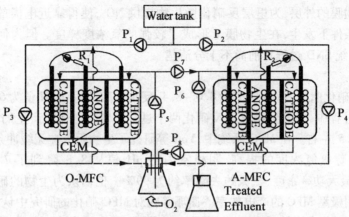

图 12.5　两种不同功能结合的生物阴极型 MFC

（1）碳氮比（C/N）

在生物脱氮的反硝化过程中，C/N 是控制脱氮效果的一个重要因素。比值越低，反硝化过程去除的氮就越少，这是由于与硝化过程的自养过程不同，反硝化过程是异养过程，碳源的多少会影响氮的去除率。在 A/O 工艺处理城市污水时由于污水可快速生物降解的 BOD 较少，需要添加额外的碳源，C/N 可高达 8 左右，而在 MFC 系统中，不需过多地添加碳源，反硝化菌也能较好地进行反硝化，反硝化过程所需的电子部分可从阴极电极上直接得到，部分可利用碳源的代谢过程中产生的电子。Park 等在阴极室不添加碳源的条件下，利用阴极电极作为直接的电子供体，反硝化细菌直接从电极上得到电子还原硝酸盐，得到了 98% 的最大氮去除率。Virdis 等在同步硝化反硝化 MFC 的研究中，C/N 甚至低到 1.88，氮的去除率也能够达到 76.8% 左右。

梁鹏等在生物阴极反硝化的研究中发现，随着阴极室中 COD 浓度的提高，反硝化速率有所加快，反应周期有所缩短，因此认为阴极反硝化微生物将优先利用有机碳提供的电子还原硝酸盐，对应反硝化速率也远高于仅阴极提供电子时的情况。他们还发现不同的 COD 浓度时相应的输出电压基本维持不变，只有在硝酸盐氮质量浓度低于 5 mg/L 时，MFC 的输出电压才会迅速降低，因此有机物浓度的变化只是影响反硝化的速率，对产电输出水平没有影响。换言之，只要硝酸盐氮的浓度足够，MFC 的输出电压会维持在一个较稳定的水平。

（2）溶解氧（DO）

在废水好氧硝化缺氧反硝化生物脱氮工艺中，DO 含量影响整个工艺的脱氮效果。在好氧硝化阶段，DO 一般控制在 2～3 mg/L 为宜；在缺氧反硝化阶段，DO 一般控制在 0.5 mg/L以下。对于同步硝化反硝化脱氮过程，DO 浓度被认为是能否实现同步硝化反硝化的一个主要影响因素，高 DO 会抑制反硝化的进行，低 DO 则抑制硝化反应的进行，最佳的状态是通过控制 DO 浓度，使硝化和反硝化速率基本能够保持一致，从而保证完全的硝化反硝化。一般认为 SND 最适宜的 DO 质量浓度要控制在 1.5 mg/L 以下。

而 Virdis 等的同步硝化反硝化 MFC 系统中（如图 12.4 所示的系统），当 DO 为 5.73 mg/L时，得到了 86.9% 的最大总氮去除率。在他们之前的研究中也发现，该系统适合的 DO 要高于传统 SND 的水平。Virdis 等随后对附着在阴极上的生物膜进行共焦激光扫描，发现在较接近电极表面的生物膜内层，胞外电子传递的反硝化微生物较多，硝化微生物则占据了生物膜的外层,为里层反硝化微生物提供 NO_x ,使得靠近电极的反硝化反应能在相对厌氧的条件下发生,在生物膜上形成了较强的氧浓度梯度。但为何此系统所需的 DO 水平高于传统 SND 过程目前尚不十分清楚。

　　(3)pH 值

　　一般而言,硝化菌最适宜 pH 值为8.0~8.4,反硝化菌最适宜 pH 值为6.5~8.0。在同步硝化反硝化过程中,考虑到硝化和反硝化两个过程中碱度消耗与产生的相互性,最适宜的 pH 值应为7.5 左右。在 MFC 系统中,You 等研究了生物阴极在无缓冲条件下生物硝化反应的情况,随着氨氮浓度的提高,阴极室内的 pH 值从 8.8 降到了 7.05 时,得到了 10.94 W/m^3 的最大功率密度,氨氮的去除率约为90%。他们认为生物的硝化作用可以提高无缓冲生物阴极型 MFC 的产电效率。谢珊等在对 MFC 硝化的研究中认为,阴极电压和阴极室的 pH 值有着密切关系,当 pH 值升高时,阴极电压下降,pH 值降低至中性时(7.5 左右),阴极电压增加,而且在硝化作用中产生的 H^+ 能够补偿阴极室由于产电造成的 H^+ 的消耗,对维持系统 pH 值的稳定有所贡献,得到了 45.5 W/m^3 的最大功率密度和 5.98 $mg/(L \cdot d)$ 的硝化速率。

　　4.展望

　　MFC 用于污水脱氮方面的研究尚处于实验室阶段,目前脱氮 MFC 产电和脱氮机理还并不明确,所构建的 MFC 成本较高而产电效率低,所研究的 MFC 反应器体积大多是升级别以下,对于处理大规模含氮废水的实际应用也还没有明显进展。但与传统生物脱氮相比,MFC 具有其独特的处理和产能方式:

　　①脱氮、除碳和产电能够同时进行;

　　②在脱氮时,不需要额外添加较多的碳源,即氮的去除能在较低的 C/N 条件下进行;

　　③氮的去除率较高,可达90%以上。随着对 MFC 及相关脱氮技术及原理的进一步关注,脱氮 MFC 的研究将进一步向实用化推进,可为含氮废水的处理提供一条既可高效处理又可实现产能的新路径。

参考文献

[1]黄霞,梁鹏,曹效鑫,等.无介体微生物燃料电池研究进展[J].中国给水排水,2007, 23(4):1-6.

[2]梁鹏,黄霞,等. 双筒型微生物燃料电池产电及污水净化特性的研究[J]. 环境科学, 2009,30(2):616-619.

[3]RABAEY K,VERSTRAETE W . Microbial fuel cells:novel biotechnology for energy generation [J]. Trends in Biotechnology,2005,23(6):291-298.

[4]LOGAN B E,HAMELERS B,ROZENDAL R,et al. Microbial Fuel Cells:Methodology and Technology [J]. Environmental Science & Technology, 2006, 40(17):5181-5192.

[5]HE Z,ANGENENT L T. Application of bacterial biocathodes in microbial fuel cells [J]. Electroanalysis,2006,18(19 – 20):2009-2015.

[6]连静,冯雅丽,李浩然,等.微生物燃料电池的研究进展[J].过程工程学报,2006,6(2): 334-338.

[7] HE Z,WAGNER N,MINTEER S D,et al. An upflow microbial fuel cell with an interior cathode:Assessment of the internal resistance by impedance spectroscopy [J]. Environmental Science & Technology,2006,40(17):5212-5217.

[8]LIU H,RAMNARAYANAN R,LOGAN B E. Production of electricity during wastewater treatment using a single chamber microbial fuel cell [J]. Environmental Science & Technology, 2004, 38(7):2281-2285.

[9]MIN B,LOGAN B E. Continuous electricity generation from domestic wastewater and organic substrates in a flat plate microbial fuel cell [J]. Environmental Science & Technology, 2004, 38(21):5809-5814.

[10]LOGAN B,CHENG S,WATSON V,et al. Graphite fiber brush anodes for increased power production in air – cathode microbial fuel cells [J]. Environmental Science & Technology, 2007, 41(9):3341-3346.

[11]FREGUIA S,RABAEY K,YUAN Z G,et al. Sequential anode – cathode configuration improves cathodic oxygen reduction and effluent quality of microbial fuel cells[J]. Water Research,2008,42(6 – 7):1387-1396.

[12]PARK H I,KIM D K,CHOI Y J. Nitrate reduction using an electrode as direct electron donor in a biofilm – electrode reactor[J]. Process Biochemistry, 2005, 40(10):3383-3388.

[13]VIRDIS B,RABAEY K,ROZENDAL R A,et al. Simultaneous nitrification,denitrification and carbon removal in microbial fuel cells[J]. Water Research,2010,44(9):2970-2980.

[14]尤世界,赵庆良,等. 废水同步生物处理与生物燃料电池发电研究[J].环境科学, 2006, 27(9):1786-1790.

[15]BRUCE E. Logan. Microbial Full Cell [M]. New York:Johan Wiley & Sons,Inc. 2007.

[16] SONG T S, XU Y, YE Y J, et al. Electricity generation from terephthalic acid using a microbial fuel cell [J]. Journal of Chemical Technology and Biotechnology, 2009, 84 (3): 356-360.

[17] VIRDIS B, READ S T, RABAEY K, et al. Biofilm stratification during simultaneous nitrification and denitrification (SND) at a biocathode [J]. Bioresource Technology, 2011, 102(1):334-341.

[18] BULLEN R A, ARNOT T C, LAKEMAN J B, et al. Biofuel cells and their development [J]. Biosens Bioelectron, 2006, 21(11): 2015-2045.

[19] POTTER M C. Electrical effects accompanying the decomposition of organic compounds [J]. Proc R Soc London Ser B, 1911, 84(571):260-276.

[20] DU Z W, LI H R, GU T Y. A state of the art review on microbial fuel cells: A promising technology for wastewater treatment and bioenergy [J]. Biotechnol Adv, 2007, 25(5): 464-482.

[21] RABAEY K, VERSTRAETE W. Microbial fuel cells: novel biotechnology for energy generation [J]. Trends Biotechnol, 2005, 23(6):291-298.

[22] KARUBE I, MATSUNAGA T, MITSUDA S, et al. Microbial electrode BOD sensors [J]. Biotechnol Bioeng, 1977, 19(10):1535-1547.

[23] CHANG I S, MOON H, BRETSCHGER O, et al. Electrochemically active bacteria (EAB) and mediator – less Microbial fuel cells [J]. J Microbiol Biotechnol, 2006, 16(2):163-177.

[24] MOON H, CHANG I S, JANG J K, et al. On – line monitoring of low biochemical oxygen demand through continuous operation of a mediator – less microbial fuel cell [J]. J Microbiol Biotechnol, 2005, 15(1):192-196.

[25] THURSTON C F, BENNETTO H P, DELANEY G M, et al. Glucose metabolism in a microbial fuel cell: Stoichiometry of product formation in a thionine – mediated proteus vulgaris fuel cell and its relation to coulombic yields [J]. J Gen Microbiol, 1985, 131(6):1393-1401.

[26] MORRIS K, CATTERALL K, ZHAO H, et al. Ferricyanide mediated biochemical oxygen demand – development of a rapid biochemical oxygen demand assay [J]. Anal Chim Acta, 2001, 442(1):129-139.

[28] MIN B, KIM J R, OH S E, et al. Electricity generation from swine wastewater using microbial fuel cells [J]. Water Research, 2005, 39(20):4961-4968.